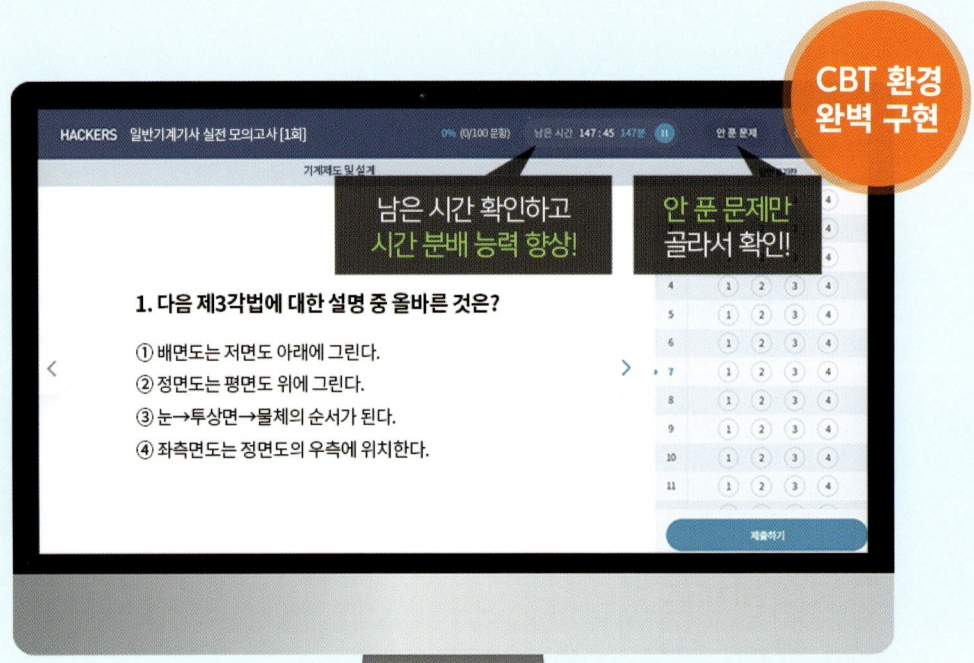
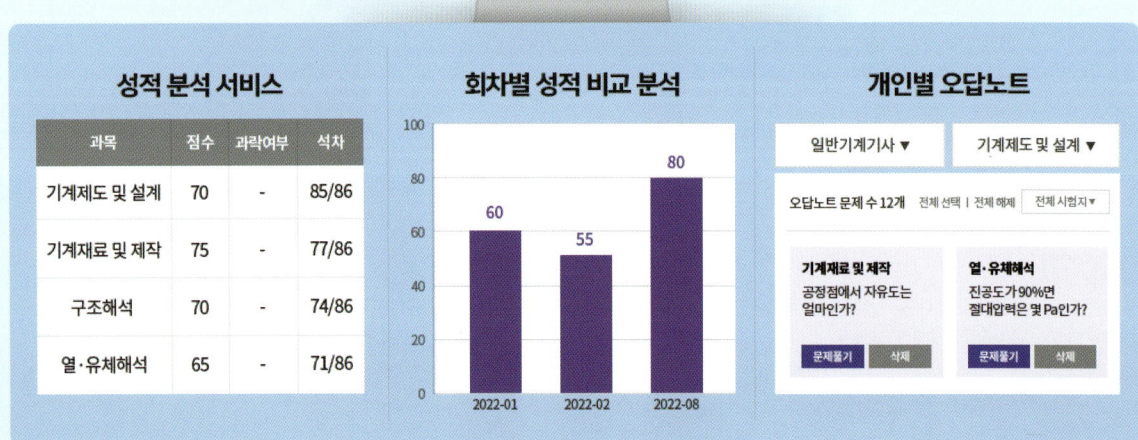

해커스
전산응용기계제도
기능사 필기
한권완성 이론+최신기출+핵심노트

해커스

이재형

약력

현 | 해커스자격증 전산응용기계제도기능사 강의
현 | 기계설계 직업훈련교수
현 | 기계설계기사, 기계설계산업기사
    고용노동부 NCS 확인강사, 기계설계, 기계가공,
    기계조립, 기계품질관리
전 | PLANT LEAD ENGINEER

저서

- 해커스 전산응용기계제도기능사 필기 한권완성
  이론+최신기출+핵심노트
- 해커스 일반기계기사 실기 작업형 출제 도면집

서문

'전산응용기계제도기능사' 어떻게 공부해야 할까?

전산응용기계제도기능사는 기계 분야로 진출하고자 하는 사람들이 특별한 자격요건 없이 치를 수 있는 국가기술자격시험입니다. 그러나 자격요건이 없다고 하더라도 난이도가 쉬운 것은 아닙니다. 기사나 산업기사보다 상대적으로 쉬운 것이지 비전공자가 공부하려고 하면 매우 어렵다는 것을 느낄 수 있습니다.

이러한 수험생의 어려움을 알기에 『해커스 전산응용기계제도기능사 필기 한권완성 이론+최신기출+핵심노트』 교재를 출간하였습니다.

본 교재의 특징은 다음과 같습니다.

첫째, 단기 학습이 가능하도록 구성하였습니다.
본 교재는 전산응용기계제도기능사 시험을 빠르고 효율적으로 학습하여 합격할 수 있도록 구성하였습니다. 출제빈도가 낮은 내용은 제외하고 필수적으로 학습해야 하는 내용을 위주로 구성하였으며, 해설 또한 필요한 부분만을 선별·수록하여 학습시간을 단축할 수 있도록 하였습니다.

둘째, 기출문제를 효율적으로 학습할 수 있도록 구성하였습니다.
국가기술자격시험은 문제은행 방식이기에 이전에 출제된 문제가 상당수 반복되어 출제됩니다. 그렇기에 모든 이론을 완벽하게 익히고, 많은 문제를 풀어보기보다는 최근 기출문제와 문제에 나온 이론을 위주로 하여 효율적으로 학습할 수 있도록 구성하였습니다.

더불어 자격증 시험 전문 사이트 해커스자격증(pass.Hackers.com)에서 교재 학습 중 궁금한 점을 나누고 다양한 무료 학습자료를 함께 활용하여 학습 효과를 극대화할 수 있습니다.

전공자로서 자격증 취득을 위해서 공부를 하거나, 기계 분야로 진출하여 이직을 꿈꾸는 분들이 필기 시험 준비의 어려움을 겪는 모습을 많이 보았기에 이러한 요구들을 충분히 반영하여 본 교재를 집필하였습니다. 처음 공부를 시작하면 어렵고 힘들겠지만, 가면 갈수록 쉬워지는 것을 느낄 수 있을 것입니다.

끝까지 포기하지 마시고 본 교재와 함께 원하는 목표를 이루길 기원합니다.

이재형

CONTENTS

해커스 **전산응용기계제도기능사** 필기 한권완성 이론+최신기출+핵심노트

 무료 특강·학습 콘텐츠 제공
pass.Hackers.com

이 책의 구성과 특징

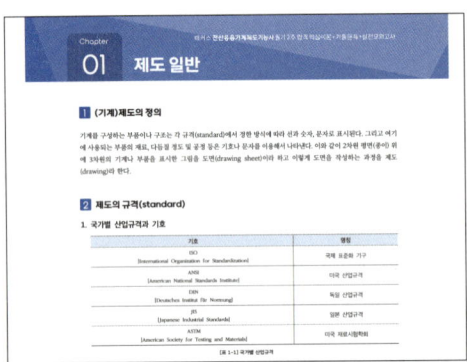

이론

- 실전에 필요한 이론을 체계적으로 정리하여 자격증 시험에 나오는 이론만을 효과적으로 학습할 수 있습니다.

- 한국산업인력공단(Q-net)에 공시된 최신 출제기준을 교재 내에 빠짐없이 반영하여 시험에 필요한 내용을 정확하게 학습할 수 있습니다.

- 내용의 이해를 돕기 위해 다양한 그림 및 사진 자료를 수록하였습니다. 이를 통해 복잡하고 어렵게 느껴질 수 있는 내용을 쉽고 빠르게 이해하고 학습할 수 있습니다.

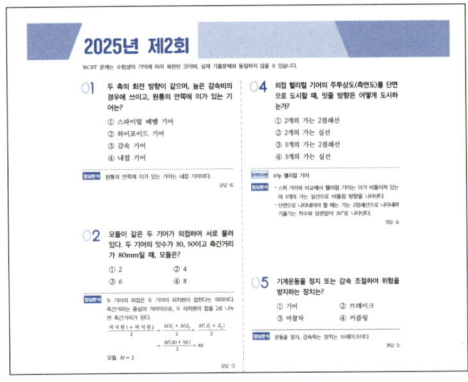

최신기출

- 2025년~2022년의 4개년 기출문제를 수록하였습니다.

- 기출문제를 통해 실전감각을 높이고 실력을 한층 향상시킬 수 있습니다.

* 전산응용기계제도기능사 기출문제는 모두 CBT로 시행되었습니다. CBT 시험은 수험생의 기억에 따라 복원된 것이며, 실제 시험과 동일하지 않을 수 있습니다.

실전모의고사

- 최근 출제된 기출문제를 바탕으로 출제될 가능성이 높은 문제를 선별하여 실전모의고사 2회분을 수록하였습니다.

- 실전모의고사를 통해 실제 시험에 대비한 문제 풀이 감각을 유지할 수 있습니다.

시험 소개

■ 전산응용기계제도기능사는 어떤 자격증인가요?

- 전산응용기계제도기능사는 산업현장에서 필요로 하는 전산응용기계제도 분야의 기능인력을 양성하고자 제정한 자격증입니다.

- CAD 시스템을 이용하여 도면을 작성하거나 수정, 출도를 하며 부품도를 도면의 형식에 맞게 배열하고 단면 형상의 표시 및 치수 노트를 작성하는 업무 및 컴퓨터 그래픽을 이용하여 부품의 전개도, 조립도, 재단도 등을 제도하는 업무를 수행합니다.

- 기계, 조선, 항공, 전기, 전자, 건설, 환경, 플랜트엔지니어링분야 등으로 진출할 수 있으며, 최근 CAD 시스템 사용보편화와 CAD 기술의 지속적인 발전으로 인해 향후 시스템 운용을 담당할 기능인력이 꾸준히 증가할 전망입니다.

■ 시험은 어떻게 진행되며, 합격기준은 어떻게 되나요?

전산응용기계제도기능사 시험은 전산응용기계제도기능사가 되기 위한 기술이론 지식과 업무수행능력을 종합적으로 검정하며, 다음의 방법 및 기준에 따라 합격 여부를 결정합니다.

	실기	
시험방법	• 필기: 객관식 4지 택일형 • 실기: 작업형	
시험시간	• 필기: 60분	• 실기: 약 5시간
문제 유형 및 문항 수	• 필답형: 60문항	• 작업형: 2D, 3D, CAD작업
합격기준	100점 만점에 60점 이상(필기·실기 동일)	

■ 전산응용기계제도기능사 필기 최근 5년간 검정현황

	2025년	2024년	2023년	2022년	2021년
응시자(명)	7,108	10,044	10,180	8,562	10,856
합격자(명)	2,468	3,135	3,135	2,840	5,435
합격률(%)	34.6	31.2	30.8	33.2	50.1

※ 2025년 검정현황은 1, 2, 3회 데이터만 집계

출제기준

※ 한국산업인력공단에 공시된 출제기준으로, 교재의 전체 내용은 모두 아래 출제기준에 근거하여 제작되었습니다.

필기 과목명	주요항목	세부항목
기계설계제도	1. 2D 도면작업	(1) 작업환경 설정
		(2) 도면 작성
		(3) 기계 재료 선정
	2. 2D 도면관리	(1) 치수 및 공차 관리
		(2) 도면 출력 및 데이터 관리
	3. 3D 형상모델링 작업	(1) 3D 형상모델링 작업 준비
		(2) 3D 형상모델링 작업
	4. 3D 형상모델링 검토	(1) 3D 형상모델링 검토
		(2) 3D 형상모델링 출력 및 데이터 관리
	5. 기본측정기 사용	(1) 작업계획 파악
		(2) 측정기 선정
		(3) 기본측정기 사용
	6. 조립도면해독	(1) 부품도 파악
		(2) 조립도 파악
	7. 체결요소설계	(1) 요구기능 파악 및 선정
		(2) 체결요소 선정
		(3) 체결요소 설계
	8. 동력전달요소설계	(1) 요구기능 파악 및 선정
		(2) 동력전달요소 설계

실기 과목명	주요항목	세부항목
기계설계제도실무	1. 2D 도면작업	(1) 작업환경 설정하기 (2) 도면 작성하기 (3) 기계 재료 선정
	2. 2D 도면관리	(1) 치수 및 공차 관리하기 (2) 도면 출력 및 데이터 관리하기
	3. 3D 형상모델링 작업	(1) 3D 형상모델링 작업 준비하기 (2) 3D 형상모델링 작업하기
	4. 3D 형상모델링 검토	(1) 3D 형상모델링 검토하기 (2) 3D 형상모델링 출력 및 데이터 관리하기
	5. 기본측정기 사용	(1) 작업계획 파악하기 (2) 측정기 선정하기 (3) 기본측정기 사용하기
	6. 조립도면해독	(1) 부품도 파악하기 (2) 조립도 파악하기

Part 01

기계제도

① (기계)제도의 정의

기계를 구성하는 부품이나 구조는 각 규격(standard)에서 정한 방식에 따라 선과 숫자, 문자로 표시된다. 그리고 여기에 사용되는 부품의 재료, 다듬질 정도 및 공정 등은 기호나 문자를 이용해서 나타낸다. 이와 같이 2차원 평면(종이) 위에 3차원의 기계나 부품을 표시한 그림을 도면(drawing sheet)이라 하고 이렇게 도면을 작성하는 과정을 제도(drawing)라 한다.

② 제도의 규격(standard)

1. 국가별 산업규격과 기호

기호	명칭
ISO [International Organization for Standardization]	국제 표준화 기구
ANSI [American National Standards Institute]	미국 산업규격
DIN [Deutsches Institut für Normung]	독일 산업규격
JIS [Japanese Industrial Standards]	일본 산업규격
ASTM [American Society for Testing and Materials]	미국 재료시험학회

[표 1-1] 국가별 산업규격

2. KS [Korean Industrial Standards] 분류기호

기계제도에 관한 일반 규칙은 [한국산업규격 KS B 0001]에 명시하고 있으며 기계제도 규칙 [KS B 0001]은 [KS A 0005]에 명시하고 있다.

KS 기호	부문	KS 기호	부문
(KS) A	규격총칙	(KS) I	환경
(KS) B	기계	(KS) M	화학
(KS) C	전기	(KS) R	수송기계
(KS) D	금속	(KS) V	조선
(KS) E	광산	(KS) W	항공우주
(KS) F	토목 건설	(KS) X	정보

[표 1-2] KS분류기호

3 제도의 일반사항

1. 척도(scale)

(1) 척도의 종류와 기준

도면에 그려진 도형의 크기와 실물의 크기에 대한 비율을 척도라 한다.

종류	의미	기준 축척
현 척	실물 크기와 같음	1:1
축 척	실물 크기보다 작음	1:2 1:5 1:10 1:50 1:100 1:200
배 척	실물 크기보다 큼	2:1 5:1 10:1 20:1 50:1

[표 1-3] 척도와 기준 축척

(2) 척도의 표시

척도는 일반적으로 [A:B]로 표시하고 현척의 경우에는 A와 B를 1로, 축척의 경우에는 A를 1로, 배척의 경우에는 B를 1로 나타낸다.

2. 도면의 구성요소

도면에 반드시 나타내어야 하는 사항으로는 윤곽선, 표제란, 중심마크가 있고 반면, 도면에 나타내는 것을 권장하는 사항으로는 비교눈금, 도면의 구역을 표시하는 구분 선, 구분기호, 재단마크 등이 있다.

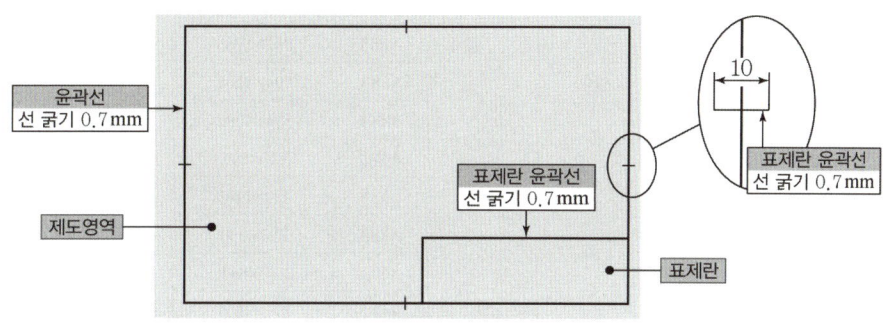

[그림 1-1] 도면양식

(1) 윤곽선

도면에 나타내는 테두리 선을 말한다. 도면의 윤곽에 사용하는 윤곽선은 굵기 0.5mm 이상의 실선으로 한다.

(2) 표제란

도면의 관리상 필요한 사항과 도면의 내용에 관한 정형적인 사항 등을 모아서 기입하기 위하여 일반적으로 도면의 오른쪽 아래 구석에 표를 그려 넣는데 이것을 표제란이라 한다. 표제란에는 원칙적으로 도면의 일반적인 정보(예 번호, 도면의 명칭, 기업명, 척도, 투상법, 작성자 정보 등)를 기입할 수 있다.

(3) 중심마크

도면에는 KS A 0106에 명시된 규칙에 따라 중심마크를 나타내야 한다.

3. 도면의 크기

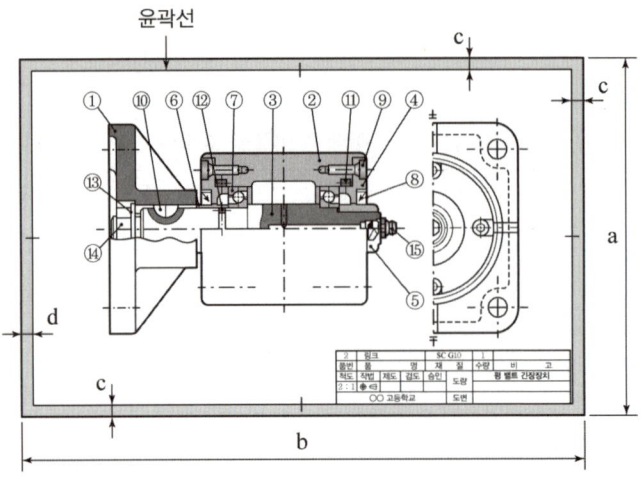

[표 1-4] 도면의 크기

A열 사이즈(단위: mm)					연장 사이즈(단위: mm)				
호칭방법	치수 a×b	c(최소)	d(최소)		호칭방법	치수 a×b	c(최소)	d(최소)	
			철하지 않을 때	철할 때				철하지 않을 때	철할 때
-	-	-	-	-	A0×2	1189×1689	20	20	25
A0	841×1189	20	20	25	A1×3	841×1783			
A1	594×841				A2×3	594×1261			
					A2×4	594×1682			
A2	420×594	10	10		A3×3	420×891	10	10	
					A3×4	420×1189			
A3	297×420				A4×3	297×630			
					A4×4	297×841			
					A4×5	297×1051			
A4	210×297				-	-	-	-	-

4. 도면의 기능

(1) 정보 전달 기능
(2) 정보 보전 기능
(3) 정보 창출 기능

5. 도면이 갖추어야 하는 조건

(1) 도면의 정보를 정확하고 쉽게 이해할 수 있도록 나타내어야 한다.
(2) 도면에는 형상의 크기, 모양, 위치, 자세 등이 나타나 있어야 하며, 재료의 형태 및 가공방법에 대한 정보가 있어야 한다.
(3) 도면의 복사, 검색, 보존 등이 편리하도록 내용과 양식을 갖춘다.
(4) 보편성 및 정확성을 갖추고 있어야 한다.
(5) 무역 및 기술의 국제 교류를 위한 통용성을 갖춘다.

6. 치수의 단위

(1) 길이의 단위

길이의 치수는 모두 밀리미터(mm)의 단위로 표시하는 것이 원칙이며 단위에는 기호 [mm]를 기입하지 않는다. 만일, 다른 단위를 사용해야 할 때는 별도로 단위를 입력해야 한다.

(2) 각도의 단위

각도는 일반적으로 도(˚)로 표시하고, 필요한 경우에는 분(′), 초(″)를 사용할 수 있다.

01 도면에서 A3 제도 용지의 크기는?

① 841 × 1189
② 594 × 841
③ 420 × 594
④ 297 × 420

관련이론 14p 도면의 크기

정답분석

구분	세로×가로
A0	841×1189
A1	594×841
A2	420×594
A3	297×420
A4	210×297

정답 ④

02 제도의 목적을 달성하기 위하여 도면이 구비하여야 할 기본요건이 아닌 것은?

① 면의 표면거칠기, 재료선택, 가공방법 등의 정보
② 도면 작성방법에 있어서 설계자 임의의 창의성
③ 무역 및 기술의 국제 교류를 위한 국제적 통용성
④ 대상물의 도형, 크기, 모양, 자세, 위치의 정보

관련이론 15p 도면이 갖추어야 하는 조건

정답분석 창의성이 아닌 주어진 규격을 따라 도면을 작성해야 한다.

정답 ②

03 한국산업규격을 표시한 것은?

① DIN
② JIS
③ KS
④ ANSI

관련이론 12p KS(Korean Industrial Standards] 분류기호

정답분석 한국산업규격은 'KS'로 표기한다.

KS 기호	부문
(KS) A	규격총칙
(KS) B	기계
(KS) C	전기
(KS) D	금속
(KS) E	광산
(KS) F	토목건설
(KS) I	환경
(KS) M	화학
(KS) R	수송기계
(KS) V	조선
(KS) W	항공우주
(KS) X	정보

정답 ③

04 KS의 부문별 기호 중 기계부문 분류 기호는?

① KS A
② KS B
③ KS C
④ KS D

관련이론 12p KS(Korean Industrial Standards] 분류기호

정답분석 기계부문 분류 기호는 'KS B'이다.
① KS A: (기본)규격통칙
③ KS C: 전기
④ KS D: 금속

정답 ②

05 기계 제도의 표준 규격화의 의미로 옳지 않은 것은?

① 제품의 호환성 확보
② 생산성 향상
③ 품질 향상
④ 제품 원가 상승

정답분석 규격화가 되면 호환성이 원활해지므로 제품 원가가 절감된다.

정답 ④

06 제도에 대한 설명으로 적합하지 않은 것은?

① 제도자의 창의력을 발휘하여 주관적인 투상법을 사용할 수 있다.
② 설계자의 의도를 제작자에게 명료하게 전달하는 정보전달 수단으로 사용된다.
③ 기술의 국제 교류가 이루어짐에 따라 도면에도 국제규격을 적용하게 되었다.
④ 우리나라에서는 제도의 기본적이며 공통적인 사항을 제도통칙 KS A에 규정하고 있다.

관련이론 15p 도면이 갖추어야 하는 조건

정답분석 창의력을 발휘하면 안 된다.

정답 ①

07 KS의 부문별 분류 기호로 맞지 않는 것은?

① KS A: 기본
② KS B: 기계
③ KS C: 전기
④ KS D: 전자

관련이론 12p KS[Korean Industrial Standards] 분류기호

정답분석 KS D는 '금속'의 기호이다.

정답 ④

08 도면관리에 필요한 사항과 도면내용에 관한 중요한 사항이 기입되어 있는 도면 양식으로 도명이나 도면번호와 같은 정보가 있는 것은?

① 부품란
② 표제란
③ 비교눈금
④ 중심마크

관련이론 13p 도면의 구성요소

정답분석
• 윤곽선: 도면에 나타내는 테두리 선을 말한다. 도면의 윤곽에 사용하는 윤곽선은 굵기 0.5mm 이상의 실선으로 한다.
• 표제란: 도면의 관리상 필요한 사항과 도면의 내용에 관한 정형적인 사항 등을 모아서 기입하기 위하여 일반적으로 도면의 오른쪽 아래 구석에 표를 그려 넣는데 이것을 표제란이라 한다. 표제란에는 원칙적으로 도면의 일반적인 정보(번호, 도면의 명칭, 기업명, 척도, 투상법, 작성자 정보 등)를 기입할 수 있다.
• 중심마크: 도면에는 KS A 0106에 명시된 규칙에 따라 중심마크를 나타내야 한다.
• 재단마크: 출력된 도면을 규격 크기대로 자르기 위해 재단마크를 사용한다.

정답 ②

09 다음 중에서 현척의 의미(뜻)는 어느 것인가?

① 실물보다 축소하여 그린 것
② 실물보다 확대하여 그린 것
③ 실물과 관계없이 그린 것
④ 실물과 같은 크기로 그린 것

관련이론 13p 척도(scale)

정답분석

종류	의미	기준 축척
현척	실물 크기와 같음	1 : 1
축척	실물 크기보다 작음	1 : 2 1 : 5 1 : 10 1 : 50 1 : 100 1 : 200
배척	실물 크기보다 큼	2 : 1 5 : 1 10 : 1 20 : 1 50 : 1

정답 ④

10 도면에 반드시 마련해야 할 양식이 아닌 것은?

① 윤곽선   ② 비교눈금
③ 표제란   ④ 중심마크

관련이론 13p 도면의 구성요소

정답분석 도면의 3요소
• 윤곽선
• 표제란
• 중심마크

정답 ②

11 길이가 50mm인 축을 도면에 5 : 1 척도로 그릴 때 기입되는 치수로 옳은 것은?

① 10   ② 250
③ 50   ④ 100

관련이론 13p 척도(scale)

정답분석 기입되는 치수는 척도와 관계없이 실제 치수를 넣는다.

정답 ③

12 도면을 그릴 때 척도를 결정하는 기준이 되는 것은?

① 물체의 재질   ② 물체의 무게
③ 물체의 크기   ④ 물체의 체적

관련이론 13p 척도(scale)

정답분석 도면에 그려진 도형의 크기와 실물의 크기에 대한 비율을 척도라 한다.

정답 ③

13 척도의 표시법 A : B의 설명으로 맞는 것은?

① A는 물체의 실제 크기이다.
② B는 도면에서의 크기이다.
③ 배척일 때 B를 1로 나타낸다.
④ 현척일 때 A만을 1로 나타낸다.

관련이론 13p 척도(scale)

정답분석
• A는 도면에서의 크기, B는 실제 크기
• 축척일 경우 1 : B → B에 숫자가 들어간다.
• 배척일 경우 A : 1 → A에 숫자가 들어간다.

정답 ③

pass.Hackers.com

Chapter 02 문자(text)와 선(line)

1 문자(text)와 숫자

1. 한글

도면에서 한글의 크기는 10, 8, 6.3, 5, 4, 3.2, 2.5 [mm]의 7종을 사용한다.

2. 로마글자(영문자)

로마글자의 크기는 10, 8, 6.3, 5, 4, 3.2, 2.5, 2 [mm]의 8종을 사용한다.

3. 아라비아 숫자

숫자의 크기는 로마글자와 같다. 분수를 나타낼 때는 정수높이의 2배를 그 크기로 하고 분수선은 수평이 되도록 중간에 긋는다.

2 선(line)

1. 선의 종류

KS A ISO 128-2 의 규격을 따르고 아주 굵은 선, 굵은 선, 그리고 가는 선의 굵기의 비는 4 : 2 : 1로 하는 것으로 규정한다.

(1) 선의 굵기에 따른 선의 종류
　① **아주 굵은 선**: 굵기가 0.7 ~ 2 [mm] 정도인 선
　② **굵은 선**: 굵기가 0.35 ~ 1 [mm] 정도인 선
　③ **가는 선**: 굵기가 0.18 ~ 0.5 [mm] 정도인 선

(2) 모양에 따른 선의 종류
　① 실선
　② 파선(점선)
　③ **쇄선**: 1 점 쇄선과 2점 쇄선이 있다.

2. 선의 용도

명칭	용도	선의종류	모양
외형선	물체의 보이는 부분을 표시하는데 사용한다.	굵은 실선	————
치수선	치수를 기입하기 위해 사용한다.	가는 실선	————
치수보조선	치수를 기입하기 위해 도형의 끝부분에서 연장하여 사용한다.		
지시선	기술 또는 기호 능을 표기하기 위해 주로 도형 밖으로 연장하여 표기할 때 사용한다.		
회전단면선	회전한 형상을 표기할 때 사용한다.		
수준면선	수면, 유면 등의 위치를 표기할 때 사용한다.		
중심선	도형의 중심을 표시하거나 중심이 이동한 중심 궤적을 표시하는데 사용한다.	가는 1점 쇄선	—·—·—
피치선	되풀이되는 도형의 피치를 취하는 기준을 표기하는데 사용한다.		
숨은선	물체의 보이지 않는 부분의 모양을 표시하는데 사용한다.	가는 파선 또는 굵은 파선	— — — —
가상선	가공 전 또는 가공 후의 모습을 표기하는데 주로 사용한다.	가는 2점 쇄선	—··—··—
무게중심선	단면의 무게중심을 표기할 때 사용한다.		
파단선	물체의 일부를 파단한 경계 또는 일부를 떼어낸 경계를 표시하는데 사용한다.	불규칙한 파형의 가는 실선	
해칭선	단면도의 절단된 부분을 표시하는데 사용되며, 각기 다른 단면과 접촉되는 경우 서로 반대 방향으로 표기한다.	가는 실선을 규칙적으로 늘어놓은 것	
절단선	단면도 작성시 그 절단 위치를 대응하는 그림에 표시하는데 사용한다.	가는 1점 쇄선으로 끝부분 및 방향이 변하는 부분을 굵게 표기한 것	
특수지정선	특수한 가공 및 열처리가 필요하거나, 요청사항의 범위를 적용할 때 사용한다.	굵은 1점 쇄선	—·—·—
가스켓	가스켓 등 두께가 얇은 부분을 표시하는데 사용한다.	아주 굵은 실선	▬▬▬
비고	기타 KS에 규정되지 않은 선을 사용할 때에는 그 선의 용도를 도면 안에 주기한다.		

[표 2-1] 선(line)의 용도

3. 선의 우선순위

도면에서 두 종류 이상의 선이 같은 위치에 중복될 경우 다음 순서에 따라 우선되는 종류부터 그린다.

(1) 외형선

(2) 숨은선

(3) 절단선

(4) 중심선

(5) 무게 중심선

(6) 치수 보조선

● 참고 ●

단, 외형선보다 우선하는 선으로는 문자와 기호가 있다.

01

도면에서 2종류 이상의 선이 같은 장소에서 중복될 경우 우선순위에 따라 선을 그리는 순서로 맞는 것은?

① 외형선, 절단선, 숨은선, 중심선
② 외형선, 숨은선, 절단선, 중심선
③ 외형선, 무게 중심선, 중심선, 치수 보조선
④ 외형선, 중심선, 절단선, 치수 보조선

관련이론 21p 선의 용도

정답분석 도면에서 두 종류 이상의 선이 같은 위치에 중복될 경우 다음 순위에 따라 우선되는 종류부터 그린다.
㉠ 외형선
㉡ 숨은선
㉢ 절단선
㉣ 중심선
㉤ 무게 중심선
㉥ 치수 보조선
※ 단, 외형선보다 우선하는 선으로는 문자와 기호가 있다.

정답 ②

02

한 도면에 사용되는 선의 종류로 가는 실선으로 부적합한 것은?

① 치수선   ② 지시선
③ 절단선   ④ 회전 단면선

관련이론 21p 선의 용도

정답분석 절단선은 가는 1점 쇄선이다.

정답 ③

03

가공 전 또는 가공 후의 모양을 표시하는데 사용하는 선은?

① 가는 실선
② 가는 2점 쇄선
③ 굵은 1점 쇄선
④ 가는 1점 쇄선

관련이론 21p 선의 용도

정답분석 가는 2점 쇄선
• **가상선**: 가공 전 또는 가공 후의 모습을 표기하는데 주로 사용한다.
• **무게중심선**: 단면의 무게중심을 표기할 때 사용한다.

정답 ②

04

단면을 나타내는 것에 대한 설명으로 옳지 않은 것은?

① 동일한 부품의 단면은 떨어져 있어도 해칭의 각도와 간격을 동일하게 나타낸다.
② 두께가 얇은 부분의 단면도는 실제치수와 관계없이 한 개의 굵은 실선으로 도시할 수 있다.
③ 단면은 필요에 따라 해칭하지 않고 스머징으로 표현할 수 있다.
④ 해칭선은 어떠한 경우에도 중단하지 않고 연결하여 나타내야 한다.

관련이론 21p 선의 용도

정답분석 문자가 있을 경우 해칭선은 중단한다.

정답 ④

05 기계제도에서 사용하는 선에 대한 설명 중 틀린 것은?

① 숨은선, 외형선, 중심선이 한 장소에 겹칠 경우 그 선은 외형선으로 표시한다.

② 지시선은 가는 실선으로 표시한다.

③ 무게 중심선은 굵은 1점 쇄선으로 표시한다.

④ 대상물의 보이는 부분의 모양을 표시할 때는 굵은 실선으로 사용한다.

관련이론 21p 선의 용도

정답분석 무게 중심선
단면의 무게중심을 표기할 때 사용한다.

정답 ③

06 가는 1점 쇄선으로 끝부분 및 방향이 변하는 부분을 굵게 한 선의 용도에 의한 명칭은?

① 파단선　　② 절단선

③ 가상선　　④ 특수 지시선

관련이론 21p 선의 용도

정답분석 절단선은 가는 1점 쇄선으로 끝부분 및 방향이 변하는 부분을 굵게 표기해야 한다.

정답 ②

07 가스켓, 박판, 형강 등과 같이 두께가 얇은 것의 절단면 도시에 사용하는 선은?

① 가는 실선　　② 굵은 1점 쇄선

③ 가는 2점 쇄선　　④ 아주 굵은 실선

관련이론 21p 선의 용도

정답분석 아주 굵은 실선은 가스켓 등 두께가 얇은 부분을 표시하는 데 사용한다.

정답 ④

08 되풀이 되는 도형을 도시할 때 적용하는 가상선의 종류는?

① 가는 2점 쇄선　　② 가는 1점 쇄선

③ 가는 실선　　④ 가는 파선

관련이론 21p 선의 용도

정답분석 되풀이 되는 도형을 가는 2점 쇄선으로 도시한다.

정답 ①

09 다음 도면의 제도방법에 관한 설명 중 옳은 것은?

① 도면에는 어떠한 경우에도 단위를 표시할 수 없다.

② 척도를 기입할 때 A:B로 표기하며, A는 물체의 실제 크기, B는 도면에 그려지는 크기를 표시한다.

③ 축척, 배척으로 제도했더라도 도면의 치수는 실제치수를 기입해야 한다.

④ 각도 표시는 항상 도, 분, 초(°, ´, ˝) 단위로 나타내야 한다.

관련이론 13p 척도(scale), 15p 치수의 단위

정답분석 도면의 치수는 실제치수를 기입해야 한다.
① mm 외의 단위는 표시한다.
② A는 도면에서의 크기, B는 실제 크기이다.
④ 일반적으로 도(°)로 나타낸다.

정답 ③

1 투상법

물체의 평면에 직각으로 광선을 쬐어 이 면에 투상되는 그림으로 대상물의 형태를 표시하는 방법을 투상법이라 한다. 이때 광선을 나타내는 선을 투상선이라 하며, 그림으로 투상되는 평면을 투상면, 묘사된 그림을 투상도라 한다.

2 투상법의 종류

1. 등각 투상도

물체를 120도 각도를 이루는 3개의 축을 기본으로 이들 축에 물체의 높이, 너비, 안쪽 길이를 옮겨서 나타낸 투상도이다.

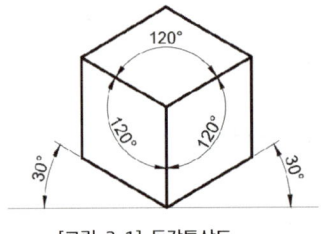

[그림 3-1] 등각투상도

2. 사투상도

물체의 정면은 실제치수로, 평면과 측면은 경사지게 나타낸 투상도이다.

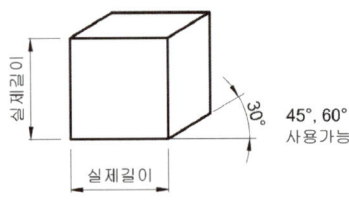

[그림 3-2] 사투상도

3. 투시도

원근감이 드러나도록 나타낸 투상도이다.

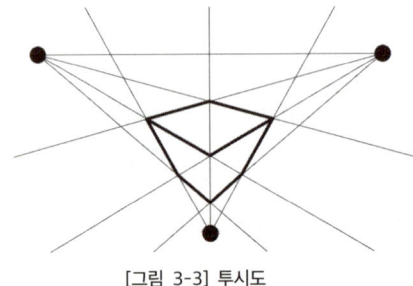

[그림 3-3] 투시도

4. 정투상도

물체의 주요면이 투상면에 평행하게 나타나도록 그리는 투상법이다.

(1) 제1각법

대상물을 제1면각 내에 놓고 투상하는 방법이다.

(2) 제3각법

대상물을 제3면각 내에 놓고 투상하는 방법이다.

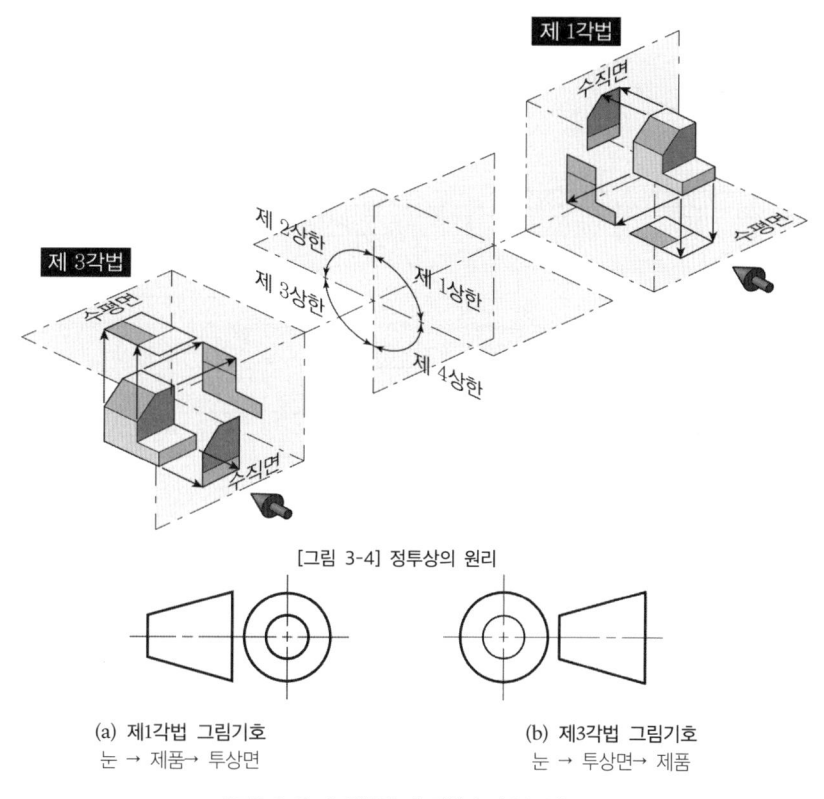

[그림 3-4] 정투상의 원리

(a) 제1각법 그림기호
눈 → 제품→ 투상면

(b) 제3각법 그림기호
눈 → 투상면→ 제품

[그림 3-5] 제1각법과 제3각법의 기호(그림)

(3) 제1각법과 제3각법의 투상도 배열

정면도를 기준으로 각각 반대 위치에 투상면이 배열되며 배면도의 위치는 같다.

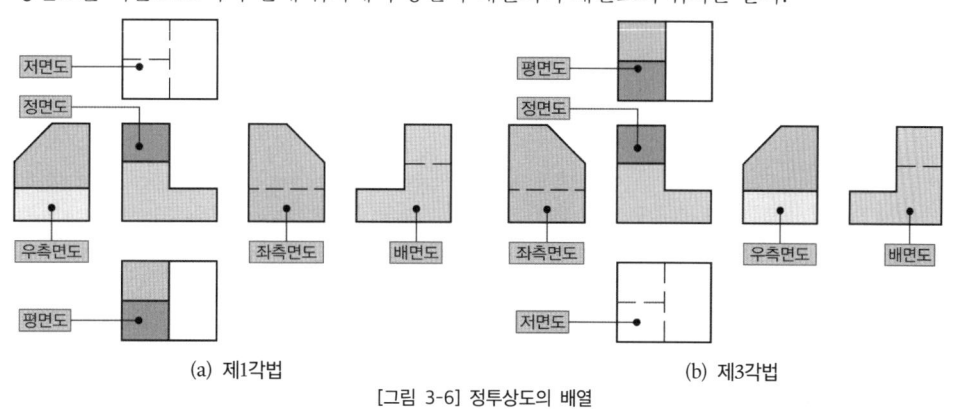

(a) 제1각법

(b) 제3각법

[그림 3-6] 정투상도의 배열

3 전개도

1. 평행선 전개법

경사지게 절단한 각기둥과 원기둥을 평행하게 전개하여 나타낸 것으로 평면도의 원둘레를 12등분하여 면소를 그리면 정면도에 면소의 실제 길이가 나타난다.

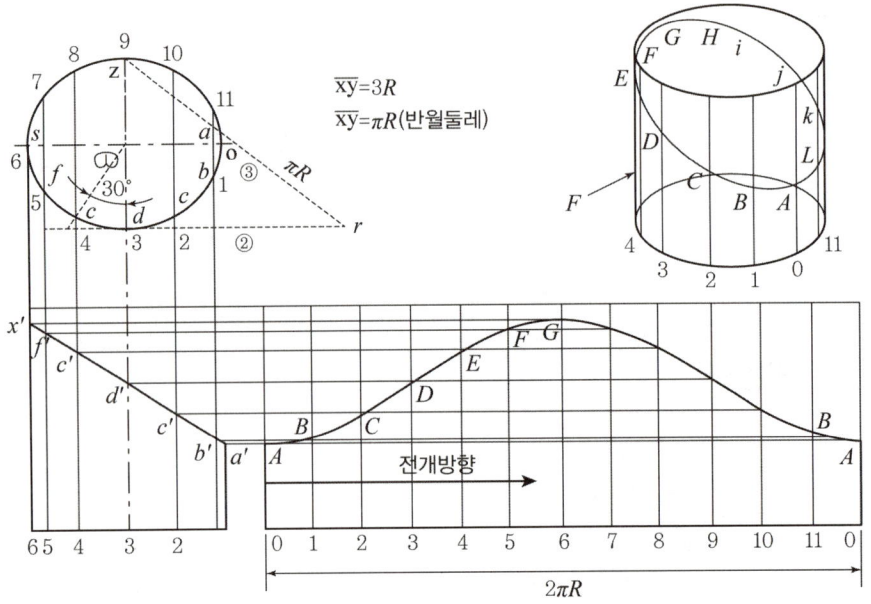

[그림 3-7] 평행선 전개법

2. 방사선 전개법

각뿔이나 원뿔의 꼭지점을 중심으로 하여 방사형으로 전개하여 나타낸다.

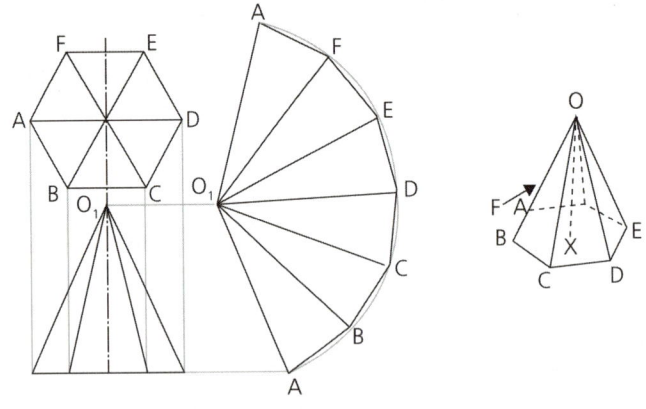

[그림 3-8] 방사선의 전개법

3. 삼각형 전개법

표면을 여러 개의 삼각형으로 전개하여 나타낸다. 원뿔이나 편심원뿔, 각뿔 등의 전개에 많이 사용된다.

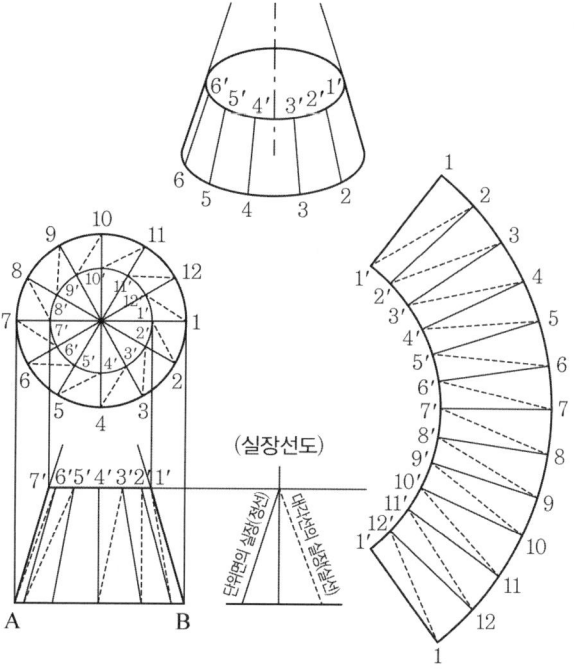

[그림 3-9] 삼각형 전개법

4 특수 투상도

1. 보조 투상도

경사면부가 있는 물체에서 그 경사면을 그대로 투상하면 투상도의 형상은 변형된 것처럼 보인다. 이때 경사면에 평행한 가상의 보조 투상면을 두고, 여기에 필요한 부분만을 투상하면 형상이 조금 더 명확하게 도시될 수 있다.

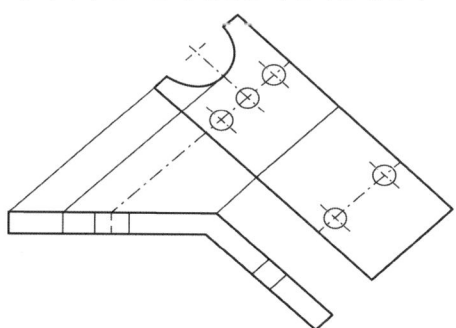

[그림 3-10] 보조 투상도의 적용 도면

2. 회전 투상도

물체의 일부분이 일정 각도를 가지고 있기 때문에 투상도를 명확하게 나타내기 어려울 경우, 실제 길이를 나타내는 위치까지 회전하여 나타낼 수 있다. 그러나 이를 잘못 해석할 우려가 있는 경우에는 작도에 사용한 선을 남길 수 있다.

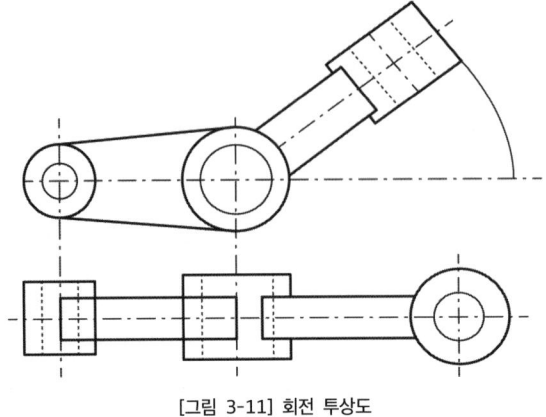

[그림 3-11] 회전 투상도

3. 부분 투상도

물체의 일부를 도시해서 나타낸 것을 부분 투상도라 하며, 이때 생략한 부분과의 경계는 파단선으로 나타낸다.

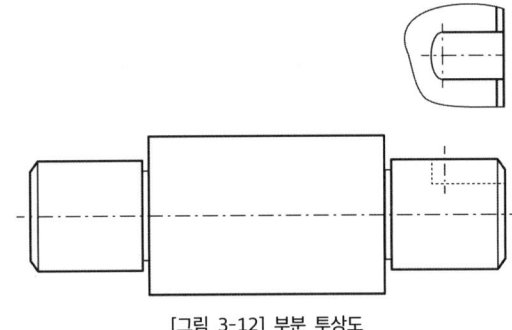

[그림 3-12] 부분 투상도

4. 국부 투상도

물체의 구멍이나 홈 등의 국부적인 형상만으로 도시하는 것이 충분할 때는 그 필요 부분만을 국부 투상도로 하여 나타낸다. 여기에서 투상도의 상호관계를 나타내기 위해서는 중심선, 기준선, 치수 보조선 등으로 연결하는 것을 원칙으로 한다.

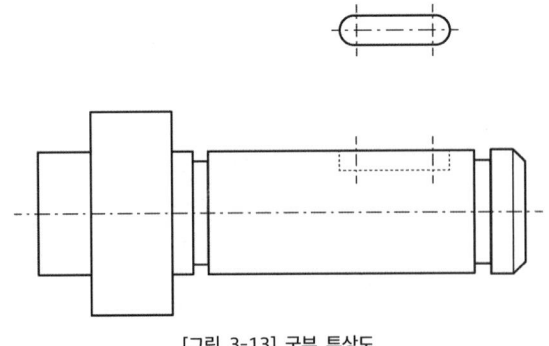

[그림 3-13] 국부 투상도

5. 부분 확대도

물체의 형상이 복잡하거나, 치수의 표기가 어려울 경우 그 부분을 다른 장소에 확대하여 나타낸다. 확대되는 대상의 부분은 실선을 이용하여 원 또는 타원으로 표시한 후, 영문의 대문자로 표기를 하고 다른 장소에 확대하여 나타낸 부분에 동일한 영문의 대문자와 관련 척도를 기재한다.

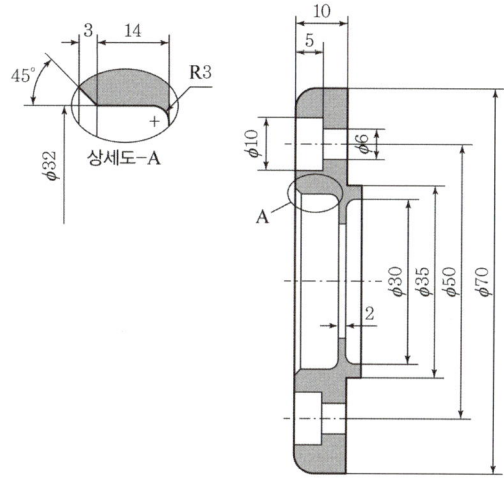

[그림 3-14] 부분 확대도

5 단면도

1. 단면도의 필요성

물체의 보이지 않는 내부 형상이 복잡한 경우에 이것을 일반 투상법으로 나타내면, 많은 은선(숨은선)으로 나타내야 하기 때문에 도면이 복잡해지고 해독하기가 힘들어질 수 있다. 이때, 단면도법을 사용하면 간단하고 명확하게 내부를 나타낼 수 있다.

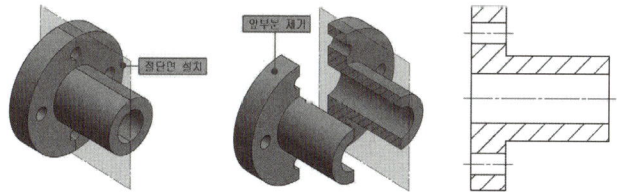

[그림 3-15] 단면 도시법의 표시와 단면도

2. 단면도의 작성 방법

(1) 단면은 원칙적으로 기본중심선에서 절단한 면으로 나타낸다.

(2) 필요에 따라 기본중심선이 아닌 곳에서 절단한 면으로 나타내도 좋다. 이 경우 절단선에 의해 절단의 위치를 표시한다.

(3) 단면인 것을 명백하게 할 필요가 있을 때에는 해칭(hatching)을 한다.

> ● 참고 ●
>
> 해칭은 45°의 가는 실선을 단면부의 면적에 따라 3~5 [mm]의 같은 간격의 평행한 사선을 등간격으로 기입하는 것을 의미하며 조립도에서의 해칭은 방향이나 간격을 다르게 하여 나타낸다.

(4) 은선(숨은선)은 가급적 단면에 기입하지 않는다.

(5) 도면해독에 지장이 있는 요소의 부품은 절단하지 않는다.

　　(예 축, 핀, 키, 볼트, 너트, 와셔, 리브, 바퀴의 암, 기어의 이 등)

(6) 해칭부를 스머징(smudging)해서 나타낼 수 있다.

> ● 참고 ●
>
> 스머징
> 해칭과 함께 단면 표시에 사용되며 단면 부분을 전부 칠하는 방법

(7) 가스켓, 철판, 형강 등과 같이 극히 얇은 제품의 단면은 굵은 실선으로 표시한다.

6 단면도의 종류

1. 온단면도(전단면도)

물체의 중심선을 기준으로 절반(1/2)으로 나누어서 전체 절단면을 단면으로 나타낸다.

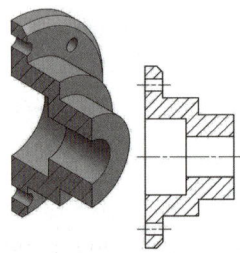

[그림 3-16] 온 단면도

2. 반단면도(한쪽단면도)

투상 대상물이 대칭인 경우 물체의 중심선을 기준으로 1/4에 해당하는 부분만을 절단하여 절단된 면과 외부형상을 동시에 나타낼 수 있다.

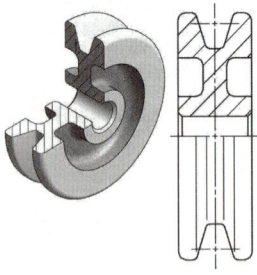

[그림 3-17] 반단면도

3. 부분 단면도

물체의 일부분, 즉 필요한 부분만을 잘라내고 파단선을 사용하여 단면 경계를 나타낸다.

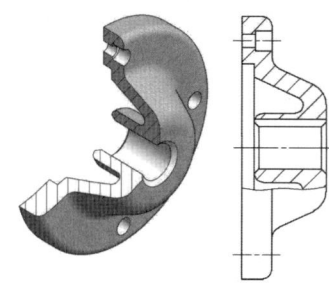

[그림 3-18] 부분 단면도

4. 회전 단면도

핸들이나 바퀴 등의 암, 리브, 축 등의 절단한 면을 90° 회전하여 나타낸다.

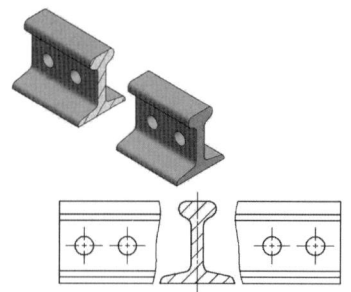

[그림 3-19] 회전 단면도

5. 계단 단면도

절단면이 투상면에 평행하고 수직인 경우 명확하게 나타낸다.

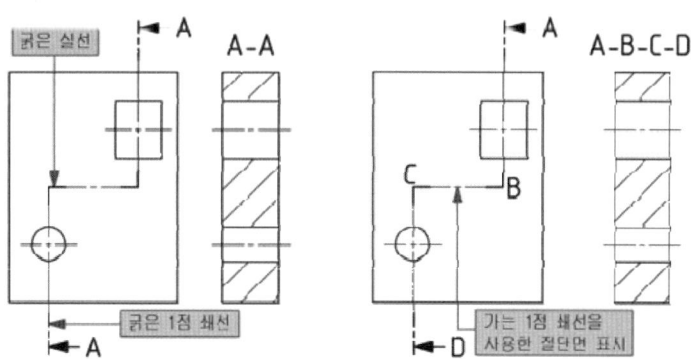

[그림 3-20] 계단 단면도

01 다음 설명과 관련된 투상법은?

• 하나의 그림으로 대상물의 한 면(정면)만을 중점적으로 엄밀, 정확하게 표시할 수 있다.
• 물체를 투상면에 대하여 한쪽으로 경사지게 투상하여 입체적으로 나타낸 것이다.

① 사투상법　　　　② 등각투상법
③ 투시투상법　　　④ 부등각투상법

관련이론 24p 투상법의 종류

정답분석 사투상법
물체의 정면은 실제치수로, 평면과 측면은 경사지게 나타낸 투상법이다.

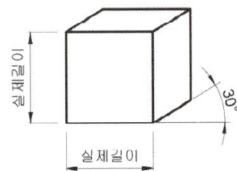

정답 ①

02 투상법의 종류 중 정투상법에 속하는 것은?

① 등각투상법　　　② 제3각법
③ 사투상법　　　　④ 투시도법

관련이론 24p 투상법의 종류

정답분석 정투상법은 1각법과 3각법이다.

정답 ②

03 투상도법에서 원근감을 갖도록 나타내어 건축물 등의 공사 설명용으로 주로 사용하는 투상도법은?

① 등각투상도　　　② 투시도
③ 정투상도　　　　④ 부등각 투상도

관련이론 24p 투상법의 종류

정답분석 투시도에 대한 설명이다.

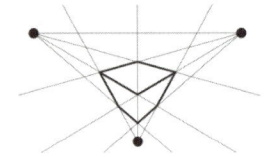

정답 ②

04 3각법과 1각법의 표준 배치에서 서로 반대 위치에 있는 투상도의 명칭은?

① 평면도와 저면도
② 배면도와 평면도
③ 정면도와 저면도
④ 정면도와 측면도

관련이론 25p 정투상도

정답분석 평면도와 저면도는 각법에 따라 반대에 위치한다.

정답 ①

05

다음 중에서 정투상 방법에 대한 설명으로 틀린 것은?

① 제1각법은 눈 → 물체 → 투상면 순서로 놓고 투상한다.
② 제3각법은 눈 → 투상면 → 물체 순서로 놓고 투상한다.
③ 한 도면에 제1각법과 제3각법을 혼용하여 사용해도 된다.
④ 제1각법과 제3각법에서 배면도의 위치는 같다.

관련이론 25p 정투상도
정답분석 한 도면에 제1각법과 제3각법을 혼용하면 안 된다.

정답 ③

06

정투상법으로 물체를 투상하여 정면도를 기준으로 배열할 때 제1각법 또는 제3각법에 관계없이 배열의 위치가 같은 투상도는?

① 저면도 　　② 좌측면도
③ 평면도 　　④ 배면도

관련이론 25p 정투상도
정답분석 정면도와 배면도의 위치는 같다.

정답 ④

07

정투상도에서 제1각법을 나타내는 그림 기호는?

①
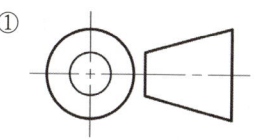

②
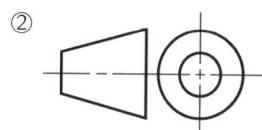

③
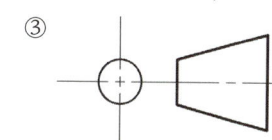

④
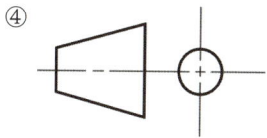

관련이론 25p 정투상도
정답분석 제1각법은 ②의 기호로 나타낸다.

정답 ②

08

정면, 평면, 측면을 하나의 투상면 위에서 동시에 볼 수 있도록 그린 도법은?

① 보조 투상도 　　② 단면도
③ 등각 투상도 　　④ 전개도

관련이론 24p 투상법의 종류
정답분석 등각 투상도에 대한 설명이다.

정답 ③

09

지름이 일정한 원기둥을 전개하려고 한다. 어떤 전개 방법을 이용하는 것이 가장 적합한가?

① 삼각형법을 이용한 전개도법
② 방사선법을 이용한 전개도법
③ 평행선법을 이용한 전개도법
④ 사각형법을 이용한 전개도법

관련이론 26p 전개도
정답분석 원기둥 전개도는 평행선법을 사용한다.

정답 ③

10 다음 투상방법 설명 중 틀린 것은?

① 경사면부가 있는 대상물에서 그 경사면의 실형을 표시할 때에는 보조투상도로 나타낸다.

② 그림의 일부를 도시하는 것으로 충분한 경우에는 부분투상도로서 나타낸다.

③ 대상물의 구멍, 홈 등 한 부분만의 모양을 도시하는 것으로 충분한 경우에는 그 필요한 부분만을 회전 투상도로서 나타낸다.

④ 특정 부분의 도형이 작은 이유로 그 부분의 상세한 도시나 치수기입을 할 수 없을 때에는 부분 확대도로 나타낸다.

관련이론 27p 특수 투상도

정답분석 대상물의 구멍, 홈 등 한 부분만의 모양을 도시하는 것으로 충분한 경우에는 그 필요한 부분만을 국부 투상도로서 나타낸다.

정답 ③

11 투상도의 표시 방법에서 보조 투상도에 관한 설명으로 적합한 것은?

① 복잡한 물체를 절단하여 투상한 것

② 물체의 홈, 구멍 등 특정 부위만 도시한 투상도

③ 특정 부분의 도형이 작아서 그 부분만을 확대하여 그린 투상도

④ 경사면부가 있는 물체의 경사면과 마주보는 위치에 그린 투상도

관련이론 27p 특수 투상도

정답분석 경사면부에 도시하는 투상도는 보조 투상도이다.

정답 ④

12 [가] 부분에 나타날 보조 투상도를 가장 적절하게 나타낸 것은?

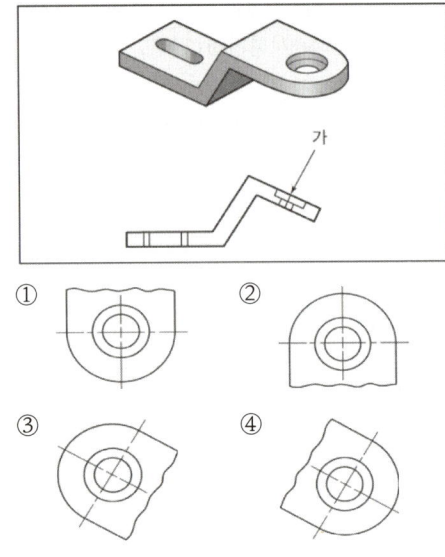

관련이론 27p 특수 투상도

정답분석 문제 도면은 보조 투상도로 경사부를 연장선을 이용해서 나타낸 도면이다.

정답 ④

13 특정 부분의 도형이 작아서 상세한 도시나 치수기입을 할 수 없을 때 사용하는 투상도는?

① 보조 투상도 ② 부분 투상도
③ 국부 투상도 ④ 부분 확대도

관련이론 27p 특수 투상도

정답분석 확대가 필요한 투상도는 부분 확대도이다.

정답 ④

14 단면도에 대한 설명으로 틀린 것은?

① 가스켓이나 철판과 같이 극히 얇은 제품의 단면표시는 1개의 굵은 일점 쇄선으로 표시한다.

② 치수, 문자, 기호는 해칭이나 스머징보다 우선하므로 해칭이나 스머징을 중단하거나 피해서 기입한다.

③ 절단면 뒤에 나타나는 숨은선과 중심선은 표시하지 않는 것을 원칙으로 한다.

④ 단면 표시는 45도의 가는 실선으로 단면부의 면적에 따라 3~5mm의 간격으로 경사선을 긋는다.

관련이론 21p 선의 용도

정답분석 가스켓, 철판, 형강 등과 같이 극히 얇은 제품의 단면은 굵은 실선으로 표시한다.

정답 ①

15 회전도시 단면도를 설명한 것으로 가장 올바른 것은?

① 도형 내의 절단한 곳에 겹쳐서 90° 회전시켜 도시한다.

② 물체의 1/4을 절단하여 1/2은 단면, 1/2은 외형을 동시에 도시한다.

③ 물체의 반을 절단하여 투상면 전체를 단면으로 도시한다.

④ 외형도에서 필요한 일부분만 단면으로 도시한다.

관련이론 30p 단면도의 종류

정답분석 ①이 옳은 설명이다.
② 한쪽 단면도
③ 온단면도
④ 부분 단면도

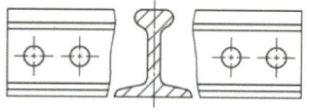

정답 ①

1 객체의 생략

제품이 중심축에 대해 대칭인 경우 투상도의 대칭 중심선의 한쪽을 생략하여 나타낼 수 있다. 이때 중심선의 양끝에 2개의 가는 실선을 그어 대칭을 표시한다.

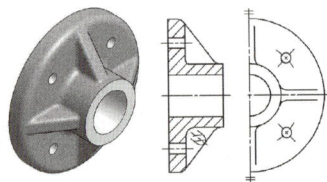

[그림 4-1] 객체의 생략

2 치수선 생략

제품의 길이가 너무 길어 전체 치수를 표기하는 것이 어려울 경우 중간 부분만 잘라내어 치수를 표기할 수 있다(여기에서 치수는 실제치수를 표기한다).

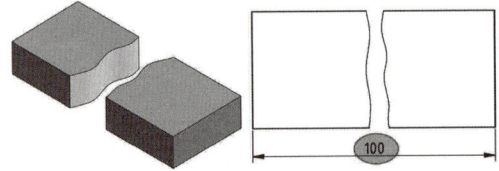

[그림 4-2] 치수선의 생략

3 평면의 표시

제품의 특정 부분이 평면인 경우 그 부분에 가는 실선을 이용하여 대각선으로 X를 표기하여 평면임을 나타낼 수 있다.

[그림 4-3] 평면의 표시

4 가공관련 표기

제품의 가공 전과 후의 모양을 나타내거나 특수한 가공이 필요한 경우 가는 2점 쇄선을 사용해서 나타낼 수 있다.

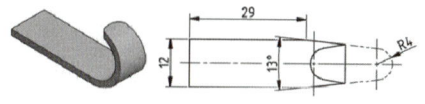

[그림 4-4] 가공 전과 후의 표시

5 특수 가공부의 표기

제품의 일부분에 특수 가공을 요구하는 경우, 굵은 1점 쇄선을 이용해서 나타낸다.

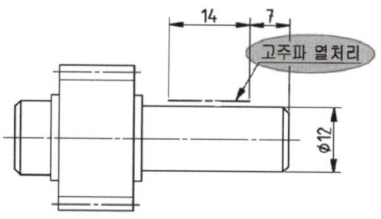

[그림 4-5] 특수 가공의 도시

01
대상물의 일부를 파단한 경계 또는 일부를 떼어낸 경계를 표시하는데 사용하는 선은?

① 파단선　　　② 지시선
③ 가상선　　　④ 절단선

관련이론 21p 선의 용도

정답분석 대상물의 일부를 파단한 경계 또는 일부를 떼어낸 경계를 표시하는데 사용하는 선은 파단선이다.

정답 ①

02
축의 도시방법 중 바르게 설명한 것은?

① 긴 축은 중간을 파단하여 짧게 그리되 치수는 실제의 길이를 기입한다.
② 축 끝의 모따기는 각도와 폭을 기입하되 60°모따기인 경우에 한하여 치수 앞에 "C"를 기입한다.
③ 둥근 축이나 구멍 등의 일부 면이 평면임을 나타낼 경우에는 굵은실선의 대각선을 그어 표시한다.
④ 축에 있는 널링(knurling)의 도시는 빗줄인 경우 축선에 대하여 45°로 엇갈리게 그린다.

관련이론 36p 평면의 표시, 45p 모따기의 치수 기입

정답분석 ①의 내용이 옳은 설명이다.

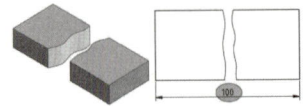

정답 ①

03
그림의 (a) 표기 부분이 의미하는 내용은?

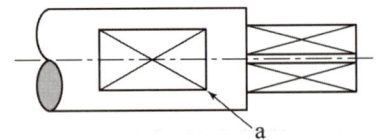

① 곡면　　　② 회전체
③ 평면　　　④ 구멍

관련이론 36p 평면의 표시

정답분석 (a)는 평면을 의미한다.

정답 ③

04
대상면의 일부에 특수한 가공을 하는 부분의 범위를 표시할 때 사용하는 선은?

① 굵은 1점 쇄선　　② 굵은 실선
③ 파선　　　　　　④ 가는 2점 쇄선

관련이론 37p 특수 가공부의 표기

정답분석 굵은 1점 쇄선을 사용한다.

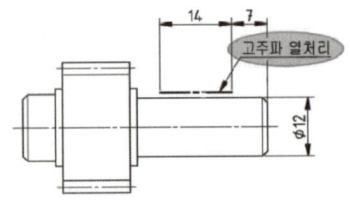

정답 ①

05 도면 작성 시 가는 2점 쇄선을 사용하는 용도로 틀린 것은?

① 인접한 다른 부품을 참고로 나타낼 때
② 길이가 긴 물체의 생략된 부분의 경계선을 나타낼 때
③ 축 제도 시 기 홈 가공에 사용되는 공구의 모양을 나타낼 때
④ 가공 전 또는 후의 모양을 나타낼 때

관련이론 21p 선의 용도

정답분석
• 길이가 긴 물체의 생략된 부분의 경계선을 나타낼 때는 파단선을 사용한다.
• 파단선은 가는 실선이다.

정답 ②

치수 기입법

1 치수 기입의 개요

1. 치수 기입의 목적

(1) 치수는 도면에 표현된 대상물의 크기, 위치, 자세를 정량적으로 표현하는 방법이다.

(2) 치수 기입이 잘못되어 있으면 제작과정에서 조립 편차가 발생하고, 기능작동 오류 등 품질에 악영향을 줄 수 있다.

(3) 가공방법에 따라 치수를 기입하는 방식은 달라질 수 있다.

(4) 가공방법, 가공순서, 조립순서를 고려하여 작업공정과 결과물의 최종 기능에 잘 맞는 치수를 선택해서 기입해야 한다.

(5) 치수는 쉽고 직관적으로 알아볼 수 있어야 하고, 가독성이 좋은 곳에 기입한다.

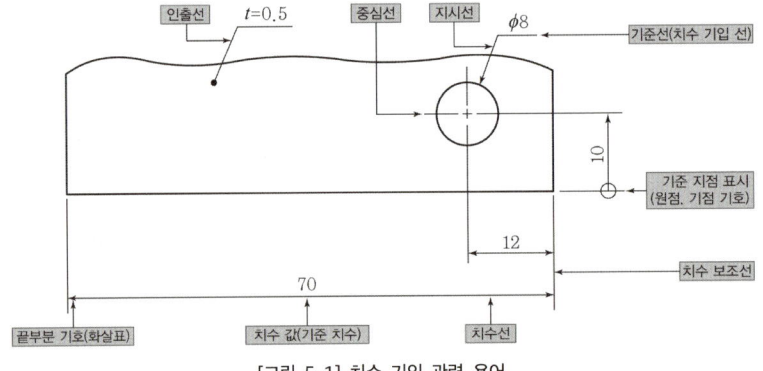

[그림 5-1] 치수 기입 관련 용어

2. 치수 기입의 기본 원칙

(1) 대상물의 기능, 제작, 조립 등을 고려하여 필요한 치수를 명료하게 기입한다.

(2) 치수는 도면에 표현된 형상에 크기와 위치를 명확하게 표시하는 데에 필요하고 충분한 것을 기입한다.

(3) 치수는 선에 겹치게 기입해서는 안 된다.

(4) 치수는 치수선이 서로 만나는 곳에 기입하면 안 된다.

(5) 도면에 나타내는 치수에서 별도의 설명이 없다면 그 도면에 도시한 대상물의 다듬질 치수를 표시한다.

(6) 치수는 가능한 주 투상도에 집중하여 기입하고, 중복 기입은 피한다.

(7) 치수는 되도록 계산해서 구할 필요가 없도록 기입한다.

(8) 치수는 가능한 간단하게 기준으로 하는 점, 선 또는 면을 기준으로 기입한다.

(9) 관련 치수는 가능한 한 곳에 모아 기입하고 공정마다 배열을 분리 기입한다.

(10) 치수 중 참고 치수에 대해서는 치수 수치에 괄호를 사용한다.

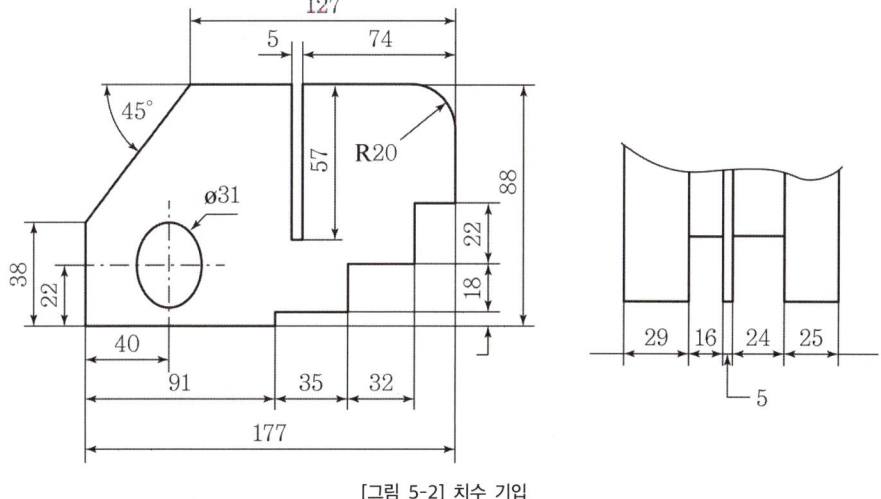

[그림 5-2] 치수 기입

2 각도 치수의 기입

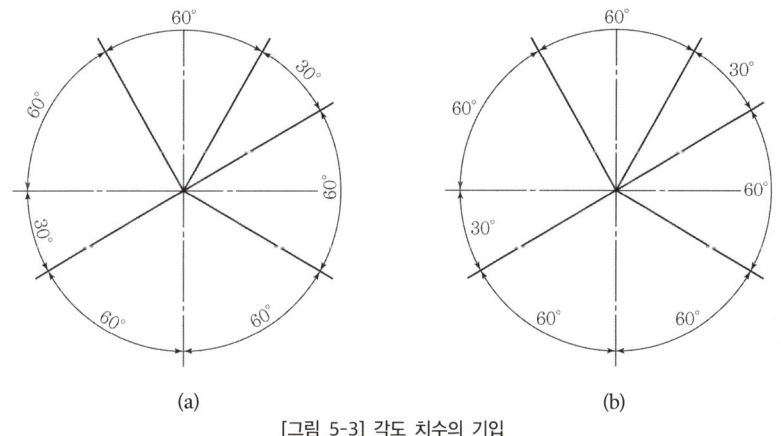

(a)

(b)

[그림 5-3] 각도 치수의 기입

3 치수의 기입 방식

1. 직렬 치수 기입 방식

직렬로 나란히 연결된 치수에 지시하고 일반 공차가 차례로 누적되어도 좋은 경우에 적용할 수 있다.

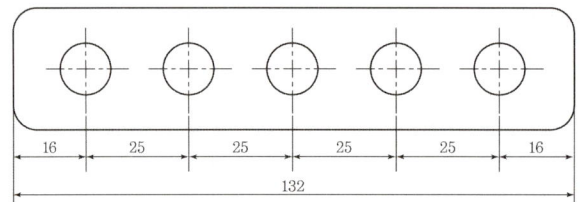

[그림 5-4] 직렬 치수의 기입

2. 병렬 치수 기입 방식

기준면을 설정하고 개별로 치수를 지시하는 방법이며, 각 치수의 일반 공차는 다른 치수의 일반 공차에 영향을 주지 않는다.

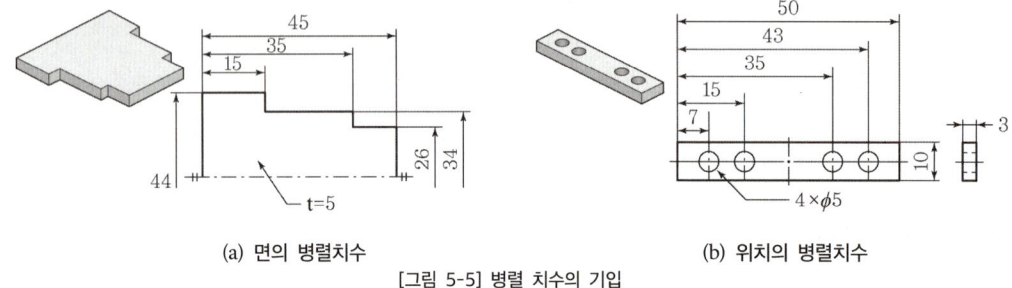

(a) 면의 병렬치수   (b) 위치의 병렬치수

[그림 5-5] 병렬 치수의 기입

3. 누진 치수 기입 방식

(1) 병렬 치수기입 방식과 동일한 방식이지만 표현 방법이 한 개의 연속된 치수선으로 나타내기 때문에 매우 간결하고 편리하게 나타낼 수 있다. 치수기입을 할 기준점에 (기점)기호(●)를 기입하고 치수선의 다른 끝은 화살표로 나타낸다. 치수는 [그림 5-6]과 같이 치수 보조선과 나란히 지시하거나 치수 보조선 끝에 지시할 수 있다.

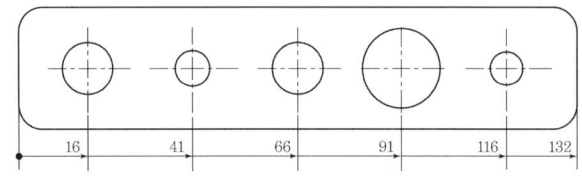

[그림 5-6] 누진 치수의 기입

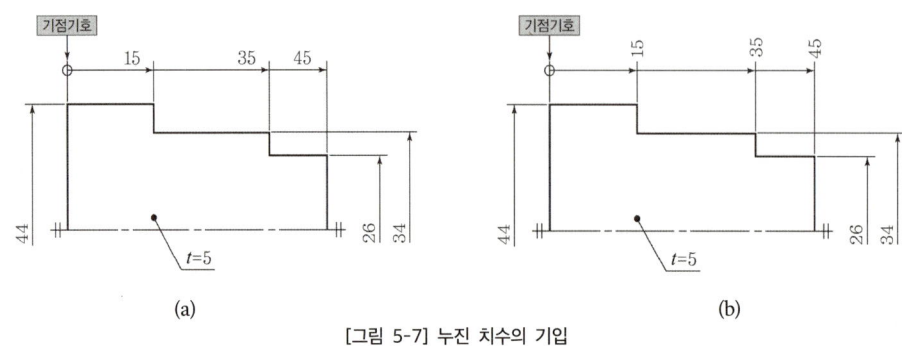

(a)   (b)

[그림 5-7] 누진 치수의 기입

(2) 구멍의 위치나 크기 등의 치수는 좌표를 사용한 표를 사용해도 되며 표에 지시된 [그림 5-8]의 'X', 'Y'는 기점으로부터의 치수이다.

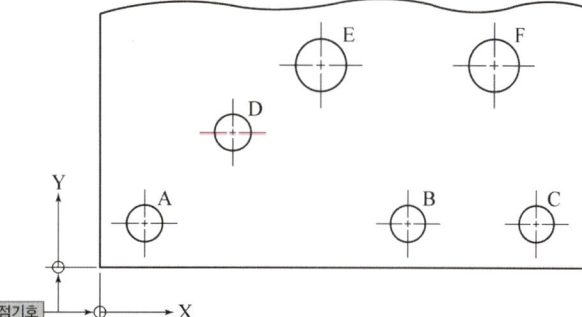

구분	X	Y	d
A	6	6	∅5
B	44	6	∅5
C	62	6	∅5
D	19	19	∅5
E	31	28	∅8
F	56	28	∅8

[그림 5-8] 기점기호와 문자기호 및 좌표치수

4 치수의 보조기호

구분	기호	구분	기호
지름	∅	카운트 보어	⊔
반지름	R	카운트 싱크	∨
구의 지름	S∅	깊이	↧
구의 반지름	SR	이론적으로 정확한 치수	50
정사각형	□	참고 치수	(50)
판의 두께	t	치수의 취소	~~50~~
원호의 길이	⌒	비례 척도가 아닌 치수	<u>50</u>
45° 모떼기	C	치수의 기준(기점기호)	⊙─

[표 5-1] 치수의 보조기호

5 기계요소부품의 치수 기입

1. 구멍의 치수 기입

(1) 일반 방식

구멍의 가공방법을 나타내야 할 경우에는 구멍의 기준치수를 먼저 나타내고 그 뒤에 가공방법을 명시한다. 가공 용어는 한국공업규격(KS)에 따른다.

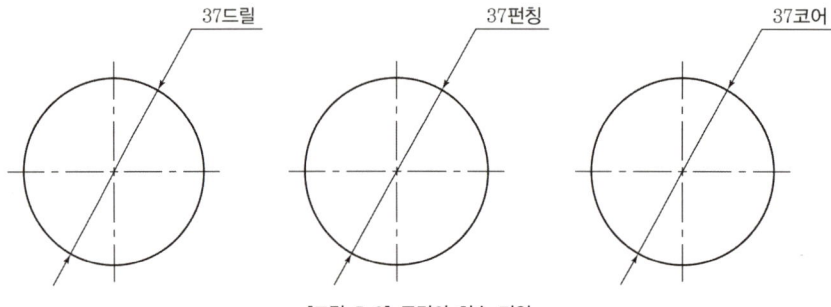

[그림 5-9] 구멍의 치수 기입

(2) 연속(동일)구멍 치수

1개의 투상도에서 나사, 핀, 리벳 등의 구멍이 여러 개이면서 반복, 연속일 경우에는 구멍의 총 수 다음에 'X'를 표시하고 한 칸을 띄어서 치수를 기입한다.

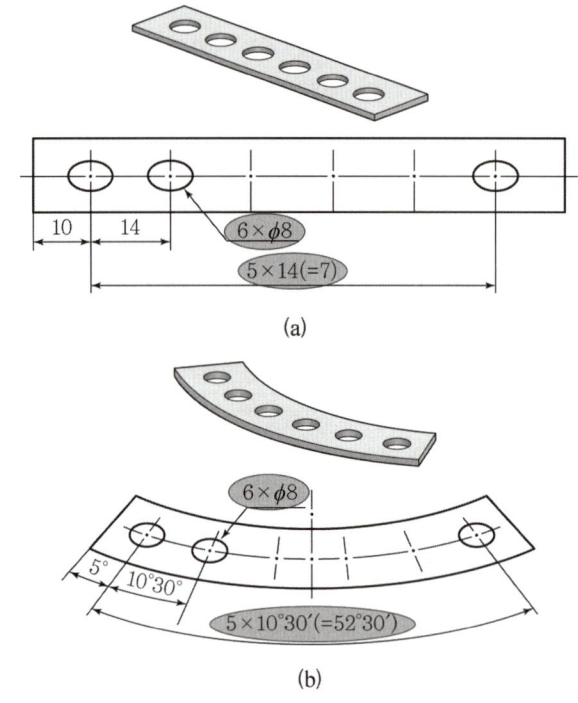

[그림 5-10] 연속 구멍 치수

2. 키 홈(key-home)의 치수 기입

(1) 축의 키 홈

축 끝까지 가공된 키 홈의 깊이는 [그림 5-11]의 (a)와 같이 축 안의 키 홈 깊이는 (b)와 같이 지시한다.

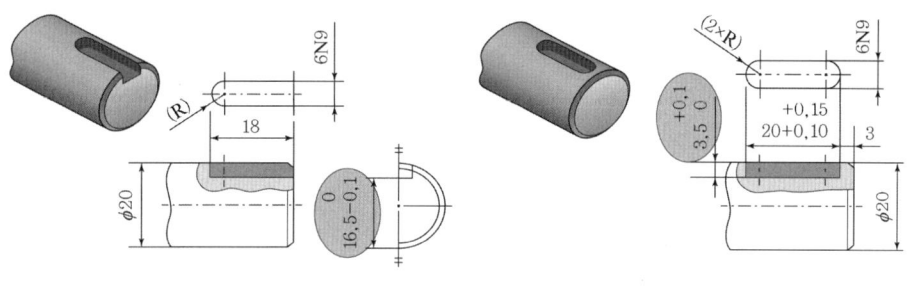

(a) 두께 치수 지시   (b) 깊이 치수 지시

[그림 5-11] 축의 키 홈 치수

(2) 구멍의 키 홈

① 키 홈 치수는 (a)와 같이 키 홈의 반대쪽 구멍의 지름 면으로부터 키 홈의 면까지를 지시한다.

② 키 홈 가공이 된 쪽 면으로부터 키 홈의 깊이를 지시하고자 할 때는 (b)와 같이 지시한다.

③ 경사 키 홈 치수는 (c)와 같이 구멍의 지름 면으로부터 먼 쪽의 키 홈 면까지의 치수를 키 홈이 깊은 쪽으로 지시한다.

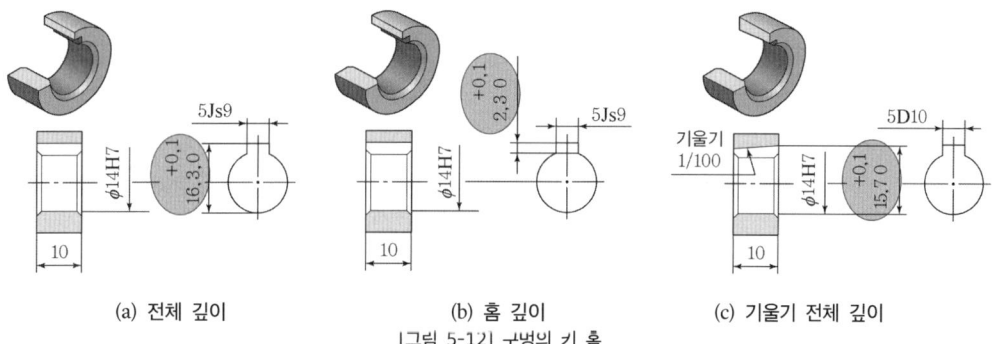

(a) 전체 깊이   (b) 홈 깊이   (c) 기울기 전체 깊이

[그림 5-12] 구멍의 키 홈

3. 모따기의 치수 기입

(1) 축의 모따기

축의 모따기 치수는 [그림 5-13]과 같이 지시한다.

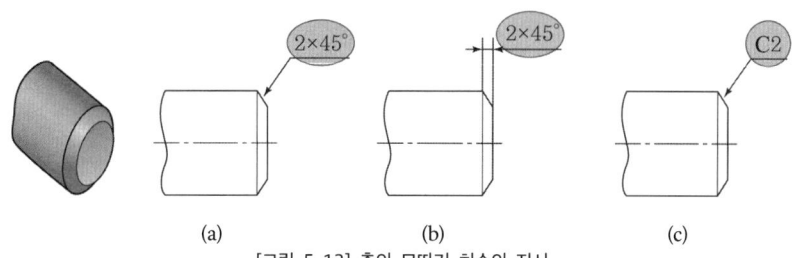

(a)   (b)   (c)

[그림 5-13] 축의 모따기 치수의 지시

(2) 큰 모따기

큰 모따기는 [그림 5-14]와 같이 지시한다.

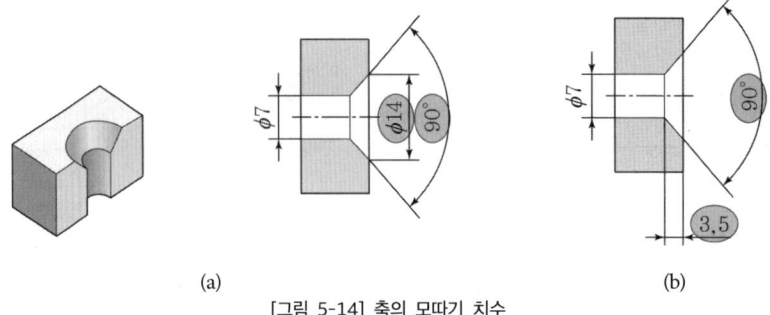

(a)

(b)

[그림 5-14] 축의 모따기 치수

4. 테이퍼와 기울기 치수 지시

(1) 테이퍼 치수

테이퍼 치수는 [그림 5-15]의 (a)와 같이 중심선 위에 지시하나 기울기 크기와 방향을 별도로 지시할 때 그림 (b)와 같이 지시선을 사용해 지시한다.

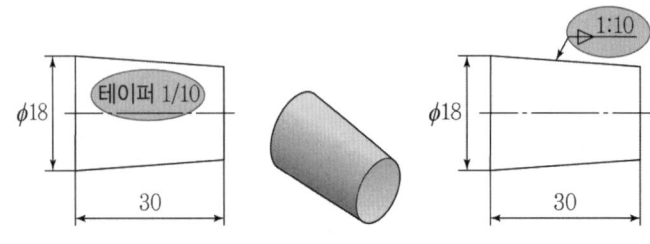

(a) 중심선 위에 직접 표시   (b) 지시선으로 투상도 밖에 표시

[그림 5-15] 테이퍼의 치수 지시

(2) 기울기 치수

원칙적으로 기울어진 면의 위로 약간 띄어서 [그림 5-16]의 (a)와 같이 지시한다. 특별한 경우에는 (b)와 같이 화살표를 붙인 지시선이나 (c)와 같이 대상 면 지시기호를 사용해서 밖으로 이끌어 내어 지시할 수 있다.

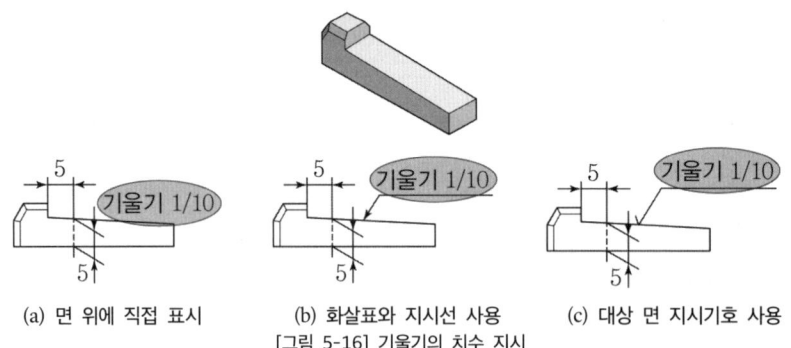

(a) 면 위에 직접 표시   (b) 화살표와 지시선 사용   (c) 대상 면 지시기호 사용

[그림 5-16] 기울기의 치수 지시

5. 정사각형 변의 크기

원형인 제품의 모양이 정사각형의 모양을 포함하고 있는 경우에는 투상도를 따로 그리지 않고 [그림 5-17]의 (a)와 같이 변의 치수 앞에 [보조기호 □]를 붙인다.

정사각형의 치수는 (b)와 같이 한 변의 치수 앞에 [보조기호 □]를 붙인다.

구멍의 위치가 정사각형으로 배치된 치수는 (c)와 같이 한 변의 치수 앞에 [보조기호 □]를 붙인다.

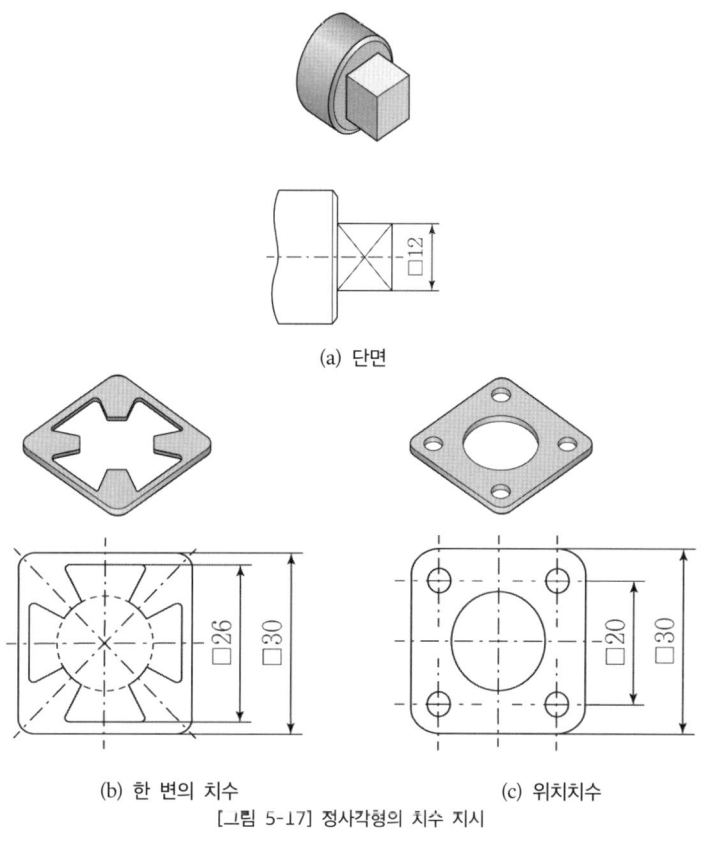

(a) 단면

(b) 한 변의 치수　　　　(c) 위치치수

[그림 5-17] 정사각형의 치수 지시

6. 두께 치수

[그림 5-18]과 같이 치수 앞에 [보조기호 t]를 붙이고 투상도 밖으로 빼서 나타낸다.

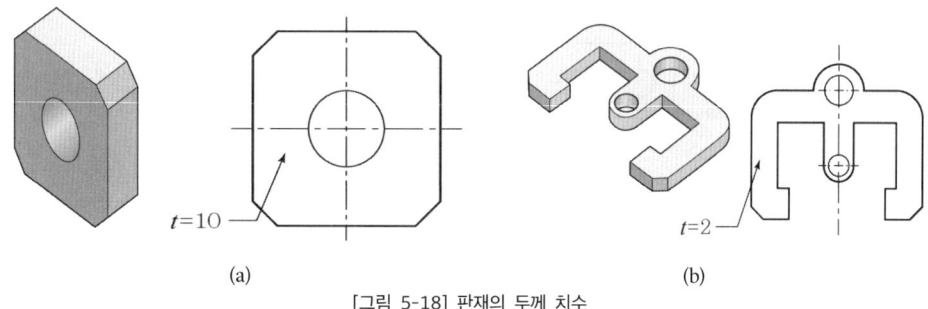

(a)　　　　(b)

[그림 5-18] 판재의 두께 치수

01

치수 배치 방법 중 치수공차가 누적되어도 좋은 경우에 사용하는 방법은?

① 누진치수기입법   ② 직렬치수기입법
③ 병렬치수기입법   ④ 좌표치수기입법

관련이론 42p 누진 치수 기입 방식

정답분석 직렬치수기입법
직렬로 나란히 연결된 치수에 지시하고 일반 공차가 차례로 누적되어도 좋은 경우에 적용할 수 있다.

정답 ②

03

치수 기입에서 (100)으로 표시하였을 때 ( )는 무엇을 뜻하는가?

① 완성 치수   ② 지름 치수
③ 기준 치수   ④ 참고 치수

관련이론 43p 치수의 보조기호

정답분석 ( )는 참고 치수를 의미한다.

정답 ④

04

구의 지름을 나타내는 치수 보조기호는?

① ∅   ② C
③ S∅   ④ R

관련이론 43p 치수의 보조기호

정답분석 구의 지름을 나타내는 치수 보조기호는 S∅이다.
① 지름
② 모떼기(= 모따기)
④ 반지름

정답 ③

02

다음 도면에서 전체길이를 표시하고 있는 (A)부의 치수는?

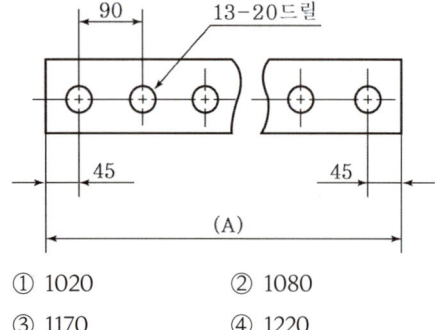

① 1020   ② 1080
③ 1170   ④ 1220

관련이론 44p 구멍의 치수 기입

정답분석
• 13 - 20드릴: 구멍 13개, 지름 20(가공방법 드릴)
• 구멍 간격 90
• 좌측 끝 45, 우측 끝 45
∴ 90 × (13 - 1) + (45 × 2) = 1080 + 90 = 1170

정답 ③

05

치수 기입의 원칙과 방법에 관한 설명으로 적합하지 않은 것은?

① 치수는 중복기입을 피한다.
② 치수는 되도록 공정마다 배열을 분리하여 기입한다.
③ 치수는 되도록 계산하여 구할 필요가 없도록 기입한다.
④ 치수는 되도록 정면도, 평면도, 측면도 등에 분산시켜 기입한다.

관련이론 40p 치수 기입의 기본 원칙

정답분석 치수는 주투상도에 집중 기입한다.

정답 ④

pass.Hackers.com

Chapter 06 공차(tolerance)

1 공차의 정의

공작기계의 정밀도와 생산방법에 따라 실제로 측정된 값이 기준치수보다 크거나 작게 나타나는데, 이와 같은 차이를 공차라고 한다.

2 공차의 종류

1. 치수공차

공차의 가장 기본적인 형태와 개념이고 대상물이 측정될 수 있는 최대값과 최소값으로 나타낸다.

2. 끼워맞춤공차

기본적으로는 축(shaft)과 구멍(hole)의 관계를 규정한 공차이다. 부품의 조립 관계를 규정하고 해석할 수 있다.

3. 기하공차(geometrical tolerance)

기계부품의 치수공차에 형상이나 위치에 대한 정보를 추가로 부여해서 제품의 정밀도와 효율성을 높이고 경제성을 향상시킬 수 있다.

3 치수공차

1. 실치수(실제 치수)

부품의 어떤 부분에 대하여 실제로 측정한 치수이다.

2. 허용 한계치수

허용할 수 있는 최대 치수와 최소 치수로서, 각각 최대허용치수와 최소허용치수를 의미한다.

3. 최대허용치수

제품에 허용할 수 있는 최대 치수(= 기준치수 + 윗치수 허용차)이다.

4. 최소허용치수

제품에 허용할 수 있는 최소 치수(= 기준치수 - 아래치수 허용차)이다.

5. 치수공차

최대허용치수와 최소허용치수의 차이로서 단순히 '공차'라고도 한다.

6. 기준치수

허용한계치수의 기준이 되는 치수를 의미하며, 호칭치수라고도 한다.

7. 치수 허용차

허용한계 치수에서 그 기준치수를 뺀 값이다.

(1) 윗치수 허용차

최대 허용치수에서 호칭치수(기준치수)를 뺀 값이다.

(2) 아래치수 허용차

최소 허용치수에서 호칭치수(기준치수)를 뺀 값이다.

8. 기준선

허용한계치수 또는 끼워맞춤을 도시할 때 치수허용차의 기준이 되는 선이다.

9. 허용범위

기준선과 치수공차와의 관계를 도시할 때 윗치수 허용차와 아래치수 허용차를 나타내는 두 개의 선 사이에 들어있는 구역으로 치수공차와 기준선에 대한 위치에 따라 결정된다.

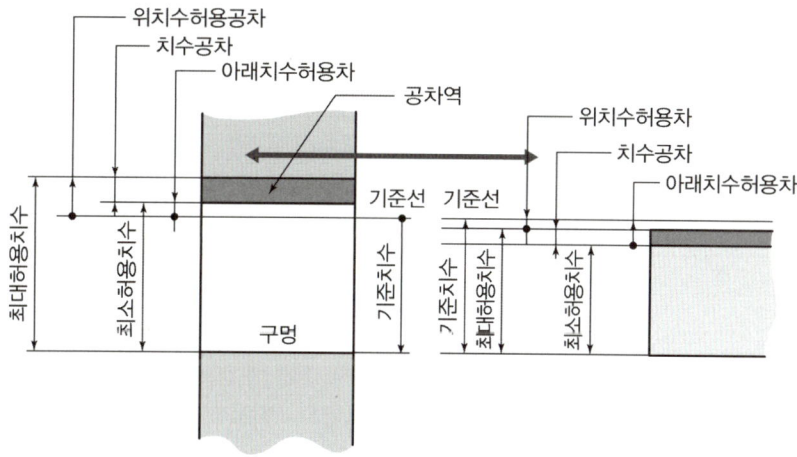

[그림 6-1] 치수공차

● **참고** ●

(1) 구멍 공차의 예
① 최대허용치수: 기준치수 + 윗치수 허용차 = 40 + 0.025 = 40.025 mm
② 최소허용치수: 기준치수 + 아래치수 허용차 = 40 + (- 0.020) = 39.980 mm
③ 치수공차: 최대허용치수 - 최소허용치수 = 40.025 - 39.980 = 0.045 mm

(2) 축 공차의 예
① 최대허용치수: 기준치수 + 윗치수 허용차 = 40 + (- 0.025) = 39.975 mm
② 최소허용치수: 기준치수 + 아래 치수 허용차 = 40 + (- 0.050) = 39.950 mm
③ 치수공차: 최대허용치수 - 최소허용치수 = 39.975 - 39.950 = 0.025 mm

4 IT(International Tolerance) 기본공차

기본공차는 치수공차와 끼워맞춤의 기준치수를 구분하여 공차 값을 적용하는 것으로써, [표 6-1]과 같이 IT 01급부터 IT 18급까지 20등급으로 구분하고 있다.

| 공차 작아짐 | 0급, 1급, 2급, 3급, …, 18급 | 공차 커짐 |

[기본공차의 등급 적용 예]

구분 \ 등급		IT 01	IT 0	IT 1	IT 2	IT 3	IT 4	IT 5	IT 6	IT 7	IT 8	IT 9	IT 10	IT 11	IT 12	IT 13	IT 14	IT 15	IT 16	IT 17	IT 18
초과	이하	기본공차의 수치(μm)													기본공차의 수치(mm)						
-	3	0.3	0.5	0.8	1.2	2.0	3.0	4.0	6.0	10	14	25	40	60	0.10	0.14	0.26	0.40	0.60	1.00	1.40
3	6	0.4	0.6	1.0	1.5	2.5	4.0	5.0	8.0	12	18	30	48	75	0.12	0.18	0.30	0.48	0.75	1.20	1.80
6	10	0.4	0.6	1.0	1.5	2.5	4.0	6.0	9.0	15	22	36	58	90	0.15	0.22	0.36	0.58	0.90	1.50	2.20
10	18	0.5	0.8	1.2	2.0	3.0	5.0	8.0	11	18	27	43	70	110	0.18	0.27	0.43	0.70	1.10	1.80	2.27
18	30	0.6	1.0	1.5	2.5	4.0	6.0	9.0	13	21	33	52	84	130	0.21	0.33	0.52	0.84	1.30	2.10	3.30
30	50	0.6	1.0	1.5	2.5	4.0	7.0	11	16	25	39	62	100	160	0.25	0.39	0.62	1.00	1.60	2.50	3.90
50	80	0.8	1.2	2.0	3.0	5.0	8.0	13	19	30	46	74	120	190	0.30	0.46	0.74	1.20	1.90	3.00	4.60
80	120	1.0	1.5	2.5	4.0	6.0	10	15	22	35	54	87	140	220	0.35	0.54	0.87	1.40	2.20	3.50	5.40
120	180	1.2	2.0	3.5	5.0	8.0	12	18	25	40	63	100	160	250	0.40	0.63	1.00	1.60	2.50	4.00	6.30
180	250	2.0	3.0	4.5	7.0	10	14	20	29	46	72	115	185	290	0.46	0.72	1.15	1.85	2.90	4.60	7.20

용도	게이지 제작 공차	끼워 맞춤 공차	끼워 맞춤 이외 공차
구멍	IT 01 ~ IT 5	IT 6 ~ IT 10	IT 11 ~ IT 18
축	IT 01 ~ IT 4	IT 5 ~ IT 9	IT 10 ~ IT 18

[표 6-1] IT공차

5 끼워맞춤공차

1. 끼워맞춤의 종류

(1) 헐거운 끼워맞춤

구멍의 최소 치수가 축의 최대 치수보다 큰 경우이며, 항상 틈새가 발생하는 끼워맞춤 관계이다.

(2) 중간 끼워맞춤

끼워맞춤 관계 중에서 틈새와 죔새 둘 다 발생할 수 있다.

(3) 억지 끼워맞춤

축의 최소 치수가 구멍의 최대 치수보다 항상 큰 경우로, 항상 죔새가 발생하는 끼워맞춤 관계이다.

2. 끼워맞춤의 방식

(1) 구멍기준 끼워맞춤

① 구멍(hole)을 기준으로 축의 공차를 따지는 방식이다.

② H6 ~ H10: 아래치수 허용차가 0인 H기호 구멍

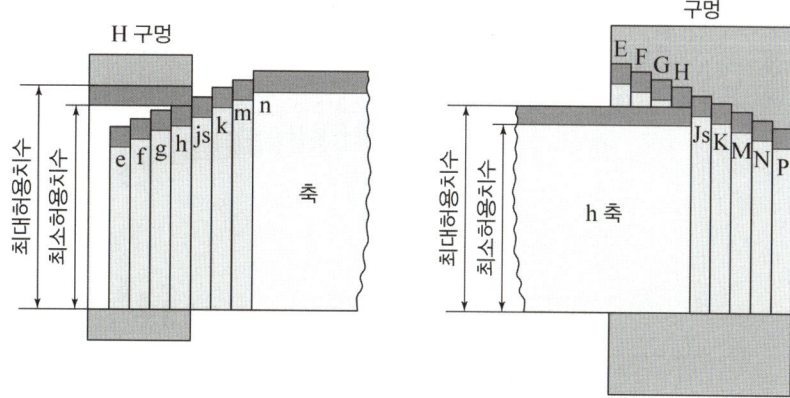

※ 출처: 교육부(2019). 요소공차검토(LM1501020104_14v3). 한국직업능력개발원, p.29.

[그림 6-2] 구멍 기준식과 축 기준식

| 기준구멍 | 축의 종류와 등급 |||||||||||||||||
| | 헐거운 끼워 맞춤 ||||| 중간 끼워 맞춤 |||||| 억지 끼워 맞춤 ||||||
	b	c	d	e	f	g	h	js	k	m	n	p	r	s	t	u	x
H6						5	5	5	5	5							
					6	6	6	6	6	6	6	6					
H7					6	6	6	6	6	6	6	6	6	6	6	6	6
				7	7		7	7									
H8					7		7	7									
			8	8	8												
				9	9												
H9				8	8												
			9	9	9												
H10	9	9	9														

[표 6-2] 구멍 끼워맞춤의 치수 허용차

(2) 축 기준 끼워맞춤
① 축(shaft)을 기준으로 구멍(hole)의 공차를 따지는 방식이다.
② h5 ~ h9: 윗치수의 허용차가 0인 h기호 축

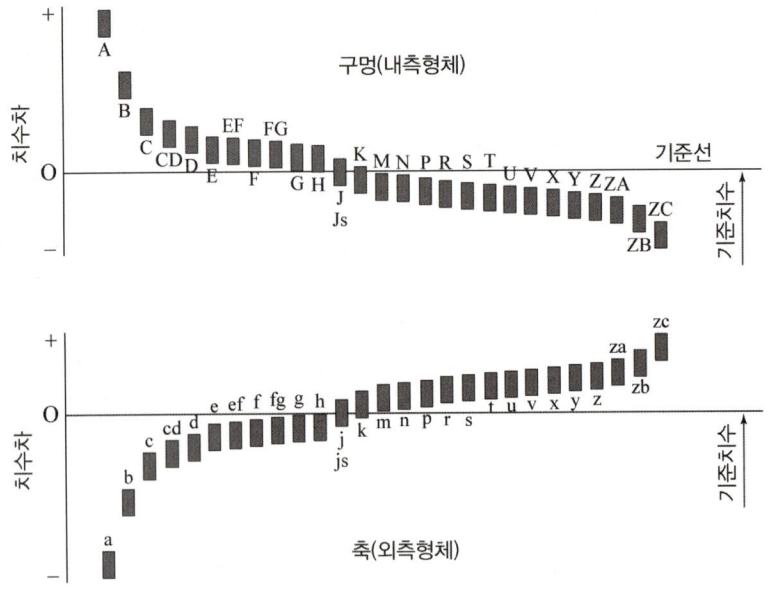

※ 출처: 교육부(2019). 요소공차검토(LM1501020104_14v3). 한국직업능력개발원
[그림 6-3] 공차역의 위치에 따른 구멍과 축의 종류

기준 축	구멍의 종류와 등급														
	헐거운 끼워맞춤							중간 끼워맞춤			억지 끼워맞춤					
	B	C	D	E	F	G	H	JS	K	M	N	P	R	S	T	U	X
h5							6	6	6	6	6	6					
h6				6	6	6	6	6	6	6	6	6	6				
					7	7	7	7	7	7	7	7	7	7	7	7	7
h7				7	7		7										
					8		8										
h8			8	8	8		8										
			9	9			9										
h9			8	8			8										
		9	9	9													
	10	10	10														

[표 6-3] 축의 끼워 맞춤의 치수 허용차

● 참고 ●

끼워맞춤 공차의 예
① $\phi 50\,H7/g6$: 구멍(hole)기준 헐거운 끼워맞춤
② $\phi 40\,H7/p5$: 구멍(hole)기준 억지 끼워맞춤
③ $\phi 30\,G7/h5$: 축(shaft)기준 헐거운 끼워맞춤

6 기하공차(geometrical tolerance)

1. 기하공차의 기호와 종류

적용하는 형체	공차의 종류		기호
단독 형체	모양 공차	진직도 공차	—
		평면도 공차	▱
		진원도 공차	○
		원통도 공차	⌭
단독 형체 또는 관련 형체		선의 윤곽도 공차	⌒
		면의 윤곽도 공차	⌓
관련 형체	자세 공차	평행도 공차	//
		직각도 공차	⊥
		경사도 공차	∠
	위치 공차	위치도 공차	⊕
		동축도 공차 또는 동심도 공차	◎
		대칭도 공차	=
	흔들림 공차	원주 흔들림 공차	↗
		온 흔들림 공차	↗↗

[표 6-4] 기하공차 기호의 종류

2. 데이텀(datum)

기하공차 중에서 관련 형체에 적용되는 기하학적 기준에는 데이텀을 명시해 준다.

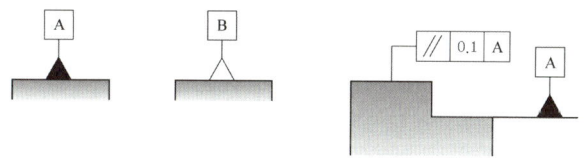

[그림 6-4] 데이텀의 도시 예

3. 기하공차의 표기 방법

(1) 단독형체의 경우(데이텀이 필요 없는 경우)

다음과 같이 표기한다.

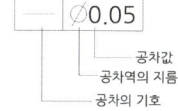

(2) 관련형체의 경우(데이텀이 필요한 경우)

다음과 같이 표기한다.

//	0.05/100	B

단, 기하공차의 값이 해당하는 직선의 전체 길이 또는 평면의 전면에 대한 것과 지정 길이 또는 지정 넓이에 대한 것, 두 가지를 함께 나타내야 하는 경우에는 다음과 같이 나타낸다.

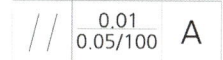

출제예상문제

01 허용 한계 치수에서 기준치수를 뺀 값을 무엇이라 하는가?

① 실치수   ② 치수 허용차
③ 치수 공차   ④ 틈새

관련이론 51p 치수 허용차

정답분석 치수 허용차
- 허용 한계 치수에서 그 기준치수를 뺀 값이다.
- 윗치수 허용차: 최대 허용치수에서 호칭치수(기준치수)를 뺀 값이다.
- 아래치수 허용차: 최소 허용치수에서 호칭치수(기준치수)를 뺀 값이다.

정답 ②

02 IT 기본 공차에 대한 설명으로 틀린 것은?

① IT 기본 공차는 치수 공차와 끼워맞춤에 있어서 정해진 모든 치수 공차를 의미한다.
② IT 기본 공차의 등급은 IT 01부터 IT 18까지 20등급으로 구분되어 있다.
③ IT 공차 적용시 제작의 난이도를 고려하여 구멍에는 ITn-1, 축에는 ITn을 부여한다.
④ 끼워맞춤 공차를 적용할 때 구멍일 경우 IT 6 ~ IT 10이고, 축일 때에는 IT 5 ~ IT 9이다.

관련이론 52p IT(International Tolerance) 기본공차

정답분석 IT 공차 적용시 제작의 난이도를 고려하여 축에는 ITn-1, 구멍에는 ITn을 부여한다.

정답 ③

03 치수공차와 끼워맞춤에서 구멍의 치수가 축의 치수보다 작을 때, 구멍과 축과의 치수의 차를 무엇이라고 하는가?

① 틈새   ② 죔새
③ 공차   ④ 끼워맞춤

정답분석 죔새에 대한 설명이다. 억지 끼워맞춤 시 발생한다.

정답 ②

04 '∅100 H7/g6'은 어떤 끼워맞춤 상태인가?

① 구멍 기준식 중간 끼워맞춤
② 구멍 기준식 헐거운 끼워맞춤
③ 축 기준식 억지 끼워맞춤
④ 축 기준식 중간 끼워맞춤

관련이론 54p 끼워맞춤 공차의 예

정답분석 ∅100 H7/g6: 구멍 기준식 헐거운 끼워맞춤

정답 ②

05 기준점, 선, 평면, 원통 등으로 관련 형체에 기하 공차를 지시할 때 그 공차 영역을 규제하기 위하여 설정된 기준을 무엇이라고 하는가?

① 돌출 공차역
② 데이텀
③ 최대 실체 공차 방식
④ 기준치수

관련이론 55p 데이텀(datum)

정답분석 기하공차의 기준면을 데이텀이라 한다.

정답 ②

06 다음 기하공차 중에서 데이텀이 필요없이 단독으로 규제가 가능한 것은?

① 평행도   ② 진원도
③ 동심도   ④ 대칭도

관련이론 55p 기하공차의 기호와 종류

정답분석 데이텀이 없어도 되는 공차는 모양공차이다.
→ 진직도, 평면도, 진원도, 원통도, 선의 윤곽도, 면의 윤곽도
정답 ②

08 도면에 기입된 공차도시에 관한 설명으로 틀린 것은?

//	0.050	A
	0.11/200	

① 전체 길이는 200mm이다.
② 공차의 종류는 평행도를 나타낸다.
③ 지정 길이에 대한 허용 값은 0.11이다.
④ 전체 길이에 대한 허용 값은 0.050이다.

관련이론 55p 기하공차의 표기 방법

정답분석 지정 길이가 200mm이다.
정답 ①

07 다음 끼워 맞춤을 표시한 것 중 옳지 못한 것은?

① 20H7 - g6   ② 20H7/g6
③ $20\dfrac{H7}{g6}$ ④ 20g6H7

관련이론 54p 끼워맞춤 공차의 예

정답분석 ④의 내용이 잘못 표시되었다.
정답 ④

09 다음 기하공차에 대한 설명으로 틀린 것은?

① ○ - 진원도 공차
② ∠ - 경사도 공차
③ ⊥ - 직각도 공차
④ ◎ - 흔들림 공차

관련이론 55p 기하공차의 기호와 종류

정답분석 ④는 동심도(동축도) 공차이다.
정답 ④

1 표면 거칠기의 개요

1. 표면 거칠기의 의미

대부분의 기계가공품의 표면은 제조공정이나 공법에 따라 다양한 형태로 나타나지만, 대부분은 육안으로 봤을 때 직선적이고 평평한 것처럼 보인다. 하지만 표면 부분을 확대해서 보면 거칠기(roughness), 표면 파형(waviness), 흠집(flaws) 및 기계가공법에 따른 무늬(pattern)와 방향성(direction)이 나타난다. 이와 같이 가공된 제품 표면의 일정 구간에서의 기복을 표면 거칠기로 정의한다.

2. 표면 거칠기에 관련된 용어

(1) 파상도(waviness)

표면의 단면에서, 표면 거칠기보다 큰 간격에서 거시적으로 본 표면의 굴곡을 파상도(waviness)라 한다.

(2) 결(lay)

공작물 표면에 나타나는 결은 가공모양이라고도 하며 주로 가공 방식에 따라 다르게 나타나는 표면의 전체적인 무늬로 수평, 수직, 교차, 무방향, 동심원, 방사형 등이 있다. 거칠기는 결에 대한 직각 방향으로 한다.

기호	줄무늬 형상	의미
=		가공으로 생긴 줄무늬 방향이 기호를 기입한 그림의 투상면에 평행
⊥		가공으로 생긴 줄무늬 방향이 기호를 기입한 그림의 투상면에 직각
X		가공으로 생긴 선이 두 방향으로 교차
M		가공으로 생긴 선이 여러 방향 또는 방향이 없음
C		가공으로 생긴 선이 거의 동심원
R		가공으로 생긴 선이 거의 방사선

[표 7-1] 가공 무늬

(3) 흠(flaw)

흠은 비교적 불규칙하게 공작물 표면에 나타나는 결함으로, 긁힘(scratch), 갈라진 틈(crack), 기공(blow hole), 찍힌 자국(dent) 등이 있다.

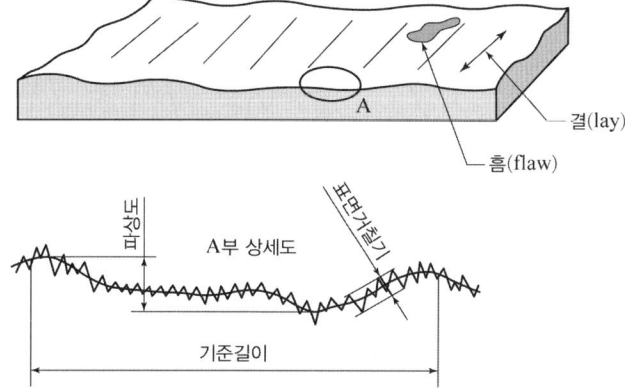

※ 출처: 교육부(2019). 요소공차검토(LM1501020104_14v3). 한국직업능력개발원, p.17.

2 표면 거칠기의 종류

1. 산술 평균 거칠기(중심선 평균 거칠기, R_a)

거칠기 곡선의 중심선 방향으로 측정 길이 L 부분에서 거칠기 곡선의 면적을 구한 후, 이 면적을 길이 L로 나누면 직사각형의 높이의 값을 마이크로미터 단위[μm]로 나타낸 것이며, R_a로 표기한다. [그림 7-1]에서 직사각형의 면적은 거칠기 곡선의 면적(빗금 친 부분)과 같다고 할 때 R_a는 다음 식으로 구할 수 있다.

$$R_a = dx$$

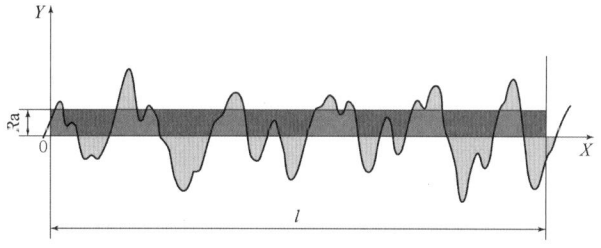

[그림 7-1] 산술 평균 거칠기

2. 최대높이 거칠기($R_y = R_{\max}$)

최대높이는 단면곡선에서 기준 길이만큼 채취한 부분의 가장 높은 봉오리와 가장 깊은 골밑을 통과하는 평균선에 평행한 두 직선의 간격을 단면곡선의 세로배율 방향으로 측정한 값을 마이크로미터[μm]로 나타낸 것을 말한다.

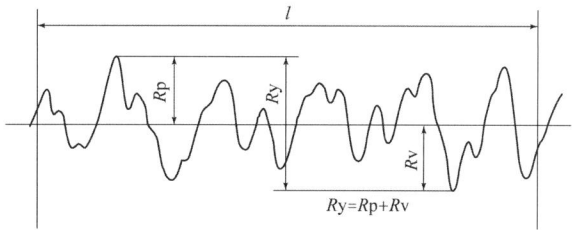

[그림 7-2] 최대높이 거칠기

3. 10점 평균 거칠기(R_Z)

10점 평균 거칠기는 단면곡선에서 기준길이만큼 채취한 부분에 있어서 평균선에 평행한 직선 가운데 높은 쪽에서 5번째의 봉우리를 지나는 것과 깊은 쪽에서 5번째의 골밑을 지나는 것을 택하여 2개의 직선간격을 단면곡선 종 배열의 방향으로 측정하여 그 값을 마이크로미터[μm]로 나타낸 것을 말한다.

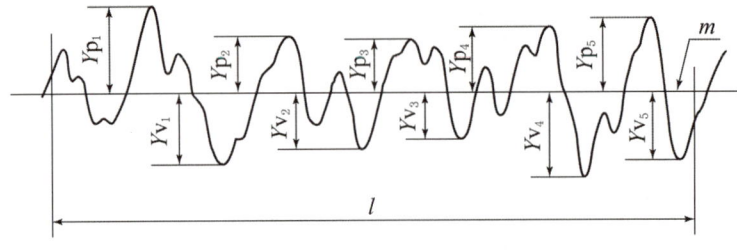

[그림 7-3] 10점 평균 거칠기

3 면의 지시 기호

면의 지시 기호는 기계부품의 표면에 있어서의 표면 거칠기, 제거가공의 필요 여부, 줄무늬 방향, 가공방법 등을 나타낼 때 사용한다.

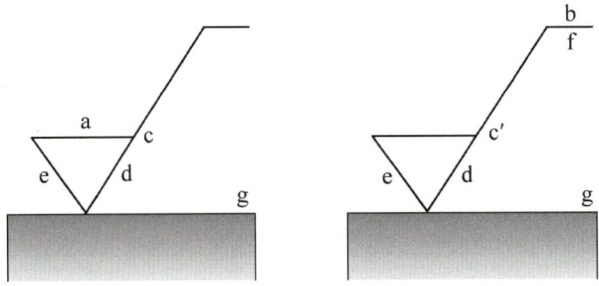

[그림 7-4] 지시기호 위치

① a: 산술 평균 거칠기의 값
② b: 가공 방법
③ c: 컷오프 값
④ c': 기준 길이
⑤ d: 줄무늬 방향 기호
⑥ e: 다듬질 여유
⑦ f: 산술 평균 거칠기 이외의 표면 거칠기 값
⑧ g: 표면 파상도(KS B 0610에 따른다)

4 가공 방법의 기호

가공 방법의 기호		
선반 가공(L)	드릴 가공(D)	보링 가공(B)
리머 가공(FR)	연마 가공(G)	주조(C)
브로치 가공(BR)	셰이퍼 가공(SH)	플래너 가공(P)
밀링 가공(M)	줄 가공(FF)	배럴 가공(SPBR)

[표 7-2] 가공 방법의 기호

5 가공 방법에 따른 표면 거칠기

표면 거칠기 기호	가공 방법	거칠기	적용 예
▽ (○)	주물의 요철을 따내는 정도의 면	-	스패너의 자루, 핸들의 암, 주조면, 플랜지의 측면
▽ (w)	줄가공, 플레이너, 신반 또는 그라인딩에 의한 가공으로 그 흔적이 남을 정도의 매우 거친 가공면	12.5a	베어링의 저면, 축의 단면, 다른 부품과 접착하지 않는 거친 면
		25a	중요하지 않은 독립된 거친 다듬면이나 간단히 흑피를 제거하는 정도의 거친 면
▽ (x)	줄가공, 선삭, 밀링 또는 그라인딩에 의한 가공으로 그 흔적이 약간 남을 정도의 약간 정밀한 가공면	3.2a	플랜지 축 커플링의 접합면, 키 또는 핀으로 고정하는 구멍과 축의 접촉면, 베어링의 본체와 케이스의 접착면, 리머 볼트의 취부, 패킹 접촉면, 기어의 보스와 림의 단면, 리머의 단면, 이 끝면, 키의 외면 및 키홈면, 중요하지 않은 기어의 맞물림면, 기어의 이, 나사산, 핀의 외형면 및 이외 면, 기타 서로 회전 또는 활동하지 않는 접촉면 또는 접착면, 스톱 밸브 로드, 고정 끼워 맞춤면
		6.3a	플랜지 축 커플링이나 벨트 등의 보스 단면, 핸들의 사각구멍 내면, 풀리의 블레이드(blade)의 외형면, 접합봉의 선삭면, 피스톤의 상·하면, 차륜의 외형면
▽ (y)	줄가공, 선반이나 그라인딩 가공으로 그 흔적이 전혀 남지 않는 극히 정밀한 가공면, 래핑, 호닝, 수퍼피니싱 등에 의한 가공면	0.8a	크링크 핀과 저널, 베어링 접촉면, 기어 이의 맞물림면, 실린더 내면, 정밀 나사산의 면, 캠 표면, 기타 윤이 나는 외관을 갖는 정밀 다듬면, 피스톤핀, 정밀 기계 축의 외면
		1.6a	볼의 외면, 중요하지 않은 베어링 접촉면, 와셔의 접착면, 기어의 이의 맞물림면, 수압 실린더의 내면 및 램(ram) 외면, 콕의 스토퍼(stopper) 접촉면, 기계 축의 외면, 미끄럼 베어링 면, 기계의 미끄럼 접촉면, 정밀한 부품의 고정 끼워 맞춤면
▽ (z)	래핑, 수퍼피니싱, 호닝, 버핑 등에 의한 가공으로 거울면 같이 광택이 나는 초정밀 가공면	0.025a 0.05a	정밀 다듬 래핑, 수퍼피니싱, 버핑 등에 의한 특수 용도의 최고급 접촉면
		0.1a	연료 펌프의 플랜지, 내연기관 피스톤핀, 크로스헤드핀, 고속 정밀 베어링볼 외면과 내외륜 접촉면
		0.2a	크로스 헤드, 디젤기관의 피스톤 로드, 피스톤핀, 크로스 헤드핀, 실린더 내면, 피스톤 링의 외면, 정밀 베어링 볼 외면과 내외륜 접촉면, 펌프의 플랜지

[표 7-3] 표면 거칠기 기호

6 표면 거칠기의 기입방법

1. 표면 거칠기의 기입원칙

기호는 지정하는 면 또는 면의 치수보조선에 접하도록 도형의 외측에 기입한다.

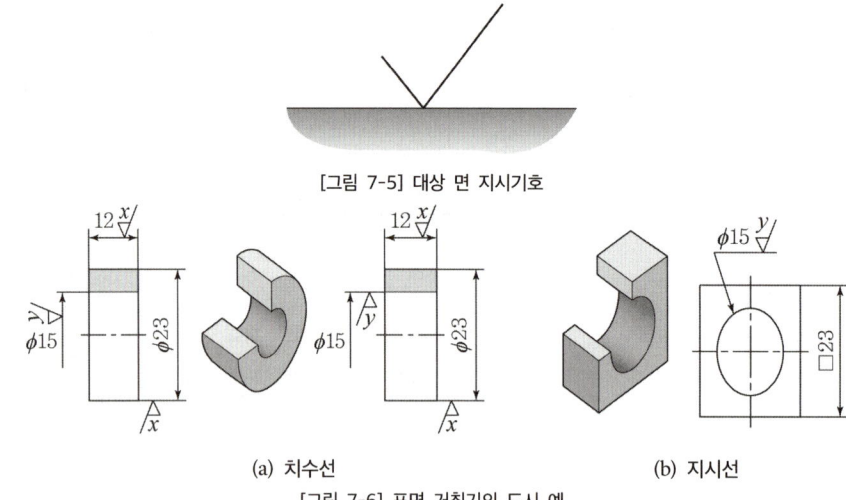

[그림 7-5] 대상 면 지시기호

(a) 치수선   (b) 지시선

[그림 7-6] 표면 거칠기의 도시 예

2. 표면 거칠기의 배열

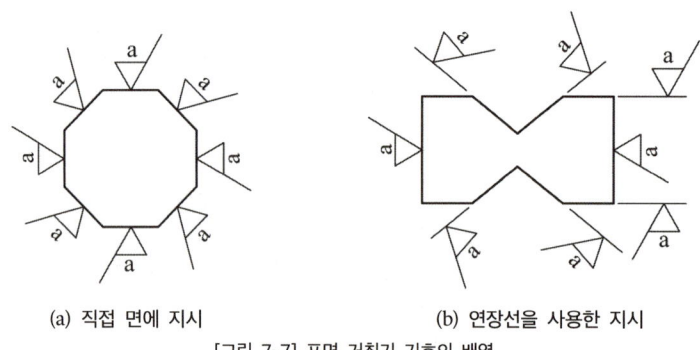

(a) 직접 면에 지시   (b) 연장선을 사용한 지시

[그림 7-7] 표면 거칠기 기호의 배열

01

다음 그림의 면의 지시기호이다. 그림에서 M 은 무엇을 의미하는가?

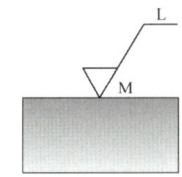

① 밀링 가공   ② 줄무늬 방향
③ 표면 거칠기   ④ 선반 가공

관련이론 60p 면의 지시 기호

정답분석
- L: 가공방법(선반 가공)
- M: 줄무늬 방향기호(가공 방향이 여러 방향 또는 방향이 없음)

정답 ②

02

도면에서 표면상태를 줄무늬 방향의 기호로 표시하였다. R은 무엇을 뜻하는가?

① 가공에 의한 커터의 줄무늬 방향이 투상 면에 평행
② 가공에 의한 커터의 줄무늬 방향이 레이디얼 모양
③ 가공에 의한 커터의 줄무늬 방향이 동심원 모양
④ 가공에 의한 줄무늬 방향이 경사지고 두 방향으로 교차

관련이론 58p 표면 거칠기에 관련된 용어

정답분석 R은 가공에 의한 커터의 줄무늬 방향이 레이디얼 모양을 뜻한다.
① =
③ C
④ X

정답 ②

03

제품의 표면 거칠기를 나타낼 때 표면 조직의 파라미터를 '평가된 프로파일의 산술 평균 높이'로 사용하고자 한다면 그 기호로 옳은 것은?

① Rt   ② Rq
③ Rz   ④ Ra

관련이론 59p 산술 평균 거칠기

정답분석 표면 조직의 파라미터를 "평가된 프로파일의 산술 평균 높이"로 사용하고자 할 때의 기호는 'Ra'이다.

정답 ④

04

다음 중 표면거칠기 표시 방법에 해당되지 않는 것은?

① 최소 높이
② 최대 높이
③ 산술 평균 거칠기
④ 10점 평균 거칠기

관련이론 59p 표면 거칠기의 종류

정답분석 최소 높이는 표면 거칠기 표시 방법에 해당하지 않는다.

정답 ①

05 표면 거칠기의 면 지시 기호에 대한 것 중 e의 지시 사항은?

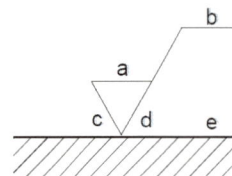

① 가공 방법
② 표면 파상도
③ 다듬질 여유
④ 줄무늬 방향의 기호

관련이론 60p 면의 지시 기호

정답분석 a: 산술평균 거칠기
b: 가공방법
c: 다듬질 여유
d: 줄무늬 방향의 기호
e: 표면 파상도

정답 ②

06 그림과 같이 기입된 표면 지시기호의 설명으로 옳은 것은?

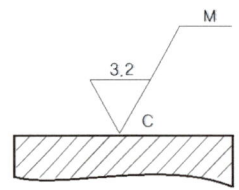

① 연삭가공을 하고 가공무늬는 다방면 교차가 되게 한다.
② 밀링가공을 하고 가공무늬는 동심원이 되게 한다.
③ 보링가공을 하고 가공무늬는 방사상이 되게 한다.
④ 선반가공을 하고 가공무늬는 투상면에 직각되게 한다.

관련이론 60p 면의 지시 기호

정답분석 밀링가공을 하고 가공무늬는 동심원이 되게 한다.

정답 ②

07 다음 가공방법의 약호를 나타낸 것 중 틀린 것은?

① 선반가공(L)　　② 보링가공(B)
③ 리머가공(FR)　　④ 호닝가공(GB)

관련이론 60p 가공 방법의 기호

정답분석 호닝가공 → GH

정답 ④

08 주로 금형으로 생산되는 플라스틱 눈금자와 같은 제품 등에 제거 가공 여부를 묻지 않을 때 사용되는 기호는?

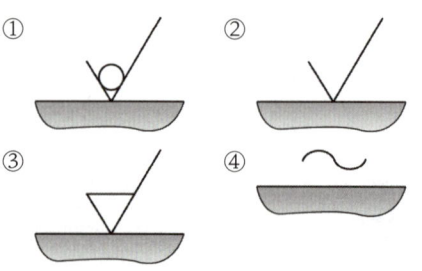

정답분석 ① 제거가공을 하지 않음
③ 제거가공을 해야만 한다.

정답 ②

pass.Hackers.com

Chapter 08 기계요소부품의 제도

1 나사

1. 나사의 규격

(1) 수나사의 바깥지름을 규격(호칭지름)으로 한다.

(2) 나사의 종류와 호칭(규격)

구분		나사의 종류		나사의 종류 기호	나사의 호칭에 대한 지시방법	관련표준
일반용	ISO 표준에 있는 것	미터 보통나사		M	M8	KS B 0201
		미터 가는 나사			M8 × 1	KS B 0204
		미니어처 나사		S	S 0.5	KS B 0228
		유니파이 보통나사		UNC	3/8-16 UNC	KS B 0203
		유니파이 가는 나사		UNF	No. 8-36 UNF	KS B 0206
		미터 사다리꼴 나사		Tr	Tr 10 × 2	KS B 0229
		관용 테이퍼 나사	테이퍼 수나사	R	R 3/4	KS B 0222
			테이퍼 암나사	Rc	Rc 3/4	
			평행 암나사	Rp	Rp 3/4	
		관용 평행 나사		G	G 1/2	KS B 0221
		30° 사다리꼴 나사		TM	TM 18	KS B 0227
		29° 사다리꼴 나사		TW	TW 20	KS B 0226
		관용 테이퍼 나사	테이퍼 나사	PT	PT 7	KS B 0222
			평행 암나사	PS	PS 7	
	ISO 표준에 없는 것	관용 평행나사		PF	PF 7	KS B 0221

[표 8-1] 나사의 규격

2. 나사의 제도

(1) 암나사는 단면도 작성 시 안지름까지 해칭한다.

(2) 나사의 불완전 나사부는 경사된 가는 실선으로 나타낸다.

(3) 완전 나사부와 불완전 나사부의 경계는 굵은 실선으로 나타낸다.

(4) 골지름은 수나사와 암나사 모두 가는 실선으로 나타낸다.

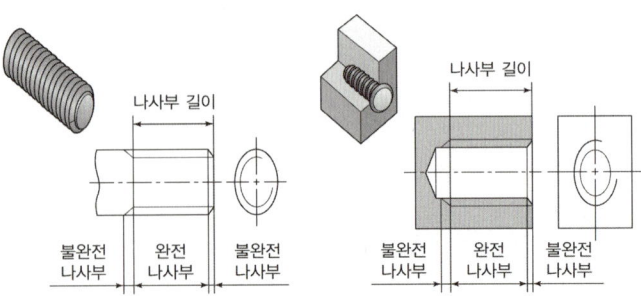

[그림 8-1] 나사의 제도

2 키 홈(key-home)

키 홈은 축의 위쪽에 도시하고 치수와 표면 거칠기를 함께 나타낸다.

3 리벳(rivet)

1. 리벳의 표기 방법

호칭	규격번호	종류	호칭지름×길이	재질
사례	둥근머리리벳-15 × 40-SV400	둥근머리 리벳	15×40	SV400

2. 의미

(1) 15: 호칭지름

(2) 40: 리벳의 길이

(3) SV400: 리벳용 강재, 최저 인장강도 $400 \,[\mathrm{N/mm^2}]$

4 핀(pin)

테이퍼 핀의 경우 호칭지름은 작은 쪽 지름으로 나타낸다.

5 코터(cotter)

인장과 압축이 작용하는 두 축을 연결하는 축 이음 부품이며, 코터의 기울기는 주로 1/20 정도로 한다.

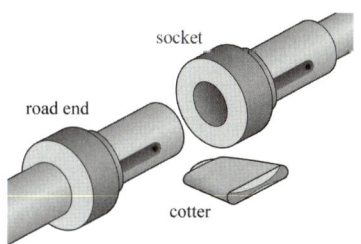

socket

road end

cotter

[그림 8-2] 코터(cotter)

6 축

(1) 축의 길이가 길어 전체를 나타내는 것이 어려울 경우 중간을 파단하여 나타낼 수 있다. 단, 이때 치수는 실제 치수를 기입해야 한다.

(2) 길이 방향으로 절단해서 단면도로 나타내지는 않는다.

(3) 구석 홈 가공부는 확대해서 상세치수를 기입한다.

7 베어링(bearing)

베어링은 회전하는 축(shaft)을 지지하고 원활한 회전에 도움을 주는 동력계 기계요소 부품이다.

1. 베어링의 종류

작용하는 하중(load) 기준	구조적 특징에 따른 분류
① 레이디얼 베어링 ② 스러스트 베어링 ③ 복합베어링	① 미끄럼 베어링 ② 구름 베어링

2. 구름 베어링의 규격

형식번호	치수기호	안지름 번호	접촉각 기호	실드 기호
• 1: 복열 자동조심형 • 2, 3: 넓은 폭 복열 자동조심형 • 6: 단열홈형 • 7: 단열 앵귤러 접촉형 • N: 원통롤러형	• 0, 1: 특별 경하중 • 2: 경하중 • 3: 중하중	• 1~9: 1~9mm • 00: 10mm • 01: 12mm • 02: 15mm • 03: 17mm • 04: 20mm ※ 04부터는 X5mm	C	• Z: 한쪽 실드 • ZZ: 양쪽 실드

[표 8-2] 베어링 규격

8 기어(gear)

1. 평기어(스퍼기어)

(1) **이 끝원**: 굵은 실선

(2) **피치원**: 가는 일점쇄선

(3) **이 뿌리원**: 가는 실선

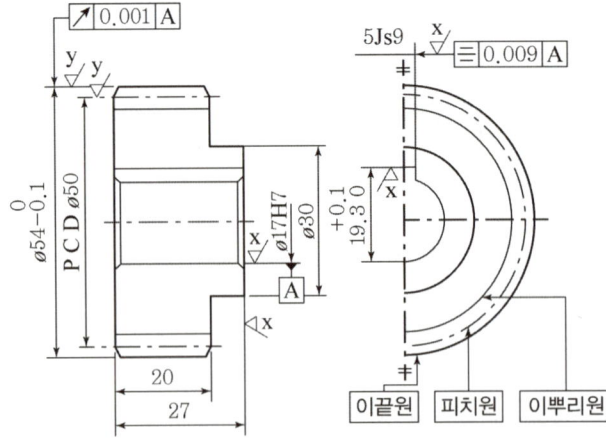

[그림 8-3] 평기어의 제도

2. 헬리컬 기어

(1) 스퍼기어와 비교해서 헬리컬 기어는 이가 비틀어져 있는데 3개의 가는 실선으로 비틀림 방향을 나타낸다.

(2) 단면으로 나타내어야 할 때는 가는 이점쇄선으로 나타내며 기울기는 치수와 상관없이 $30°$로 나타낸다.

9 벨트 풀리(belt pulley)

1. 평벨트 풀리

(1) 벨트 풀리의 경우 축에 대해서 직각방향의 투상도를 정면도로 나타낸다.

(2) 정면도를 기준으로 형체가 대칭인 경우에는 일부분만 도시하여 나타낸다.

(3) 풀리의 보스(boss)와 림(rim)이 방사형 암(arm)으로 연결이 되어 있는 경우, 수직 중심선이나 수평 중심선까지 회전 투상하여 도시한다.

(4) 암(arm)은 단면도로 나타내지 않는다.

(5) 암(arm)의 단면 형상을 나타내야 할 경우 도형의 내·외부에 나타낼 수 있으며 도형 안에 나타낼 때에는 가는 실선으로, 도형 외부에 나타낼 때에는 굵은 실선으로 나타낸다.

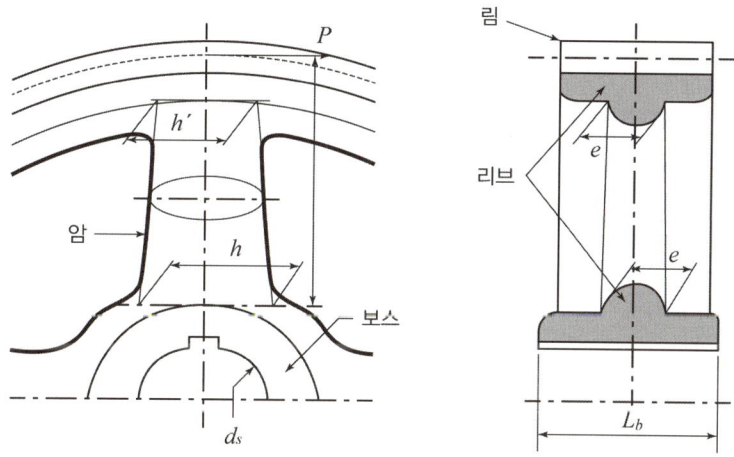

[그림 8-4] 평벨트 풀리의 제도

2. V-벨트 풀리(V-belt pulley)의 규격

규격	M	A	B	C	D	E
크기			작다 ←	→ 크다		

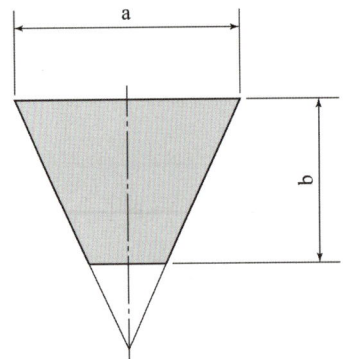

종류	a[mm]	b[mm]
M	10.0	5.5
A	12.5	9.0
B	16.5	11.0
C	22.0	14.0
D	34.5	19.0
E	38.5	15.5

[그림 8-5] V-벨트 풀리의 규격

10 스프로킷 휠(sprocket wheel)

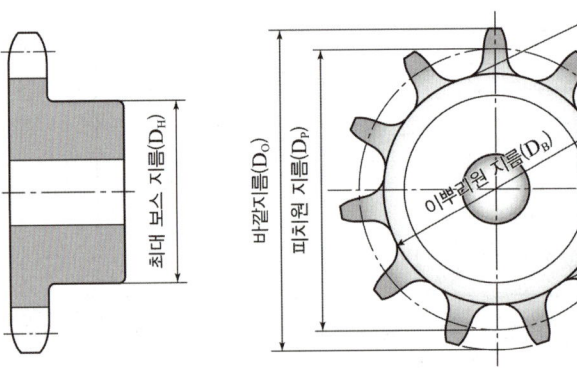

[그림 8-6] 스프로킷의 제도

(1) 이 끝원은 굵은 실선으로 나타낸다.

(2) 피치원은 가는 일점 쇄선으로 나타낸다.

(3) 이 뿌리원은 가는 실선으로 나타낸다.

(4) 단면으로 정면도를 나타낼 경우 이의 뿌리는 굵은 실선으로 나타낸다.

11 스프링(spring)

(1) 별다른 지시가 없다면, 스프링은 자유상태(무하중 상태), 오른쪽 감기로 나타낸다.

(2) 도면 안에 도시하기 어려울 경우 요목표로 나타낼 수 있다.

(3) 스프링은 중간 부분을 생략해도 되는 경우에는 생략한 부분을 가는 2점 쇄선으로 나타낼 수 있다.

(4) 왼쪽 감기 스프링은 요목표에 [감긴 방향 왼쪽]이라고 기입한다.

(5) 간략하게 나타내기 위해서는 스프링 소선의 중심선을 굵은 실선으로 도시한다.

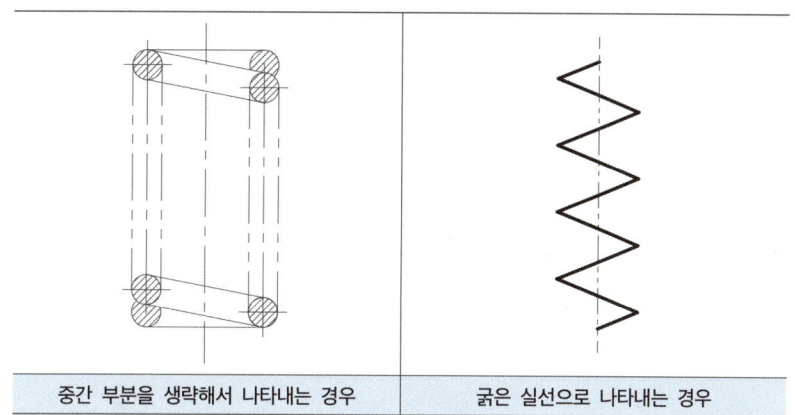

| 중간 부분을 생략해서 나타내는 경우 | 굵은 실선으로 나타내는 경우 |

[그림 8-7] 스프링의 제도

12 용접 종류에 따른 기호

용접종류	도시법	기호
필릿용접		
스폿용접		
플러그(슬롯)용접		
심용접		
뒷면용접		
겹침용접(이음)		

[표 8-3] 용접의 종류와 기호

13 배관의 제도

1. 배관의 접속 상태

접속 상태	도시	
접속하지 않을 때	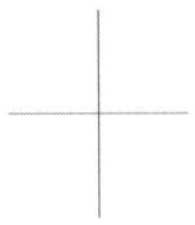	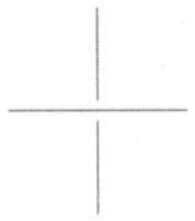
	교차	분기
접속할 때		

[표 8-4] 배관의 접속 기호

2. 배관 내부에 흐르는 유체

유체의 종류	기호
공기	A(air)
가스	G(gas)
기름	O(oil)
증기	S(steam)
물	W(water)

[표 8-5] 유체의 기호

01 ISO 규격에 있는 관용 테이퍼 나사로 테이퍼 수나사를 표시하는 기호는?

① R
② Rc
③ PS
④ Tr

관련이론 66p 나사의 규격

정답분석 테이퍼 수나사를 표시하는 기호는 R이다.
② Rc: 관용 테이퍼 암나사
③ PS: 관용 테이퍼 평행 암나사
④ Tr: 미터 사다리꼴 나사

정답 ①

02 다음 나사의 종류와 기호 표시로 틀린 것은?

① 미터보통 나사: M
② 관용평행 나사: G
③ 미니어처 나사: S
④ 전구 나사: R

관련이론 66p 나사의 규격

정답분석 전구 나사: E

정답 ④

03 다음은 나사의 제도법에 대한 설명이다. 틀린 것은?

① 암나사의 골을 표시하는 선은 굵은 실선으로 그린다.
② 수나사의 바깥지름은 굵은 실선으로 그린다.
③ 암나사 탭 구멍의 드릴 자리는 120°의 굵은 실선으로 그린다.
④ 완전 나사부와 불완전 나사부의 경계선은 굵은 실선으로 그린다.

관련이론 66p 나사의 규격

정답분석 골지름은 가는 실선이다.

정답 ①

04 완전 나사부와 불완전 나사부의 경계를 표시하는 선은?

① 가는 1점 쇄선
② 가는 2점 쇄선
③ 굵은 실선
④ 숨은선

관련이론 66p 나사의 제도

정답분석 완전 나사부와 불완전 나사부의 경계선은 굵은 실선으로 그린다.

정답 ③

05 리벳 이음의 제도에 관한 설명으로 옳은 것은?

① 리벳은 길이방향으로 절단하여 표시하지 않는다.
② 얇은 판, 형강 등 얇은 것의 단면은 가는 실선으로 그린다.
③ 형판 또는 형강의 치수는 '호칭 지름 × 길이 × 재료'로 표시한다.
④ 리벳의 위치만을 표시할 때에는 원 모두를 굵게 그린다.

정답분석 리벳은 길이방향으로 절단하지 않는다.

정답 ①

06 평판 모양의 쐐기를 이용하여 인장력이나 압축력을 받는 2개의 축을 연결하는 결합용 기계요소는?

① 코터
② 커플링
③ 아이볼트
④ 테이퍼 키

관련이론 67p 코터(cotter)

정답분석 코터에 대한 설명이다.

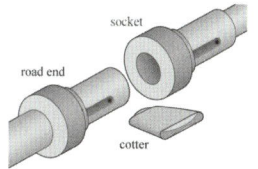

정답 ①

07 구름 베어링의 호칭 번호가 6204일 때 베어링 안지름은 얼마인가?

① 62mm ② 31mm

③ 20mm ④ 15mm

관련이론 68p 베어링(bearing)

정답분석 베어링의 호칭번호 6204에서 04가 안지름 번호이다.
→ 4 × 5 = 20

정답 ③

08 일반적으로 스퍼 기어의 요목표에 기입하는 사항이 아닌 것은?

① 치형 ② 잇수

③ 피치원 지름 ④ 비틀림 각

관련이론 68p 평기어(스퍼기어)

정답분석

스퍼 기어 요목표		
기어 치형		표준
기준 래크	치형	보통이
	압력각	20°
	모듈	2
잇수		25
피치원 지름		ϕ50
전체 이높이		4.5
다듬질 방법		호브 절삭
정밀도		KS B 1405 5급

정답 ④

09 헬리컬 기어, 나사 기어, 하이포이드 기어의 잇줄 방향의 표시 방법은?

① 2개의 가는 실선으로 표시

② 2개의 가는 2점 쇄선으로 표시

③ 3개의 가는 실선으로 표시

④ 3개의 굵은 2점 쇄선으로 표시

관련이론 69p 헬리컬 기어

정답분석 3개의 가는 실선으로 표시한다.

정답 ③

10 평벨트 풀리의 도시 방법에 대한 설명 중 틀린 것은?

① 암은 길이 방향으로 절단하여 단면 도시를 한다.

② 벨트 풀리는 축 직각 방향의 투상을 주투상도로 한다.

③ 암의 단면형은 도형의 안이나 밖에 회전 단면을 도시한다.

④ 암의 테이퍼 부분 치수를 기입할 때 치수 보조선은 경사선으로 긋는다.

관련이론 69p 평벨트 풀리

정답분석 암은 단면도로 나타내지 않는다.

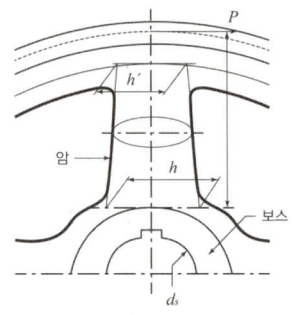

정답 ①

11 V벨트 풀리에 대한 설명으로 올바른 것은?

① A형은 원칙적으로 한 줄만 걸친다.

② 암은 길이 방향으로 절단하여 도시한다.

③ V벨트 풀리는 축 직각 방향의 투상을 정면도로 한다.

④ V벨트 풀리의 홈의 각도는 35°, 38°, 40°, 42° 4종류가 있다.

관련이론 70p V-벨트 풀리(V-belt pulley)의 규격

정답분석 V벨트 풀리는 축 직각 방향의 투상을 정면도로 한다.
① M형은 한 줄만 걸친다.
② 암은 길이 방향으로 절단하지 않는다.
④ V벨트 풀리 홈의 각도는 34°, 36°, 38°이다.

정답 ③

12 스프로킷 휠의 도시방법으로 틀린 것은?

① 바깥지름 - 굵은 실선

② 피치원 - 가는 1점 쇄선

③ 이뿌리원 - 가는 1점 쇄선

④ 축 직각 단면으로 도시할 때 이뿌리선 - 굵은 실선

관련이론 70p 스프라켓 휠(sprocket wheel)

정답분석 스프로킷 휠의 이뿌리원은 가는 실선으로 도시한다.

정답 ③

13 코일 스프링 도시의 원칙 설명으로 틀린 것은?

① 스프링은 원칙적으로 하중이 걸린 상태로 도시한다.

② 하중과 높이 또는 휨과의 관계를 표시할 필요가 있을 때에는 선도 또는 요목표에 표시한다.

③ 특별한 단서가 없는 한 모두 오른쪽 감기로 도시한다.

④ 스프링의 종류와 모양만을 간략도로 도시할 때에는 재료의 중심선만을 굵은 실선으로 그린다.

관련이론 71p 스프링(spring)

정답분석
• 스프링은 원칙적으로 무하중 상태로 그린다.
• 겹판 스프링은 상용하중 상태로 그린다.

정답 ①

14 다음 용접기호의 설명으로 옳은 것은?

① 필릿 용접   ② 점 용접

③ 플러그 용접   ④ 심 용접

관련이론 71p 용접 종류에 따른 기호

정답분석 필릿 용접을 나타내는 기호이다.

정답 ①

15 다음은 관의 접속 표시를 나타낸 것이다. 관이 접속되어 있을 때의 상태를 도시한 것은?

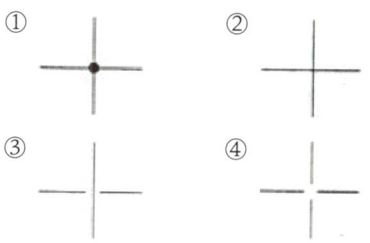

관련이론 72p 배관의 제도

정답분석
② 교차(접속하지 않을 때)
③ 분기(접속하지 않을 때)

정답 ①

16 파이프에 흐르는 유체의 종류와 기호 연결로 틀린 것은?

① 공기 - A

② 유류 - O

③ 가스 - G

④ 수증기 - W

관련이론 72p 배관의 제도

정답분석 수증기 - S(Steam)

정답 ④

Chapter 09 형상모델링

① 형상모델링의 특징

1. 형상모델링의 개념

형상모델링(3D CAD)은 제품 설계의 과정에 컴퓨터를 활용하여 그 결과물을 3차원 형상으로 나타내는 것이다. 2D 설계의 결과가 도면에 있다면, 3D 설계에서는 제품의 형상과 질감을 '3D 모델'로 표현하기 때문에 2D 도면과 비교해서 제품의 형상을 이해하기가 더 쉽고 직관적이다.

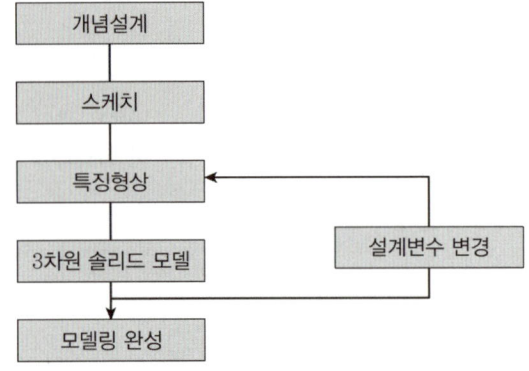

[그림 9-1] 형상모델링 과정

2. 형상모델링의 종류

(1) 와이어프레임 모델링(Wire-frame Modeling)

① 선(line)에 의해서 표현되고 선을 해독해서 형상을 유추한다.
② 데이터의 용량이 가장 작고 처리속도가 빠르다.
③ 형상모델링작업이 용이하고 투시도제작에 유리하다.
④ 은선(숨은선)제거와 단면도 작성은 불가능하다.
⑤ 물리적 해석이 불가능한 형상모델링이다.

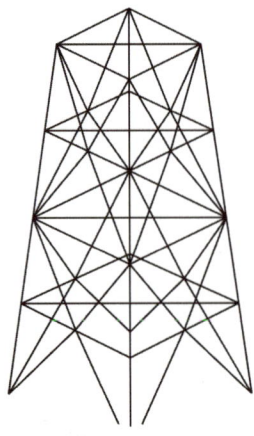

[그림 9-2] 와이어프레임 모델링(Wire-frame Modeling)

(2) 서피스 모델링(Surface Modeling)

① 면(surface)에 의해서 표현된다.

② 은선제거와 단면도의 작성이 가능하다.

③ NC(또는 CNC)공작기계에 가공정보를 전달할 수 있다.

④ 물리적 해석은 불가능한 형상모델링이다.

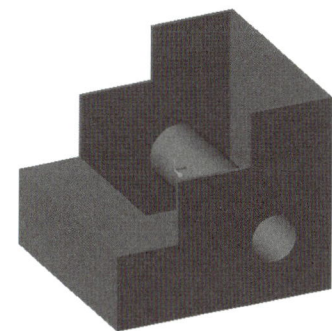

[그림 9-3] 서피스 모델링(Surface Modeling)

(3) 솔리드 모델링(Solid Modeling)

① 강체(solid)로 표현되고 표면은 곡면이 기반이다.

② 은선제거와 단면도의 작성이 가능하다.

③ 모델링 내부의 형상까지 정확하게 표현할 수 있다.

④ 간섭체크가 용이하다.

⑤ 질량이나 관성모멘트와 같은 물리적 성질을 계산할 수 있다.

⑥ 데이터 용량은 가장 크다.

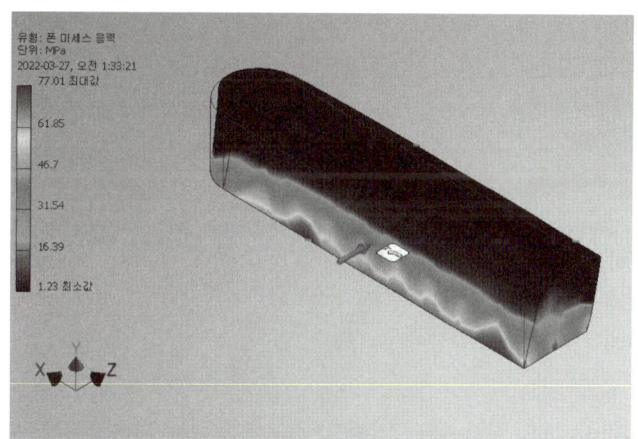

[그림 9-4] FEM(유한요소법)

● 참고 ●

유한요소법(FEM)

유한요소법(FEM)은 물체를 수많은 요소(부분)로 쪼개서 각 요소의 변화량을 구한 다음 최종적으로는 다시 하나의 강체로 해석하는 방법으로, 오직 솔리드 모델링으로만 가능하다.

2 솔리드 모델링의 생성 방법

1. B-rep방식(Boundary representation)

(1) 구조

형상을 구성하는 점, 선(모서리), 면의 관계를 가지고 형상을 표현하는 방법이고 이들은 관계식으로 정의된다.

[정점+면−모서리=2]

(2) 장점

① CGS방식으로 만들기 어려운 형상모델링에 적합하다.

② 화면에 재생하는 시간이 적게 든다.

③ 투시도와 전개도의 작성이 용이하다.

④ 모델링 데이터의 호환성이 좋다.

(3) 단점

① 메모리를 많이 차지한다.

② 적분에 의해서 계산을 수행하기 때문에 중량계산이 어렵다.

2. CSG방식(Constructive Solid Geometry)

(1) 구조

불 연산(boolean operation)에 의해 단순 형상모델링을 복잡한 형상모델링으로 표현한다. 불 연산의 합(더하기), 차(빼기), 적(교차)기능을 사용하면 보다 명확한 형상모델링이 가능하다.

> ● **참고** ●
>
> 여기에서 처음 제공되는 기본 모델링을 프리미티브(primitive)라고 하며 작업 tree형식으로 저장된다.

(2) 장점

① 데이터가 간단하고 오류발생의 염려가 적다.

② 모델링의 수정과 중량계산이 용이하다.

③ B-rep방식과 비교해서 전개도 작성이 용이하다.

(3) 단점

① 디스플레이에 시간이 많이 걸린다.

② 부드러운 곡선을 표현하기에는 한계가 있다.

3 형상모델링 작업

1. 기본 작업

(1) 돌출(들어올리기, loft)

하나의 2차원 단면형상을 돌출시켜 3차원 솔리드 모델을 생성하는 기법이다.

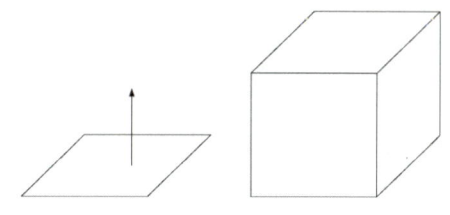

[그림 9-5] 돌출 작업

(2) 회전

부품의 형상이 중심축에 대해 회전 대칭인 경우 사용되는 기법이며 하나의 기준선을 가지고 그에 상응하는 단면을 회전시켜 형상모델링을 만드는 방법이다.

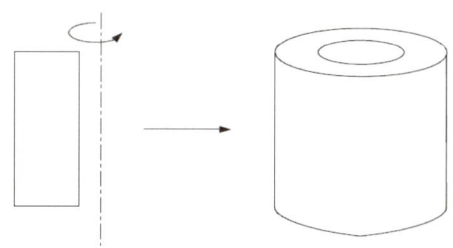

[그림 9-6] 회전

(3) 스윕(sweep)

2차원 단면을 기준 궤적을 따라 이동시켰을 때 생성되는 궤적으로 형상모델링을 만드는 방법이다.

(4) 쉘(shell)

두께를 주고 내부를 비우는 방법이다.

2. 응용 작업

(1) 리브(rib)

부품을 강화하기 위한 보강대를 만드는 방법이다.

(2) 라운드(round)

부품의 각이 있는 곳을 둥글게 만드는 방법이다.

(3) 모따기(chamfer)

부품의 모서리 혹은 구석을 비스듬하게 만드는 방법이다.

(4) 패턴(pattern)

같은 형상의 모양을 반복적으로 만들어 내기 위한 방법이다.

(5) 헬리컬 스윕(helical sweep)

2차원 단면이 회전하면서 스프링과 같은 형상을 만드는 방법이다.

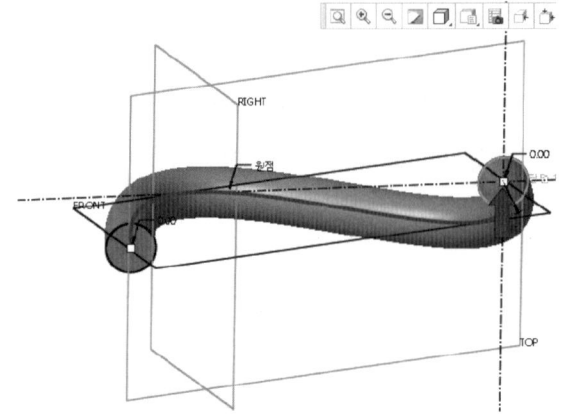

[그림 9-7] 헬리컬 스윕(helical sweep)

(6) 블렌드(blend)

여러 개의 단면 데이터를 가지고 하나의 3차원 형상을 만드는 방법이다.

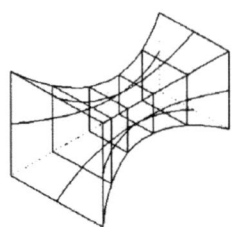

[그림 9-8] 블렌드(blend)

(7) 스윕블렌드(sweepblend)

여러 개의 단면 데이터를 가지고 하나의 3차원 형상을 만드는 방법이다.

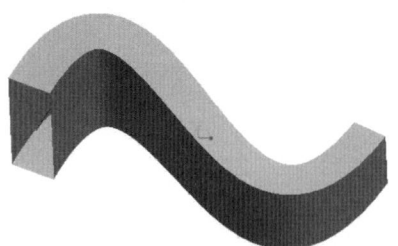

[그림 9-9] 스윕블렌드(sweepblend)

3. 형상모델링의 곡면

(1) 연결 곡면
두 개 이상의 곡면에서 안내곡선을 따라 만들어진 이동곡선에 의해서 만들어진 곡면이다.

(2) 로프트(loft) 곡면
여러 개의 단면곡선을 연결규칙에 따라 연결해서 생성한 곡면이다.

(3) 회전(revolve) 곡면
하나의 곡선을 임의의 축을 중심으로 회전해서 생성한 곡면이다.

(4) 패치(patch)
경계곡선의 내부를 형성하는 곡면이다.

(5) 블렌딩(blending) 곡면
두 곡면이 만나는 부분을 부드럽게 만들 때 생성되는 곡면이다.

(6) 그리드(grid) 곡면
3차원 측정기를 이용해서 측정한 점을 근사적으로 연결해서 생성되는 곡면이다.

4. 데이터 파일의 표준

(1) STEP(Standard for The Exchange Product model data)
주로 솔리드 모델링에 적용하고 호환성이 우수하다.

(2) IGES(Initial Graphics Exchange Specification)
서피스 모델링의 호환성이 우수하다.

(3) 스테레오리소그라피(SLA; Stereolithography)
주로 가공정보를 포함하는 모델링에 적용한다.

4 어셈블리의 구조

(1) 상향식 설계 방식

(2) 하향식 설계 방식

(3) 혼합 설계 방식

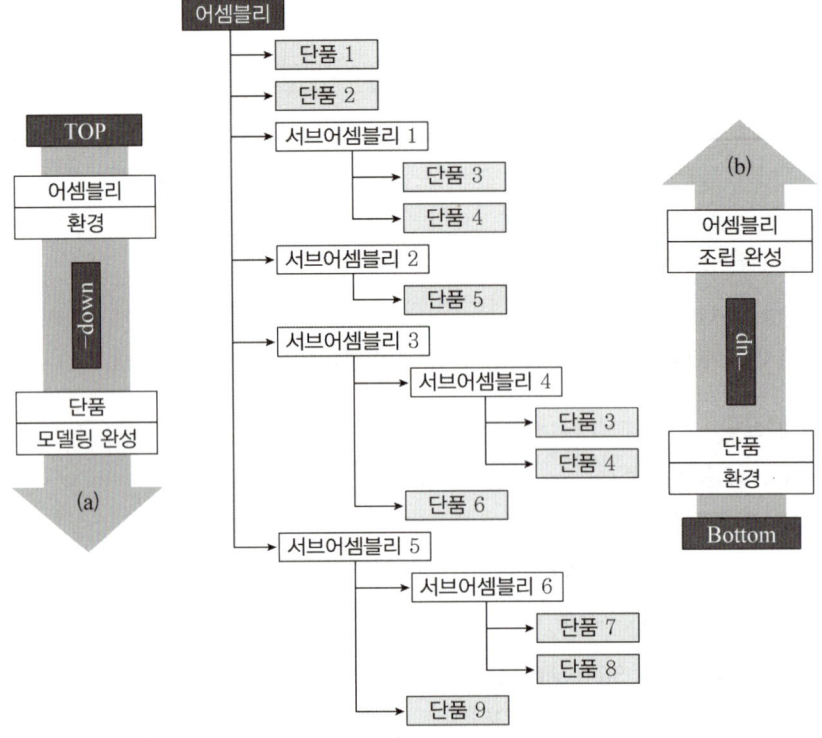

[그림 9-10] 어셈블리의 구조

01 CAD시스템에서 사용되는 형상 모델링 방식이 아닌 것은?

① 와이어프레임모델링(wireframe modeling)

② 디지털 모델링(digital modeling)

③ 서피스 모델링(surface modeling)

④ 솔리드 모델링(solid modeling)

───────────────

관련이론 76p 형상모델링의 종류

정답분석 디지털 모델링(digital modeling)은 CAD시스템에서 사용되는 형상모델링 방식에 해당하지 않는다.

정답 ②

03 다음 중 CAD시스템의 출력장치가 아닌 것은?

① 플로터

② 프린터

③ 모니터

④ 라이트 펜

───────────────

정답분석
- 입력장치: 키보드, 디지타이저(태블릿), 마우스, 조이스틱, 트랙볼, 라이트 펜
- 출력장치: 디스플레이, 모니터, 플로터(프린터), 하드카피 장치(종이로 인쇄하는 장치), COM장치(데이터 전송)

정답 ④

02 와이어프레임 모델링의 특징을 설명한 것 중 틀린 것은?

① 데이터의 구조가 간단하다.

② 처리속도가 느리다.

③ 은선을 제거할 수 없다.

④ 물리적 성질을 계산할 수 없다.

───────────────

관련이론 76p 형상모델링의 종류

정답분석 데이터의 용량이 가장 작고 처리속도가 빠르다.

정답 ②

04 컴퓨터에서 중앙처리장치의 구성으로만 짝지어진 것은?

① 출력장치, 입력장치

② 제어장치, 입력장치

③ 보조기억장치, 출력장치

④ 제어장치, 연산장치

───────────────

정답분석 중앙처리장치(CPU)의 구성
- 논리연산장치
- 제어장치
- 주기억장치

정답 ④

05

정육면체, 실린더 등 기본적인 단순한 입체의 조합으로 복잡한 형상을 표현하는 방법은?

① B-rep 모델링

② CSG 모델링

③ Parametric 모델링

④ 분해 모델링

관련이론 78. 솔리드 모델링의 생성 방법

정답분석 CSG 모델링

불 연산의 합(더하기), 차(빼기), 적(교차)기능을 사용하여 정육면체, 실린더 등 기본적인 단순한 입체의 조합으로 복잡한 형상을 만드는 모델링이다.

정답 ②

06

CPU(중앙처리장치)의 주요 기능으로 거리가 먼 것은?

① 제어 기능

② 연산 기능

③ 대화 기능

④ 기억 기능

정답분석 대화 기능은 CPU(중앙처리장치)의 주요 기능과는 관계가 없다.

정답 ③

07

도형의 좌표변환 행렬과 관계가 먼 것은?

① 미러(mirror)　　② 회전(rotate)

③ 스케일(scale)　　④ 트림(trim)

정답분석 트림은 자르다는 뜻이다.

정답 ④

pass.Hackers.com

Part 02

기계재료

기계재료의 특징

1 기계재료의 종류와 특징

1. 기계재료의 종류

금속재료	철	• 순철 • 강: 탄소강, 합금강 • 주철: 보통주철, 특수주철
	비철	• 구리(Cu)계 • 알루미늄(Al)계 • 마그네슘(Mg) • 티타늄(Ti) • 니켈(Ni)계 • 아연(Zn), 납(Pb), 주석(Sn) • 귀금속
비금속	무기질	유리, 시멘트, 석재
	유기질	플라스틱, 목재, 고무

[표 1-1] 기계재료의 종류

2. 금속재료의 특징

(1) 상온에서 고체상태를 유지하고 결정구조를 갖는다[단, 수은(Hg)은 제외].

(2) 특유의 광택이 있다.

(3) 전성, 연성, 가공성과 같은 기계적 성질을 가지고 있다.

(4) 열전도성이 크고, 전기가 잘 통한다.

(5) 비중 및 경도가 크다.

2 금속재료의 성질

1. 물리적 성질

(1) 비중

4℃의 순수한 물의 무게와 어떤 물질의 무게비를 의미한다. 특히 금속에서는 비중이 4.5 이상이면 중금속으로 분류하고, 이하이면 경금속으로 분류한다.

① 중금속: Fe, Ni, Cu, Cr, W 등

② 경금속: Al, Mg, Ti 등

(2) 용해잠열

어떤 금속 1g을 용해하는데 필요한 열량[kcal]을 의미한다.

(3) 비열

어떤 물질 1g의 온도를 1℃만큼 올리는데 필요한 열량을 의미한다.

(4) 열팽창계수

물체가 열에 의해서 팽창하는 것을 크게 부피팽창과 길이팽창 두 가지로 나누어 볼 수 있는데, 열응력에서는 선팽창을 주로 다루고 온도에 대해서 재료가 축선 방향으로 늘어난 길이를 처음 길이로 나누어 준 것을 선팽창 계수라고 한다. 이를 수식으로 나타내면 다음과 같다.

$$\alpha = \frac{l' - l}{l(\triangle t)} \ [1/℃]$$

여기서 α는 선팽창 계수, l은 처음길이, l'은 나중길이, $\triangle t$는 온도변화량을 의미한다.

(5) 열전도율

일정 단면적 A에 대해서 단위 시간동안 전달되는 열량(또는 에너지)을 열전도율로 정의한다.

(6) 전기전도율

기계재료에서 다루는 다양한 재료들 중에 금속이 많은 비중을 차지하고 있으며 이러한 금속의 대표적인 특징으로는 전기가 잘 통하는 성질이 있다. 그리고 금속 중에서도 전기가 얼마나 잘 통할 수 있는지를 따져보면 다음과 같이 정리할 수 있다.

$$Ag > Cu > Au > Al > Mg > Zn > Ni > Fe > Pb > Sb$$

(7) 자성

자기장 속에 있는 금속이 자류의 유도에 의해서 자화되는 성질을 자성이라 한다.
① **강자성체**: 자석의 반대극끼리 만나면 서로 강하게 끌어당기는 물질
② **상자성체**: 이러한 끌어당김이 약한 물질
③ **반자성체**: 극이 동일하여 서로 밀어내는 물질

2. 기계적 성질

(1) 연성(ductility)

재료를 잡아당겼을 때(인장력을 가하면) 가늘고 길게 늘어나는 성질이다.

(2) 전성(malleability)

재료를 수직방향으로 누르면(압축력을 가하면) 넓고 얇게 퍼지는 성질이다.

(3) 경도(hardness)

재료의 단단한 정도를 의미한다.

(4) 강도(strength)

재료가 외력에 대해서 대항하는 능력을 의미한다. 예를 들어, 재료의 최대 강도라고 하면 그 재료의 최대 저항력을 의미한다.

(5) 인성(toughness)

인성은 강도와는 다르게 재료의 질긴 성질을 의미한다. 예를 들어, 강도는 인장 및 압축과 같은 수직응력에 대한 대항력이라 한다면 인성은 비틀림이나 굽힘 같은 모멘트에 대한 저항력으로 보는 것이 보편적이다.

(6) 취성(메짐성)

재료에 충격이 가해졌을 때 얼마나 잘 깨지는지를 나타낸 성질이다. 금속에서 강도가 크게 향상되면 일반적으로 취성도 동시에 커지는 경향이 있다. 이러한 취성을 낮추기 위해서 열처리를 실시하기도 한다.

(7) 피로(fatigue)

재료가 저항할 수 있는 외력보다 더 작은 힘으로 반복 작용시켰을 때, 오랜 시간이 경과하면 재료가 파괴되는데 이러한 현상을 피로파괴라 하고, 이때 재료에는 피로가 작용했다고 한다.

(8) 크리프(creep)

금속재료에 오랜 시간동안 외력이 가해지고 이에 따라 변형이 증가하면서 결국 파괴에 이르는데, 이를 크리프 현상이라 한다. 이때 최대 변형이 발생하는 한계응력을 크리프 한도라고 정의한다.

3. 화학적 성질

(1) 부식(corrosion)

금속에 발생하는 녹을 부식이라 한다.

(2) 내식성(corrosion resistance)

부식에 대한 저항력을 의미한다. 내식성이 우수하다는 의미는 금속의 이온화 경향이 작다는 의미로 해석할 수 있다.

4. 가공성

(1) 주조성

(2) 소성

(3) 용접성(접합성)

(4) 절삭성

3 금속의 결정구조

금속은 고체상태의 결정체로 구성되고 이러한 결정체의 원자가 규칙적으로 배열되어 있는 상태를 결정이라 한다.

1. 체심입방격자(BCC)

결정 입방체 모서리와 중심에 원자가 한 개씩 존재하는 형태로 가장 단순한 구조이다.

2. 면심입방격자(FCC)

결정 입방체의 모서리와 면 중앙에 원자가 한 개씩 존재하고 이러한 입방체가 연속적으로 배열되어 있는 구조이다. 이러한 결정구조에서는 연성과 전성이 크게 나타난다.

3. 조밀육방격자(HCP)

정육각기둥의 꼭지점과 위, 아래, 중심 그리고 정육각기둥을 이루고 있는 6개의 정삼각형 중심에 원자가 하나씩 있는 구조이다. 결정구조가 가장 복잡하며 특히 연성이 작게 나타난다.

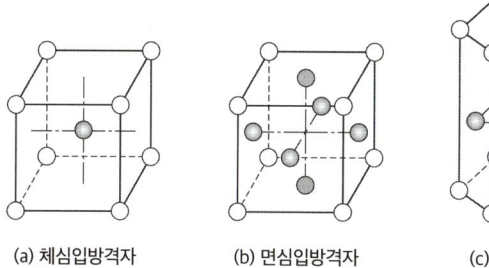

(a) 체심입방격자   (b) 면심입방격자   (c) 조밀육방격자

[그림 1-1] 금속의 결정구조

4. 결정구조에 따른 원자 수

구분	배위수(E)	격자내 원자수(r)	E-r
체심입방격자(BCC)	8	2	6
면심입방격자(FCC)	12	4	8
조밀육방격자(HCP)	12	2	10

[표 1-2] 결정구조와 원자 배위수

4 금속의 변태(transformation)

어떤 물질의 대표적인 상태변화라고 하면 온도변화에 따라 고체가 액체로 변하는 과정을 예로 들 수 있다. 하지만 이와 비교해서 금속에서는 상태변화임에도 불구하고 동일한 물질이 다른 상(phase)으로 변하는데, 이것을 변태(transformation)라 하고 이때의 온도를 변태점이라 한다.

(1) 동소변태(allotropic transformation)

① 동일한 원소의 고체가 서로 다른 상(phase)으로 존재하는 것을 동소체라고 한다. 이러한 동소체는 고체금속 내부의 원자배열이 바뀌면서 만들어지는데, 이 과정을 동소변태 또는 격자변태라고 한다. 대표적인 예로는 탄소성분 안에 존재하는 흑연과 탄소화합물이 있다.

② 순철의 경우 912℃가 A3 변태점이고 1400℃가 A4 변태점인데, 이들이 동소변태점이다.

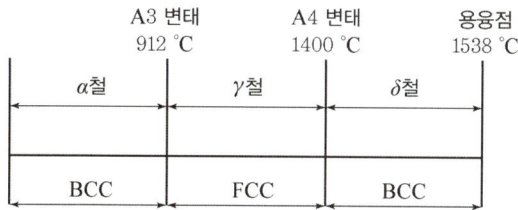

[그림 1-2] 순철의 변태

(2) 자기변태(magnetic transformation)

① 강자성체의 금속이 일정 온도 이상에서 결정구조는 바뀌지 않고, 자성만을 잃고 상자성체로 바뀌는 변화를 의미한다. 이러한 자기변태는 상(phase)변태라기보다는 금속이 가지고 있는 에너지의 변화로 보는 견해도 있으며, 대체로 넓은 온도 구간에서 연속적인 변화를 하는 것이 특징이다.

② 순철의 경우에는 이러한 자기변태점을 퀴리점(curie point)이라 하기도 하며, 768℃에서 발생한다.

> ● **참고** ●
>
> 자기변태점
> Ni(358℃), Co(1150℃)에서 나타난다.

(3) 변태점의 측정방법

① 시차 열 분석법
② 열 분석법
③ 비열법
④ 전기저항법
⑤ 열팽창법
⑥ X-선 분석법
⑦ 자기분석법

5 합금의 성질과 구조

1. 합금의 구조와 종류

(1) 고용체

어떤 결정체에 다른 결정체가 녹아서 고르게 섞인 상태의 고체 혼합물을 의미하며, 합금에서 균일하게 융합되어 각 성분을 기계적인 방법으로 더 이상 분리할 수 없을 때 이를 고용체라고 한다.

> 고용체[C] = [A]금속 + [B]금속

① **침입형 고용체**

어떤 금속의 원자가 결정구조 안에서 다른 금속원자의 빈자리를 채우는 형태이다.

예 Fe-C

② **치환형 고용체**

어떤 금속의 원자가 다른 금속의 원자를 치환하여 그 자리를 대신하는 형태이다.

예 Ag-Cu, Cu-Zn

③ 규칙격자형 고용체

고용체내에서 원자가 어떤 규칙성을 가지고 배열된 형태를 의미한다. 이러한 경우 성분 원소와 성질이 모두 다른 성질을 가지고 있어 혼합물이나 화합물과는 다른 성질을 나타낸다.

예 Ni3 - Fe, Cu3 - Au, Fe3 - Al

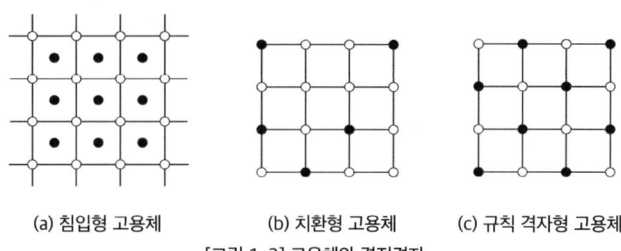

(a) 침입형 고용체   (b) 치환형 고용체   (c) 규칙 격자형 고용체

[그림 1-3] 고용체와 결정격자

(2) 금속간 화합물

앞에서 살펴본 고용체 이외에 두 개 이상의 금속이 화학적으로 결합하여 새로운 성질의 화합물을 만들 수 있는데 이것을 금속간 화합물이라 한다.

2. 합금반응

(1) 공정반응(eutectic reaction)

2개의 금속을 용용해서 기계적인 방법으로는 구분할 수 없는 액체 상태를 만들면 서로 균일하게 융합되어 있는 상태가 된다. 이때, 이 금속 액체를 천천히 냉각시키면(서냉하면) 응고시키는 과정에서 두 종류의 금속이 일정한 비율로 정출되는데, 여기에서 혼합된 조직을 형성하는 반응을 공정반응이라 한다.

$$\text{액체} \xrightleftharpoons[\text{가열}]{\text{냉각}} \text{고체[A] + 고체[B]}$$

이렇게 공정반응이 일어나는 온도를 공정온도(eutectic temperature)라고 한다.

이를 간단하게 요약하자면, 공정반응은 액체에서 고체로 되는 과정에서 일어나는 것이라 볼 수 있다.

(2) 공석반응(eutectoid reaction)

일정 온도에서 고용체가 냉각되면 다른 종류 또는 둘 이상의 고체로 동시에 변화되는 반응이다. 이렇게 용융 금속으로부터 두 개 또는 그 이상의 고상으로 분할함으로써 동시에 응고하는 반응을 의미한다. 이때의 용융온도는 각각의 고체 용융온도보다 낮다.

(3) 포정반응

하나의 고체에 다른 액상 금속이 작용하여 다른 고체금속을 형성하는 반응을 의미하며, 이때의 고체를 포정이라 한다.

$$\text{액체 + 고체[A]} \xrightleftharpoons[\text{가열}]{\text{냉각}} \text{고체[B]}$$

출제예상문제

01 금속 재료의 성질 중 기계적 성질이 아닌 것은?

① 인장강도   ② 연신율

③ 비중   ④ 경도

관련이론 89p 기계적 성질

정답분석
- 비중은 물리적 성질이다.
- 기계적 성질: 연성, 전성, 경도, 강도, 인성, 취성, 피로, 크리프

정답 ③

02 강자성체에 속하지 않는 성분은?

① Co   ② Fe

③ Ni   ④ Sb

정답분석 강자성체
- Fe
- Ni
- Co

정답 ④

03 다음 중 체심입방격자에 해당하는 금속으로만 이루어진 것은?

① Al, Pb   ② Mg, Cd

③ Cr, Mo   ④ Cu, Zn

관련이론 90p 금속의 결정구조

정답분석
- Cr, Mo가 체심입방격자에 해당하는 금속이다.
- 체심입방격자: Ba, V, Mo, Cr

정답 ③

04 금속의 상 변태 중 동소변태에 대한 설명으로 옳은 것은?

① 한 결정구조에서 일어나는 상의 변화가 아닌 단순한 에너지적인 변화이다.

② 동일 원소의 두 고체로서 원자 배열의 변화에 따라 서로 다른 상태로 존재한다.

③ 금속을 가열하면 일정한 온도 이상에서 자성을 잃지 않고 상자성체로 자성이 변한다.

④ 철(Fe), 코발트(Co), 니켈(Ni) 같은 금속에서 잘 일어난다.

관련이론 91p 금속의 변태(transformation)

정답분석 동일 원소의 두 고체로서 원자 배열의 변화에 따라 서로 다른 상태로 존재한다.

정답 ②

05 고용체에서 공간격자의 종류가 아닌 것은?

① 치환형

② 침입형

③ 규칙 격자형

④ 면심 입방 격자형

관련이론 93p 합금의 성질과 구조

정답분석 면심 입방 격자형 고용체에서 공간격자의 종류에 해당하지 않는다(없는 격자 종류이다).

정답 ④

pass.Hackers.com

02 탄소강

1 철(Fe)강 재료

철(Fe)은 탄소함유량에 따라 다음과 같이 분류한다.

철강재료	순철	-	0.02%C 이하
	강	아공석강	0.02 ~ 0.77%C
		공석강	0.77%C
		과공석강	0.77 ~ 2.11%C
	주철	아공정주철	2.11 ~ 4.3%C
		공정주철	4.3%C
		과공정주철	4.3 ~ 6.68%C

[표 2-1] 철의 분류

2 순철의 특징

1. 순철의 동소체

순철은 α철, γ철, δ철의 3개의 동소체가 있다.

동소체	온도	원자배열
α철	912℃ 이하	체심입방격자(BCC)
γ철	912~1400℃	면심입방격자(FCC)
δ철	1400℃ 이상	체심입방격자(BCC)

[표 2-2] 순철의 동소체

2. 자기변태점

순철의 자기변태점은 A2변태점으로 768℃ 부근이며 일명 퀴리점이라 한다. 순철은 상온에서 강자성체이지만 여기에서 상자성체로 변하게 된다.

3. 동소변태점

순철의 동소변태점은 A3(913℃), A4(1400℃) 변태점으로 여기에서 결정구조의 변화가 일어난다.

3 탄소강의 주요 조직

탄소강을 900℃까지 가열한 후 서냉시키면 강의 현미경 조직은 탄소함유량에 따라 매우 다르게 나타난다. 이때, 나타나는 주요 조직은 다음과 같다.

1. 오스테나이트(austenite)

철에 탄소가 최대 2.11%C까지 고용되어 있는 고용체다. 결정구조는 면심입방격자 구조이며 A1 변태점 이상에서 상자성체이다.

2. 페라이트(ferrite)

고용체라고도 한다. 철에 최대 탄소가 0.02%C 고용된 고용체다. 연성과 전성이 크게 나타나고 A2 변태점 이하에서는 강자성체가 된다.

3. 펄라이트(pearlite)

시멘타이트와 페라이트의 공석조직으로 철에 0.77%C의 탄소가 고용된 형태이며 강도가 크게 나타난다.

4. 레데뷰라이트(ledeburite)

2.11%C의 고용체와 6.68%C의 시멘타이트 공정조직으로 주로 주철에서 나타나는 조직이다.

5. 시멘타이트(cementite)

철(Fe)과 6.68%C가 합쳐진 화합물(Fe3C)이며 취성이 매우 높은 조직이다. 따라서 연성은 거의 없는 것으로 보고 상온에서 강자성체, 담금질 효과가 나타나지 않는다.

4 Fe-C 평형상태도

Fe-C 평형상태도에서는 가로축이 재료의 탄소함유량(%C)을 의미하고 세로축은 온도(℃)를 의미한다. 여기에서는 온도와 탄소 함유량에 따른 철(Fe)의 주요 상태와 조직변화를 볼 수 있다.

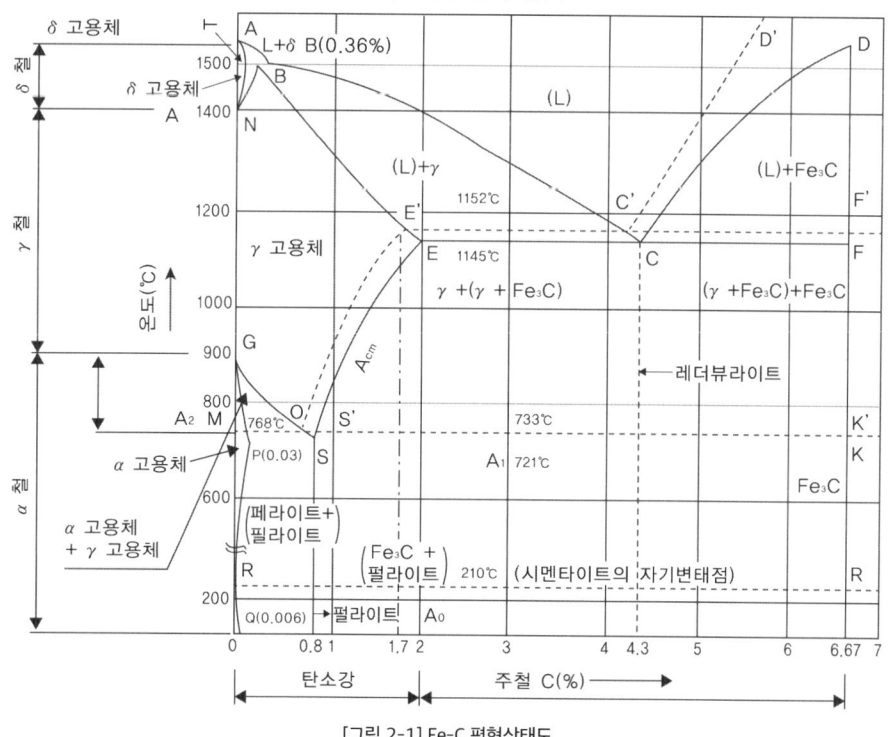

[그림 2-1] Fe-C 평형상태도

1. 철(Fe)의 변태점

(1) A0: 210℃, 시멘타이트의 자기변태점

(2) A1: 723℃, 강에만 존재하는 변태점

(3) A2: 순철 - 768℃, 강 - 770℃, 자기변태점(또는 퀴리점이라 한다)

(4) A3: 912℃, ɣ철 → α철

(5) A4: 1400℃, δ철 → ɣ철

2. 합금반응

(1) 공정반응(공정점: 4.3%C, 1130℃)

$$\text{액체} \underset{\text{가열}}{\overset{\text{냉각}}{\rightleftarrows}} \text{ɣ철} + Fe_3C$$

(2) 공석반응(공석점: 0.77%C, 723℃)

$$\text{ɣ철} \underset{\text{가열}}{\overset{\text{냉각}}{\rightleftarrows}} \text{α철} + Fe_3C$$

(3) 포정반응(포정점: 0.17%C, 1495℃)

$$\text{δ철} + \text{액체} \underset{\text{가열}}{\overset{\text{냉각}}{\rightleftarrows}} \text{ɣ철}$$

3. 탄소함유량에 따른 조직

(1) 강(steel)

① 공석강: 0.77%C, 펄라이트

② 아공석강: 0.02~0.77%C, 페라이트 + 펄라이트

③ 과공석강: 0.77~2.11%C, 펄라이트 + 시멘타이트

(2) 주철(cast iron)

① 공정주철: 4.3%C, 레데뷰라이트

② 아공정주철: 2.11~4.3%C, 오스테나이트 + 레데뷰라이트

③ 과공정주철: 4.3~6.68%C, 레데뷰라이트 + 시멘타이트

5 탄소강의 기계적 성질

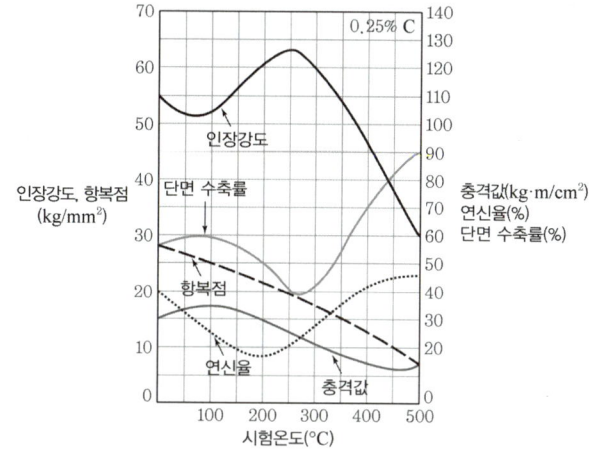

[그림 2-2] 온도에 따른 탄소강의 변화

1. 청열취성

200~300℃ 부근에서 강의 인장강도 및 경도가 증가하고 이로 인해 취성이 증가하는 현상이다. 일반적으로 철은 상온에서보다 200~300℃ 부근에서 인장 강도 및 경도가 증가되어 취성을 갖게 된다. 이때, 질소도 어느 정도 영향을 준다. 이 온도는 저온에서 연마한 철강 표면이 청색으로 변화하는 온도에 해당하므로, 이 온도에서 발생한 취성을 청열취성이라고 한다.

2. 적열취성

연강이 1100 ~ 1500℃의 고온에서 깨지기 쉽게 되는 현상을 의미하며, 연강에 포함된 유황이나 산소 등을 원인으로 보고 있다.

3. 상온취성

인(P)을 많이 포함한 탄소강은 상온에서 인성이 낮아지는 현상이 발생을 하는데, 이를 상온취성이라고 한다.

4. 저온취성

주로 연강이 저온에 노출되면 경도가 서서히 증가하고 수축률이 감소하여 부서지기 쉬운 상태가 되는 것을 의미한다.

6 탄소강의 주요 원소

원소	효과
C(탄소)	강도, 경도 증가 / 인성, 전성, 충격 값 감소 / 담금질 효과 커짐 / 냉간 가공성 감소
Si(규소)	강도, 경도 증가 / 주조성 향상 / 충격치 감소 / 냉간 가공성 감소
Mn(망간)	강도, 경도, 인성, 점성 증가 / 연성 및 황(S)으로 인한 피해를 감소
P(인)	강도, 경도 증가 / 연신율 감소 / 냉간 가공성 향상 / 편석 발생
S(황)	강도, 경도, 연성, 절삭성 증가 / 충격치 저하 / 적열 메짐의 원인
H(수소)	헤어크랙의 발생 원인

[표 2-3] 탄소강에 포함되는 성분의 영향

01 일반적으로 탄소강과 주철로 구분되는 가장 적절한 탄소(C) 함량(%) 한계는?

① 0.15 ② 0.77
③ 2.11 ④ 4.3

관련이론 96p 철(Fe)강 재료

정답분석 C(탄소) 함유량
- 순철: 0.02% 이하
- 강: 0.02~2.11%
- 주철: 2.11~6.68%

정답 ③

02 철과 탄소는 약 6.68% 탄소에서 탄화철이라는 화합물질을 만드는데, 이 탄소강의 표준조직은 무엇인가?

① 펄라이트
② 오스테나이트
③ 시멘타이트
④ 솔바이트

관련이론 96p 탄소강의 주요 조직

정답분석 시멘타이트이다. (6.68% 탄소)
① 펄라이트: 0.77% 탄소
② 오스테나이트: 2.11% 탄소

정답 ③

03 철-탄소계 상태도에서 공정 주철은?

① 4.3%C ② 2.1%C
③ 1.3%C ④ 0.86%C

관련이론 98p 탄소함유량에 따른 조직

정답분석 공정 주철의 탄소함유량은 4.3%이다.

정답 ①

04 탄소강에 함유된 원소 중에서 상온 취성의 원인이 되는 것은?

① 망간 ② 규소
③ 인 ④ 황

관련이론 99p 탄소강의 주요 원소

정답분석 상온 취성의 원인은 인(P)이다.

정답 ③

05 다음 원소 중 탄소강의 적열취성 원인이 되는 것은?

① S
② Mn
③ P
④ Si

관련이론 99p 탄소강의 주요 원소

정답분석 적열취성의 원인은 S(황)이다.

정답 ①

07 탄소강에 함유된 원소 중 백점이나 헤어크랙의 원인이 되는 원소는?

① 황(S)
② 인(P)
③ 수소(H)
④ 구리(Cu)

관련이론 99p 탄소강의 주요 원소

정답분석 백점은 수소가 원인이 된다.

정답 ③

06 황(S)이 함유된 탄소강의 적열취성을 감소시키기 위해 첨가하는 원소는?

① 망간
② 규소
③ 구리
④ 인

관련이론 99p 탄소강의 주요 원소

정답분석 망간
- 강도, 경도, 인성, 점성 증가
- 연성 및 황(S)으로 인한 피해를 감소

정답 ①

1 합금강의 용도

합금강이란 일반 탄소강에 다양한 원소를 첨가하여 사용자가 원하는 기계적 성질을 향상시키고 가공성을 증대시킨 금속을 의미하고, 한정된 부분에서는 특수강이라는 표현을 쓰기도 한다. 현재까지 다양한 합금강이 개발되어 있고 일부 제품은 시장에서 안정적으로 유통이 되고 있는데, 이를 사용 용도에 따라 분류하면 다음과 같다.

1. 특수목적용 합금강

(1) **스테인레스강**: 식기, 조리도구, 의료기계 등

(2) **베어링강**: 베어링, 롤러와 같은 고하중 동력전달 요소부품

(3) **내열강**: 내연기관의 부품, 터빈 등

(4) **내마멸강**: 분쇄기, 무한궤도 등

(5) **자석강**: 전력기기

2. 구조용 합금강

(1) **쾌삭강**

(2) **강인강**: 크랭크축, 기어 등

(3) **표면경화용강**

3. 공구용 합금강

(1) **합금공구강(STS)**

(2) **고속도강(SKH)**

4. 입계부식(boundary corrosion)

합금에서 결정립계를 따라 발생하는 국부적인 부식이 입계부식이다. 이러한 입계에 발생하는 부식이 쉽게 관찰되는 합금으로는 알루미늄(Al)계, 니켈(Ni)계 합금이며, 특히 스테인레스에서 주요하게 다루고 있다.

2 특수목적용 합금강

1. 스테인레스(STS)

스테인레스는 10.5 ~ 11%의 크롬이 들어간 강철 합금이다. 스테인레스는 영문(Stain-less)이 뜻하는 바와 같이 녹, 부식이 일반 강철에 비해서 적다.

(1) Cr계 스테인레스
① 페라이트계 스테인레스: 내식성과 강성은 높으나 상대적으로 내산성(산에 대한 저항성)은 작다.
② 마텐자이트계 스테인레스: 기계적 성질은 페라이트계 스테인레스와 유사하나 담금질성을 개선한 것이다.

(2) Ni-Cr계 스테인레스: 오스테나이트계(18-8형 스테인레스: Cr 18%, Ni 8%)
기존 스테인레스의 내산성을 향상시키기 위하여 Ni, Mo, Cu등을 합금시킨 것이며, 비자성체이고 내산, 내식성이 13% Cr 스테인레스에 비해 우수하다.

(3) 스테인레스강의 입계부식
① 오스테나이트계 스테인레스는 550~800℃에서 장시간 유지될 때, 스테인레스 합금조직 중의 탄소가 크롬과 결합하는 현상이 발생하게 된다. 이러한 결합에 의해 다른 물질의 상(phase)이 생성되는 것을 석출(액상에서 결정이 생성되어 결정립이 만들어지는 것을 정출, 고용체로부터 새로운 상이 생성되는 것을 석출)이라고 하는데, 이렇게 탄소가 크롬과 결합한 카바이드는 결정립계에 석출되게 된다.
② 그리고 이 카바이드는 입계 내에 존재하던 크롬을 제거하게 되며, 여기에서 크롬이 없어진 입계에는 부식의 원인인 물과 산소의 침투가 손쉬워지고 부식이 쉽게 발생하게 된다. 이것을 스테인레스의 입계부식이라 한다.

2. 자석강(SK)

항공기, 자동차 등의 점화장치, 전신, 전화기, 계기류 등에 이용되고 있다. 보자력, 잔류자기가 크고 투자율이 작은 것이 좋다.

3. 비자성강(nonmagnetic steel)

비자성강이란 변압기, 차단기, 발전기, 배전반 등에 자성체 재료를 사용하면 맴돌이 전류가 유도 발생되어 소재온도가 상승하므로 이것을 방지하기 위해 비자성재료를 사용한다. 주로 Ni-Mn강, Ni-Cr-Mo강을 비자성강으로 사용한다.

4. 불변강(고 Ni강)

(1) 인바(invar)
상온에서 재료의 선팽창계수가 매우 작고 내식성이 우수하다. Fe-Ni 36% 합금이며 표준자, 시계의 주요 부품, 온도조절용 바이메탈의 재료로 사용된다.

(2) 엘린바(elinvar)
불변강이라는 의미를 가지고 있으며 선팽창계수, 탄성률이 매우 작아 정밀계측기 등에 적용되고 있다. Fe-Ni 36%-Cr 12% 합금이다.

(3) 코엘린바(Co elinvar)

엘린바에서 Co를 첨가한 합금이다. 앞에서 살펴본 인바, 엘린바의 특징과 장점을 모두 가지고 있으며 특히, 내식성을 향상시킨 제품이다.

(4) 플래티나이트(platinite)

열팽창계수가 9×10^{-6}으로 이는 백금이나 유리와 거의 같다. 전구의 도입선으로 사용되며 Fe-Ni 29 (~40%)-Co 5% 합금이다.

3 구조용 합금강

1. 쾌삭강

일반 탄소강에 S, Pb, P, Mn 등을 첨가하여 재료의 절삭성을 향상시킨 제품이다. 이는 최근에 절삭용 공작기계의 성능과 절삭공구의 성능이 향상되면서 이들과 함께 개발되고 있는 것으로 보는 것이 타당하다.

2. 강인강

탄소강으로만 얻기 어려운 강성을 얻을 수 있는 재료이다. 일반 탄소강에 Ni, Cr, Mo, W, V 등을 첨가하여 강인성을 높이고 이외 담금질성이나 내식성을 향상시킨 탄소강 계열의 합금을 강인강이라 한다.

3. 스프링강(SPS)

스프링 재료에서 요구되는 가장 큰 특징은 탄성이다. 스프링강은 높은 탄성한도와 피로한도가 요구되며 0.5~1.0%C 고탄소강, Si-Mn, Si-Cr, Mn-Cr 과 같은 특수강이 쓰이고 있다.

4 공구용 합금강

일반적으로 기계재료에서 말하는 공구강이라 함은 주로 절삭용 공구, 즉 바이트(bite)나 커터(cutter)의 재료를 의미한다고 본다. 물론 이 외에 게이지, 다이(die, 금형)재료에 대해서도 다루고 있지만 이 부분은 특정 해당분야에서 다루어야 하는 부분이므로 절삭공구용 기계재료가 요구하는 공통적인 성질을 정리하면 다음과 같다.

(1) 고온경도가 커야 한다.

(2) 열처리가 용이하고 그 효과가 커야 한다.

(3) 마찰계수가 작아야 한다.

(4) 고온 경도변화가 작아야 한다.

(5) 가공이 용이하고 가격이 저렴해야 한다.

1. 합금공구강(STS)

일반 탄소강 재질의 공구강에서 얻을 수 없는 강도와 가공성을 얻을 수 있지만, 다른 특수 합금강과 비교하면 그 한계가 명확하다. 하지만 특수 합금강과 비교해서 범용으로 적용할 수 있다는 점과 가성비를 생각하면 자체로도 유용한 재료로 볼 수 있다. 주로 일반 탄소강에 Cr, W, V, Mo과 같은 원소를 첨가한다.

2. 고속도강(SKH)

고속 절삭용 공구에 적용되는 재료이다. 일명 하이스강(H.S.S)이라고 하는데 여기서 기준이 되는 기계적 성질은 고온경도와 내마멸성이다. W, Mo, C, V 등의 합금으로 만들어지며 크게는 W계와 Mo계로 나눌 수 있다.

3. 주조경질합금

열처리를 거치지 않아도 충분한 경도와 가공성을 나타낼 수 있고 주조를 통해서 만들 수 있는 공구재료를 주조경질합금이라 한다. 대표적으로는 스텔라이트(stellite)가 있으며 Co가 주성분이고 여기에 Cr-W-C를 첨가하여 제작한다. 이러한 스텔라이트의 특징을 요약하면 다음과 같다.

(1) 스텔라이트는 주조 후 연삭성형을 하며, 단조 또는 절삭성형을 할 수 없다(실질적으로 할 수는 있지만 능률 면에서 매우 떨어진다고 보는 것이 맞다).

(2) 고속도강보다 고속도 가공에 오히려 더 적합하다. 하지만 여기에서 발생하는 진동, 충격, 마멸 등의 기계적 성질은 떨어져서 이를 고속도강이라고 하기에는 적합하지 않다.

(3) 첨가되는 원소 중에 W의 양을 증가시키려면 C의 양도 함께 증가시켜야 한다.

4. 초경합금

초경합금이라는 말은 말 그대로 본다면 매우 단단한 금속을 의미한다. 하지만 대부분 초경합금을 설명하기 위해서 예를 들어 설명하는 것이 바로 소결금속이다. 따라서 우리는 소결합금을 대표적인 초경합금재료로 인식하면 된다. 소결합금은 분말로 만들어진 금속을 이용해서 원하는 형상으로 만들고 이후 전용로(furnace)에서 고온 가압하여 제작하는 것으로서 이러한 소결합금의 특징은 다음과 같이 정리할 수 있다.

(1) 고온경도가 커야 하고 내마멸성, 내열성이 우수하다.

(2) 제작 전 성형성을 고려해야 하고, 특히 제작에 필요한 설비를 구성하는데 많은 비용이 든다.

5. 게이지강

실질적으로는 엘린바와 같은 불변강이 게이지강으로 적합하나, 블록 게이지(block gauge)와 같은 고정밀 측정기에는 불수축강이라는 이름으로 1%C이하의 탄소강에 Mn, Cr, W, Ni과 같은 원소를 첨가한 제품이 쓰이고 있어 이를 게이지강이라고 부르기도 한다.

6. 세라믹

세라믹 재질의 재료는 충격에 약하다는 약점에도 불구하고 특유의 고온경도와 내마모성, 내산성을 가지고 있기 때문에 다양한 방법으로 공구제작에 사용이 되고 있다. 이러한 세라믹재료의 특징은 다음과 같다.

(1) 세라믹 결정의 결합형태를 보면 이온결합과 공유결합형태를 띠고 있다.

(2) 금속산화물, 탄화물, 질화물과 같은 혼합물과 화합물 소결제도 세라믹이라 한다.

01

다음 중 강에 S, Pb 등의 특수원소를 첨가하여 절삭할 때 칩을 잘게 하고 피삭성을 좋게 만든 특수강은?

① 내열강　　　② 내식강
③ 쾌삭강　　　④ 내마모강

관련이론 104p 구조용 합금강

정답분석 피삭성이 좋다 = 절삭이 잘 된다 = 쾌삭

정답 ③

02

탄소공구강의 단점을 보강하기 위해 Cr, W, Mn, Ni, V 등을 첨가하여 경도, 절삭성, 주조성을 개선한 강은?

① 주조경질합금
② 초경합금
③ 합금공구강
④ 스테인리스강

관련이론 105p 합금공구강(STS)

정답분석 합금하여 개선한 강 = 합금공구강

정답 ③

03

강재의 KS 규격 기호 중 틀린 것은?

① SKH - 고속도 공구강 강재
② SM - 기계 구조용 탄소 강재
③ SS - 일반 구조용 압연 강재
④ STS - 탄소 공구강 강재

관련이론 102p 합금강의 용도

정답분석 STS: 스테인레스 강, 합금공구강

정답 ④

04

다음 중 Cr 또는 Ni을 다량 첨가하여 내식성을 현저히 향상시킨 강으로서 조직상 페라이트계, 마텐자이트계, 오스테나이트계 등으로 분류되는 합금강은?

① 규소강
② 스테인레스강
③ 쾌삭강
④ 자석강

관련이론 103p 특수목적용 합금강

정답분석 스테인레스 종류
• 페라이트계
• 마텐자이트계
• 오스테나이트계

정답 ②

05

온도 변화에 따라 선팽창계수나 탄성률 등의 특성이 변화하지 않는 합금강은?

① 내열강

② 쾌삭강(Free cutting steel)

③ 불변강(invariable steel)

④ 내마멸강

관련이론 103p 특수목적용 합금강

정답분석 불변강(고 니켈강): 인바, 엘린바, 코엘린바, 플래티나이트

정답 ③

06

18-4-1형의 고속도강에서 18-4-1에 해당하는 원소로 옳은 것은?

① W-Cr-Co

② W-Ni-V

③ W-Cr-V

④ W-Si-Co

정답분석 18-4-1형의 고속도강에서 18-4-1에 해당하는 원소는 'W-Cr-V'이다.

정답 ③

07

공구용으로 사용되는 비금속 재료로 초내열 성재료, 내마멸성 및 내열성이 높은 세라믹과 강한 금속의 분말을 배열 소결하여 만든 것은?

① 다이아몬드

② 고속도강

③ 서멧

④ 석영

정답분석 Ceramic + Metal = Cer Met = 서멧

정답 ③

Part 02 기계재료 | 해커스 건설기계기능사 필기 안권엽 이론+최신기출+핵심노트

1 주철의 특징

1. 주철의 일반적인 성질

(1) 주철의 분류

일반적인 주철을 탄소함유량에 따라 분류하면 다음과 같다.

아공정주철	2.11 ~ 4.3%C
공정주철	4.3%C
과공정주철	4.3 ~ 6.68%C

[표 4-1] 주철의 분류

(2) 주철의 특징

① 장점

  ㉠ 압축강도와 마찰저항이 우수하다.

  ㉡ 녹이 비교적 쉽게 발생하지 않으며 주조성이 우수하다.

  ㉢ 용융점이 낮으며 쇳물 유동성이 우수하다.

② 단점

  ㉠ 압축강도와 비교해서 상대적으로 낮은 인장강도, 굽힘강도가 나타난다.

  ㉡ 가공이 어렵다.

  ㉢ 충격에 약하고 연신율이 작다.

2. 주철과 탄소(C)

(1) 유리탄소(free carbon)

주철 내부의 탄소가 흑연(유리탄소)로 존재하는 것을 의미하며 회주철의 주성분을 이루고 있다. 이렇게 회주철(gray cast iron)을 만들기 위해서는 용탕의 주입온도는 높게, 냉각속도는 느리게 하며 규소(Si)의 비중이 높아야 한다.

(2) 화합탄소(Fe_3C)

① 주철 내부의 탄소가 화합탄소(Fe_3C)로 존재하는 것을 의미한다.

② 주로 백주철에서 볼 수 있으며 냉각속도가 빠르고 Mn의 비중이 높을 때 나타난다. 이러한 백주철의 조직은 주로 시멘타이트와 펄라이트로 구성되어 있다.

(3) 흑연화

주철 내부에 함유되어 있는 화합탄소(Fe_3C)는 고온환경에서는 매우 불안정한 상태로 존재한다. 따라서 이러한 화합탄소를 철과 탄소로 분해하는데 이를 화합탄소(또는 시멘타이트)의 흑연화라고 한다.

$$Fe_3C \rightarrow 3Fe + C$$

이렇게 흑연화는 450 ~ 600℃ 사이에서 시작하여 700 ~ 800℃에서 종료된다.
① **흑연화 촉진제**: Si, Ni, Al, Ti, Co
② **흑연화 방지제**: Mo, S, Cr, Mn, V, W

3. 마우러 조직도(Maurer's diagram)

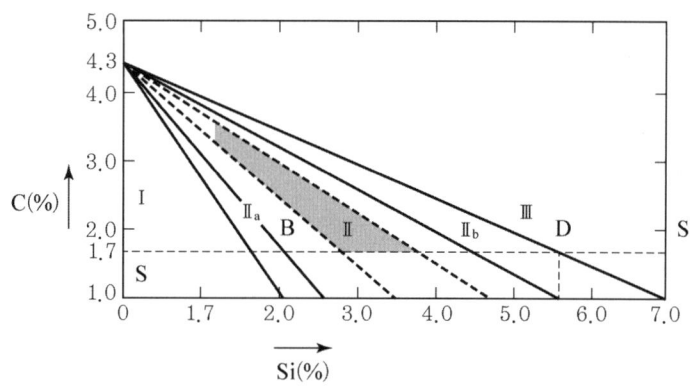

[그림 4-1] 마우러 조직도

마우러(Maurer)가 실험에 의해서 만든 선도이며 주철의 탄소(C)와 규소(Si) 함유량에 따른 주철의 조직을 선도
(graph)로 나타낸 것이다.

(1) I 구역: 경도가 높은 펄라이트 + Fe_3C조직의 백주철

(2) II 구역: 펄라이트 + 흑연조직의 회주철

(3) III 구역: 연한 페라이트 + 흑연조직의 회주철

4. 주철의 5대 원소

(1) 탄소(C)

주철에서 탄소는 시멘타이트와 흑연의 상태로 존재하며 냉각속도가 늦고 규소(Si)의 양이 많을 때, 망간
(Mn)의 양이 적을수록 이 흑연의 양은 증가한다. 이렇게 탄소 함유량이 증가하면 재료의 용융점은 낮아져
주조성은 좋아지게 된다.

(2) 규소(Si)

흑연발생을 촉진하므로 주조성을 향상시킨다(흑연화 촉진제).

(3) 망간(Mn)

망간은 황(S)과 반응하여 황화망간(MnS)을 만들어 내고 이렇게 황(S)에 의한 피해를 감소시킨다. 하지만
1%를 넘어서게 되면 수축률이 커지고 절삭성이 저하되어 주로 1.5% 이하에서만 사용한다. 이렇게 사용하
면 내열성이 향상되는 이점이 있다.

(4) 인(P)

용탕의 유동성을 향상시키고 주물의 주축변형을 방지하는 효과가 있지만, 그 양이 많아지면 취성에 취약해
진다.

(5) 황(S)

용탕의 유동성을 저하시키고 고온 취성을 발생시킨다. 흑연의 발생을 저하시키고 수축률을 증가시켜 전반
적으로 주조성을 저하시킨다.

5. 주철의 성장

주철을 A1변태점 이상의 온도에서 방치하거나 재가열을 반복하면 자연스럽게 부피가 증가한다. 이러한 현상을 주철의 성장이라고 하며 이러한 성장의 원인과 이를 방지하는 방법은 다음과 같다.

(1) 주철의 성장원인

① 제조과정 중에 흡수된 가스의 팽창
② (페라이트 조직 중에 있는) Si의 산화
③ (펄라이트 조직 중에 있는) Fe3C의 분해와 흑연화
④ 재가열의 반복에 의한 미세균열의 발생

(2) 주철의 성장 방지방법

① 편상흑연을 구상화시킨다.
② 흑연미세화를 통해 치밀한 조직을 만든다.
③ 탄소(C)와 규소(Si)양을 적게 해서 흑연의 편상화를 억제한다.
④ 탄화안정화 원소(예 Cr, Mn, Mo, V 등)를 사용해서 펄라이트 내부에 형성되어 있는 화합탄소(Fe_3C)가 분해되지 않도록 한다.

6. 자연시효와 주철의 열처리

(1) 자연시효(natural aging)

주물제품을 오랜 시간 방치하면 주조응력이 사라지고 균열이나 변형이 발생하는데 이러한 현상을 설명할 때 자연시효라고 한다.

(2) 주철의 풀림(annealing)

주조과정에서 발생하는 주조응력을 상쇄시키기 위해서 실시하는 열처리를 풀림이라 한다.

> ● 참고 ●
>
> 열처리에 대한 자세한 내용은 뒤의 [Chapter 07 열처리]에서 다루기로 한다.

① 저온풀림
주철내부의 주조응력제거가 주목적이다. 여기에서 주조응력이란 주물의 두께가 일정하지 않아 주조과정에서 발생하는 주물 내의 잔류응력을 의미하는 말이다.
② 고온풀림
주철의 연성을 확보하고 절삭성을 향상시키는 것이 목적이다. 하지만 일반적으로 보통주철에는 담금질(quenching)이나 뜨임(tempering)처리를 하지 않으며 단지 절삭성 향상을 위해서 풀림처리만을 한다.
③ 자연시효 효과를 단시간에 얻기 위해서는 주철을 500 ~ 600℃ 사이의 온도에서 6시간 정도 풀림처리를 한다.

2 주철의 종류

1. 보통주철(common grade cast iron)

보통주철은 인장강도가 10 ~ 20[kgf/mm²]정도이며 가격이 저렴하고 기계가공성도 나쁘지 않아 많이 쓰이고 있다. 이러한 보통주철은 다시 회주철과 백주철, 그리고 반주철로 나눌 수 있는데, 여기에서는 회주철과 백주철만 다루기로 한다.

(1) 회주철
① 탄소가 모두 흑연화되어 있고 파단면이 회색을 띤다.
② 냉각속도가 느리고 주물의 두께가 두꺼울 때 형성된다.
③ 포함하고 있는 규소(Si)의 양이 많은 편이다.

(2) 백주철
① 탄소가 모두 화합철(Fe_3C, 시멘타이트)로 생성되어 있고 파단면이 백색을 띤다.
② 냉각속도가 빠르고 주물의 두께가 얇을 때 형성된다.
③ 포함하고 있는 규소(Si)의 양이 적은 편이다.

2. 고급주철(high-grade cast iron)

(1) 주 조직이 펄라이트조직으로 인장강도가 25kgf/mm² 이상이다.

(2) 미하나이트 주철(meehanite cast iron)
흑연을 미세화 하여 강도를 한 층 더 높인 주철이다. 기계적 강도가 우수하고 높은 인장강도가 요구되는 기계부품제조에 사용된다.

3. 합금주철

주철의 기계적 성질을 향상시키기 위해 다양한 원소를 첨가하여 만든 주철을 통칭하는 말이다. 여기에서 한 가지 주의할 것은 스텔라이트(stellite)는 합금주철에 해당하지 않는다는 점이다.

4. 칠드주철(chilled cast iron)

(1) 용융된 주철을 주형에 주입 후 냉각 속도를 빠르게 하면 탄소는 철과 빠르게 반응하여 화합탄소를 만들어내고 이후에 높은 강도와 취성을 갖는 백주철이 만들어지는데, 이를 칠드주철이라 한다.

(2) 냉각시에는 주물의 표면만 급냉시킨다.

(3) 주물의 표면은 경도가 높고 내부는 연한 조직이 형성된다.

(4) 대표적으로 압연용 롤, 분쇄기 해머, 차륜 제작에 사용된다.

5. 가단주철(malleable cast iron)

(1) 백심가단주철

백주철을 산화철이나 철광석과 함께 고온에서 가열하면서 탈탄시키면 가단성이 부여된 백심가단주철이 만들어진다. 여기에서 주 목적은 "탈탄"이다.

(2) 흑심가단주철

백주철의 화합탄소(Fe_3C)를 흑연화시키면 시멘타이트 조직이 흑연화되면서 흑심가단주철이 만들어진다. 여기에서 주 목적은 "흑연화"이다.

(3) 펄라이트(pearlite)가단주철

1단계 흑연화 처리된 흑심가단주철의 2단계 흑연화 처리 과정에서 서냉과정을 거치면 조직 내 펄라이트가 급증하게 되면서 만들어진다. 강성과 내마멸성이 우수하나 인성은 조금 부족한 편이다.

6. 구상흑연주철(spheroidal graphite cast iron)

주물 내부에 흑연이 편상으로 존재하게 되면 강도와 연성이 극히 나빠지게 되므로 편상흑연을 구상화시키고자 하는데, 단적인 예로 가단주철의 경우가 여기에 해당한다. 이렇게 만들어진 구상흑연주철은 강하고 연성이 향상되나 이 과정에서 열처리에 필요한 시간과 비용이 많이 든다는 단점이 있다.

> ● 참고 ●
>
> **구상흑연주철의 페딩(fading) 현상**
>
> 구상화처리 후에 재료를 용탕의 상태로 방치하면 구상화 효과가 없어지면서 다시 편상흑연주철로 복귀되는 현상이다.

3 주강(cast steel)

1. 주철과 주강의 차이점

주철과 주강은 모두 주조방법으로 만들어지지만 주로 탄소량을 기준으로 이 둘을 구분한다. 간단하게 탄소 함유량 2.0%를 기준으로 하여 그보다 이하라면 주강, 이상이면 주철로 명칭한다.

2. 주강의 특징

주강은 다양한 경도, 강도, 연성 및 피로 저항 특성을 갖는 다양한 공정 및 조성으로 만들어진다. 예를 들어, 강철의 경도는 대부분 탄소 함량과 열처리에 의해 결정되므로 주강도 이러한 특성을 따라가는 경향이 있다.

01 주철의 장점이 아닌 것은?

① 압축 강도가 작다.
② 절삭 가공이 쉽다.
③ 주조성이 우수하다.
④ 마찰 저항이 우수하다.

관련이론 108p 주철의 일반적인 성질

정답분석 주철은 압축강도가 크다.

정답 ①

02 마우러조직도에 대한 설명으로 옳은 것은?

① 탄소와 규소량에 따른 주철의 조직 관계를 표시한 것
② 탄소와 흑연량에 따른 주철의 조직 관계를 표시한 것
③ 규소와 망간량에 따른 주철의 조직 관계를 표시한 것
④ 규소와 Fe_2C량에 따른 주철의 조직 관계를 표시한 것

관련이론 109p 마우러 조직도

정답분석 마우러조직도는 탄소와 규소량에 따른 주철의 조직 관계를 표시한 것이다.

정답 ①

03 주철의 흑연화를 촉진시키는 원소가 아닌 것은?

① Al   ② Mn
③ Ni   ④ Si

관련이론 108p 주철과 탄소(C)

정답분석 ① 흑연화 촉진제: Si, Ni, Al, Ti, Co
② 흑연화 방지제: Mo, S, Cr, Mn, V, W

정답 ②

04 주철의 성장원인이 아닌 것은?

① 흡수한 가스에 의한 팽창
② Fe_3C의 흑연화에 의한 팽창
③ 고용 원소인 Sn의 산화에 의한 팽창
④ 불균일한 가열에 의해 생기는 파열 팽창

관련이론 110p 주철의 성장

정답분석 Si(규소)의 산화에 의한 팽창이 주철의 성장원인이 된다.

정답 ③

05

바탕이 펄라이트로써 인장강도가 350~450 MPa이며 담금질이 가능하고 연성과 인성이 대단히 크며, 두께 차이에 의한 성질의 변화가 매우 적어 내연기관의 실린더 등에 사용되는 주철은?

① 펄라이트주철
② 칠드주철
③ 보통주철
④ 미하나이트주철

관련이론 111p 고급주철(high-grade cast iron)

정답분석 미하나이트주철에 대한 설명이다.

정답 ④

06

면 경도를 필요로 하는 부분만을 급랭하여 경화시키고 내부는 본래의 연한 조직으로 남게 하는 주철은?

① 칠드 주철
② 가단 주철
③ 구상흑연 주철
④ 내열 주철

관련이론 111p 주철의 종류

정답분석 칠드(chilled): 냉각

정답 ①

07

주조성이 우수한 백선 주물을 만들고, 열처리하여 강인한 조직으로 단조를 가능하게 한 주철은?

① 가단 주철
② 칠드 주철
③ 구상 흑연 주철
④ 보통 주철

관련이론 112p 가단주철

정답분석
• 가단주철: 단조를 가능하게한 주철
• 단조: 두드려서 펴는 작업(전성, 연성이 있어야 함)

정답 ①

pass.Hackers.com

1 구리(Cu)와 구리합금

1. 구리의 특징

(1) 전기와 열의 양도체이며 비자성체다. 특히 전기전도율은 비철금속 중에서 은(Ag) 다음으로 우수하다.

(2) 연성, 전성이 우수해서 냉간가공이 쉽다.

(3) 대기 중에서는 내식성이 우수하나 암모늄에는 쉽게 침식된다.

(4) 다른 금속과 합금성이 우수하고 상태변화 중 변태점이 존재하지 않는다.

2. 구리합금의 종류

(1) 황동(brass)

① 톰백(tombac): Cu + 5~20% Zn

연성과 전성이 우수하고 금과 유사한 광택이 나서 모조금, 장신구에 많이 쓰인다.

② 7:3황동(cartridge brass): 70% Cu + 30% Zn

연신율이 큰 반면에 인장강도가 높아 다양한 기계부품재료로 사용되며 대표적으로 탄피가 여기에 해당한다.

③ 6:4황동(muntz metal): 60% Cu + 40% Zn

7:3황동과 비교해서 전성, 연성은 좀 떨어지지만 인장강도가 크고 값이 저렴하다는 장점이 있다. 반면에 탈아연부식으로 인해 내식성이 조금 떨어지는 면이 있다.

④ 에드미럴티 황동: 7:3황동 + 1% Sn

전연성을 향상시킨 제품이다.

⑤ 네이벌 황동: 6:4황동 + 1% Sn

⑥ 델타메탈(delta metal): 6:4황동 + 1~2% Fe

철 황동(iron brass)으로 부르기도 하며 내해수성을 향상시킨 고강도 황동이다.

⑦ 양은(또는 양백, nickel silver): 7:3황동 + 10~20% Ni

니켈황동이라 하기도 한다. 내열성, 내식성이 우수하고 특히 전기저항성이 좋아 전기저항체로 쓰인다. 하지만 전기저항에 대한 온도계수는 높은 편이기 때문에 정밀저항제조에는 부적합하다.

⑧ 망가닌(manganin): 6:4황동 + 10~15% Mn

고유저항이 크고 전기저항에 대한 온도계수가 낮아 정밀저항에 사용될 수 있다.

⑨ 황동의 화학적 성질

㉠ 탈아연부식: 황동의 표면이나 깊은 곳에 아연이 용해되어 부식, 침식되는 현상이다.

㉡ 자연균열(응력부식균열): 황동의 냉간가공에서 발생하는 변형과 균열을 의미한다.

㉢ 고온탈아연(dezincing): 고온상태에서 아연이 이탈해서 증발하는 현상으로 표면거칠기가 양호할수록 더 심하다. 이러한 현상은 황동표면에 산화피막을 형성시키는 것으로서 해소할 수 있다.

(2) 청동(bronze)

① **포금(gun metal)[Cu + 8~12% Sn + 1~2% Zn]**: 주물재료에 해당한다. 해수에 대한 침식에 강하고 특히 압력에 대한 강성이 높아 선박부품으로 많이 활용된다.

● **참고** ●

에드미럴티 포금(admiralty gun metal)

포금을 개량해서 주조성, 절삭성을 향상시킨 합금이다.

② **켈밋[Cu + 30~40%Pb]**: 고속도, 고하중 베어링에 사용한다.

③ **오일리스 베어링**

④ **알루미늄청동[Cu + 6~10% Al]**: 황동, 청동과 비교해서 내식성, 내마모성, 내열성 등 기계적 성질이 우수해서 각종 기계장치 및 화학물질과 관련된 기계장치에 적용되고 있다.

⑤ **인청동**: 인(P)은 주석청동 생산과정에서 탈산제로 사용되며 용탕의 유동성을 향상시켜 재료의 기계적 성질을 개선한 것이다.

2 알루미늄(Al)과 알루미늄합금

1. 알루미늄의 특징

알루미늄은 금속기계재료 중에서 비중이 2.7 정도이며 가벼운 금속에 속한다. 이러한 알루미늄의 특징을 정리하면 다음과 같다.

(1) 열과 전기의 양도체이다.

(2) 내식성이 우수하고 전성, 연성이 좋다. 하지만 바닷물에는 심하게 침식된다.

(3) 순도가 높을수록 연하다.

(4) 주조성이 좋으며 변태점이 존재하지 않는다.

2. 알루미늄의 열처리

(1) 용제화 처리

금속재료의 내부응력을 제거하기 위해서 a고용체를 공정온도 근처까지 가열한 다음 급냉시켜서 과포화 고용체를 얻는 과정을 용제화 처리라고 한다. 여기에서 a고용체는 온도가 내려가면 용해도가 동시에 감소하는 특징이 있다.

(2) 인공시효처리

① **시효경화**: 용제화 처리된 과포화 고용체를 120 ~ 200℃까지 가열해서 과포화성분을 석출시키는 방법이며, 이때 시간이 지남에 따라 강도와 경도가 함께 증가되어 이를 시효경화처리라고 한다. 알루미늄에서 나타나는 담금질 효과는 모두 이러한 시효경화를 이용한 것이다.

② **인공시효와 자연시효**: 여기에서 담금질 재료를 120 ~ 200℃까지 가열해서 시효현상을 촉진시키는 것을 인공시효라고 하는 반면, 대기 중에서 진행하는 것을 자연시효라고 한다.

(3) 풀림처리

용제화처리온도와 인공시효온도의 중간까지 가열해서 석출된 미립자를 응집시키고 잔류응력을 제거하여 재질을 연화시키는 방법이다.

3. 주조용 알루미늄합금

(1) 라우탈

Al-Cu-Si계 합금이다. 주조성을 개선하고 절삭성을 향상시킨 합금이다. 시효경화처리가 되어 있으며 두께가 얇은 주물제조와 금형주조에 적합하다.

(2) 실루민

Al-Si계 합금이다. 주조성은 우수하나 절삭성은 약간 떨어진다. 여기에 0.05 ~ 0.1% 나트륨(Na)을 첨가한 것을 개량합금(modification alloy)이라 한다. 이러한 개량합금의 특징은 전반적으로 기계적 성질이 향상된 합금이라는 점이다.

(3) 하드로날륨

Al-Mg합금이며 내식성이 가장 우수하다. 마그날륨(magnalium)이라고도 하며 비중이 작고 강도, 연신율, 절삭성 또한 뛰어나서 화학용 기계 설비나 선박부품 등에 활용된다.

(4) Y합금

Al-Cu-Ni-Mg계 합금이다. 시효경화성이 있으며 조직이 치밀하고 기계적 성질이 우수하다. 대표적으로 실린더 헤드, 피스톤 같은 내연기관 부품제작에 사용된다.

(5) 로엑스(Lo-Ex)

Al-Si계 합금에 Cu, Mg, Ni을 첨가한 합금이다. 선팽창계수와 비중이 작고 고온강도와 내마멸성이 크다.

4. 내식용 알루미늄합금

(1) 알민(almin)

Al-Mn계 합금이다. 가공성 및 용접성이 좋다.

(2) 알드레이(aldrey)

Al-Mg-Si계 합금이다. 내식성이 우수하고 시효경화성이 있다.

(3) 알클래드(alclad)

두랄루민에 내식성 Al 합금을 피복한 재료를 의미한다.

5. 고강도 알루미늄합금

(1) 두랄루민(duralumin)

Al-Cu-Mg-Mn계 합금이다. 철과 비교해서 비중이 1/3이고 가벼워서 항공기와 같이 경량성이 중요한 기계장치에 적용하면 유리하다.

(2) 초두랄루민(super duralumin)

두랄루민에 1.5% Mg를 첨가한 것으로 인장강도는 증가하고 반면 단조가공성은 감소한다.

(3) 초초두랄루민(extra super duralumin)

두랄루민은 응력부식균열을 일으키는 경향이 강하고 이를 해결하기 위해 Cr 또는 Mn을 0.2~0.3% 첨가하여 개량한 금속이다. 열처리는 450℃에서 용제화처리를 하고 그 다음 120℃에서 24시간 인공시효처리를 한다.

3 마그네슘(Mg)과 마그네슘합금

1. 마그네슘의 특징

(1) 비중이 1.7이며, 가장 가벼운 금속이다.

(2) 절삭성은 좋지만 소성가공성은 나쁘다.

(3) 알카리에는 강하지만 산이나 염기에는 침식된다.

2. 마그네슘합금

(1) 다우메탈(dow metal)

Mg-Al계 합금이다. Al을 2~9% 첨가하고 마그네슘 합금 중에서 비중이 가장 작다.

(2) 일렉트론(electron)

Mg-Al-Cu계 합금이다. 여기에서 Al의 양이 많아지면 고온 내식성이 향상된다.

4 니켈(Ni)과 니켈합금

1. 니켈의 특징

(1) 은백색의 광택을 내고 열전도도, 내식성, 전성, 연성이 우수하다.

(2) 상온에서는 강자성체이고 360℃에서 자기변태를 하여 자성을 잃는다.

(3) 알칼리에는 강하지만 황산, 염산에는 취약하다.

2. 니켈-구리계 합금

(1) 콘스탄탄(constantan)

Cu-40~50% Ni계 합금이다. 전기저항이 크고 저항온도계수가 작아 전기저항선이나 열전대의 재료로 사용된다.

(2) 모넬(monel metal)

Cu-65~70% Ni계 합금이다. 내열성, 내식성, 내마멸성이 크고 우수하다. 주조성 및 단련작업이 용이해서 고온 고압용 기계부품의 재료로 사용된다.

(3) 베네딕트메탈(benedict metal)

Cu-15% Ni계 합금이다.

(4) 큐프로니켈(cupro nickel)

Cu-10~20% Ni계 합금이다. 비철합금 중에서 전성과 연성이 가장 우수해서 냉간가공 후 별도의 풀림(annealing)처리가 필요 없다.

3. 니켈-철계 합금

(1) 인바

상온에서 재료의 선팽창계수가 매우 적고 내식성이 우수하다. Fe-Ni 36% 합금이며 표준자, 시계의 주요 부품, 온도조절용 바이메탈의 재료로 사용된다.

(2) 엘린바

불변강이라는 의미를 가지고 있으며 선팽창계수, 탄성률이 매우 작아 정밀계측기 등에 적용되고 있다. Fe-Ni 36%-Cr 12% 합금이다.

(3) 플래티나이트

열팽창계수가 9×10^{-6}으로 이는 백금이나 유리와 거의 같으며, 전구의 도입선으로 사용된다. Fe-Ni 29 (~40%)-Co 5% 합금이다.

(4) 퍼멀로이

고 Ni강으로 내식성이 우수하며 자심재료로 사용된다. Fe-Ni(78%) 합금이다.

4. 니켈-크롬계 합금

(1) 인코넬

Ni(78~80%)-Cr(12~14%)합금이며 내열성, 내식성이 우수하다. 전열기의 부품, 진공관의 필라멘트의 재료로 사용된다.

(2) 알루멜-크로멜(alumel-chromel)

내산화성이 우수하고 다른 금속과 비교해서 열전대로 사용할 경우 수명이 긴 편이다.
① 알루멜(alumel): Ni-(3%)Al 합금이다.
② 크로멜(chromel): Ni-(10%)Cr 합금이다.

5. 니켈-몰리브덴계 합금

(1) Ni-(15%)Mo 합금이 대표적이다.

(2) Mo의 함유량이 30% 부근이 되면 산에 대한 내식성이 최대가 된다.

01 구리의 원자기호와 비중으로 가장 적합한 것은?

① Cu - 8.9　　② Ag - 8.9

③ Cu - 9.8　　④ Ag - 9.8

정답분석 구리의 비중은 8.9이다.

정답 ①

02 구리가 다른 금속에 비해 우수한 성질이 아닌 것은?

① 전연성이 좋아 가공이 용이하다.

② 전기 및 열의 전도성이 우수하다.

③ 화학적 저항력이 커서 부식이 잘 되지 않는다.

④ 비중이 크므로 경금속에 속하며 금속적 광택을 갖는다.

관련이론 116p 구리의 특징

정답분석 비중이 8.9로 크기에 중금속이다.

정답 ④

03 구리에 아연을 8 ~ 20% 첨가한 합금으로 α 고용체만으로 구성되어 있으므로 냉간가공이 쉽게 되어 단추, 금박, 금 모조품 등으로 사용되는 재료는?

① 톰백(tombac)

② 델타 메탈(delta metal)

③ 니켈 실버(nickel silver)

④ 문쯔 메탈(Muntz metal)

관련이론 116p 구리합금의 종류

정답분석 톰백(tombac)

• Cu + 5 ~ 20% Zn

• 연성과 전성이 우수하고 금과 유사한 광택이 나서 모조금, 장신구에 많이 쓰인다.

정답 ①

04 6 : 4 황동에 철 1~2%를 첨가함으로써 강도와 내식성이 향상되어 광산기계, 선박용 기계, 화학기계 등에 사용되는 특수황동은?

① 쾌삭 메탈

② 델타 메탈

③ 네이벌 황동

④ 애드머럴티 황동

관련이론 116p 구리합금의 종류

정답분석 델타 메탈(delta metal)

• 6 : 4황동 + 1 ~ 2% Fe

• 철 황동(iron brass)으로 부르기도 하며 내해수성을 향상시킨 고강도 황동이다.

정답 ②

05

비중이 2.7이며 가볍고 내식성과 가공성이 좋으며 전기 및 열전도도가 높은 금속재료는?

① 금(Au)

② 알루미늄(Al)

③ 철(Fe)

④ 은(Ag)

관련이론 117p 알루미늄(Al)과 알루미늄합금

정답분석 알루미늄

- 열과 전기의 양도체이다.
- 내식성이 우수하고 전성, 연성이 좋다. 하지만 바닷물에는 심하게 침식된다.
- 순도가 높을수록 연하다.
- 주조성이 좋으며 변태점이 존재하지 않는다.

정답 ②

06

Cu 4%, Mn 0.5%, Mg 0.5% 함유된 알루미늄합금으로 기계적 성질이 우수하여 항공기, 차량부품 등에 많이 쓰이는 재료는?

① Y합금   ② 실루민

③ 두랄루민   ④ 켈멧합금

관련이론 118p 고강도 알루미늄합금

정답분석 두랄루민에 대한 설명이다.

① Y합금: Al-Cu-Ni-Mg

② 실루민: Al-Si계 합금

④ 켈멧합금: Cu + Pb(30 ~ 40%)

정답 ③

07

내식용 Al 합금이 아닌 것은?

① 알민(Almin)

② 알드레이(Aldrey)

③ 알클래드(Alclad)

④ 코비탈륨(cobitalium)

관련이론 118p 내식용 알루미늄합금

정답분석 코비탈륨(cobitalium)은 내식용 Al 합금에 해당하지 않는다.

정답 ④

08

구리에 니켈 40~50% 정도를 함유하는 합금으로 통신기, 전열선 등의 전기저항 재료로 이용되는 것은?

① 모네메탈   ② 콘스탄탄

③ 엘린바   ④ 인바

관련이론 119p 니켈(Ni)과 니켈합금

정답분석 콘스탄탄에 대한 설명이다.

정답 ②

pass.Hackers.com

1 열처리의 개요

금속재료는 가열과 냉각하는 방법에 따라 기계적 성질이 개선되고 특정한 성질을 부여할 수 있다. 일반적으로 열처리라 하면 탄소강을 기준으로 설명하고 일반적인 열처리뿐만 아니라 금속침투법과 같은 특수 열처리도 포함한다.

이러한 열처리의 개요는 다음과 같다.

기본열처리	• 담금질(quenching) • 뜨임(tempering) • 풀림(annealing) • 불림(normalizing)		
항온열처리	오스템퍼링, 마템퍼링, 마퀜칭, MS퀜칭, 항온뜨임		
표면경화법	화학적 표면경화	침탄법	고체, 액체, 기체
		질화법	
	물리적 표면경화	화염경화, 고주파경화, 하드페이싱, 숏피닝	
	금속침투법	• 세라다이징(Zn) • 보로나이징(B) • 크로마이징(Cr) • 칼로라이징(Al) • 실리코나이징(Si)	

[표 6-1] 열처리의 개요

2 기본(일반)열처리

1. 담금질(quenching)

오스테나이트 조직을 마텐자이트로 변태시켜서 재료를 경화시키는 방법이다.

(1) 담금질 온도
① **아공석강**: A3변태점(912℃) 이상에서 실시한다.
② **과공석강**: A1변태점(723℃) 이상에서 실시한다.

(2) 냉각속도에 따른 담금질 조직
① **오스테나이트**: 냉각도중에 변태를 방지하기 위해서 급냉하여 고온에서의 조직을 상온에서 유지한 조직이다.
② **마텐사이트**: 강을 물이나 기름 속에서 급냉시켰을 때 나타나는 침상조직이다. 강도와 경도가 높으나 연성과 전성은 매우 작다.
③ **트루스타이트**: 마텐사이트보다 냉각속도를 조금 느리게 했을 때 나타나는 조직이다. 부식이 가장 잘 일어나는 조직이다.

④ **소르바이트**: 트루스타이트보다 냉각속도를 느리게 하면 나타나는 조직이다. 강도가 높고 탄성이 좋아 스프링 와이어에 적용된다.

⑤ 담금질 조직의 경도

오스테나이트 < 마텐사이트 > 트루스타이트 > 소르바이트 > 펄라이트

(3) 담금실 균열

담금질 과정에서 급냉하면 큰 온도차에 의해서 열응력과 변태응력이 발생하고 이로 인해 균열이 발생하는데 이것을 담금질 균열이라 한다.

(4) 질량효과

동일한 재료를 담금질 하더라도 크기, 두께가 다르면 담금질에 대한 결과는 서로 다르게 나타난다. 이와 같이 크기, 즉 재료의 질량에 따라 담금질 효과가 달라지는 현상을 질량효과라고 한다. 여기에서 질량효과가 작다는 것은 열처리가 잘 된다는 의미로 볼 수 있고 질량효과가 큰 금속은 탄소강이다.

(5) 심냉처리(sub zero treatment)

상온의 잔류 오스테나이트를 0℃ 이하의 온도로 냉각해서 마텐자이트로 만드는 열처리를 심냉처리라고 한다. 이러한 심냉처리로 얻을 수 있는 이점은 다음과 같다.

① 강도, 경도가 증가한다.
② 금속조직을 안정화시켜 시효에 의한 치수변화를 방지할 수 있다.

2. 뜨임(tempering)

담금질을 마친 금속재료는 강도와 경도가 증가하지만 이와 함께 취성도 증가하는 경향이 있다. 이때 재료에 부족한 인성을 부여하는 열처리를 뜨임이라 한다. 뜨임에서 가열온도는 A1변태점 이하(723℃)까지 가열한다.

(1) 뜨임에 따른 조직의 변화

잔류 오스테나이트는 100℃ 부근에서 마텐자이트가 되기 시작하고, 마텐자이트는 250℃에서 트루스타이트로 변하기 시작해서 350℃ 부근에서 이 변화가 종료된다. 이후 400℃ 이상의 온도에서 소르바이트로 변하기 시작해서 600℃ 부근에서 종료된다. 이후 가열온도를 600℃까지 올리면 조직은 완전히 펄라이트로 변하게 된다.

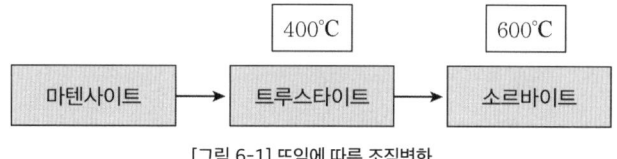

[그림 6-1] 뜨임에 따른 조직변화

(2) 뜨임의 종류

① **저온뜨임**: 담금질에 의한 내부응력제거, 150℃ 부근에서 실행
② **고온뜨임**: 강인성 부여, 500~600℃ 부근에서 실행

3. 풀림

(1) 풀림의 효과
① 재질연화
② 내부응력제거
③ 조직의 불균일성 개선(조직의 균질화)
④ 인성향상
⑤ 기계적 성질 개선

(2) 풀림의 종류
① **완전풀림**: 완전풀림은 아공석강에서는 Ac3점 이상, 과공석강에서는 Ac1점 이상의 온도로 가열하고, 이 온도에서 일정 시간 동안 유지하여 오스테나이트 단상 또는 오스테나이트와 탄화물의 공존조직으로 만든 후에 아주 서서히 냉각시켜서 연화시키는 방법이다.

② **항온풀림(오스풀림, aus annealing)**: 완전풀림(full annealing)의 한 방법이며 항온변태를 이용하는 것만 다르다. 즉, 완전풀림은 강을 오스테나이트화한 다음 서서히 연속적으로 냉각해서 강을 연화시키는 것인데 비하여, 항온풀림은 강을 오스테나이트화한 후에 600 ~ 650℃의 로(furnace) 속에 넣어 이 온도에서 5 ~ 6시간 동안 유지한 다음 꺼내어 공냉한다.

③ **응력제거풀림**: 주조, 단조, 압연, 용접과 같은 작업을 수행하고 나면 재료에는 열응력 또는 내부응력이 발생한다. 이러한 내부응력을 제거할 목적으로 수행하는 풀림처리를 응력제거풀림이라고 하며 비교적 낮은 온도(150 ~ 600℃)에서 실시된다.

④ **연화풀림**: 냉간가공도중 재료가 경화되면 연화시켜 가공도를 증가시키거나 유지시키는 열처리방법이다.

⑤ **구상화풀림**: Ac1점 직상으로 가열한 후 Ar1점 이하까지 극히 서서히 냉각하든지 또는 Ar1점 이상의 어느 일정온도에서 유지한 후 냉각하는 방법이다. 이렇게 하면 미세한 시멘타이트가 만들어지고 표면장력에 의해서 구상화된다.

4. 불림(normalizing)

(1) 불림의 목적
① 내부응력을 제거한다.
② 결정조직을 미세화 한다.
③ 재료의 표준화가 이루어진다.

(2) 불림의 효과
균일한 오스테나이트 조직을 얻을 수 있다.

3 항온열처리

1. TTT곡선(Time-Temperature Transformation; 항온변태곡선)

(1) TTT곡선의 의미

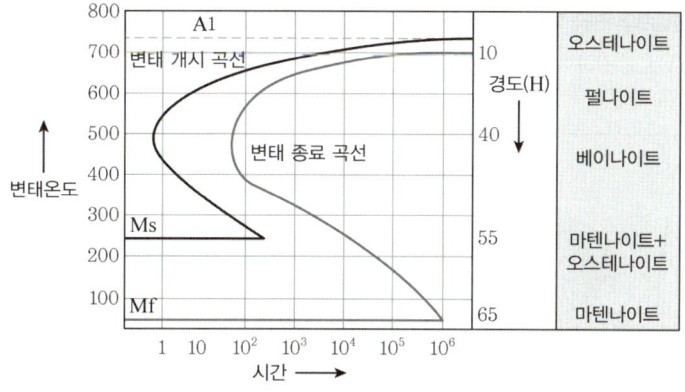

[그림 6-2] TTT곡선-간략도

금속의 열처리과정 중에 일정온도에서 냉각을 멈추고 그 온도에서 변태를 시작해서 변태가 완료되는 온도를 온도-시간의 곡선으로 나타내면 이 선도를 항온변태곡선(TTT곡선)으로 나타낼 수 있다. 이 선도는 또한 알파벳 S와 유사해서 S곡선이라 하기도 한다.

(2) TTT곡선의 해석

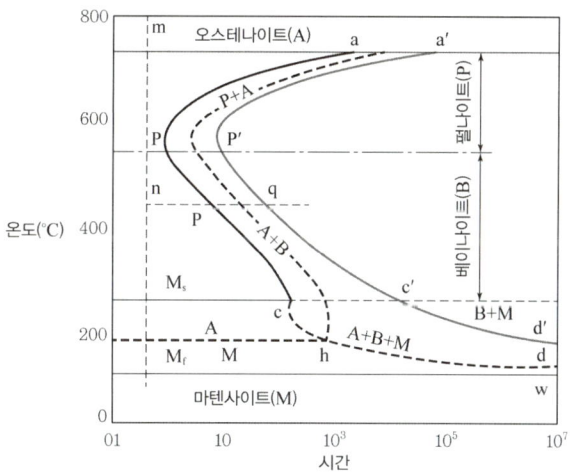

[그림 6-3] TTT곡선-상세도

① 항온변태곡선에서 nose부(P-P'부)의 상부에는 펄라이트 조직이 생성되는데 온도가 높은 쪽은 거친 펄라이트, 낮은 쪽에는 미세 펄라이트 조직이 만들어진다.

② nose부(P-P') 아래쪽에는 상부 베이나이트와 하부 베이나이트 조직이 만들어진다.

③ 여기에서 생성되는 베이나이트는 항온 열처리에서만 나타나며, 경도와 인성이 커서 기계적 성질이 양호한 조직이다.

④ 이러한 항온열처리는 균열(crack)을 방지하고 변형을 최소화할 수 있는 열처리 방식으로 많이 활용이 되고 있다.

2. 항온열처리의 종류

(1) 항온 담금질

① **마퀜칭**: 오스테나이트 상태에서 시작해서 Ms 바로 위 온도에서 담금질하고 항온 유지하여 과냉 오스테나이트가 항온변태를 일으키기 전에 공기 중에서 오스테나이트가 마텐사이트로 변할 수 있도록 하는 방법이다.

② **MS퀜칭**: Ms보다 조금 낮은 온도에서 항온 유지하고 급냉하는 방법이다. 마퀜칭에서는 서냉하는데 반해 Ms퀜칭에서는 급냉하여 잔류오스테나이트를 줄일 수 있다.

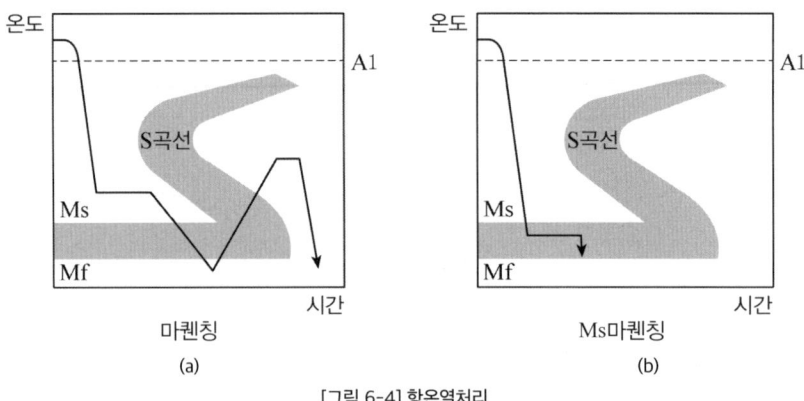

[그림 6-4] 항온열처리

(2) 항온뜨임

① **오스템퍼링**: Ms 이상의 온도에서 오스테나이트를 과냉 오스테나이트로 만들고 항온유지하여 베이나이트를 만드는 열처리 방법이다.

② **마템퍼링**: Ms와 Mf 사이의 온도에서 항온변태처리하고 공기 중에서 냉각하는 열처리 방법이다. 여기에서 오스테나이트 일부는 마텐사이트가 되고 일부는 베이나이트가 생성되면서 혼합조직이 만들어진다.

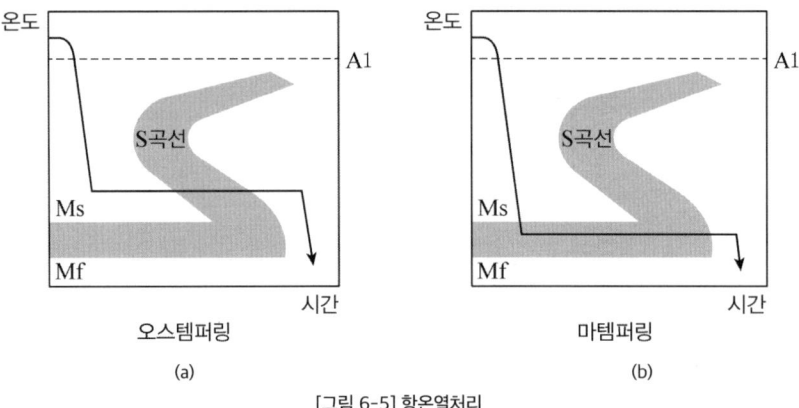

[그림 6-5] 항온열처리

(3) 항온풀림

완전풀림으로 재료를 연질화하기 어려운 경우 A1변태점 이상으로 가열하고 이 온도로 항온을 유지하다가 급냉하는 항온열처리방법으로 거친 펄라이트조직을 얻을 수 있다.

(4) 오스포밍(ausforming)

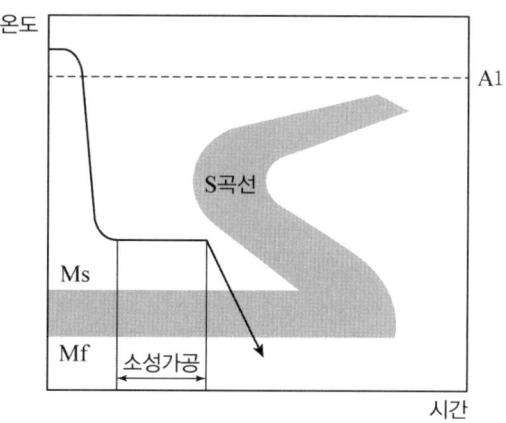

[그림 6-6] 오스포밍

① 오스포밍은 준안정 오스테나이트영역에서 실시하는 성형가공(forming)이라는 의미이고, 이 방법으로 고강도, 고인성의 재료를 얻을 수 있다.

② 오스테나이트강을 재결정온도 이하, Ms 이상의 온도범위에서 변태가 일어나기 전에 과냉오스테나이트 상태에서 소성가공을 한 다음 냉각하여 마텐자이트화 시키는 열처리 방법이다.

4 표면경화법

표면경화법은 앞에서 살펴본 열처리 방법과는 다르게 금속표면에 특정 금속을 침투 확산시켜 원하는 성질의 경화층을 얻는 방법이다. 열처리라는 큰 틀에서 보면 표면경화법은 특수 열처리에 해당하고 여기에는 금속침투법을 포함한다.

1. 화학적 표면경화법

(1) 침탄법

① 고체 침탄법

가장 일반적으로 사용하는 방법으로 목탄, 코크스와 같은 침탄제와 촉진제를 공작물과 함께 가열하는 방법이다. 여기에서 침탄깊이는 침탄제의 종류, 침탄온도, 침탄시간에 영향을 받는다.

② 액체 침탄법

시안화나트륨($NaCN$), 시안화칼륨(KCN)과 같은 염화물($NaCl$, KCl, $CaCO_3$)과 탄산나트륨(Na_2CO_3), 탄산칼륨(K_2CO_3) 등을 혼합하여 만든 용액에 공작물을 침전시켜 C와 N을 공작물 표면에 침투시키는 열처리 방법이다. 이렇게 공작물에 질소(N)가 침투하기 때문에 침탄질화법이라 하기도 하며 시안화법(cyaniding, 청화법)이라 하기도 한다.

③ 기체(가스) 침탄법

탄화수소계 가스(gas)를 이용해서 실시하는 침탄법으로 주로 메탄, 프로판, 에탄 가스를 사용한다. 열효율, 생산효율이 좋고 연속생산이 가능해서 대량생산에 적합하다.

(2) 질화법

공작물을 500 ~ 550℃의 암모니아(NH_3) 가스(gas)와 함께 가열하면 질소(N)가 공작물 표면에 침투하여 질화물(Fe_2N, Fe_4N)이 형성되고 질화경화층이 만들어진다.

(3) 침탄법과 질화법의 비교

구분	침탄법	질화법
경도	낮다.	높다.
담금질	필요하다.	필요없다.
처리후 수정	가능하다.	불가능하다.
처리시간	짧은 시간에 가능하다.	비교적 긴 시간이 필요하다.
변형층	넓은 분포로 발생한다.	좁은 부분에 발생한다.
처리표면	경화층이 단단하다.	경화층이 여리다.
처리온도	높은 처리온도(900~950℃)	낮은 처리온도(500~550℃)

[표 6-2] 침탄법과 질화법의 비교

2. 물리적 표면경화법

물리적 표면경화법은 화학적 표면경화법과 비교해서 공작물의 화학적 조성을 변화시키지 않으면서 표면을 경화시키기 때문에 작업방법이 비교적 용이하고 설비를 구성하기에 용이한 부분이 있다.

(1) 화염 경화법(flame hardening)

주로 탄소강에 적용하는 방법이고 공작물 표면에 화염을 분사해서 오스테나이트 조직을 형성하고 바로 급냉하여 표면층만 경화시키는 방법이다. 원래는 담금질 노에 집어넣을 수 없는 대형 공작물의 열처리를 위해서 고안된 방법이지만 쉽게 표면만 경화시킬 수 있다는 장점 때문에 물리적 표면경화법으로 분류되기도 한다.

(2) 고주파 경화법(induction hardening)

고주파 유도전류를 이용해서 공작물의 표면을 가열하고 바로 급냉하여 표면을 경화시키는 방법이다.

(3) 하드페이싱(hardfacing)

공작물 표면에 스텔라이트와 같은 경합금 또는 특수합금을 융착시키면서 표면을 경화시키는 방법이다.

(4) 숏 피닝(shot peening)

공작물 표면에 금속 입자(peen)를 고속으로 분사하면 가공경화현상이 나타나고 이에 따라 표면이 경화된다.

3. 금속침투법

특정금속입자를 공작물 표면에 침투시켜 원하는 성질을 얻거나 향상시키는 방법을 금속침투법이라 한다.
아래 표에서는 이러한 금속침투법에 주로 사용하는 금속원료와 명칭, 그 효과를 정리하였다.

금속종류	명칭	효과
Zn	세라다이징	내식성을 향상시킨다.
B	보로나이징	열처리 후 담금질이 필요없다.
Cr	크로마이징	스테인레스와 유사한 기계적 성질을 얻는다.
Al	칼로라이징	내열, 내식, 내해수성이 향상된다.
Si	실리코나이징	내산성이 향상된다.

[표 6-3] 금속침투법

01 열처리 방법 및 목적으로 틀린 것은?

① 불림 - 소재를 일정온도에 가열 후 공냉시킨다.

② 풀림 - 재질을 단단하고 균일하게 한다.

③ 담금질 - 급냉시켜 재질을 경화시킨다.

④ 뜨임 - 담금질된 것에 인성을 부여한다.

관련이론 124p 기본(일반)열처리

정답분석 재질을 단단하게 하는 경화 열처리는 담금질이다.

정답 ②

03 다음 중 표면 경화법의 종류가 아닌 것은?

① 침탄법

② 질화법

③ 고주파 경화법

④ 심냉처리법

관련이론 129p 표면경화법

정답분석 심냉처리

상온의 잔류 오스테나이트를 0℃ 이하의 온도로 냉각해서 마텐자이트로 만드는 열처리이다.

정답 ④

02 같은 재질이라 할지라도 재료의 크기에 따라 열처리 효과가 다른데 이것을 무엇이라 하는가?

① 담금질 효과

② 질량효과

③ 시효경화

④ 뜨임효과

관련이론 125p 질량효과

정답분석 질량효과의 정의이다.

정답 ②

04 탄소강의 열처리 종류에 대한 설명으로 틀린 것은?

① 노멀라이징: 소재를 일정온도에서 가열 후 유냉시켜 표준화한다.

② 풀림: 재질을 연하고 균일하게 한다.

③ 담금질: 급랭시켜 재질을 경화시킨다.

④ 뜨임: 담금질된 강에 인성을 부여한다.

관련이론 124p 기본(일반)열처리

정답분석 노멀라이징(= 불림)

소재를 일정온도에서 가열 후 공랭시켜(공기중 냉각) 표준화한다.

정답 ①

Part 02 기계재료 | 해커스 전산응용기계제도기능사 필기 만점완성 이론+최신기출+핵심노트

05 TTT곡선도에서 TTT가 의미하는 것이 아닌 것은?

① 시간(Time)

② 뜨임(Tempering)

③ 온도(Temperature)

④ 변태(Transformation)

관련이론 127p 항온열처리

정답분석 TTT 곡선도: Time, Temperature, Transformation

정답 ②

06 마텐자이트와 베이나이트의 혼합조직으로 Ms와 Mf점 사이의 염욕에 담금질하여 과냉 오스테나이트의 변태가 완료할 때까지 항온 유지한 후에 꺼내어 공랭하는 열처리는 무엇인가?

① 오스템퍼(Austemper)

② 마템퍼(Martemper)

③ 마퀜칭(Marquenching)

④ 패턴팅(Patenting)

관련이론 128p 항온열처리의 종류

정답분석 • 오스템퍼링: Ms 이상의 온도에서 오스테나이트를 과냉 오스테나이트로 만들고 항온유지하여 베이나이트를 만드는 열처리 방법이다.

• 마퀜칭: 오스테나이트 상태에서 시작해서 Ms 바로 위 온도에서 담금질하고 항온 유지하여 과냉 오스테나이트가 항온변태를 일으키기 전에 공기 중에서 오스테나이트가 마텐사이트로 변할 수 있도록 하는 방법이다.

정답 ②

07 강의 표면 경화법으로 금속 표면에 탄소(C)를 침입 고용시키는 방법은?

① 질화법

② 침탄법

③ 화염경화법

④ 숏피닝

관련이론 129p 화학적 표면경화법

정답분석 탄소를 침입 시키는 방법: 침탄법

정답 ②

08 금속으로 만든 작은 덩어리를 가공물 표면에 투사하여 피로강도를 증가시키기 위한 냉간 가공법은?

① 숏 피닝

② 액체호닝

③ 수퍼피니싱

④ 버핑

관련이론 130p 물리적 표면경화법

정답분석 숏 피닝(shot peening)
총쏘듯이 작은 덩어리를 표면에 발사하여 두드려서 강도를 높이는 경화법이다.

정답 ①

pass.Hackers.com

Chapter 07 재료시험법

1 기계적 시험(파괴시험)

1. 인장시험

(1) S-S선도(응력-변형률 선도)

① A-비례한도

② B-탄성한도

③ C, D-항복점(C-상항복점, D-하항복점)

④ E-인장강도

⑤ F-파괴강도

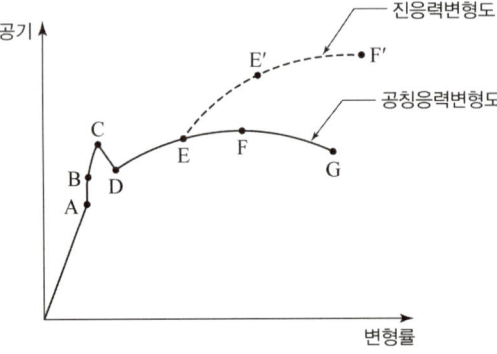

[그림 7-1] 응력-변형률선도

(2) 변형률

① 길이변형률(연신률)

$$\epsilon = \frac{\delta}{L} = \frac{L' - L}{L}$$

여기에서 시편의 처음길이를 L, 변형 후 나중길이를 L', 변형량을 $\delta(L-L')$로 한다.

② 단변수축률(ϵ_A)

$$\epsilon_A = \frac{A - A'}{A} = \frac{\triangle A}{A} = 2\mu\epsilon$$

여기서 A는 처음 면적, A'는 변형 후의 면적, $\triangle A$: 면적 변화량$(A-A')$이다.

2. 경도시험(hardness test)

경도(hardness)란 국부 소성변형에 대한 재료의 저항성을 의미한다. 여기에서 우리가 측정한 경도값은 절대적인 값이 아니라 상대적인 의미를 가지기 때문에 측정방법이 서로 다를 경우에는 측정에서 얻은 값을 서로 비교할 수 있어야 한다.

종류	원리	압입도구
브리넬 경도(H_B)	강구의 압입, 압입자국과 하중의 비	강구
비커스 경도(H_V)	압입자국의 대각선 길이	다이아몬드 피라미드
로크웰 경도(H_R)	압입자국의 깊이	B 스케일: 강구 C 스케일: 다이아몬드 콘
쇼어 경도(H_S)	자유낙하 추의 반발 높이	다이아몬드 추

[표 7-1] 경도시험법

3. 피로시험

(1) 피로파괴

반복하중에 의한 균열 발생과 응력의 전파로 일어나는 파손 형태로 이를 피로파괴라고 한다. 피로파괴는 정하중의 파단응력보다 훨씬 작은 탄성영역 응력에서도 큰 변형이 나타나지 않고 발생하는 취성파괴의 한 형태로 본다.

(2) S-N곡선

S-N곡선이란 y축에 응력진폭, x축에 파단에 이르는 반복수를 나타낸 그래프로 피로시험결과를 나타내는 그래프이다.

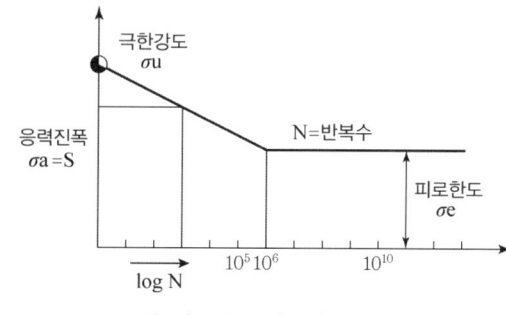

[그림 7-2] S-N선도(내구선도)

4. 충격시험

충격시험은 재료의 연성(ductility)과 인성(toughness)을 측정하는 시험이며 여기에서 매우 짧은 시간에 큰 하중이 작용하는 하중을 충격하중이라 한다. 이렇게 재료에 작용하는 충격은 에너지법을 이용하여 충격저항을 측정할 수 있다.

(1) 파괴에너지와 충격값

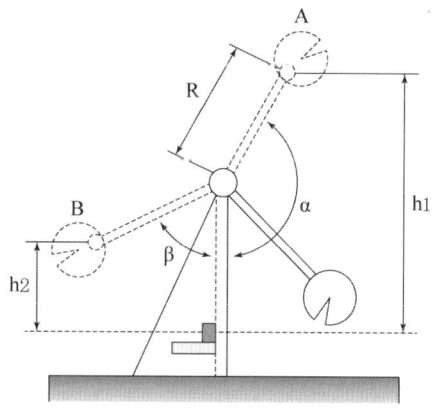

[그림 7-3] 충격시험의 원리

① 충격에너지(파괴에너지)

$$E = WR(\cos\beta - \cos\alpha) \ [kg-m]$$

② 충격에너지

$$U = \frac{E}{A} = \frac{WR(\cos\beta - \cos\alpha)}{A} \ [kg-m/cm^2]$$

(2) 충격시험기의 종류

① 샤르피 충격시험기(charpy impact tester): 시편을 단순보의 형태로 보고 시험한다.

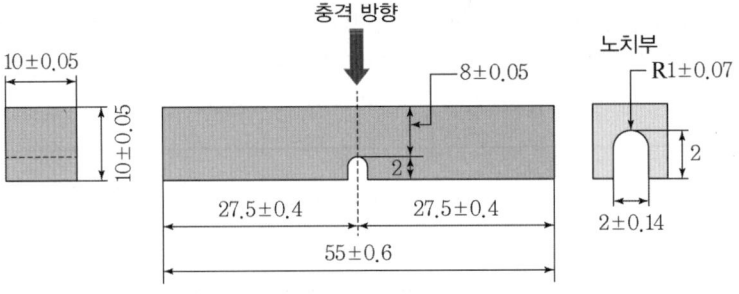

[그림 7-4] 샤르피 충격시험기의 시편(U자형)

② 아이조드 충격시험기(izod impact tester): 시편을 돌출보(내다지보)의 형태로 보고 시험한다.

5. 크리프(creep) 시험

(1) 크리프(creep)

재료에 어떤 일정한 하중을 가하고 어떤 온도에서 긴 시간 동안 유지하면 시간이 경과함에 따라 변형이 증가된다. 이 현상을 크리프(creep)라고 한다.

(2) 시험방법

① 시험편에 일정한 하중을 가하면 시간의 경과와 더불어 증가하는 스트레인을 측정하여 각종 재료 역학적 양을 결정하는 시험을 크리프 시험이라고 한다.

② 크리프 시험의 목적은 시험편에 일정한 온도와 하중을 가하고, 시간의 경과와 더불어 증가하는 스트레인을 측정하여, 각종 재료의 역학적 양을 결정할 수 있다.

6. 기타 파괴시험(기계적 시험)

(1) 압축시험

(2) 굽힘시험

(3) 비틀림시험

(4) 마멸시험(wearing test)

2 비파괴시험법

1. 방사선법

X선 또는 감마선을 이용해서 용접부를 검사하는 방법이며, 단적인 예로 병원에서 실시하는 X레이 검사 방법과 매우 유사하다.

2. 초음파탐상법

(1) 앞에서 설명한 방사선 검사법이 환경, 보건의 이유로 적극적으로 사용되지 못하게 되면서 그 자리를 대체할 수 있는 방법으로 초음파 검사방법이 가장 적정하다는 평가를 받았다.

(2) 더욱이 최근에는 초음파 발생장치 및 초음파를 읽어서 영상으로 처리하는 기술이 발전하면서 현재는 다양한 분야의 용접검사방법으로 활용되고 있다.

3. 자분탐상법

자석가루(자분)를 용접부에 살포하고 여기에 자류를 발생시켜 용접부의 결함을 찾아내는 방법이다.

4. 침투검사법

형광탐상법과 유사하나 침투검사법에서는 형광물질을 이용하지 않고 특수 잉크를 이용하며, 이를 표면에 분사하고 세척하는 과정을 통해서 결함을 찾아낸다.

5. 와류탐상법

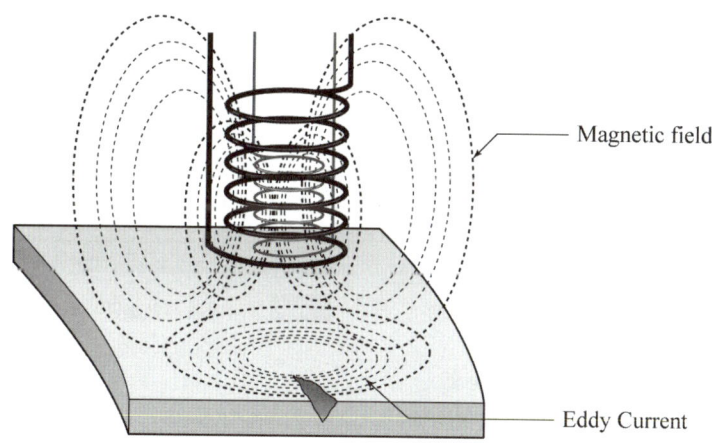

Magnetic field

Eddy Current

[그림 7-5] 와류탐상법의 원리

(1) 와류탐상법은 전자기유도 현상을 이용하여 전도체의 표면 및 표면하 불연속부를 검출할 수 있는 비파괴검사 기법이다.

(2) 고주파 교류 전류가 흐르는 코일을 검사 대상체 표면에 접근시키면 전자유도 현상에 의해 전도성 시편 내부에 유도전류가 발생하게 되는데 시험체에 균열이나 불균질 부분이 존재할 경우 와전류의 분포 및 시험 코일의 임피던스의 변화가 심하게 나타나고 이 현상을 이용해서 결함을 검출하는 검사 방법이다.

(3) 강자성체 및 비자성체에 모두 적용될 수 있으나, 강자성체의 경우 표면 검사가 가능하다.

01

길이가 50mm인 표준시험편으로 인장시험하여 늘어난 길이가 65mm이었다. 이 시험편의 연신율은?

① 20% ② 25%

③ 30% ④ 35%

관련이론 134p 변형률

정답분석 연신율(= 길이 변형률)

$$= \frac{\delta}{L} = \frac{L' - L}{L} = \frac{\text{나중길이} - \text{처음길이}}{\text{처음길이}} = \frac{65 - 50}{50}$$

정답 ③

02

훅의 법칙(Hooke's law)이 성립되는 구간은?

① 비례한도 ② 탄성한도

③ 항복점 ④ 인장강도

관련이론 134p 인장시험

정답분석 훅의 법칙이 성립되는 구간은 비례한도 구간이다.

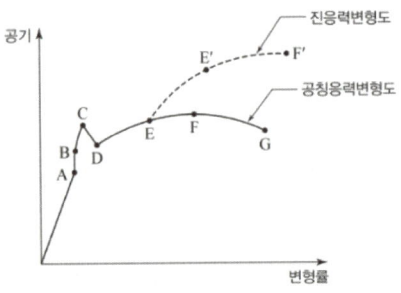

S-S선도(응력-변형률 선도)
- A-비례한도
- B-탄성한도
- C, D-항복점(C-상항복점, D-하항복점)
- E-인장강도
- F-파괴강도

정답 ①

03

다음 경도 시험 중 압입자를 이용한 방법이 아닌 것은?

① 브리넬 경도 ② 로크웰 경도

③ 비커스 경도 ④ 쇼어 경도

관련이론 134p 경도시험(hardness test)

정답분석 쇼어 경도는 압입자를 이용한 방법에 해당하지 않는다.

① 브리넬 경도: 강구(쇠구슬)의 압입(눌러서 밀어넣음), 압입자국과 하중의 비
② 로크웰 경도: 압입자국의 깊이
③ 비커스 경도: 압입자국의 대각선 길이

정답 ④

04

금속재료를 고온에서 오랜 시간 외력을 걸어놓으면 시간의 경과에 따라 서서히 그 변형이 증가하는 현상은?

① 크리프 ② 스트레스

③ 스트레인 ④ 템퍼링

관련이론 136p 크리프(creep)시험

정답분석 크리프에 대한 설명이다.

정답 ①

05

용접부의 검사에서 비파괴 검사법은?

① 현미경조직 검사 ② 초음파 검사

③ 낙하 검사 ④ 화학분석 검사

관련이론 137p 비파괴시험법

정답분석 용접부 내부를 육안으로 볼 수 없어 초음파로 검사한다.

정답 ②

pass.Hackers.com

Part
03

측정(measuring)

1 측정의 종류와 공차(tolerance)

1. 측정의 종류

(1) 직접측정(direct measurement)

직접 눈금을 읽고 값을 판독하는 방식이다. 대표적인 측정장치로는 자(scale), 버니어 캘리퍼스가 있다.

① 장점

㉠ 측정의 범위가 넓고 직접적인 판독이 가능하다.

㉡ 다품종, 소량생산에 적합한 측정방법이다.

② 단점

㉠ 눈금을 읽는 사람에 따라 다르게 읽을 수 있다.

㉡ 측정시간이 상대적으로 길며 숙련자와 비숙련자와의 차이가 크다.

(2) 비교측정(relative measurement)

측정을 위해서 샘플(sample) 또는 표준품(standard)을 이용한 측정방식이다.

① 장점

㉠ 정밀한 측정을 쉽고 빠르게 할 수 있다.

㉡ 소품종 대량생산에 유리한 측정방법이다.

㉢ 전용 측정장비에 의한 자동화에 용이하다.

② 단점

㉠ 판독의 기준이 되는 샘플이나 표준품이 필요하다.

㉡ 측정범위가 좁다.

㉢ 직접적으로 눈금을 읽을 수 없는 측정방식이다.

(3) 간접측정(indirect measurement)

간접측정은 직접 눈금을 읽음으로 측정값을 얻지 못하며, 측정을 통해 얻어진 데이터를 가지고 계산으로 측정값을 얻는 방법이다.

● **참고** ●

간접측정 사례

① 사인 바를 이용한 각도 측정　　② 롤러를 이용한 경사각 측정

③ 롤러를 이용한 V-블록 각도 측정　　④ 삼침을 이용한 나사의 유효경 측정: 삼침법

2. 공차(tolerance)와 오차(error)

(1) 공차(tolerance)의 종류

① 치수공차

② 끼워맞춤공차

③ 기하공차

(2) 공차의 의미

$$공차 = 최대\ 허용치수 - 최소\ 허용치수$$

3. 오차(error)

(1) (측정)오차

$$오차 = 측정값 - 참값$$

(2) 오차율(오차백분률)

$$오차율(오차백분률) = (오차/참값) \times 100\ \%$$

(3) 오차의 종류

① **개인오차**: 측정하는 개인의 능력차에 의해서 발생하는 오차를 의미한다.

② **계통오차**: 실질적으로는 개인오차와 우연오차를 제외한 나머지 오차를 모두 계통오차라고 본다. 대표적으로 계측기 오차가 여기에 해당한다.

③ **우연오차**: 오차의 원인을 알 수 없거나 알더라도 측정 당시의 순간적인 변화로 인해 수식적으로 보정할 수 없는 오차를 의미한다. 그렇기 때문에 우연오차의 경우에는 확률에 의하여 통계적으로 처리하며 반복측정에 의한다.

4. 아베의 원리(Abbe's principle)

아베의 원리는 길이 측정 시 기하학적 위치에 의한 측정오차를 제거하기 위한 원리로서 "피측정물과 표준편은 동일 축선상에 위치하여야 한다."라는 원리로, 이러한 아베의 원리에 어긋나는 대표적인 측정기로는 버니어 캘리퍼스, 내측 마이크로미터 등이 있다.

② 측정기(instrument)

1. 길이측정

(1) 버니어 캘리퍼스(vernier calipers)

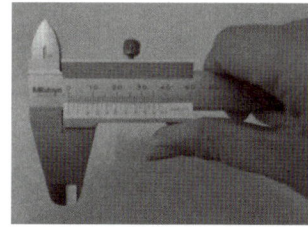 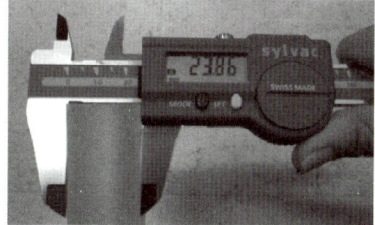

(a) 일반 버니어 캘리퍼스 (b) 디지털 버니어 캘리퍼스
[그림 1] 버니어 캘리퍼스

① **버니어 캘리퍼스의 종류**: 버니어 캘리퍼스는 M1형, M2형, CB형, CM형의 4종류로 규정하고 있으나, 이 외에도 여러 가지 종류가 있다.

② 버니어 캘리퍼스의 눈금 읽기

    ⊙ step 1. 아들자의 0점이 지시하는 어미자의
        눈금을 읽는다.
        : 31mm

    ⓛ step 2. 어미자와 아들자의 눈금이 일치하는
        눈금의 아들자 값을 읽는다.
        : 0.45mm

    ⓒ step 3. 위의 두 값을 더한다.
        : 31(mm)+0.45(mm)=31.45(mm)

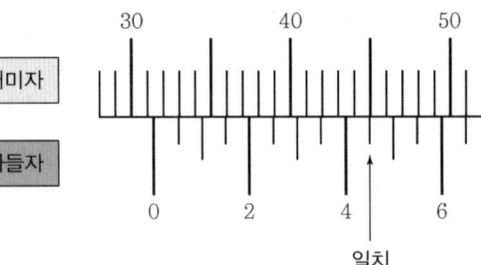

[그림 2] 버니어 캘리퍼스의 눈금

③ 버니어 캘리퍼스의 측정방법

    ⊙ 내경측정

    ⓛ 길이(외경)측정

    ⓒ 깊이측정

    ⓔ 단차측정

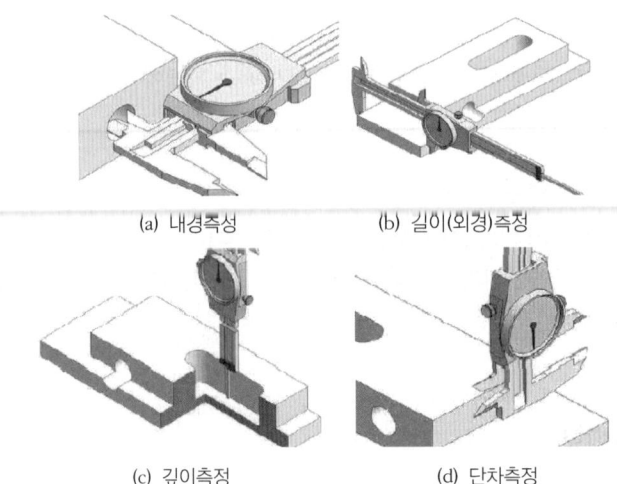

(a) 내경측정   (b) 길이(외경)측정

(c) 깊이측정   (d) 단차측정

[그림 3] 버니어 캘리퍼스의 측정방법

(2) 마이크로미터(micrometer)

길이측정기 중 하나이며, 나사가 돌아가는 정도에 따라 앞뒤로 일정하게 움직이는 원리를 이용해 대상의 안지름, 바깥지름, 깊이 등을 정밀하게 측정할 수 있다. 이러한 마이크로미터는 버니어 캘리퍼스와 함께 대표적인 정밀 측정기기로 취급한다.

① 마이크로미터의 구조

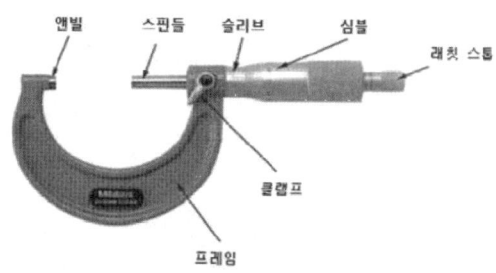

앤빌 스핀들 슬러브 심블 래칫 스톱

클램프

프레임

[그림 4] 마이크로미터

② 마이크로미터의 종류: 외측 마이크로미터, 내측 마이크로미터, 포인트 마이크로미터, 깊이 마이크로미터, 나사, V-엔빌 마이크로미터 등이 있다.

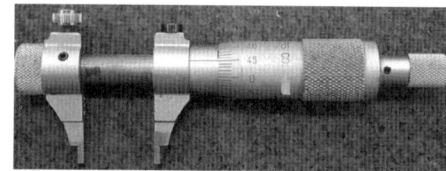
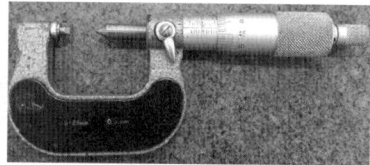

(a) 내측 마이크로미터   (b) 나사 마이크로미터

[그림 5] 마이크로미터의 종류

(3) 하이트게이지(height gauge)

하이트게이지(height gauge)는 대형부품, 복잡한 모양의 부품 등을 정반 위에 올려놓고 정반면을 기준으로 하여 높이를 측정하거나 스크라이버(scriber) 끝으로 금긋기 작업을 하는데 사용할 수 있다.

① 하이트게이지의 구조

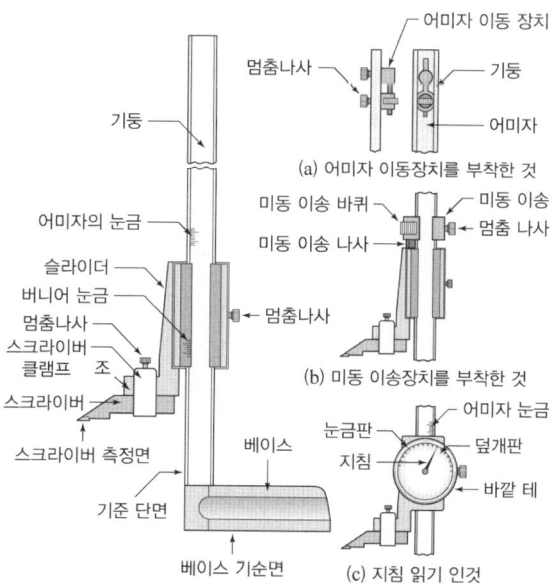

기둥

어미자의 눈금

슬라이더
버니어 눈금
멈춤나사
스크라이버 클램프
조
스크라이버

스크라이버 측정면

기준 단면

베이스

베이스 기순면

멈춤나사   어미자 이동 장치

기둥

어미자

(a) 어미자 이동장치를 부착한 것

미동 이송 바퀴   미동 이송
미동 이송 나사   멈춤 나사

멈춤나사

(b) 미동 이송장치를 부착한 것

눈금판   어미자 눈금
지침   덮개판
바깥 테

(c) 지침 읽기 인것

[그림 6] 하이트게이지

② 하이트게이지의 종류: HT, HB, HM형이 있다.

2. 비교측정

(1) 다이얼 게이지(dial gauge)

다이얼 게이지(dial gauge)는 측정자의 직선 또는 원호 운동을 기계적으로 확대하여 그 움직임을 지침의 회전 변위로 변환시켜 눈금으로 읽을 수 있는 대표적인 비교 측정장비이다.

[그림 7] 다이얼 게이지

① **특징**
  ㉠ 소형, 경량으로 취급이 용이하다.
  ㉡ 측정 범위가 넓다.
  ㉢ 눈금과 지침에 의해서 읽기 때문에 읽음 오차가 적다.
  ㉣ 연속된 변위량의 측정이 가능하다.
  ㉤ 많은 개소의 측정을 동시에 할 수 있다.
  ㉥ 부속장치의 사용에 따라 광범위하게 측정할 수 있다.
② **측정 대상**: 진원도, 원통도, 축의 흔들림 공차, 평행도, 평면도 등을 측정할 때 적용한다.

(2) 옵티미터(optimeter)

표준 치수의 물체와 측정하고자 하는 물체의 치수 차이를 광학적(光學的)으로 확대하여 정밀하게 측정하는 비교 측정기다.

(3) 공기 마이크로미터(air micrometer)

공기 마이크로미터는 측정을 하기 위해서 공기를 이용하는 측정기다. 원리적으로 치수의 변화를 공기의 유량이나 관 내의 압력 변화를 확대·증폭하여 그 양을 읽어서 판독하는 비교측정기이다.

3. 각도측정기

(1) 각도 측정기의 종류

① 사인바(sine bar)
② 요한슨식

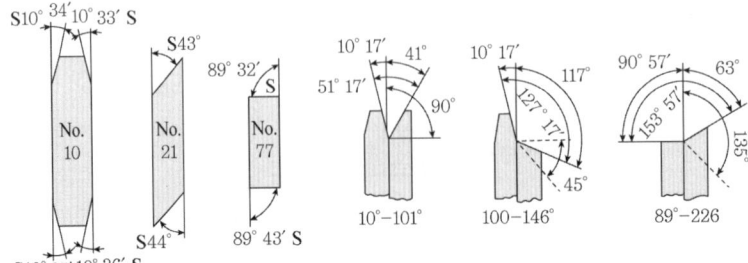

[그림 8] 요한슨식 각도측정기

③ NPL식

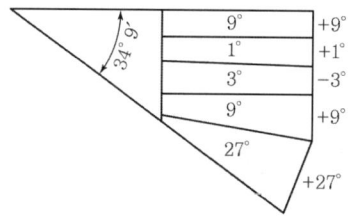

[그림 9] NPL식 각도측정기

④ 콤비네이션 세트

⑤ 베벨각도기

⑥ 오토콜리메이터

(2) 사인바(sine bar)

사인바(sine bar)는 길이를 측정하여 직각삼각형의 삼각함수를 이용한 계산에 의하여 임의각의 측정 또는 임의각을 구성할 수 있는 측정 기구이다.

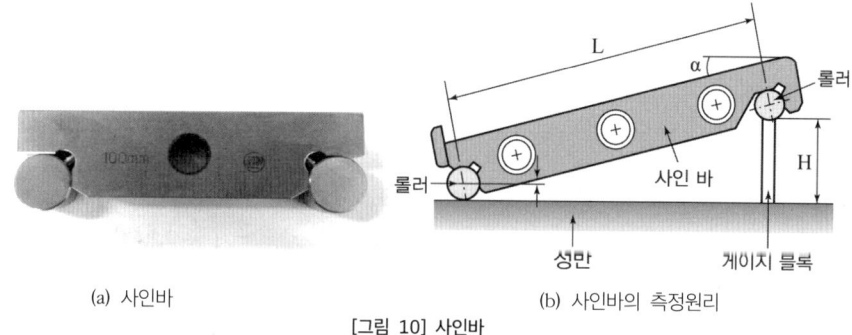

(a) 사인바

(b) 사인바의 측정원리

[그림 10] 사인바

① **측정 원리**: 블록 게이지로 양단의 높이를 이용해서 각도를 구할 수 있다. 측정 정반 위에 블록 게이지의 높이를 각각 H, h 라고 할 때, 여기에서 정반과 사인바가 이루는 각도는 다음과 같다.

$$\sin\theta = \frac{H-h}{L}$$

② **측정 시 유의사항**

㉠ 위에서 L의 값은 주로 100 ~ 200mm 정도로 제작된다.

㉡ 그 이상의 큰 각을 측정하려고 하면 오차가 커진다.

4. 평면측정기

(1) 옵티컬플랫(optical flat, 광선선반)

(2) 수준기(level)

(3) 오토콜리메이터(auto collimator)

5. 게이지 측정기

(1) 블록 게이지(block gauge)

블록 게이지는 1896년 요한슨에 의해서 처음 개발되었으며 길이의 정밀도가 매우 높다. 각각의 블록은 밀착되는 성질을 가지고 있어 몇 개의 수로서 조합하여 많은 기준 치수를 얻을 수 있다.

(a) 블록 게이지   (b) 한계 게이지

[그림 11] 게이지 측정기

(2) 한계 게이지(limit gauge)

한계 게이지는 제품의 한계 치수(최대 허용치수와 최소 허용치수)를 기준으로 최대 치수에서는 구멍용을 정지측, 축용을 통과측으로 한다. 또한 최소치수에서는 구멍용을 통과측, 축용을 정지측으로 하여 공작물이 한계 치수 내에 있는 것을 판정할 수 있다.

> ● **참고** ●
>
> **한계 게이지의 종류**
> ① **구멍용:** 플러그게이지, 봉게이지, 평게이지
> ② **축용:** 링게이지, 스냅게이지
> ③ **나사용:** 링형 나사게이지, 플러그형 나사게이지

3 표면거칠기의 측정

가공된 표면에 작은 간격으로 나타나는 미세한 굴곡은 주로 절삭·연삭과정에서 가공방법, 사용하는 공구, 절삭 조건에 따라 모양과 크기가 결정되며, 이 결과를 표면거칠기라 한다.

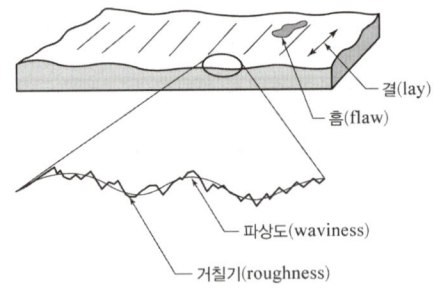

결(lay)
흠(flaw)
파상도(waviness)
거칠기(roughness)

[그림 12] 표면의 파상도와 거칠기

1. 최대높이 거칠기($R_{\max}$)

표면거칠기 곡선에서 평균선 방향으로 기준길이를 L이라 하면 가장 높은 봉우리 선과 가장 낮은 골 바닥 선의 간격을 높이 방향으로 측정하여 마이크로미터(μm) 단위로 나타낸 것을 말한다.

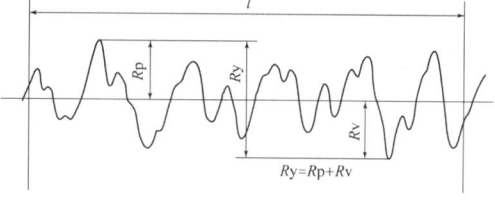

[그림 13] 최대높이 거칠기

2. 10점 평균 거칠기(R_Z)

10점 평균 거칠기(ten point median height)는 거칠기의 단면곡선에서 가장 높은 봉우리 5개의 평균 높이와 가장 깊은 골짜기 5개의 평균 깊이와의 차를 표면거칠기로 사용한다.

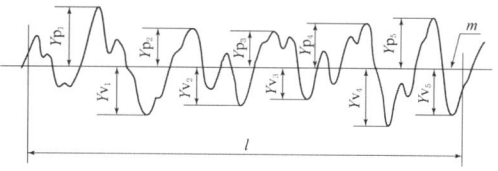

[그림 14] 10점 평균 거칠기

3. 중심선 평균 거칠기(R_a)

중심선 평균 거칠기(arithmetical average roughness)는 거칠기 곡선에서 기준길이 전체에 걸쳐 평균선으로부터 벗어나는 모든 봉우리와 골짜기의 편차 평균값을 표면거칠기로 사용한다.

4 나사(screw)의 측정

1. 나사의 측정요소

(1) 나사의 바깥지름

(2) 골지름

(3) 유효지름

(4) 피치(pitch)

(5) 나사산의 각도

2. 나사의 유효지름 측정방법

(1) 삼침법

(2) 나사 마이크로미터

(3) 공구현미경

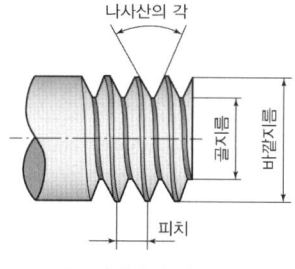

(a) 나사의 측정요소

(b) 나사 마이크로미터

[그림 15] 나사의 측정

01 다음 중 직접 측정의 장점이 아닌 것은?

① 측정범위가 다른 측정방법보다 넓다.

② 피측정물의 실제치수를 직접 읽을 수 있다.

③ 양이 적고, 종류가 많은 제품을 측정하기에 적합하다.

④ 조작이 간단하고, 경험을 필요로 하지 않는다.

관련이론 142p 측정의 종류와 공차(tolerance)

정답분석 직접 측정은 측정시간이 상대적으로 길며 숙련자와 비숙련자와의 차이가 크다.

정답 ④

02 $-18\mu m$의 오차가 있는 블록 게이지에 다이얼 게이지를 영점 세팅하여 공작물을 측정하였더니, 측정값이 46.78mm이었다면 참값(mm)은?

① 46.960

② 46.798

③ 46.762

④ 46.603

관련이론 143p 오차(error)

정답분석 오차 = 측정값 - 참값

$-18\mu m = -0.018 = 참값 - 46.78mm$

∴ 참값 = 46.762

정답 ③

03 측정 오차에 관한 설명으로 틀린 것은?

① 계통 오차는 측정값에 일정한 영향을 주는 원인에 의해 생기는 오차이다.

② 우연 오차는 측정자와 관계없이 발생하고, 반복적이고 정확한 측정으로 오차 보정이 가능하다.

③ 개인 오차는 측정자의 부주의로 생기는 오차이며, 주의해서 측정하고 결과를 보정하면 줄일 수 있다.

④ 계기 오차는 측정압력, 측정온도, 측정기 마모 등으로 생기는 오차이다.

관련이론 143p 오차(error)

정답분석 우연 오차

오차의 원인을 알 수 없거나 알더라도 측정 당시의 순간적인 변화로 인해 수식적으로 보정할 수 없는 오차이다.

정답 ②

04 정밀측정에서 아베의 원리에 대한 설명으로 옳은 것은?

① 내측 측정시는 최대값을 택한다.

② 눈금선의 간격은 일치 되어야 한다.

③ 단도기의 지지는 양끝 단면이 평행하도록 한다.

④ 표준자와 피측정물은 동일 축선상에 있어야 한다.

관련이론 143p 아베의 원리(Abbe's principle)

정답분석 아베의 원리

• 길이 측정 시 기하학적 위치에 의한 측정오차를 제거하기 위한 원리이다.

• "피측정물과 표준편은 동일 축선상에 위치하여야 한다." 라는 원리로, 이러한 아베의 원리에 어긋나는 대표적인 측정기로는 버니어 캘리퍼스, 내측 마이크로미터 등이 있다.

정답 ④

05 어미자의 최소눈금이 0.5mm이고 아들자 24.5mm를 25등분한 버니어 캘리퍼스의 최소측정값은?

① 0.05mm   ② 0.01mm

③ 0.025mm   ④ 0.02mm

관련이론 144p 버니어 캘리퍼스의 눈금 읽기

정답분석 버니어 캘리퍼스의 최소측정값은 어미자의 최소눈금을 등분수로 나눈다.

$$\frac{0.5\text{mm}}{25} = \frac{2\text{mm}}{100} = 0.02\text{mm}$$

정답 ④

06 측정자의 직선 또는 원호 운동을 기계적으로 확대하여 그 움직임을 지침의 회전 변위로 변환시켜 눈금을 읽을 수 있는 측정기는?

① 다이얼 게이지

② 마이크로미터

③ 만능 투영기

④ 3차원 측정기

관련이론 146p 다이얼 게이지(dial gauge)

정답분석 다이얼 게이지에 대한 설명이다.

정답 ①

07 영국의 G.A Tomlinson 박사가 고안한 것으로 게이지 면이 크고, 개수가 적은 각도 게이지로 몇 개의 블록을 조합하여 임의의 각도를 만들어 쓰는 각도 게이지는?

① 요한슨식   ② N.P.A식

③ 제피슨식   ④ N.P.L식

관련이론 147p 각도측정기

정답분석 N.P.L식에 대한 설명이다.

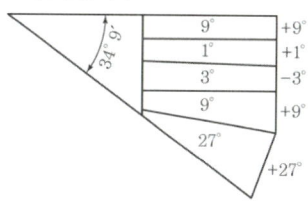

정답 ④

08 길이의 기준으로 사용되고 있는 평행 단도기로서 1개 또는 2개 이상의 조합으로 사용되며, 다른 측정기의 교정 등에 사용되는 측정기는?

① 컴비네이션 세트

② 마이크로미터

③ 다이얼 게이지

④ 게이지 블록

관련이론 148p 블록 게이지

정답분석 블록 게이지(게이지 블록)

• 1896년 요한슨에 의해서 처음 개발이 되었으며 길이의 정밀도가 매우 높다.

• 각각의 블록은 밀착되는 성질을 가지고 있어 몇 개의 수로서 조합하여 많은 기준 치수를 얻을 수 있다.

정답 ④

09 구멍용 한계게이지가 아닌 것은?

① 원통형 플러그 게이지

② 테보 게이지

③ 봉 게이지

④ 링 게이지

관련이론 148p 한계 게이지(limit gauge)

정답분석 **한계 게이지의 종류**
- 구멍용: 플러그 게이지, 봉 게이지, 평 게이지
- 축용: 링 게이지, 스냅 게이지
- 나사용: 링형 나사게이지, 플러그형 나사게이지

정답 ④

10 나사 마이크로미터는 무엇의 측정에 가장 널리 사용되는가?

① 나사의 골지름

② 나사의 유효지름

③ 나사의 호칭지름

④ 나사의 바깥지름

관련이론 151p 나사(screw)의 측정

정답분석 **나사의 유효지름 측정방법**
- 삼침법
- 나사 마이크로미터
- 공구현미경

정답 ②

pass.Hackers.com

최신기출(CBT)

※CBT 문제는 수험생의 기억에 따라 복원된 것이며, 실제 기출문제와 동일하지 않을 수 있습니다.

01 스퍼 기어의 도시 방법에 관한 설명으로 옳은 것은?

① 잇봉우리원은 가는 실선으로 표시한다.
② 피치원은 가는 2점 쇄선으로 표시한다.
③ 이골원은 가는 1점 쇄선으로 그린다.
④ 축에 직각인 방향에서 본 그림을 단면으로 도시할 때는 이골의 선은 굵은 실선으로 그린다.

관련이론 68p 기어

정답분석 • 스퍼기어를 축(중심선)에 직각 방향에서 단면 도시할 경우, 이골선(=이골원=이뿌리원)은 굵은 실선으로 그린다.
• 스퍼기어를 축(중심선) 방향으로 투상할 경우, 이골선(=이골원=이뿌리원)은 가는 실선으로 그린다.

정답 ④

02 입체도의 화살표 방향이 정면일 경우 평면도로 가장 적합한 투상도는?

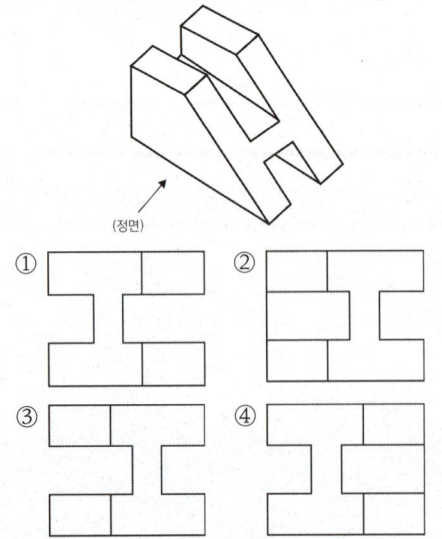

(정면)

정답분석 정면도가 아니라 평면도를 고르면 답은 ②번이다.

정답 ②

03 기하공차를 나타내는 데 있어서 대상면의 표면은 0.1mm만큼 떨어진 두 개의 평행한 평면 사이에 있어야 한다는 것을 나타내는 것은?

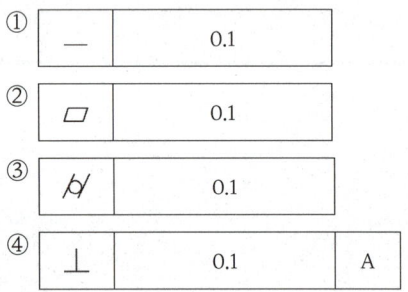

관련이론 55p 기하공차

정답분석 키워드는 '0.1mm만큼 떨어진 두 개의 평행한 평면'이다.

정답 ②

04 면의 지시기호에 대한 표시위치 설명이 틀린 것은?

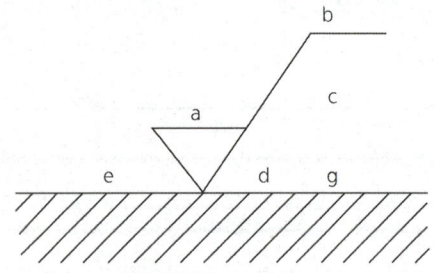

① a : 중심선 평균 거칠기의 값
② b : 가공 방법
③ c : 컷오프값
④ d : a 이외의 표면거칠기의 값

관련이론 60p 면의 지시 기호

정답분석 d는 줄무늬 방향 기호이다.

정답 ④

05

다음은 육각볼트의 호칭이다. ⓒ이 의미하는 것은?

KS B 1002	6각볼트	A	M1 2×80	-8.8
ⓐ	ⓑ	ⓒ	ⓓ	ⓔ

MFZn2
ⓕ

① 강도　　　　　　② 부품등급
③ 종류　　　　　　④ 규격번호

정답분석
ⓐ 규격번호
ⓑ 종류
ⓒ 부품등급
ⓓ 호칭지름×호칭길이
ⓔ 강도구분
ⓕ 재료

정답 ②

06

배관도의 치수기입 방법에 대한 설명이다. 틀린 것은?

① 파이프나 밸브 등의 호칭 지름은 파이프 라인 밖으로 지시선을 끌어내어 표시한다.
② 치수는 파이프, 파이프 이음, 밸브의 목 입구의 중심에서 중심까지의 길이로 표시한다.
③ 여러 가지 크기의 많은 파이프가 근접에서 설치된 장치에서는 단선 도시 방법으로 그린다.
④ 파이프의 끝부분에 나사가 없거나 왼나사를 필요로 할 때에는 지시선으로 나타내어 표시한다.

정답분석 여러 가지 크기의 많은 파이프가 근접에서 설치된 장치에서는 복선 도시 방법으로 그린다.

정답 ③

07

지름이 일정한 원기둥을 전개하려고 한다. 어떤 전개 방법을 이용하는 것이 가장 적합한가?

① 삼각형법을 이용한 전개도법
② 방사선법을 이용한 전개도법
③ 평행선법을 이용한 전개도법
④ 사각형법을 이용한 전개도법

관련이론 26p 방사선 전개법

정답분석 원기둥은 평행선법을 사용하여 전개한다.

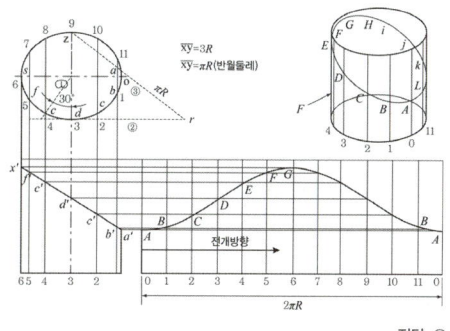

정답 ③

08

다음 중 캠을 평면 캠과 입체 캠으로 구분할 때 입체 캠의 종류로 틀린 것은?

① 원동 캠　　　　　② 삼각 캠
③ 원추 캠　　　　　④ 빗판 캠

정답분석
• 평면 캠: 판 캠, 정면 캠, 삼각 캠, 직선운동 캠
• 입체 캠: 원통 캠, 원추 캠(원뿔 캠), 구면 캠(구형 캠), 빗판 캠(경사판 캠)

	판 캠	직선운동 캠	정면 캠	삼각 캠
평면 캠				

	원통 캠	원추 캠	구면 캠	빗판 캠 (경사판 캠)
입체 캠				

정답 ②

09

그림의 'b' 부분에 들어갈 기하공차 기호로 가장 옳은 것은?

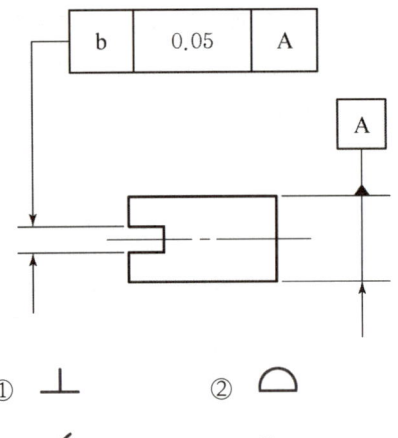

| b | 0.05 | A |

① ⊥

② ⌒

③ ∠

④ ⹀

관련이론 55p 기하공차

정답분석 ④ 대칭인 부분에 대칭도를 넣는다.
① 직각도
② 면의 윤곽도
③ 경사도

정답 ④

10

동력 전달이 가장 원활한 나사로 공작기계의 수치제어용으로 많이 쓰이는 나사는?

① 미터나사　　② 사다리꼴나사

③ 둥근나사　　④ 볼나사

정답분석 볼나사는 마찰이 거의 없어 효율이 좋아 동력 전달이 가장 원활한 나사이다. 그래서 공작기계의 수치제어용으로 많이 사용된다.

정답 ④

11

핸들의 암(arm), 주물품의 리브(rib)의 형상을 도시하기 위한 단면도시법으로 적합한 것은?

① 전 단면도　　　② 부분 단면도

③ 한쪽 단면도　　④ 회전도시 단면도

관련이론 31p 부분 단면도

정답분석 핸들이나 바퀴 등의 암, 리브, 축 등의 절단한 면을 90° 회전하여 나타낸다.

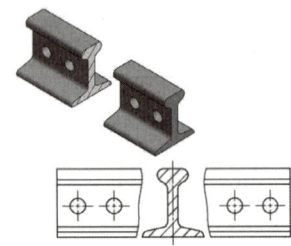

정답 ④

12

"∅100 H7/g6"은 어떤 끼워맞춤 상태인가?

① 구멍 기준식 중간 끼워맞춤

② 구멍 기준식 헐거운 끼워맞춤

③ 축 기준식 억지 끼워맞춤

④ 축 기준식 중간 끼워맞춤

관련이론 54p 끼워맞춤 공차의 예

정답분석 앞에 H7이 올 경우 구멍 기준식이다.
• 헐거운 끼워맞춤: a~g
• 중간 끼워맞춤: h~n
• 억지 끼워맞춤: p~z

정답 ②

13 다음 평벨트 풀리의 도시 방법으로 옳은 것은?

① 암은 길이 방향으로 절단하여 도시한다.

② 벨트 풀리는 축 직각 방향의 투상을 정면 도로 한다.

③ 암의 단면 모양은 도형의 안이나 밖에 회 전 단면을 하여 도시하지 않는다.

④ 암의 테이퍼 부분 치수를 기입할 때 치수 보조선은 경사선으로 그어서는 안 된다.

69p 벨트 풀리

① 암은 길이 방향으로 절단하지 않는다.

③ 암의 단면 모양은 도형의 안이나 밖에 회전 단면을 하여 도시한다(회전단면도).

④ 암의 테이퍼 부분 치수를 기입할 때 치수 보조선은 경사 선으로 그어도 된다.

정답 ②

14 호칭지름이 50mm, 피치 2mm인 미터 가는 나사가 2줄 왼나사로 암나사 등급이 6일 때 KS나사 표시 방법으로 옳은 것은?

① 좌 2줄 M50 × 2 6H

② 좌 2줄 M50 × 2 6g

③ 왼 2N M50 × 2 6H

④ 왼 2N M50 × 2 6g

수나사 등급(소문자)은 6g이며, 암나사 등급(대문자)은 6H 이다.

정답 ①

15 다음 기하 공차 중에서 자세 공차에 해당하는 것은?

① ⎯ : 진직도 공차

② ⊥ : 직각도 공차

③ ◎ : 동심도 공차

④ ↗ : 원주 흔들림 공차

55p 기하공차

적용하는 형체		공차의 종류	기호
단독 형체	모양 공차	진직도 공차	⎯
		평면도 공차	▱
		진원도 공차	○
		원통도 공차	⌭
단독 형체 또는 관련 형체		선의 윤곽도 공차	⌒
		면의 윤곽도 공차	⌓
관련 형체	자세 공차	평행도 공차	//
		직각도 공차	⊥
		경사도 공차	∠
	위치 공차	위치도 공차	⊕
		등축도 공차 또는 농심노 공차	◎
		대칭도 공차	=
	흔들림 공차	원주 흔들림 공차	↗
		온 흔들림 공차	↗↗

정답 ②

16
스프링의 코일 중간 부분을 생략도로 그릴 경우 생략 부분은 어느 선으로 표시하는가?

① 가는 실선　　② 가는 2점 쇄선

③ 굵은 실선　　④ 은선

관련이론 71p 스프링

정답분석
- 별다른 지시가 없다면, 스프링은 자유상태(무하중 상태), 오른쪽 감기로 나타낸다.
- 도면 안에 도시하기 어려울 경우 요목표로 나타낼 수 있다.
- 스프링은 중간 부분을 생략해도 되는 경우에는 생략한 부분을 가는 2점 쇄선으로 나타낼 수 있다.
- 왼쪽 감기 스프링은 요목표에 [감긴 방향 왼쪽]이라고 기입한다.
- 간략하게 나타내기 위해서는 스프링 소선의 중심선을 굵은 실선으로 도시한다.

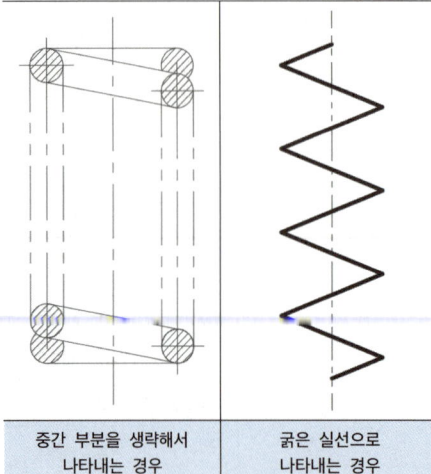

| 중간 부분을 생략해서 나타내는 경우 | 굵은 실선으로 나타내는 경우 |

정답 ②

17
저널(journal)이란?

① 베어링과 접촉하는 축의 부분

② 전동축의 윤활유

③ 축의 양끝 부분

④ 축과 접촉하는 베어링의 부분

정답분석 베어링에 접촉하는 축의 부분을 저널이라고 한다.

정답 ①

18
다음 기호 중 숫자와 병기하여 사용할 수 없는 것은?

① Sø　　　　　② SR

③ ⊠　　　　　④ □

관련이론 43p 치수의 보조기호

정답분석
① 구의 지름
② 구의 반지름
④ 정사각형

정답 ③

19
다음 끼워맞춤을 표시한 것 중 틀린 것은?

① $20H7 - g6$　　② $20H7/g6$

③ $20\dfrac{H7}{g6}$　　④ $20g6H7$

관련이론 54p 끼워맞춤 공차의 예

정답분석 ④번의 끼워맞춤은 없다.

정답 ④

20
선의 종류는 굵기에 따라 3가지로 구분한다. 이에 속하지 않는 것은?

① 가는 선　　　② 굵은 선

③ 아주 굵은 선　④ 해칭선

관련이론 20p 선의 용도

정답분석 해칭선은 가는 실선을 사용한다.
선의 굵기에 따른 선의 종류
- 아주 굵은 선: 굵기가 0.7~2[mm] 정도인 선
- 굵은 선: 굵기가 0.35~1[mm] 정도인 선
- 가는 선: 굵기가 0.18~0.5[mm] 정도인 선

정답 ④

21
키의 호칭방법에 포함되지 않는 것은?

① 종류 및 호칭치수　② 길이

③ 인장강도　　　　　④ 재료

정답분석 키의 호칭방법에 인장강도는 포함되지 않는다.

정답 ③

22 다음은 나사의 제도법에 대한 설명이다. 틀린 것은?

① 암나사의 골을 표시하는 선은 굵은 실선으로 그린다.
② 수나사의 바깥지름은 굵은 실선으로 그린다.
③ 암나사 탭 구멍의 드릴 자리는 120°의 굵은 실선으로 그린다.
④ 완전 나사부와 불완전 나사부의 경계선은 굵은 실선으로 그린다.

정답 ①

23 베어링 6202의 베어링의 안지름은?

① 5mm ② 10mm
③ 12mm ④ 15mm

정답 ④

24 도면이 구비해야 할 기본 요건을 잘못 설명한 것은?

① 대상물의 도형과 함께 필요로 하는 크기, 모양, 자세, 위치의 정보를 포함하여야 한다.
② 애매한 해석이 생기지 않도록 표현상 명확한 뜻을 가져야 한다.
③ 무역 및 기술의 국제교류의 입장에서 국제성을 가져야 한다.
④ 제품의 부피 및 질량 등의 종합 정보를 항상 포함하여야 한다.

정답 ④

25 M22인 수나사의 표시 중 22는 무엇을 나타내는가?

① 나사부의 길이가 22mm이다.
② 완전나사부와 불완전나사부를 합한 길이가 22mm이다.
③ 나사의 유효지름이 22mm이다.
④ 나사의 바깥지름이 22mm이나.

정답 ④

26 피치원 지름이 같은 경우 모듈의 값이 커지면 기어의 이 크기는 어떻게 되는가?

① 작아진다. ② 커진다.
③ 같다. ④ 관계없다.

정답 ②

27 맞물린 기어의 도시법에서 측면도(원형으로 보이는 쪽)의 이끝원은 무슨 선으로 도시하는가?

① 한쪽은 실선 다른 쪽은 파선으로 도시한다.
② 모두 파선으로 도시한다.
③ 모두 굵은 실선으로 도시한다.
④ 한쪽은 실선 다른 쪽은 가상선으로 도시한다.

관련이론 68p 기어

정답분석 이끝원(잇봉우리원)은 무조건 굵은 실선이다.

정답 ③

28 구름 베어링의 호칭번호 "608C2P6"에서 C2가 나타내는 것은?

① 베어링 계열번호   ② 안지름 번호
③ 접촉각 기호   ④ 내부틈새 기호

정답분석
· 608: 형식번호
· C2: 내부틈새 기호
· P6: 등급 기호

정답 ④

29 다음 중 체크밸브를 도시한 것은?

① 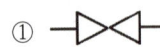   ②

③ 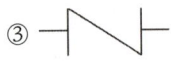   ④

정답분석 ① 밸브 일반
② 앵글 밸브
④ 게이트 밸브

정답 ③

30 다음 중 구멍용 게이지 제작공차에 적용되는 IT공차는?

① IT 6 ~ IT 10   ② IT 01 ~ IT 5
③ IT 11 ~ IT 18 ④ IT 05 ~ IT 9

관련이론 52p IT기본공차

정답분석

용도	게이지 제작 공차	끼워 맞춤 공차	끼워 맞춤 이외 공차
구멍	IT 01 ~ IT 5	IT 6 ~ IT 10	IT 11 ~ IT 18
축	IT 01 ~ IT 4	IT 5 ~ IT 9	IT 10 ~ IT 18

정답 ②

31 가공 전 또는 가공 후의 모양을 표시하는데 사용하는 선은?

① 가는 실선   ② 가는 2점쇄선
③ 굵은 1점쇄선   ④ 가는 1점쇄선

관련이론 21p 선의 용도

정답분석 가상선으로 가는 2점쇄선이 사용된다.

정답 ②

32 대상물의 구멍, 홈 등 한 부분만의 모양을 도시하는 것으로 만족하는 경우에 사용하는 투상도로 축에 가공된 키홈을 표현할 때 사용되는 투상도는?

① 보조 투상도   ② 국부 투상도
③ 부분 투상도   ④ 회전 투상도

관련이론 28p 국부 투상도

정답분석 ① 보조 투상도: 경사면부가 있는 물체에서 그 경사면을 그대로 투상한다.
③ 부분 투상도: 물체의 일부를 도시해서 나타낸 것이다.
④ 회전 투상도: 물체의 일부분이 일정 각도를 가지고 있기 때문에 투상도를 명확하게 나타내기 어려울 경우 사용한다.

정답 ②

33 평벨트 풀리의 제도법을 설명한 것 중 **틀린** 것은?

① 벨트 풀리는 축방향의 투상도를 정면도로 한다.

② 모양이 대칭형인 벨트 풀리는 그 일부분만을 두시한다.

③ 암은 길이방향으로 절단하여 단면을 도시하지 않는다.

④ 암의 단면 모양은 도형의 안이나 밖에 회전 단면을 도시한다.

관련이론 69p 벨트 풀리

정답분석 벨트 풀리의 경우 축에 대해서 직각방향의 투상도를 정면도로 나타낸다.

정답 ①

---

34 도면의 양식 중 반드시 기입하여야 할 사항이 아닌 것은?

① 비교눈금　② 표제란

③ 중심마크　④ 윤곽선

관련이론 13p 도면의 구성요소

정답분석 도면의 3요소

· 표제란

· 중심마크

· 윤곽선

정답 ①

---

35 스프로킷 휠의 도시 방법 중 **틀린** 것은?

① 바깥지름은 굵은 실선으로 그린다.

② 피치원은 가는 1점쇄선으로 그린다.

③ 요목표에는 톱니의 특성을 기입한다.

④ 축에 직각에서 본 그림을 단면으로 도시할 때 이뿌리선은 가는 실선이다.

관련이론 70p 스프라켓 휠

정답분석 축에 직각에서 본 그림을 단면으로 도시할 때 이뿌리선은 가는 실선이 아닌 굵은 실선이다.

정답 ④

---

36 한 도면에 사용되는 선의 종류로 가는 실선으로 부적합한 것은?

① 치수선　② 지시선

③ 절단선　④ 회전 단면선

관련이론 21p 선이 용도

정답분석 절단선은 가는 1점 쇄선으로 끝부분 및 방향이 변하는 부분을 굵게 표기한 것으로, 단면도 작성 시 그 절단 위치를 대응하는 그림에 표시하는 데 사용한다.

정답 ③

---

37 자동차와 철도차량의 현가용으로 사용되는 스프링은?

① 코일 스프링　② 토션바

③ 겹판 스프링　④ 원통형 스프링

정답분석 자동차의 현가용 스프링으로 사용되는 스프링은 겹판 스프링이다.

정답 ③

---

38 도면에서 사용되는 선 중에서 가는 2점쇄선을 사용하는 것은?

① 치수를 기입하기 위한 선

② 해칭선

③ 평면이란 것을 나타내는 선

④ 인접부분을 참고로 표시하는 선

관련이론 21p 선의 용도

정답분석 2점 쇄선을 사용하는 선

· 가상선

· 무게중심선

· 인접부분을 참고로 표시하는 선

정답 ④

39 한국산업규격을 표시한 것은?

① DIN ② JIS
③ KS ④ ANSI

관련이론 12p 제도의 규격

정답분석 ① DIN: 독일산업규격
② JIS: 일본산업규격
④ ANSI: 미국산업규격

정답 ③

40 부품의 표면에 광명단 또는 스템프 잉크를 칠한 다음 용지에 찍어 실제 형상으로 모양을 뜨는 방법은?

① 프린트법 ② 모양뜨기법
③ 프리핸드법 ④ 청사진법

정답분석 ② 모양뜨기법: 물체를 직접 종이에 대고 그리는 방법이다.
③ 프리핸드법: 직접 손으로 그리는 방법이다.
④ 청사진법: 사진기로 찍어서 도면을 그리는 방법이다.

정답 ①

41 다음은 치수 보조기호에 대한 설명이다. 틀린 것은?

① C : 45도 모따기 기호
② SR : 구의 반지름 기호
③ ( ) : 직접적으로 필요하지 않으나 참고로 나타낼 때 사용하는 참고 치수 기호
④ t : 리벳이음 등에서 피치를 나타낼 때 사용하는 피치 기호

관련이론 43p 치수의 보조기호

정답분석 t는 철판의 두께를 나타낸다.

정답 ④

42 물체를 입체적으로 나타내는 특수 투상도가 아닌 것은?

① 투시 투상도 ② 등각 투상도
③ 사투상도 ④ 정투상도

관련이론 24p 투상법의 종류

정답분석 정투상도는 물체의 주요면이 투상면에 평행하게 나타나도록 그리는 투상법이다.

정답 ④

43 화면 표시 장치 각각의 영역에서 판독 위치, 입력 가능 위치 및 입력 상태 등을 표현하여 주는 표식은?

① 좌표 원점(origin point)
② 도면 요소(entity)
③ 커서(cursor)
④ 대화 상자(dialogue box)

정답분석 마우스 커서가 화면의 위치를 정해주는 것을 생각하면 된다.

정답 ③

44 다음 중 CAD 용 입력장치가 아닌 것은?

① 마우스(mouse)
② 트랙볼(track ball)
③ 3D프린터
④ 라이트펜(light pen)

정답분석 3D프린터를 포함해 모든 프린터는 출력장치이다.

정답 ③

45
내식성이 가장 높고 비자성체인 스테인리스 강은?

① 페라이트계
② 오스테나이트계
③ 마텐자이트계
④ 펄라이트계

정답분석 오스테나이트계 스테인리스강의 내식성이 가장 높다.

정답 ②

46
열가소성 수지가 아닌 재료는?

① 페놀수지
② 초산비닐
③ 폴리염화비닐
④ 폴리에틸렌

정답분석 페놀수지는 열경화성 수지이다.

정답 ①

47
다음 중 순철의 일반적 성질의 설명 중 틀린 것은?

① 상온에서 전성 및 연성이 풍부하다.
② 기계적 강도가 높고 자기변태가 없다.
③ 온도에 따라 α철, r철 및 δ철로 동소변 태 된다.
④ 전자석이나 자극의 철심에 사용된다.

정답분석 순철은 기계적 강도가 낮고, 자기변태점이 있다.

정답 ②

48
강자성체에 속하지 않는 성분은?

① Co
② Fe
③ Ni
④ Sb

정답분석 강자성체에는 Fe, Ni, Co가 속한다.

정답 ④

49
형상기억합금의 종류에 해당되지 않는 것은?

① 니켈 - 티타늄계 합금
② 구리 - 알루미늄 - 니켈계 합금
③ 니켈 - 디디늄 - 구리계 합금
④ 니켈 - 크롬 - 철계 합금

정답분석 니켈 - 크롬 - 철계 합금은 형상기억합금이 아니다.

정답 ④

50
비중 1.74로 실용 금속 중에서 가장 가볍고 비강도가 알루미늄보다 우수하여 항공기, 자 동차, 선박, 전기기기, 광학기계 등에 이용되 며 구상흑연 주철의 첨가제로 사용되는 것은?

① Ag
② Cu
③ Mg
④ Sn

관련이론 119p 마그네슘의 특징

정답분석 Mg은 비중이 1.70이며, 가장 가벼운 금속이다.

정답 ③

51

황동에 Pb 1.5~3.0%를 첨가한 합금을 무엇이라고 하는가?

① 톰백　　　　　② 강력 황동

③ 문쯔 메탈　　　④ 쾌삭 황동

관련이론 116p 구리합금의 종류

정답분석
- 톰백(tombac): Cu + 5~20% Zn
- 문쯔메탈(6:4황동): 60% Cu + 40% Zn

정답 ④

52

주철의 성질을 가장 올바르게 설명한 것은?

① 탄소의 함유량이 2.0% 이하이다.
② 인장강도가 강에 비하여 크다.
③ 소성변형이 잘된다.
④ 주조성이 우수하다.

관련이론 108p 주철의 특징

정답분석 주철의 특징
- 압축강도와 마찰저항이 우수하다.
- 녹이 비교적 쉽게 발생하지 않으며 주조성이 우수하다.
- 용융점이 낮으며 쇳물 유동성이 우수하다.

정답 ④

53

기계재료에 필요한 일반적인 성질로 틀린 것은?

① 주조성, 소성, 절삭성이 좋아야 한다.
② 열처리성은 떨어지나, 표면처리가 좋아야 한다.
③ 기계적 성질, 화학적 성질이 우수해야 한다.
④ 재료의 보급과 대량 생산이 가능해야 한다.

정답분석 기계재료는 열처리성이 좋아야 한다.

정답 ②

54

강철의 담금질 냉각제 중 정지상태에서 냉각 속도가 가장 큰 것은?

① 소금물　　　　② 비눗물

③ 물　　　　　　④ 기름

정답분석 일반적으로 소금물을 담금질 냉각제로 사용하는 이유는 냉각속도가 가장 크기 때문이다.

정답 ①

55

탄소강에서 헤어 크랙(hair crack)의 발생에 가장 큰 영향을 주는 원소는?

① 산소　　　　　② 수소

③ 질소　　　　　④ 탄소

관련이론 66p 탄소강의 주요 원소

정답분석 수소는 헤어 크랙(=백점) 발생의 원인이다.

정답 ②

56

스테인리스강을 조직상으로 분류한 것이 아닌 것은?

① 마텐자이트계　　② 오스테나이트계

③ 시멘타이트계　　④ 페라이트계

관련이론 103p 특수목적용 합금강

정답분석 스테인리스강의 조직
- 페라이트계
- 마텐자이트계
- 오스테나이트계

정답 ③

57 재료 기호가 'STD 10'으로 나타날 때 이 강재의 종류로 옳은 것은?

① 기계 구조용 합금강
② 탄소 공구강
③ 기계 구조용 탄소강
④ 합금 공구강

정답분석 STD는 금형용 합금공구강이다.
① 기계 구조용 합금강: SCM
② 탄소 공구강: STC
③ 기계 구조용 탄소강: SM45C

정답 ④

59 삼각법을 이용하여 각도나 기울기를 측정하는 것은?

① 전기 마이크로미터
② 사인 바
③ 게이지 블록
④ 공기 마이크로미터

관련이론 149p 사인 바

정답분석 사인 바는 삼각함수법을 사용하여 측정하는 도구이다.

정답 ②

58 절삭 공구 재료 중 경도가 가장 높고, 내마모성이 크며, 절삭속도가 빠르고 절삭가공이 능률적인 공구재료는?

① 다이아몬드   ② 탄소 공구강
③ 주조경질합금   ④ 합금 공구강

관련이론 104p 공구용 합금강

정답분석 다이아몬드는 경도가 가장 높은 공구용 재료이다.

정답 ①

60 마이크로미터의 종류 중 게이지 블록과 마이크로미터를 조합한 측정기는?

① 공기 마이크로미터
② 하이트 마이크로미터
③ 나사 마이크로미터
④ 외측 마이크로미터

정답분석 게이지 블록과 마이크로미터를 조합한 측정기는 하이트 마이크로미터이다.

정답 ②

2025년 제2회

※CBT 문제는 수험생의 기억에 따라 복원된 것이며, 실제 기출문제와 동일하지 않을 수 있습니다.

01
두 축의 회전 방향이 같으며, 높은 감속비의 경우에 쓰이고, 원통의 안쪽에 이가 있는 기어는?

① 스파이럴 베벨 기어
② 하이포이드 기어
③ 감속 기어
④ 내접 기어

정답분석 원통의 안쪽에 이가 있는 기어는 내접 기어이다.

정답 ④

02
모듈이 같은 두 기어가 외접하여 서로 물려 있다. 두 기어의 잇수가 30, 50이고 축간거리가 80mm일 때, 모듈은?

① 2 　　　　② 4
③ 6 　　　　④ 8

정답분석 두 기어의 외접은 두 기어의 피치원이 접한다는 의미이다. 축간거리는 중심의 거리이므로, 두 피치원의 합을 2로 나누면 축간거리가 된다.

$$\frac{\text{피치원}1 + \text{피치원}2}{2} = \frac{MZ_1 + MZ_2}{2} = \frac{M(Z_1 + Z_2)}{2}$$
$$= \frac{M(30 + 50)}{2} = 80$$

모듈 $M = 2$

정답 ①

03
축의 도시법에 대한 설명 중 틀린 것은?

① 모따기는 각도와 폭을 기입한다.
② 긴축은 중간을 파단하여 짧게 그린다.
③ 축은 주로 길이 방향으로 단면 도시를 한다.
④ 45° 모따기의 경우 C로 표시할 수 있다.

관련이론 67p 축

정답분석 축은 길이 방향으로 단면 도시하지 않는다. 길이 방향은 중심선 방향이다.

정답 ③

04
외접 헬리컬 기어의 주투상도(측면도)를 단면으로 도시할 때, 잇줄 방향은 어떻게 도시하는가?

① 2개의 가는 2점쇄선
② 2개의 가는 실선
③ 3개의 가는 2점쇄선
④ 3개의 가는 실선

관련이론 69p 헬리컬 기어

정답분석
• 스퍼 기어와 비교해서 헬리컬 기어는 이가 비틀어져 있는데 3개의 가는 실선으로 비틀림 방향을 나타낸다.
• 단면으로 나타내어야 할 때는 가는 2점쇄선으로 나타내며 기울기는 치수와 상관없이 30°로 나타낸다.

정답 ③

05
기계운동을 정지 또는 감속 조절하여 위험을 방지하는 장치는?

① 기어 　　　　② 브레이크
③ 마찰차 　　　④ 커플링

정답분석 운동을 정지, 감속하는 장치는 브레이크이다.

정답 ②

06
기계제도에서 표면 거칠기 Rz가 의미하는 것은?

① 산술 평균 거칠기
② 최대 높이
③ 10점 평균 거칠기
④ 요철의 평균간격

관련이론 59p 표면 거칠기의 종류

정답분석
① 산술 평균 거칠기(중심선 평균 거칠기, Ra)
② 최대높이 거칠기(Ry = Rmax)
③ 10점 평균 거칠기(Rz)

정답 ③

07 데이텀(datum)의 도시 방법으로 맞는 것은?

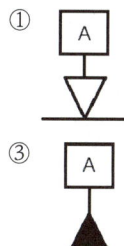

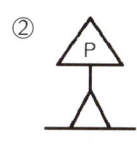

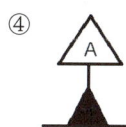

관련이론 55p 데이텀

정답분석 ③번이 데이텀의 올바른 도시 방법이다.

정답 ③

08 단면도의 해칭에 관한 설명으로 올바른 것은?

① 해칭부분에 문자, 기호 등을 기입하기 위하여 해칭을 중단할 수 없다.

② 인접한 부품의 단면은 해칭선의 방향이나 간격을 변경하지 않고 동일하게 사용한다.

③ 보통 해칭선의 각도는 주된 중심선에 대하여 60°로 가는 실선을 사용하여 동일 간격으로 그린다.

④ 단면 면적이 넓은 경우에는 그 외형선의 안쪽 적절한 범위에 해칭 또는 스머징을 할 수 있다.

정답분석 ① 해칭부분에 문자, 기호 등을 기입하기 위하여 해칭을 중단할 수 있다.
② 인접한 부품의 단면은 해칭선의 방향이나 간격을 변경한다.
③ 보통 해칭선의 각도는 주된 중심선에 대하여 45°로 가는 실선을 사용하여 동일 간격으로 그린다.

정답 ④

09 도면에서 ⌀50H7과의 끼워맞춤에서 틈새가 가장 큰 경우는?

① ⌀50g6   ② ⌀50n6

③ ⌀50js6   ④ ⌀50p6

정답분석 A에 가까울수록 틈새가 커지고, Z에 가까울수록 죔새가 커진다.

정답 ①

10 척도의 표시법 A : B의 설명으로 맞는 것은?

① A는 물체의 실제 크기이다.

② B는 도면에서의 크기이다.

③ 배척일 때 B를 1로 나타낸다.

④ 현척일 때 A만을 1로 나타낸다.

관련이론 13p 척도

정답분석 A : B = 도면의 크기 : 실제 크기
• 배척일 때, B=1
• 축척일 때, A=1
• 현척일 때, A=1, B=1

정답 ③

11 표와 같은 구멍과 축에서 최소 틈새는 얼마인가?

	구멍	축
최대허용치수	30.05	29.975
최소허용치수	30.00	29.950

① 0.05   ② 0.025

③ 0.01   ④ 0.075

정답분석 최소 틈새
구멍의 최소치수 - 축의 최대치수 = 30.00 - 29.975 = 0.025

정답 ②

12 주로 프레스 등의 동력 전달용으로 사용되며 축 방향의 큰 하중을 받는 곳에 주로 쓰이는 나사는?

① 미터 나사   ② 관용 평행 나사

③ 사각 나사   ④ 둥근 나사

정답분석 프레스 등에 사용되고 축 방향의 큰 하중을 받는 곳에 사각 나사를 사용한다.

정답 ③

13 다음 나사의 도시방법 중 틀린 것은?

① 수나사의 바깥지름은 굵은 실선으로 그린다.

② 암나사의 안지름은 굵은 실선으로 그린다.

③ 수나사의 골을 표시하는 선은 가는 실선으로 그린다.

④ 가려서 보이지 않는 부분의 나사부는 가는 실선으로 그린다.

관련이론 66p 나사의 제도

정답분석 가려서 보이지 않는 부분의 나사부는 파선(숨은선)으로 그린다.

정답 ④

14 KS의 부문별 기호 중 기계부문 분류 기호는?

① KS A　　　② KS B

③ KS C　　　④ KS D

관련이론 12p 제도의 규격

정답분석

KS 기호	부문	KS 기호	부문
(KS) A	규격총칙	(KS) I	환경
(KS) B	기계	(KS) M	화학
(KS) C	전기	(KS) R	수송기계
(KS) D	금속	(KS) V	조선
(KS) E	광산	(KS) W	항공우주
(KS) F	토목 건설	(KS) X	정보

정답 ②

15 다음 중 제3각법에 대한 설명이 아닌 것은?

① 투상도는 정면도를 중심으로 하여 본 위치와 같은 쪽에 그린다.

② 투상면 뒤쪽에 물체를 놓는다.

③ 정면도 위쪽에 평면도를 그린다.

④ 정면도의 좌측에 우측면도를 그린다.

관련이론 25p 정투상도

정답분석

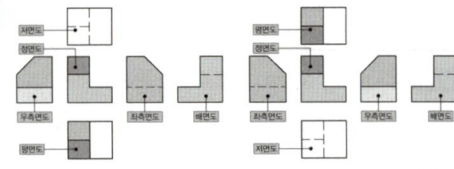

정답 ④

16 축 방향에서 본 모양을 도시할 때 기어의 이뿌리원을 그리는데 사용되는 선의 종류는?

① 가는 1점 쇄선　　　② 가는 파선

③ 가는 실선　　　④ 굵은 실선

관련이론 21p 선의 용도

정답분석
· 축 방향에서 기어의 이뿌리원은 가는 실선으로 그린다.
· 축 직각방향에서 기어를 단면 도시할 경우 굵은 실선으로 그린다.

정답 ③

17 벨트 전동장치의 특성에 대한 설명으로 틀린 것은?

① 회전비가 부정확하여 강력 고속전동이 곤란하다.

② 전동효율이 작아 각종 기계장치의 운전이 널리 사용하기에는 부적합하다.

③ 종동축에 과대하중이 작용할 때는 벨트와 풀리부분이 미끄러져서 전동장치의 파손을 방지할 수 있다.

④ 전동장치가 조작이 간단하고 비용이 싸다.

정답분석 벨트 전동장치는 전동효율이 높다.

정답 ②

18 주로 나비가 좁고 얇은 긴 보로서 하중을 지지하는 스프링은?

① 원판 스프링
② 겹판 스프링
③ 인장 코일 스프링
④ 압축 코일 스프링

정답분석 나비가 좁고 얇은 긴 보로서 하중을 지지하는 스프링은 겹판스프링이다.

정답 ②

19 니들 롤러 베어링의 설명으로 틀린 것은?

① 지름은 바늘 모양의 롤러를 사용한다.
② 좁은 장소나 충격하중이 있는 곳에 사용할 수 없다.
③ 내륜붙이 베어링과 내륜 없는 베어링이 있다.
④ 축지름에 비하여 바깥지름이 작다.

정답분석 니들 롤러 베어링은 좁은 장소나 충격하중이 있는 곳에 사용한다.

정답 ②

20 제동장치에 대한 설명으로 틀린 것은?

① 제동장치는 기계 운동부의 이탈방지 기구이다.
② 제동장치에서 가장 널리 사용되고 있는 것은 마찰브레이크이다.
③ 용도는 일반기계, 자동차, 철도 차량 등에 널리 사용된다.
④ 운전 중인 기계의 운동에너지를 흡수하여 운동 속도를 감소 및 정지시키는 장치이다.

정답분석 제동장치는 운동 에너지를 열, 전기에너지 등으로 바꾸어 흡수하여 운동 속도를 감소, 정지시킨다.

정답 ①

21 | ↗ | 0.1 | A | 로 표시된 기하공차 도면에서 ↗가 의미하는 것은?

① 원주 흔들림 공차
② 진원도 공차
③ 온 흔들림 공차
④ 경사도 공차

정답분석

적용하는 형체	공차의 종류		기호
단독 형체	모양 공차	진직도 공차	—
		평면도 공차	▱
		진원도 공차	○
		원통도 공차	⌀
단독 형체 또는 관련 형체		선의 윤곽도 공차	⌒
		면의 윤곽도 공차	⌓
관련 형체	자세 공차	평행도 공차	//
		직각도 공차	⊥
		경사도 공차	∠
	위치 공차	위치도 공차	⊕
		등촉도 공차 또는 동심도 공차	◎
		대칭도 공차	═
	흔들림 공차	원주 흔들림 공차	↗
		온 흔들림 공차	↗↗

정답 ①

22 다음 기하공차 중에서 데이텀이 필요 없이 단독형체로 적용되는 것은?

① 평행도
② 진원도
③ 동심도
④ 대칭도

정답분석 데이텀이 필요없는 경우 단독형체를 적용한다.

정답 ②

23 다음 보기와 같이 치수 40 밑에 그은 선은 무엇을 나타내는가?

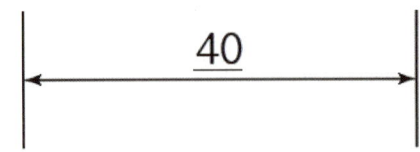

① 기준치수
② 비례척이 아닌 치수
③ 다듬질 치수
④ 가공치수

구분	기호	구분	기호
지름	∅	카운트 보어	⊔
반지름	R	카운트 싱크	∨
구의 지름	S∅	깊이	↧
구의 반지름	SR	이론적으로 정확한 치수	50 (박스)
정사각형	□	참고 치수	(50)
판의 두께	t	치수의 취소	~~50~~
원호의 길이	⌒	비례 척도가 아닌 치수	<u>50</u>
45° 모떼기	C	치수의 기준 (기점기호)	⊕

정답 ②

24 절단선으로 대상물을 절단하여 단면도를 그릴 때의 설명으로 틀린 것은?

① 절단 뒷면에 나타나는 숨은선이나 중심선은 생략하지 않는다.
② 화살표는 단면을 보는 방향을 나타낸다.
③ 절단한 곳을 나타내는 표시문자는 한글 또는 영문자의 대문자로 표시한다.
④ 절단면은 가는 1점 쇄선으로 표시하고 절단선의 꺾인 부분과 끝 부분은 굵은 실선으로 도시한다.

절단면 뒷면의 숨은선이나 중심선은 도면 복잡성을 줄이기 위해 의도적으로 생략한다.

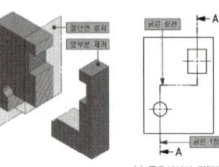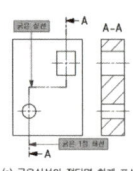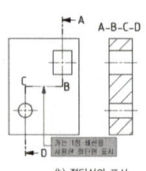

(a) 굵은실선의 절단면 한계 표시   (b) 절단선의 표시

정답 ①

25 다음 중 도형내의 특정한 부분이 평면이라는 것을 나타낼 때 사용하는 선은?

① 2점 쇄선   ② 1점 쇄선
③ 굵은 실선   ④ 가는 실선

36p 평면의 표시

평면을 표시할 때 가는 실선을 사용한다.

정답 ④

26

그림에서 사용된 치수의 배치 방법으로 옳은 것은?

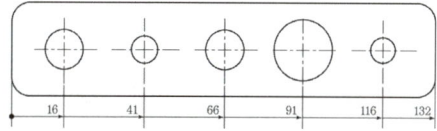

① 직렬치수 기입
② 병렬치수 기입
③ 누진치수 기입
④ 좌표치수 기입

관련이론 42p 누진치수 기입방식

정답분석 누진치수 기입법은 치수 기입을 할 기준점에 (기점)기호(●)를 기입하고, 치수선의 다른 끝은 화살표로 나타낸다.

정답 ③

27

다음의 투상도 선정과 배치에 관한 설명 중 틀린 것은?

① 물체의 모양과 특징을 가장 잘 나타낼 수 있는 면을 정면도로 선정한다.
② 길이가 긴 물체는 길이 방향으로 놓은 자연스러운 상태로 그린다.
③ 투상도끼리 비교 대조가 용이하도록 투상도를 선정한다.
④ 정면도 하나로 그 물체의 형태를 알 수 있어도 측면이나 평면도를 꼭 그려야 한다.

정답분석 투상도는 최소화해야 한다.

정답 ④

28

다음 설명과 관련된 투상법은?

- 하나의 그림으로 대상물의 한 면(정면)만을 중점적으로 엄밀, 정확하게 표시할 수 있다.
- 물체를 투상면에 대하여 한쪽으로 경사지게 투상하여 입체적으로 나타낸 것이다.

① 사투상법
② 등각 투상법
③ 투시 투상법
④ 부등각 투상법

관련이론 24p 사투상도

정답분석 물체의 정면은 실제치수로 나타내고, 평면과 측면은 경사지게 나타낸 방법을 사투상법이라고 한다.

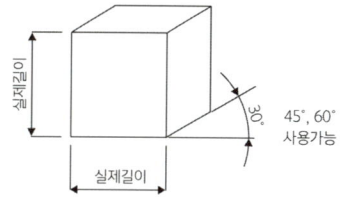

정답 ①

29

기어의 제도시 잇수(Z)가 20개이고 모듈(M)이 2인 보통치형의 기어를 그리려면 이끝원의 지름은 얼마인가?

① 38mm
② 40mm
③ 42mm
④ 44mm

정답분석
- 피치원 = 모듈 × 잇수
- 이끝원 = 피치원 + (모듈 × 2) = 20 × 2 + (2 × 2) = 44

정답 ④

30

"M24 - 6H/5g"로 표시된 나사의 설명으로 틀린 것은?

① 미터나사

② 호칭 지름은 24mm

③ 암나사 5급

④ 수나사 5급

· 6H는 암나사 6급이다.
· 5g는 수나사 5급이다.

정답 ③

31

그림과 같은 정원뿔을 단면선을 따라 평면으로 절단시킨 경우 구성되는 단면 형태는?

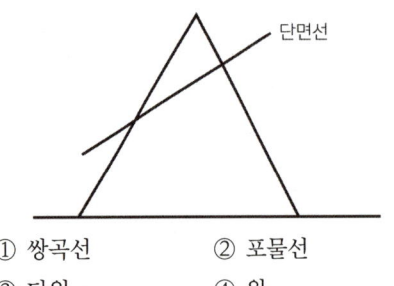

① 쌍곡선　　② 포물선

③ 타원　　　④ 원

그림의 단면선을 절단하면 타원이 된다.

정답 ③

32

미터 가는나사의 표시방법으로 옳은 것은?

① 3/8-16 UNC　　② M8 × 1

③ Tr 12 × 3　　④ Rp 3/4

구분	나사의 종류		나사의 종류 기호	나사의 호칭에 대한 지시방법	관련표준
일반용	ISO 표준에 있는 것	미터 보통나사	M	M8	KS B 0201
		미터 가는 나사		M8 × 1	KS B 0204
		미니어처 나사	S	S 0.5	KS B 0228
		유니파이 보통나사	UNC	3/8-16 UNC	KS B 0203
		유니파이 가는 나사	UNF	No. 8-36 UNF	KS B 0206
		미터 사다리꼴 나사	Tr	Tr 10 × 2	KS B 0229
		관용 테이퍼 나사 / 테이퍼 수나사	R	R 3/4	KS B 0222
		관용 테이퍼 나사 / 테이퍼 암나사	Rc	Rc 3/4	
		관용 테이퍼 나사 / 평행 암나사	Rp	Rp 3/4	
		관용 평행나사	G	G 1/2	KS B 0221
		30° 사다리꼴 나사	TM	TM 18	KS B 0227
		29° 사다리꼴 나사	TW	TW 20	KS B 0226
		관용 테이퍼 나사 / 테이퍼 나사	PT	PT 7	KS B 0222
		관용 테이퍼 나사 / 평행 암나사	PS	PS 7	
	ISO 표준에 없는 것	관용 평행나사	PF	PF 7	KS B 0221

정답 ②

33 다음 중 축의 도시방법에 대한 설명으로 틀린 것은?

① 축은 길이 방향으로 절단하여 단면 도시하지 않는다.
② 긴 축은 중간 부분을 생략해서 그릴 수 있다.
③ 축에 널링을 도시할 때 빗줄인 경우는 축선에 대하여 30°로 엇갈리게 그린다.
④ 축은 중심선을 수직 방향으로 놓고 세워 놓은 상태로 그린다.

정답분석 축은 중심선을 수평 방향으로 놓고 그린다.

정답 ④

34 일반적으로 기계부품 등의 조립순서나 분해순서를 설명하는 지침서 등에 주로 사용하는 투상도법은?

① 등각 투상법　　② 정투상법
③ 사투상법　　④ 투시노법

관련이론 24p 등각 투상도

정답분석 등각 투상도는 기계 부품의 조립·분해 절차 시각화에 최적화되어 정비지침서 등에 활용된다.

정답 ①

35 벨트 풀리의 도시방법으로 틀린 것은?

① 벨트 풀리는 축 직각 방향의 투상을 정면도로 한다.
② 모양이 대칭형인 벨트 풀리는 그 일부분만을 도시할 수 있다.
③ 방사형으로 되어 있는 암(arm)은 길이방향으로 절단하여 도시한다.
④ 암(arm)의 단면은 도형의 안이나 밖에 회전 단면으로 도시한다.

관련이론 69p 벨트 풀리

정답분석 길이방향 절단은 중심을 기준으로 반으로 자른다는 의미이다. 암은 길이방향으로 절단하지 않고, 회전단면도로 도시한다.

정답 ③

36 나사의 도시방법 중 틀린 것은?

① 수나사의 바깥지름은 굵은 실선으로 그린다.
② 암나사의 안지름은 굵은 실선으로 그린다.
③ 수나사의 골을 표시하는 선은 가는 실선으로 그린다.
④ 가려서 보이지 않는 부분의 나사부는 가는 실선으로 그린다.

관련이론 66p 나사의 제도

정답분석 보이지 않는 나사부는 파선(숨은선)으로 그린다.

정답 ④

37 도면상에 구멍, 축 등의 호칭치수를 의미하는 치수는?

① IT치수　　② 실치수
③ 허용한계치수　　④ 기준치수

관련이론 51p 기준치수

정답분석 호칭치수는 기준이 되는 기준치수를 의미한다.

정답 ④

38 치수기입 중 치수의 배치 방법이 아닌 것은?

① 누진치수 기입법
② 병렬치수 기입법
③ 가로치수 기입법
④ 좌표치수 기입법

관련이론 42p 치수의 기입 방식

정답분석 치수 기입 방식
- 직렬치수 기입
- 병렬치수 기입
- 누진치수 기입
- 좌표치수 기입

정답 ③

39 최대높이 거칠기 값이 25S로 표시되어있을 때 측정값은?

① 0.025mm ② 0.25mm

③ 2.5mm ④ 25mm

표면 거칠기 단위는 마이크로미터(밀리미터/1000)이다.

25 / 1000 = 0.025mm

정답 ①

40 정투상법으로 물체를 투상하여 정면도를 기준으로 배열할 때 제1각법 또는 제3각법에 관계없이 배열의 위치가 같은 투상도는?

① 저면도 ② 좌측면도

③ 평면도 ④ 배면도

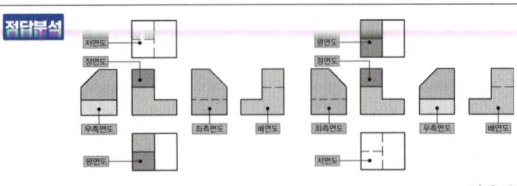

정답 ④

41 도면의 변경 방법에 대한 사항으로 틀린 것은?

① 변경 전의 형상을 알 수 있도록 한다.

② 변경된 부분에 수정회수를 삼각형 기호로 표시한다.

③ 도면 변경란에 변경이유 및 연월일을 기입한다.

④ 변경 전의 치수를 지우고 기입한다.

변경 전의 치수는 한줄로 그어 취소 표시하고 변경 후 치수를 기입한다.

정답 ④

42 와이어프레임 모델링의 특징을 설명한 것 중 틀린 것은?

① 데이터의 구조가 간단하다.

② 처리속도가 느리다.

③ 은선을 제거할 수 없다.

④ 물리적 성질을 계산할 수 없다.

76p 형상모델링의 종류

와이어프레임 모델링(Wire-frame Modeling)

• 선(line)에 의해서 표현되고 선을 해독해서 형상을 유추한다.

• 데이터의 용량이 가장 작고 처리속도가 빠르다.

• 형상모델링작업이 용이하고 투시도제작에 유리하다.

• 은선(숨은선)제거와 단면도 작성은 불가능하다.

• 물리적 해석이 불가능한 형상모델링이다.

정답 ②

43 CAD시스템에서 점을 정의하기 위해 사용하는 좌표계가 아닌 것은?

① 직교 좌표계 ② 타원 좌표계

③ 극 좌표계 ④ 구면 좌표계

타원 좌표계는 없다.

① 직교 좌표계는 3D 좌표계이다.

③ 극 좌표계는 2D 좌표계이다.

④ 구면 좌표계는 3D 좌표계이다.

정답 ②

44 컴퓨터 시스템에서 정보를 기억하는 최소단위인 정보단위는?

① 비트(bit) ② 바이트(byte)

③ 워드(word) ④ 필드(field)

• 정보의 최소단위는 비트(bit)이다.

• 정보를 구성하는 기본단위는 바이트(byte)이다.

정답 ①

45

합금강에서 0.28~0.48%의 탄소강에 약 1~2%의 Cr을 첨가하여 Cr에 의한 양호한 담금질성과 뜨임 효과로 기계적 성질을 개선한 구조용 합금강은?

① Ni-Cr 강
② Cr 강
③ Ni-Cr-Mo 강
④ Cr-Mo 강

정답분석 Cr 강은 r을 첨가한 강이다.

정답 ②

46

탄소 공구강이 구비해야 할 조건이 아닌 것은?

① 열처리성이 양호할 것
② 내마모성이 클 것
③ 고온 경도가 클 것
④ 내충격성이 작을 것

정답분석
④ 여기서 '내충격성이 작을 것'은 적합하지 않다. 오히려 공구강은 충격에도 잘 견뎌야 한다. 내충격성이 작으면 쉽게 깨지거나 파손된다. 따라서 이 조건은 공구강이 가져야 할 조건이 아니다.
① 공구강은 주로 절삭, 성형, 타격 등 다양한 공구에 쓰인다. 이런 용도에서는 열처리를 통해 원하는 경도와 강도를 얻는 것이 매우 중요하다. 따라서 열처리성은 필수 조건이다.
② 공구강은 반복적으로 마찰, 충격, 마모를 받는 환경에서 사용된다. 마모에 잘 견디지 못하면 금방 닳아버리기 때문에 내마모성은 필수 조건이다.
③ 공구강은 절삭이나 성형 작업 중 고온에 노출되는 경우가 많나. 온노가 놀라나노 경노를 뉴지해야 작업 효율이 떨어지지 않는다. 따라서 고온 경도는 중요한 조건이다.

정답 ④

47

금속 재료의 성질 중 기계적 성질이 아닌 것은?

① 인장강도
② 연신율
③ 비중
④ 경도

정답분석
· 기계적 성질: 연성, 전성, 경도, 강도, 인성, 취성, 피로, 크리프
· 화학적 성질: 부식, 내식성
· 물리적 성질: 비중, 용해잠열, 비열, 열팽창계수, 열전도율, 전기전도율, 자성

정답 ③

48

다음 비철 금속 합금 중 비중이 가장 가벼운 합금은?

① Cu합금
② Ni합금
③ Al합금
④ Mg합금

관련이론 119p 마그네슘의 특징

정답분석 Mg의 비중이 가장 작다.
· Cu: 8.9
· Ni: 8.96
· Al: 2.7
· Mg: 1.7

정답 ④

49

구리가 다른 금속에 비해 우수한 성질이 아닌 것은?

① 전연성이 좋아 가공이 용이하다.
② 전기 및 열의 전도성이 우수하다.
③ 화학적 저항력이 커서 부식이 잘 되지 않는다.
④ 비중이 크므로 경금속에 속하며 금속적 광택을 갖는다.

관련이론 113p 구리의 특징

성납분석 구리는 비중이 8.9이므로 중금속이다.
중금속: 비중이 4 이상인 금속

정답 ④

50

재료의 내외부에 열처리 효과의 차이가 생기는 현상을 무엇이라 하는가?

① 질량 효과
② 담금질성
③ 시효경화
④ 열량 효과

관련이론 125p 질량효과

정답분석 질량 효과
동일한 재료를 담금질하더라도 크기, 두께가 다르면 담금질에 대한 결과는 서로 다르게 나타난다. 이와 같이 크기, 즉 재료의 질량에 따라 담금질 효과가 달라지는 현상을 질량 효과라고 한다.

정답 ①

51 탄소강에 Ni, Cr, W, Si, Mn등 원소를 합금하면 일반적으로 개선되는 성질이 아닌 것은?

① 기계적 성질
② 내식, 내마멸성
③ 결정입자의 성장
④ 고온에서 기계적 성질 저하방지

정답분석 결정입자의 성장은 나빠지는 성질이다.

정답 ③

---

52 내열강의 구비 조건으로 틀린 것은?

① 기계적 성질이 우수할 것
② 화학적으로 안정할 것
③ 열팽창계수가 클 것
④ 조직이 안성할 것

정답분석 내열강은 열팽창계수가 작아야 한다.
• **내열강**: 열에 잘 견디는 강
• **열팽창계수**: 동일 온도변화에서 더 큰 치수 변화 발생을 의미한다.

정답 ③

---

53 탄소강에 어떤 원소가 함유하면 강도, 연신율, 충격치를 감소시키며 적열취성의 원인이 되는가?

① Mn
② Si
③ P
④ S

관련이론 99p 탄소강의 기계적 성질

정답분석
• 인(P)이 함유되면 청열취성의 원인이 된다.
• 황(S)이 함유되면 적열취성의 원인이 된다.

정답 ④

---

54 구리계 베어링 합금이 아닌 것은?

① 문쯔 메탈(muntz metal)
② 켈밋(kelmet)
③ 연청동(lead bronze)
④ 알루미늄 청동

관련이론 116p 구리 합금의 종류

정답분석
• 구리계 베어링 합금: 켈밋, 알루미늄 청동, 인 청동
• 문쯔 메탈: 6:4 황동

정답 ①

---

55 다음 원소 중 고속도 강의 주요 성분이 아닌 것은?

① 니켈
② 텅스텐
③ 바나듐
④ 크롬

관련이론 105p 고속도강

정답분석 고속 절삭용 공구에 적용되는 재료이다, 일명 하이스강 (H.S.S)이라고 하는데 W, Mo, Cr, V 등의 합금으로 만들어진다.

정답 ①

---

56 주철에 대한 설명으로 틀린 것은?

① 주조성이 양호하다.
② 내마모성이 우수하다.
③ 강보다 탄소함유량이 적다.
④ 인장강도보다 압축 강도가 크다.

관련이론 108p 주철의 특징

정답분석

철강 재료	순철	-	0.02% 이하
	강	아공석강	0.02 ~ 0.77%C
		공석강	0.77%C
		과공석강	0.77 ~ 2.11%C
	주철	아공정주철	2.11%C ~ 4.3%C
		공정주철	4.3%C
		과공정주철	4.3 ~ 6.68%C

정답 ③

178

57 다음 중 체심입방격자에 해당하는 금속은?

① Al, Pb　　② Cr, Mo

③ Cu, Zn　　④ Mg, Cd

90p 금속의 결정구조

- 체심입방격자: Cr, Ba, V, Mo
- 면심입방격자: Au, Ag, Pt, Al, Cu, Ni, Pb
- 조밀육방격자: Cd, Co, Mg, Zn

정답 ②

58 다음 강의 표면 경화법 중 물리적인 방법은?

① 침탄법　　② 질화법

③ 자분 탐상법　　④ 화염 경화법

124p 열처리

표면 경화법	화학적 표면 경화	침탄법	고체, 액체, 기체
		질화법	
	물리적 표면 경화	화염 경화, 고주파 경화, 하드페이싱, 숏피닝	
	금속침투법	• 세라다이징(Zn) • 보로나이징(B) • 크로마이징(Cr) • 칼로라이징(Al) • 실리코나이징(Si)	

정답 ④

59 마그네슘의 성질에 대한 설명으로 틀린 것은?

① 비중이 1.74 로서 실용금속 중 가벼운 금속이다.

② 표면의 산화마그네슘은 내부의 부식을 방지한다.

③ 신, 일킬리에 대해 거의 부식되지 않는다.

④ 망간의 첨가로 철의 용해작용을 어느 정도 막을 수 있다.

119p 마그네슘의 특징

마그네슘의 특징
- 비중이 1.70이며, 가장 가벼운 금속이다.
- 절삭성은 좋지만 소성가공성은 나쁘다.
- 알카리에는 강하지만 산이나 염기에는 침식된다.

정답 ③

60 사인 바에서 정반 면으로부터 블록게이지의 높이를 각각 알고 있을 때, 각도 측정을 위해 필요한 것은?

① 양 톨러의 숭심거리

② 바의 폭

③ 바의 길이

④ 롤러의 크기

147p 사인바

사인 바로 각도 측정을 위해서 필요한 요소
- 양 롤러 중심거리
- 정반에서 블록게이지 높이

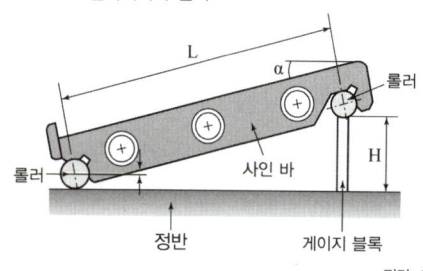

정답 ①

2025년 제3회

※CBT 문제는 수험생의 기억에 따라 복원된 것이며, 실제 기출문제와 동일하지 않을 수 있습니다.

01 다음 그림 기호는 정투상 방법의 몇 각법을 나타내는가?

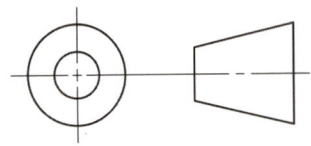

① 1각법
② 등각 방법
③ 3각법
④ 부등각 방법

관련이론 25p 정투상도

정답분석 ㉠ 1각법 그림기호
눈 → 제품 → 투상면

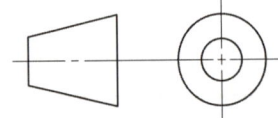

㉡ 3각법 그림기호
눈 → 투상면 → 제품

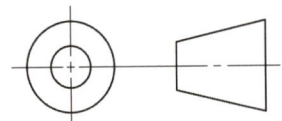

정답 ③

02 축에서 도형 내의 특정 부분이 평면 또는 구멍의 일부가 평면임을 나타낼 때의 도시 방법은?

① 가는 파선을 사각형으로 나타낸다.
② 굵은 실선을 대각선으로 나타낸다.
③ 가는 실선을 대각선으로 나타낸다.
④ '평면'이라고 표시한다.

관련이론 36p 평면의 표시

정답분석 제품의 특정 부분이 평면인 경우 그 부분에 가는 실선을 이용하여 대각선으로 X를 표기하여 평면임을 나타낸다.

[평면의 표시]

정답 ③

03 나사의 호칭 지름을 무엇으로 나타내는가?

① 피치
② 암나사의 안지름
③ 유효지름
④ 수나사의 바깥지름

관련이론 66p 나사의 규격

정답분석 수나사의 바깥지름을 규격(호칭지름)으로 한다.

정답 ④

04 치수 기입의 일반적인 원칙으로 틀린 것은?

① 치수는 선에 겹치게 기입해서는 안 된다.
② 치수는 되도록 계산이 필요하게 기입한다.
③ 치수는 되도록 정면도에 집중하여 기입한다.
④ 치수는 중복 기입을 피한다.

관련이론 40p 치수 기입의 기본 원칙

정답분석 치수는 되도록 계산해서 구할 필요가 없도록 기입한다.

정답 ②

05

줄무늬 방향의 기호에서 가공에 의한 커터의 줄무늬가 여러 방향으로 교차 또는 무방향을 나타내는 것은?

① M
② C
③ R
④ X

관련이론 58p 표면거칠기

정답분석

기호	의미
=	가공으로 생긴 줄무늬 방향이 기호를 기입한 그림의 투상면에 평행
⊥	가공으로 생긴 줄무늬 방향이 기호를 기입한 그림의 투상면에 직각
X	가공으로 생긴 선이 두 방향으로 교차
M	가공으로 생긴 선이 여러 방향 또는 방향이 없음
C	가공으로 생긴 선이 거의 동심원
R	가공으로 생긴 선이 거의 방사선

정답 ①

06

축을 도시하는 방법으로 틀린 것은?

① 가공 방향을 고려하여 도시한다.
② 길이 방향으로 절단하여 온 단면도를 표현한다.
③ 축의 끝에는 보따기를 할 경우 보따기 모양을 도시한다.
④ 중심선을 수평방향으로 놓고 옆으로 길게 놓은 상태로 도시한다.

관련이론 67p 축

정답분석
축과 같이 길이 방향으로 길고 단면의 변화가 적거나 대칭인 부품은 길이 방향으로 온 단면도를 그리지 않는 것이 원칙이다. 길이방향 = 가로방향
① 도면은 부품의 제작을 위한 정보를 제공하므로, 가공 공정(선반 가공, 밀링 가공 등)을 고려하여 필요한 정보(표면 거칠기, 공차, 모떼기 등)를 명확하게 표시해야 한다.
③ 축 끝의 모떼기는 조립 시 편의성, 날카로운 모서리 제거, 안전 등을 위해 필수적인 요소이다.
④ 축과 같이 길이가 긴 부품은 도면상에서 주축선을 수평으로 놓고 길게 표현하는 것이 일반적인 도면 작성 규칙이다. 이는 부품의 실제 형태를 직관적으로 파악하고 가공에 필요한 정보를 쉽게 제공하기 위함이다.

정답 ②

07

스프링의 종류와 모양만을 간략도로 도시할 경우 스프링 재료를 나타내는 선의 종류는?

① 가는 1점 쇄선
② 가는 2점 쇄선
③ 굵은 실선
④ 가는 실선

관련이론 71p 스프링

정답분석
㉠ 별다른 지시가 없다면, 스프링은 자유상태(무하중 상태), 오른쪽 감기로 나타낸다.
㉡ 도면 안에 도시하기 어려울 경우 요목표로 나타낼 수 있다.
㉢ 스프링은 중간 부분을 생략해도 되는 경우에는 생략한 부분을 가는 2점 쇄선으로 나타낼 수 있다.
㉣ 왼쪽 감기 스프링은 요목표에 [감긴 방향 왼쪽]이라고 기입한다.
㉤ 간략하게 나타내기 위해서는 스프링 소선의 중심선을 굵은 실선으로 도시한다.

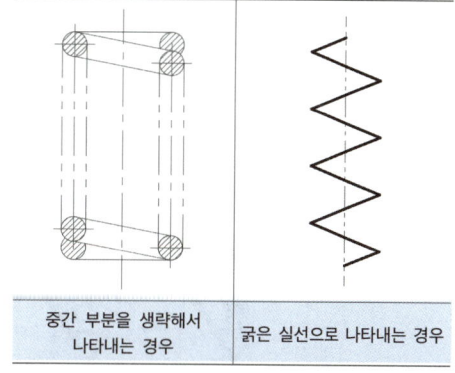

중간 부분을 생략해서 나타내는 경우	굵은 실선으로 나타내는 경우

정답 ③

08

임의의 점을 지정할 때 현재의 위치를 기준으로 정해서 사용하는 좌표계는?

① 절대 좌표계
② 상대 좌표계
③ 곡면 좌표계
④ 직교 좌표계

정답분석
㉠ 상대 좌표계: 현재 위치(또는 이전 점의 위치)를 기준점 (0,0)으로 가정하고, 그 기준점에서부터의 상대적인 거리와 방향으로 다음 점의 위치를 지정하는 방식이다.
㉡ 절대 좌표계: 도면이나 작업 공간 내의 고정된 기준점(일반적으로 (0,0) 원점)을 기준으로 모든 점의 위치를 지정하는 방식이다.
㉢ 곡면 좌표계: 3차원 공간에서 곡면이나 비선형적인 형상을 표현하기 위해 사용되는 좌표계이다.
㉣ 직교 좌표계: 가로, 세로, 높이와 같이 서로 직각을 이루는 축을 이용하여 점의 위치를 나타내는 가장 일반적인 좌표계이다.

정답 ②

09 정투상 방법으로 물체를 투상하여 정면도를 기준으로 배열할 때 제1각 방법 또는 제3각 방법에 관계없이 배열의 위치가 같은 투상도는?

① 저면도   ② 좌측면도
③ 평면도   ④ 배면도

관련이론 25p 정투상도

정답분석 정면도를 기준으로 각각 반대 위치에 투상면이 배열되며 배면도의 위치는 같다.

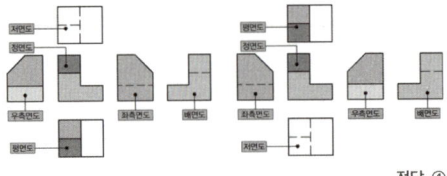

정답 ④

---

10 다음의 표면거칠기 기호에서 25가 의미하는 거칠기 값의 종류는?

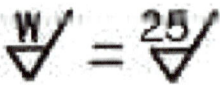

① 산술 평균 거칠기
② 최대 높이 거칠기
③ 10점 평균 거칠기
④ 최소 높이 거칠기

관련이론 59p 산술 평균 거칠기

정답분석 면의 지시 기호는 기계부품의 표면에 있어서의 표면 거칠기, 제거가공의 필요 여부, 줄무늬 방향, 가공방법 등을 나타낼 때 사용한다.

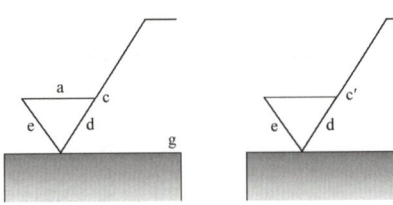

① a: 산술 평균 거칠기의 값
② b: 가공 방법
③ c: 컷오프 값
④ c': 기준 길이
⑤ d: 줄무늬 방향 기호
⑥ e: 다듬질 여유
⑦ f: 산술 평균 거칠기 이외의 표면 거칠기 값
⑧ g: 표면 파상도(KS B 0610에 따른다)

정답 ①

---

11 다음 투상도에 표시된 (SR)은 무엇을 나타내는가?

① 구의 반지름   ② 원통의 반지름
③ 원호의 지름   ④ 구의 지름

관련이론 43p 치수의 보조기호

정답분석

구분	기호	구분	기호
지름	ϕ	카운트 보어	⊔
반지름	R	카운트 싱크	∨
구의 지름	Sϕ	깊이	↧
구의 반지름	SR	이론적으로 정확한 치수	50
정사각형	□	참고 치수	(50)
판의 두께	t	치수의 취소	~~50~~
원호의 길이	⌒	비례 척도가 아닌 치수	50
45° 모떼기	C	치수의 기준 (기점기호)	⌀

정답 ①

---

12 다음 중 선의 굵기가 가장 굵은 것은?

① 가는 1점 쇄선   ② 가는 실선
③ 굵은 실선   ④ 숨은선

관련이론 21p 선의 용도

정답분석 ① 도형의 중심을 나타내는 선
② 지시 기호 등을 나타내기 위하여 사용한 선
③ 대상물의 보이는 부분의 윤곽을 표시한 선
④ 대상물의 보이지 않는 부분의 윤곽을 나타내는 선

정답 ③

13 치수 기입에서 (20)로 표기되었다면 무엇을 뜻하는가?

① 기준치수
② 완성치수
③ 참고치수
④ 비례적이 아닌 치수

관련이론 43p 치수의 보조기호
정답분석 11번 ◉해설◉ 참조

정답 ③

14 스프로킷 휠의 피치원을 표시하는 선의 종류는?

① 가는 실선
② 가는 파선
③ 가는 1점쇄선
④ 가는 2점쇄선

관련이론 70p 스프라켓 휠
정답분석 스프로킷 휠
ㄱ 이 끝원은 굵은 실선으로 나타낸다.
ㄴ 피치원은 가는 일점 쇄선으로 나타낸다.
ㄷ 이 뿌리원은 가는 실선으로 나타낸다.
ㄹ 단면으로 정면도를 나타낼 경우 이의 뿌리는 굵은 실선으로 나타낸다.

정답 ③

15 다음 중 2종류 이상의 선이 같은 장소에 겹칠 때 가장 우선되는 선은?

① 무게 중심선
② 치수선
③ 외형선
④ 치수 보조선

관련이론 21p 선의 용도
정답분석 도면에서 두 종류 이상의 선이 같은 위치에 중복될 경우 다음 순위에 따라 우선되는 종류부터 그린다.
외형선 > 숨은선 > 절단선 > 중심선 > 무게 중심선 > 치수 보조선

정답 ③

16 다음에 제시된 재료 기호 중 200이 의미하는 것은?

GC 200

① 재질 등급
② 열처리 온도
③ 탄소 함유량
④ 최저 인장강도

정답분석 기호 뒤에 붙는 숫자는 해당 재료의 최저 인장강도를 나타낸다.

정답 ④

17

ISO 표준에 있는 일반용으로 관용 테이퍼 암 나사의 호칭 기호는?

① R
② Rc
③ Rp
④ G

관련이론 66p 나사

정답분석

구분	나사의 종류		나사의 종류 기호	나사의 호칭에 대한 지시방법	관련표준
ISO 표준에 있는 것	미터 보통나사		M	M8	KS B 0201
	미터 가는 나사			M8 × 1	KS B 0204
	미니어처 나사		S	S 0.5	KS B 0228
	유니파이 보통나사		UNC	3/8-16 UNC	KS B 0203
	유니파이 가는 나사		UNF	No. 8-36 UNF	KS B 0206
	미터 사다리꼴 나사		Tr	Tr 10 × 2	KS B 0229
	관용 테이퍼 나사	테이퍼 수나사	R	R 3/4	KS B 0222
		테이퍼 암나사	Rc	Rc 3/4	
		평행 암나사	Rp	Rp 3/4	
	관용 평행 나사		G	G 1/2	KS B 0221
	30° 사다리꼴 나사		TM	TM 18	KS B 0227
	29° 사다리꼴 나사		TW	TW 20	KS B 0226
	관용 테이퍼 나사	테이퍼 나사	PT	PT 7	KS B 0222
		평행 암나사	PS	PS 7	
ISO 표준에 없는 것	관용 평행나사		PF	PF 7	KS B 0221

정답 ②

18

서로 맞물리는 한 쌍의 기어 도시에서 맞물림 부의 이끝원은 모두 무슨 선으로 그리는가?

① 굵은 실선
② 가는 1점 쇄선
③ 파단선
④ 굵은 1점 쇄선

정답분석 이끝원은 무조건 굵은 실선이다.

정답 ①

19

CAD 시스템에서 출력 장치가 아닌 것은?

① 디스플레이(CRT)
② 스캐너
③ 프린터
④ 플로터

정답분석 스캐너: 종이 도면이나 이미지 등 아날로그 데이터를 디지털 데이터로 변환하여 컴퓨터로 입력하는 장치
① 디스플레이(CRT): 컴퓨터 화면으로 CAD 작업 결과(도면, 3D 모델)를 시각적으로 보여주는 출력 장치
③ 프린터: CAD 소프트웨어로 작성된 도면이나 문서를 종이에 인쇄하여 물리적인 형태로 출력하는 장치
④ 플로터: 주로 대형 도면이나 정밀한 그래픽 이미지를 종이 등에 그리는 데 사용되는 대형 출력 장치

정답 ②

20

위 치수 허용차와 아래 치수 허용차의 차이 값은?

① 치수 공차
② 기준 치수
③ 치수 허용차
④ 허용 한계 치수

관련이론 50p 치수공차

정답분석
- ㉠ 치수 공차: 허용할 수 있는 치수의 최대값과 최소값 사이의 차이, 즉 치수의 허용 범위이다.
- ㉡ 위 치수 허용차: 기준 치수에서 허용되는 최대 치수까지의 차이이다.
- ㉢ 아래 치수 허용차: 기준 치수에서 허용되는 최소 치수까지의 차이이다.
- ㉣ 기준 치수: 공차를 적용하기 전의 기본적인 설계 치수이다.
- ㉤ 허용 한계 치수: 부품이 가질 수 있는 최대 허용 치수와 최소 허용 치수를 말한다.

정답 ①

21 다음과 같이 기하 공차가 기입되었을 때 설명으로 틀린 것은?

//	0.01	A

① 0.01은 공차값이다.
② //은 모양 공차이다.
③ //은 공차의 종류 기호이다.
④ A는 데이텀을 지시하는 문자 기호이다.

관련이론 55p 기하공차

정답분석

적용하는 형체	공차의 종류		기호
단독 형체	모양 공차	진직도 공차	——
		평면도 공차	▱
		진원도 공차	○
		원통도 공차	⌭
단독 형체 또는 관련 형체		선의 윤곽도 공차	⌒
		면의 윤곽도 공차	⌓
관련 형체	자세 공차	평행도 공차	//
		직각도 공차	⊥
		경사도 공차	∠
	위치 공차	위치도 공차	⊕
		동축도 공차 또는 동심도 공차	◎
		대칭도 공차	⚌
	흔들림 공차	원주 흔들림 공차	↗
		온 흔들림 공차	↗↗

정답 ②

22 IT 기본 공차에 대한 설명으로 틀린 것은?

① IT 기본 공차는 치수 공차와 끼워맞춤에 있어서 정해진 모든 치수 공차를 의미한다.
② IT 기본 공차의 등급은 IT01부터 IT18까지 20등급으로 구분되어 있다.
③ IT 공차 적용시 제작의 난이도를 고려하여 구멍에는 ITn-1, 축에는 ITn 을 부여한다.
④ 끼워맞춤 공차를 적용할 때 구멍일 경우 IT6~IT10이고, 축일 때에는 IT5~IT9이다.

관련이론 52p IT 기본공차

정답분석

정답 ③

23 다음 중 기준이 되는 데이텀을 바탕으로 허용값이 정해지는 관련 형체에 적용되는 기하공차는?

① 진직도 공차   ② 진원도 공차
③ 직각도 공차   ④ 원통도 공차

관련이론 55p 기하공차

정답분석 21번 ⊙해설⊙ 참고

정답 ③

24 기어를 그릴 때 부위를 나타내는 선의 종류로 틀린 것은?

① 이끝원은 굵은 실선으로 그린다.
② 피치원은 가는 1점 쇄선으로 그린다.
③ 기어를 축 방향으로 단면하였을 때 이뿌리원은 가는 2점 쇄선으로 그린다.
④ 헬리컬 기어의 잇줄 방향은 통상 3개의 가는 실선으로 그린다.

관련이론 68p 기어

정답분석 기어를 축 방향으로 단면 하였을 때 이뿌리원은 굵은실선으로 그린다.

정답 ③

25 구름 베어링의 호칭번호가 6203일 때 베어링의 안지름은?

① 35mm   ② 15mm

③ 17mm   ④ 20mm

관련이론 68p 베어링

정답분석
- 00: 안지름 10mm
- 01: 안지름 12mm
- 02: 안지름 15mm
- 03: 안지름 17mm
- 04 이후: 마지막 두 자리 숫자에 5를 곱한 값이 안지름 (mm)이 된다. (예: 04는 20mm, 05는 25mm, 10은 50mm 등)

정답 ③

26 테이퍼 핀의 호칭 지름을 표시하는 부분은?

① 핀의 큰 쪽 지름

② 핀의 작은 쪽 지름

③ 핀의 중간 부분 지름

④ 핀의 작은 쪽 지름에서 전체의 1/3 되는 부분

관련이론 67p 핀

정답분석 테이퍼 핀의 경우 호칭지름은 작은 쪽 지름으로 나타낸다.

정답 ②

27 다음 중 위 치수 허용차가 "0"이 되는 IT 공차는?

① js7   ② g7

③ h7   ④ k7

정답분석
- h: 위 치수 허용차(상한 허용차)가 0인 경우에 사용된다. 즉, 축의 최대 허용 치수가 기준 치수와 같다는 것을 의미한다.
- H: 아래 치수 허용차(하한 허용차)가 0인 경우에 사용된다. 즉, 축의 최소 허용 치수가 기준 치수와 같다는 것을 의미한다.

정답 ③

28 끼워맞춤 공차가 $50H^7/m^6$일 때 끼워맞춤의 상태로 알맞은 것은?

① 구멍 기준식 중간 끼워맞춤

② 구멍 기준식 억지 끼워맞춤

③ 구멍 기준식 헐거운 끼워맞춤

④ 축 기준식 억지 끼워맞춤

관련이론 54p 끼워맞춤 공차의 예

정답분석
- 헐거운: h~n 이전
- 중간: h~n
- 억지: h~n 이후

정답 ①

29 다음 중 평벨트 풀리의 도시방법으로 잘못 설명된 것은?

① 풀리는 축 직각 방향의 투상을 주 투상도로 할 수 있다.

② 벨트 풀리는 모양이 대칭형이므로 그 일부분만을 도시할 수 있다.

③ 방사형으로 되어 있는 암은 수직 중심선 또는 수평 중심선까지 회전하여 투상할 수 있다.

④ 암은 길이 방향으로 절단하여 단면을 도시한다.

관련이론 69p 벨트풀리

정답분석 암은 길이방향으로 단면하지 않는다.
① 원통형이나 회전형 부품인 풀리는 일반적으로 축과 직각인 방향을 주 투상도로 설정하여 전체 형상을 명확하게 나타낸다.
② 풀리처럼 대칭인 부품은 도면 공간을 절약하고 반복적인 작도를 피하기 위해 절반만 그리거나 4분의 1만 그리는 등 그 일부분만을 도시하고 중심선을 통해 대칭임을 나타낼 수 있다.
③ 이를 회전 도시단면도라고 한다.

정답 ④

30 축의 도시법에서 잘못된 것은?

① 축의 구석 홈 가공부는 확대하여 상세 치수를 기입할 수 있다.
② 길이가 긴 축의 중간 부분을 생략하여 도시하였을 때 치수는 실제길이를 기입한다.
③ 축은 일반적으로 길이 방향으로 절단하지 않는다.
④ 축은 일반적으로 축 중심선을 수직방향으로 놓고 그린다.

관련이론 67p 축

정답분석 기계 제도에서 축과 같이 길이가 긴 부품은 그 중심선을 수평 방향으로 놓고 길게 그리는 것이 일반적인 도면화 규칙이다. 이는 부품의 자연스러운 상태를 반영하고 도면의 가독성을 높이기 위함이다.

① 작고 복잡하거나 정밀한 치수를 기입해야 하는 부분(예: 구석의 홈, 필릿, 나사부 등)은 확대도를 사용하여 상세하게 도시하고 치수를 기입할 수 있다.
② 길이가 길고 중간 부분이 일정한 형상인 축은 도면 공간을 절약하기 위해 중간 부분을 생략하고 파단선으로 표시할 수 있다. 이때 전체 길이를 나타내는 치수는 반드시 생략하기 전의 실제 길이를 기입해야 한다.
③ 축과 같이 길고 대칭이며 내부 구조가 길이 방향으로 일정하게 반복되는 부품은 보통 길이 방향으로 전체 단면도를 그리지 않는다. 단면도를 그려도 얻을 수 있는 정보가 제한적이고 도면이 복잡해질 수 있기 때문이다. 필요한 경우 부분 단면도나 회전 단면도 등으로 특정 부위의 내부 형상만을 보여준다.

정답 ④

31 볼 베어링의 KS호칭번호가 6026 P6일 때 P6이 나타내는 것은?

① 등급 기호
② 틈새 기호
③ 실드 기호
④ 복합 표시 기호

관련이론 베어링

정답분석 P6는 베어링의 정밀도 등급을 나타내는 기호이다. KS 규격 및 ISO 규격에서 베어링의 정밀도는 주로 P0, P6, P5, P4, P2 순으로 나뉘며, 숫자가 작을수록 더 높은 정밀도를 의미한다. P0는 일반 등급으로 생략되기도 한다.
따라서 6026 P6에서 P6은 베어링의 등급 기호를 나타낸다.

정답 ①

32 다음 중 도면에 반드시 마련해야 하는 양식에 해당하는 것은?

① 중심마크
② 비교눈금
③ 도면의 구역
④ 재단마크

관련이론 13p 제도의 일반사항

정답분석 도면에 반드시 나타내어야 하는 사항으로는 윤곽선, 표제란, 중심마크가 있고 반면, 도면에 나타내는 것을 권장하는 사항으로는 비교눈금, 도면의 구역을 표시하는 구분 선, 구분 기호, 재단마크 등이 있다.

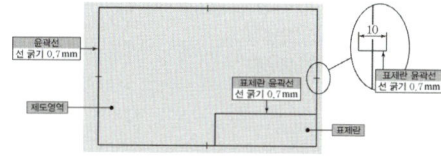

정답 ①

33 한 쪽 단면도는 대칭 모양의 물체를 중심선을 기준으로 얼마나 절단하여 나타내는가?

① 전체
② 1/2
③ 1/4
④ 1/3

관련이론 30p 단면도의 종류

정답분석 반단면도(한쪽단면도)
투상 대상물이 대칭인 경우 물체의 중심선을 기준으로 1/4에 해당하는 부분만을 절단하여 절단된 면과 외부형상을 동시에 나타낼 수 있다.

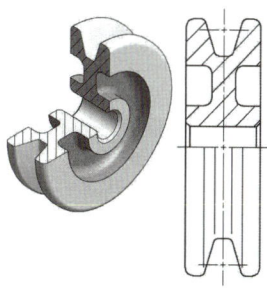

정답 ③

34 일반적인 3차원 기하학적 형상 모델링 기법이 아닌 것은?

① 와이어 프레임 모델링

② 렌더링 모델링

③ 서피스 모델링

④ 솔리드 모델링

관련이론 76p 형상모델링

정답분석 **형상모델링의 종류**
- 와이어프레임 모델링
- 서피스 모델링
- 솔리드 모델링

정답 ②

35 다음 축척의 종류 중 우선적으로 사용되는 척도가 아닌 것은?

① 1 : 2　　② 1 : 3

③ 1 : 5　　④ 1 : 10

관련이론 13p 척도

정답분석 도면 작성 시에는 KS A 0005와 같은 표준 규격에 따라 우선적으로 사용되는 표준 축척들이 정해져 있다. 이는 도면의 통일성과 가독성을 높이기 위함이다.

우선적으로 사용되는 축척
- 현척(실물과 같은 크기): 1 : 1
- 축척(실물보다 작은 크기): 1 : 2, 1 : 5, 1 : 10, 1 : 20, 1 : 50, 1 : 100, 1 : 200, 1 : 500, 1 : 1000 등
- 배척(실물보다 큰 크기): 2 : 1, 5 : 1, 10 : 1, 20 : 1, 50 : 1 등

정답 ②

36 축용 게이지 제작에 사용되는 IT 기본 공차의 등급은?

① IT 01~IT 4　　② IT 5 ~ IT 8

③ IT 8~IT 12　　④ IT 11 ~ IT 18

관련이론 52p IT 기본공차

정답분석

용도	게이지 제작 공차	끼워 맞춤 공차	끼워 맞춤 이외 공차
구멍	IT 01 ~ IT 5	IT 6 ~ IT 10	IT 11 ~ IT 18
축	IT 01 ~ IT 4	IT 5 ~ IT 9	IT 10 ~ IT 18

정답 ①

37 다음 중 리벳의 호칭 방법으로 올바른 것은?

① 규격 번호, 종류, 호칭지름×길이, 재료

② 규격 번호, 길이×호칭지름, 종류, 재료

③ 재료, 종류, 호칭지름×길이, 규격 번호

④ 종류, 길이×호칭지름, 재료, 규격 번호

정답분석

호칭	규격번호	종류	호칭지름×길이	재질
사례	둥근머리리벳 -15 × 40-SV 400	둥근머리 리벳	15×40	SV400

정답 ①

38

지름 5mm 이하의 바늘 모양의 롤러를 사용하는 베어링은?

① 니들 롤러 베어링

② 원통 롤러 베어링

③ 자동 조심형 롤러 베어링

④ 테이퍼 롤러 베어링

정답분석 롤러 베어링의 종류

㉠ 니들 롤러 베어링(Needle Roller Bearing): 이름 그대로 지름이 작고 길이가 긴, 바늘 모양의 롤러를 사용하는 베어링이다. 일반적으로 롤러의 지름이 5mm 이하인 것이 특징이다. 좁은 공간에 큰 하중을 지지할 수 있다.

㉡ 원통 롤러 베어링(Cylindrical Roller Bearing): 롤러의 지름이 비교적 크고 길이가 길며, 원통형 롤러를 사용하여 주로 레이디얼 하중에 강하다.

㉢ 자동 조심형 롤러 베어링(Spherical Roller Bearing): 내륜 또는 외륜에 구면 궤도면이 있어 축의 처짐이나 장착 오차를 스스로 보정할 수 있는 롤러 베어링이다. 롤러는 보통 비교적 큰 원통형 또는 구형에 가까운 형태이다. 자동조심 = 자동으로 중심을 조절하는 방식

㉣ 테이퍼 롤러 베어링(Tapered Roller Bearing): 원추형 롤러를 사용하며, 레이디얼 하중과 스러스트 하중(축 방향 하중)을 동시에 지지할 수 있다. 롤러의 형태가 원추형이다.

정답 ①

39

두 개의 옆면 모서리가 수평선과 30°되게 기울여 하나의 그림으로 정육면체의 세 개의 면을 나타낼 수 있으며 주로 기계 부품의 조립이나 분해를 설명하는 정비지침서 등에 사용하는 투상법은?

① 투시투상법

② 등각투상법

③ 사투상법

④ 정투상법

관련이론 24p 투상법의 종류

정답분석 ㉠ 등각투상법: 3차원 물체를 2차원 평면에 투상하는 대표적인 입체 투상법 중 하나이다. 가장 큰 특징은 물체를 구성하는 세 축이 서로 120도의 각도를 이루도록 투상되며, 이 중 두 개의 옆면 모서리가 수평선과 30도의 각도를 이루도록 그린다. 이로 인해 정육면체와 같은 대상물의 세 개의 면을 하나의 그림으로 명확하게 나타낼 수 있다. 이러한 특성 때문에 기계 부품의 조립 또는 분해 과정을 직관적으로 보여주어야 하는 정비 지침서나 카탈로그, 교육 자료 등에서 널리 사용된다.

㉡ 투시투상법: 사람의 눈으로 사물을 보는 것과 같이 원근감을 표현하여 사실적인 그림을 그리는 방법이다.

㉢ 사투상법: 물체의 한 면을 투상면에 평행하게 놓고, 나머지 축을 일정한 각도로 경사지게 투상하는 방법이다.

㉣ 정투상법: 물체를 여러 방향에서 보아 각각의 2차원 평면도, 정면도, 측면도 등으로 나타내는 방법이다. 하나의 그림으로 세 면을 동시에 보여주지 않는다.

정답 ②

40

구름 베어링의 호칭번호에 대한 설명으로 틀린 것은?

① 안지름의 치수가 1mm~9mm인 경우는 안지름 치수를 그대로 안지름 번호로 사용한다.

② 안지름 치수가 11, 13, 15, 17mm인 경우 안지름 번호는 각각 00, 01, 02, 03으로 표현한다.

③ 안지름 치수가 20mm 이상 480mm 이하인 경우에는 5로 나눈 값을 안지름 번호로 사용한다.

④ 안지름 치수가 500mm 이상인 경우에는 안지름 치수를 그대로 안지름 번호로 사용한다.

관련이론 68p 베어링

정답분석 00은 10mm, 01은 12mm, 02는 15mm, 03은 17mm를 나타낸다. 보기에 제시된 11mm와 13mm는 00과 01에 해당하지 않는다.

정답 ②

41 입체 캠의 종류에 해당하지 않는 것은?

① 원통 캠
② 정면 캠
③ 빗판 캠
④ 원뿔 캠

정답분석
- 평면캠: 판 캠, 정면 캠, 삼각 캠, 직선운동 캠
- 입체캠: 원통 캠, 원추 캠(원뿔 캠), 구면 캠 (구형 캠), 빗판 캠(경사판 캠)

정답 ②

42 모듈 6, 잇수가 20개인 스퍼기어의 피치원 지름은?

① 20mm
② 30mm
③ 60mm
④ 120mm

정답분석
기어의 피치원 지름(D)은 모듈(m)과 잇수(z)를 이용하여 계산할 수 있다.

$$D = m \times z$$

여기서, D = 피치원 지름, m = 모듈, z = 잇수

주어진 값에 대입하기 같다.
- 모듈 (m) = 6
- 잇수 (z) = 20개

위 공식을 사용하여 피치원 지름을 계산하면:

$$D = 6 \times 20 = 120mm$$

따라서 모듈 6, 잇수 20개인 스퍼기어의 피치원 지름은 120mm이다.

정답 ④

43 모듈이 3이고 잇수가 30과 90인 한쌍의 표준 평기어의 중심 거리는?

① 150mm
② 180mm
③ 200mm
④ 250mm

정답분석
맞물리는 기어의 모듈은 같다.
- P(피치원 지름) = MZ(모듈 × 잇수)
- 중심거리

$$= \frac{MZ_1 + MZ_2}{2} = \frac{M(Z_1 + Z_2)}{2}$$

$$= \frac{3(30 + 90)}{2} = 180mm$$

정답 ②

44 대상물의 일부를 떼어낸 경계를 표시하는데 사용되는 선의 명칭은?

① 해칭선
② 기준선
③ 치수선
④ 파단선

관련이론 21p 선의 용도

정답분석
㉠ 파단선: 도면에서 대상물의 일부를 잘라내거나 떼어내어 그 경계를 나타내는 데 사용되는 선이다. 불규칙한 파형의 가는 실선이나 지그재그선 등으로 표현한다. 긴 물체의 중간을 생략하거나, 물체의 일부를 잘라 내부를 보여줄 때 사용된다.
㉡ 해칭선: 단면도에서 물체가 절단된 부분을 표시하기 위해 일정한 간격으로 평행하게 그리는 가는 실선이다.
㉢ 기준선: 치수 기입의 기준이 되거나 어떤 요소의 시작점, 끝점 등을 나타내는 선이다.
㉣ 치수선: 치수를 기입하기 위해 사용되는 가는 실선으로, 치수 보조선 사이에 그어지고 그 위에 치수 값이 기입된다.

정답 ④

45 도면에 표시된 척도에서 비례척이 아님을 표시하고자 할 때 사용하는 기호는?

① SN
② NS
③ CS
④ SC

정답분석
도면에서 어떤 치수나 형상이 주어진 척도에 따라 그려지지 않고, 비례척이 아님을 나타내고자 할 때 사용하는 기호는 NS (Not Scale)이다. 이는 해당 부분이 실제 축척대로 그려지지 않았음을 명시하여 혼동을 방지하기 위함이다.

정답 ②

46 특수강에 첨가되는 합금원소의 특성을 나타낸 것 중 틀린 것은?

① Ni: 내식성 및 내산성을 증가

② Co: 보통 Cu와 함께 사용되며 고온 강도 및 고온 경도를 저하

③ Ti: Si나 V와 비슷하고 부식에 대한 저항이 매우 큼

④ Mo: 담금질 깊이를 깊게 하고 내식성 증가

정답분석 Co(코발트): 고온에서 강도와 경도를 유지하는 데 매우 효과적인 합금 원소이다. 특히 고속도강이나 초합금강에 첨가되어 고온 강도와 고온 경도를 오히려 향상시킨다.
① Ni(니켈): 스테인리스강 등에서 녹이 잘 슬지 않는 성질인 내식성과 산에 잘 견디는 성질인 내산성을 향상시키는 데 중요한 역할을 한다. 특히 오스테나이트계 스테인리스강의 주된 합금 원소이다.
③ Ti(티타늄): 강에 첨가될 때 산소와 질소를 제거하는 작용을 하며, 탄화물을 형성하여 강도를 높이기도 한다. 티타늄 자체는 우수한 내식성을 가진다. 실리콘이나 바나듐과 일부 유사한 특성을 가질 수 있으며, 부식 저항성이 매우 큰 것은 사실이다.
④ Mo(몰리브데넘): 강의 담금질성을 향상시켜 열처리 시 경화가 되는 깊이를 깊게 한다. 이는 강 전체적으로 균일한 경도를 얻는 데 도움을 준다.

정답 ②

47 한 변의 길이가 2cm 정사각형 단면의 주철재 각봉에 4000N의 중량을 가진 물체를 올려놓았을 때 생기는 압축응력(N/mm²)은?

① 10 　　② 20
③ 30 　　④ 40

정답분석 응력 $= \dfrac{\text{중량}}{\text{단면}} = \dfrac{4000N}{(2cm)^2} = \dfrac{4000N}{(20mm)^2}$

$= \dfrac{4000N}{400mm^2} = 10N/mm^2$

정답 ①

48 다음 중 회주철의 재료 기호는?

① GC 　　② SC
③ SS 　　④ SM

정답분석 ㉠ GC(Gray Cast Iron): 회주철을 나타내는 기호이다. 회주철은 탄소 성분이 흑연 형태로 존재하여 단면이 회색을 띠는 주철이다. (예: GC200, GC250 등)
㉡ SC(Steel Casting): 주강을 나타내는 기호이다. 주강은 강을 주조하여 만든 재료이다. (예: SC450, SCW480 등)
㉢ SS(Steel for General Structure): 일반 구조용 압연 강재를 나타내는 기호이다. 가장 일반적으로 사용되는 강재 중 하나이다. (예: SS400 등)
㉣ SM(Machine Structural Carbon Steel): 기계 구조용 탄소강을 나타내는 기호이다. 주로 기계 부품에 사용되는 탄소강이다. (예: SM45C 등)

정답 ①

49 주철의 플림처리(500~600℃, 6~10시간)의 목적과 가장 관계가 깊은 것은?

① 잔류응력 제거 　　② 전·연성 향상
③ 부피 팽창 방지 　　④ 흑연의 구상화

관련이론 110p 지온풀림

정답분석 잔류응력 제거: 주철은 주조 후 냉각 과정이나 가공 과정에서 내부에 잔류응력이 발생하기 쉽다. 이러한 잔류응력은 제품의 변형, 균열 발생, 기계적 성질 저하 등을 유발할 수 있다. 500~600℃는 주철의 변태점 이하의 온도로, 이 온도에서 일정 시간 유지하면 원자 이동이 활발해져 내부에 축적된 응력이 완화되거나 제거된다. 이것이 이 온도 범위 풀림처리의 가장 주된 목적이다.
② 전·연성 향상: 풀림처리는 일반적으로 재료의 연성(늘어나는 성질)과 전성(펴지는 성질)을 향상시키지만, 주철의 경우 그 특성상 강처럼 극적인 연성 향상을 기대하기는 어렵다. 특히 이 온도 범위에서의 풀림은 주로 잔류응력 제거에 초점을 맞춘다.
③ 부피 팽창 방지: 풀림처리는 오히려 열팽창과 수축을 수반하며, 부피 팽창을 직접적으로 '방지'하는 것이 목적이라고 보기는 어렵다.
④ 흑연의 구상화: 흑연의 구상화(Spheroidization of graphite)는 주철의 기계적 성질을 크게 개선하는 중요한 과정이지만, 이는 마그네슘이나 세륨과 같은 구상화제를 첨가하거나, 특정 주철을 고온에서 장시간 열처리(예: 가단 주철화 열처리 등)해야 가능하다. 제시된 500~600℃의 온도는 흑연을 구상화하기에는 너무 낮은 온도이다.

정답 ①

50

주조성이 좋으며 열처리에 의하여 기계적 성질을 개량할 수 있는 라우탈(Lautal)의 대표적인 합금은?

① Al-Cu계 합금

② Al-Si 계 합금

③ Al-Cu-Si계 합금

④ Al-Mg-Si계 합금

───────────

관련이론 118p 주조용 알루미늄합금

정답분석 ㉠ 구리(Cu)의 역할: 구리는 알루미늄에 강도를 부여하고 열처리에 의한 시효경화 현상을 가능하게 하여 기계적 성질을 향상시킨다.

㉡ 실리콘(Si)의 역할: 실리콘은 알루미늄 합금의 주조성을 크게 향상시킨다. 용탕의 유동성을 좋게 하고 응고 수축을 줄여주어 복잡한 형태의 주물 제작에 유리하게 한다. 문제에서 제시된 '주조성이 좋으며 열처리에 의하여 기계적 성질을 개량할 수 있는' 특성은 바로 구리와 실리콘의 복합적인 첨가에 의해 나타나는 라우탈의 특징과 일치한다.

① Al-Cu계 합금: 두랄루민 등이 대표적이지만, 주조성 향상 측면에서는 실리콘이 필수적이다.

② Al-Si 계 합금: 주조성은 우수하지만, 열처리를 통한 강도 개선은 구리나 마그네슘 등이 첨가될 때 더 두드러진다.

④ Al-Mg-Si 계 합금: 라우탈의 대표적인 조성과는 차이가 있다.

정답 ③

51

조성은 Al에 Cu와 Mg이 각각 1%, Si가 12%, Ni이 1.8%인 Al합금으로 열팽창 계수가 적어 내연기관 피스톤용으로 이용되는 것은?

① Y 합금 ② 라우탈

③ 실루민 ④ Lo-Ex 합금

───────────

관련이론 118p 주조용 알루미늄합금

정답분석 · Lo-Ex 합금은 이름 자체에서 'Low Expansion(낮은 팽창)'을 의미한다.

· Al-Si계 합금에 Cu, Mg, Ni을 첨가한 합금이다. 선팽창 계수와 비중이 작고 고온강도와 내마멸성이 크다.

정답 ④

52

오스테나이트 계 18-8 형 스테인리스강의 성분은?

① 크롬 18%, 니켈 8%

② 니켈 18%, 크롬8%

③ 티탄 18%, 니켈 8%

④ 크롬 18%, 티탄8%

───────────

관련이론 103p 특수목적용 합금강

정답분석 · 18은 약 18%의 크롬(Cr) 함량을 의미한다. 크롬은 스테인리스강의 가장 중요한 원소로, 표면에 치밀한 산화피막을 형성하여 녹이 슬지 않도록 하는 내식성을 부여한다.

· 8은 약 8%의 니켈(Ni) 함량을 의미한다. 니켈은 스테인리스강에 오스테나이트 조직을 안정화시켜 연성, 인성, 용접성 등을 향상시키는 역할을 한다.

정답 ①

53

연신율이 20%이고, 파괴되기 직전의 늘어난 시편의 전체 길이가 30cm 일 때, 이 시편의 본래의 길이는?

① 20cm ② 25cm

③ 30cm ④ 35cm

───────────

정답분석

$$연신율 = \frac{늘어난\ 길이 - 본래\ 길이}{본래\ 길이} \times 100\%$$

여기서, 본래 길이 = L_0

$20\% = 0.2$

$$0.2 = \frac{30 - L_0}{L_0}$$

$0.2 \times L_0 = 30 - L_0$

$1.2 \times L_0 = 30$

$$L_0 = \frac{30}{1.2}$$

$L_0 = 25cm$

정답 ②

54

지름 4cm의 연강봉에 5000N의 인장력이 걸려 있을 때 재료에 생기는 응력은?

① 410N/cm² ② 498N/cm²
③ 300N/cm² ④ 398N/cm²

정답분석

응력 $= \dfrac{\text{힘}}{\text{단면적}}$

지름 $= 4cm$

반지름 $(r) = \dfrac{4}{2} = 2cm$

$\pi \approx 3.14$

단면적 $(A) = \pi \times r^2 = 3.14 \times 2^2 = 3.14 \times 4$

단면적 $(A) = 12.56cm^2$

힘 $(F) = 5000N$

응력 $= \dfrac{F}{A} = \dfrac{5000N}{12.56}cm^2$

응력 $\approx 398.08N/cm^2$

따라서, 정답은 $398N/cm^2$이다.

정답 ④

55

물체가 변형에 견디지 못하고 파괴되는 성질로 인성에 반대되는 성질은?

① 탄성 ② 전성
③ 소성 ④ 취성

관련이론 89~90p 기계적 성질

정답분석
㉠ 취성: 재료가 외부의 힘을 받았을 때 변형을 거의 일으키지 않고 갑자기 파괴되는 성질을 말한다. 이는 재료가 에너지를 흡수하여 변형할 수 있는 능력이 매우 작다는 것을 의미한다.
㉡ 인성: 재료가 외부의 힘을 받았을 때, 재료가 파괴되지 않고 소성 변형할 수 있는 능력을 나타내므로, 취성은 인성과 정반대되는 성질이다.
㉢ 탄성: 재료가 외부의 힘을 받아 변형되었다가, 힘이 제거되면 원래의 형태로 되돌아오는 성질을 말한다.
㉣ 전성: 재료가 압축력을 받아 파괴되지 않고 얇은 판이나 시트 형태로 넓게 펴질 수 있는 성질을 말한다.
㉤ 소성: 재료가 외부의 힘을 받아 탄성 한계를 넘어선 후, 힘이 제거되어도 원래의 형태로 되돌아오지 않고 영구적으로 변형된 상태를 유지하는 성질을 말한다.

정답 ④

56

단조용 알루미늄 합금으로 Al-Cu-Mg-Mn 계 합금이며 기계적 성질이 우수하여 항공기, 차량부품 등에 많이 쓰이는 재료는?

① Y 합금 ② 실루민
③ 두랄루민 ④ 켈멧합금

관련이론 118p 고강도 알루미늄합금

정답분석 두랄루민(Duralumin): 알루미늄을 주성분으로 구리(Cu), 마그네슘(Mg), 망간(Mn) 등을 첨가한 알루미늄 합금이다.
• Al-Cu-Mg-Mn 계 합금이라는 조성에 정확히 부합한다.
• 기계적 성질, 특히 비강도(강도/밀도)가 우수하여 항공기 구조재, 차량 부품, 스포츠 용품 등 높은 강도와 경량화가 요구되는 분야에 널리 사용된다.
① Y 합금: Al-Cu-Ni-Mg 계의 주조용 알루미늄 합금으로, 고온 강도가 우수하다. 단조용으로 주로 쓰이지 않는다.
② 실루민: Al-Si 계의 주조용 알루미늄 합금으로, 주조성이 매우 좋다. 단조용으로 주로 쓰이지 않는다.
④ 켈멧합금: 구리(Cu)와 납(Pb)을 주성분으로 하는 합금으로, 주로 베어링 재료로 사용된다. 알루미늄 합금이 아니다.

정답 ③

57

영국의 G.A Tomlinson 박사가 고안한 것으로 게이지 면이 크고, 개수가 적은 각도 게이지로 몇 개의 블록을 조합하여 임의의 각도를 만들어 쓰는 각도 게이지는?

① 요한슨식 ② N.P.A식
③ 제퍼슨식 ④ N.P.L식

관련이론 146p 각도측정기

정답분석
㉠ N.P.L식 각도 게이지: 영국의 국립 물리 연구소 (N.P.L., National Physical Laboratory)에서 G.A. 톰린슨 박사가 고안한 각도 게이지이다. 몇 개의 정밀한 각도 블록들을 조합하거나 서로 빼는 방식으로 다양한 각도를 매우 정밀하게 만들 수 있는 것이 특징이다. 게이지 면이 크고 개수가 적어 실용성이 높다.

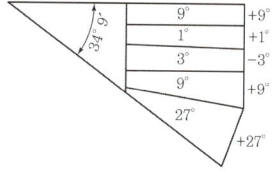

㉡ 요한슨식: 요한슨(Johansson)은 주로 길이 측정용 게이지 블록(평행 블록 게이지)으로 유명하다. 각도 게이지 방식과는 거리가 멀다.

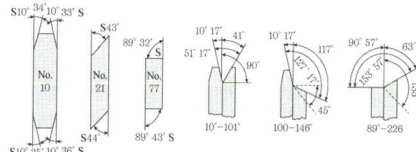

정답 ④

58 길이 측정에 적합하지 않은 것은?

① 버니어 캘리퍼스　② 마이크로미터
③ 하이트게이지　　④ 수준기

───────────────

관련이론 147p 평면측정기

정답분석 수준기: 표면이 수평인지 또는 수직인지를 확인하는 데 사용되는 도구이다. 길이를 직접적으로 측정하는 용도가 아니라 기울기 또는 평탄도를 확인하는 데 사용된다.
① 버니어 캘리퍼스: 내측, 외측, 깊이 등을 측정하는 데 사용되는 정밀 길이 측정 공구이다.
② 마이크로미터: 작은 길이(두께, 지름 등)를 매우 정밀하게 측정하는 데 사용되는 길이 측정 공구이다.
③ 하이트게이지: 기준면으로부터의 높이, 즉 수직 방향의 길이를 정밀하게 측정하는 데 사용되는 측정 공구이다.

정답 ④

59 버니어 캘리퍼스의 크기를 나타낼 때 기준이 되는 것은?

① 아들자의 크기
② 어미자의 크기
③ 고정나사의 피치
④ 측정 가능한 치수의 최대 크기

───────────────

정답분석 · 버니어 캘리퍼스와 같은 길이 측정 공구의 크기는 해당 공구가 측정할 수 있는 최대 측정 범위를 기준으로 나타내는 것이 일반적이다.
· 예를 들어, '150mm 버니어 캘리퍼스'라고 하면 최대 150mm까지 측정할 수 있다는 것을 의미한다.
· 아들자나 어미자의 개별적인 크기, 또는 고정나사의 피치는 버니어 캘리퍼스의 정밀도나 작동 방식에 관련된 요소이지, 공구의 전체 측정 능력을 나타내는 기준은 아니다. (나사의 피치: 나사산과 다음 나사산 사이의 거리)

정답 ④

60 각도 측정기가 아닌 것은?

① 사인바　　　　② 수준기
③ 오토콜리메이터　④ 외경마이크로미터

───────────────

관련이론 147p 사인바, 평면측정기

정답분석 외경마이크로미터: 물체의 바깥 지름이나 두께 등 길이를 정밀하게 측정하는 데 사용되는 측정기이다.
① 사인바: 게이지 블록과 함께 사용하여 정밀하게 각도를 측정하거나 설정하는 데 사용되는 도구이다.
② 수준기: 표면의 수평 또는 수직 상태를 측정하여 기울기를 확인하는 데 사용된다. 이는 각도, 특히 수평면과의 각도 편차를 측정하는 도구로 볼 수 있다.
③ 오토콜리메이터: 광학 원리를 이용하여 미세한 각도 변위나 평면의 평탄도, 직각도 등을 매우 정밀하게 측정하는 광학 각도 측정기이다.

정답 ④

2025년 제4회

※CBT 문제는 수험생의 기억에 따라 복원된 것이며, 실제 기출문제와 동일하지 않을 수 있습니다.

01 간헐운동(intermittent motion)을 제공하기 위해서 사용되는 기어는?

① 베벨 기어
② 헬리컬 기어
③ 웜 기어
④ 제네바 기어

정답분석 제네바 기어는 일정한 시간 간격을 두고 주기적으로 운동을 전달하는(=간헐운동) 기어이다.
반면, 베벨 기어, 헬리컬 기어, 웜 기어는 연속적인 회전 운동을 전달하는 데 사용된다.

정답 ④

02 나사의 제도방법을 바르게 설명한 것은?

① 수나사와 암나사의 골 밑은 굵은 실선으로 그린다.
② 완전 나사부와 불완전 나사부의 경계는 가는 실선으로 그린다.
③ 나사 끝면에서 본 그림에서 나사의 골밑은 가는 실선으로 원주의 3/4에 가까운 원의 일부로 그린다.
④ 수나사와 암나사가 결합되었을 때의 단면은 암나사가 수나사를 가린 형태로 그린다.

관련이론 66p 나사의 제도

정답분석
· 수나사와 암나사의 골 밑은 가는 실선으로 그린다. 굵은 실선은 수나사 바깥지름과 암나사 안지름 등 외곽선을 나타낸다.
· 완전 나사부와 불완전 나사부의 경계는 굵은 실선으로 그린다.
· 나사 끝면에서 본 도면은 나사의 골밑을 가는 실선으로 3/4 원호 형태로 도시한다.
· 수나사와 암나사가 결합된 단면에서는 일반적으로 수나사가 암나사를 가린 형태로 도시한다.

정답 ③

03 다음 내용이 설명하는 투상법은?

> 투사선이 평행하게 물체를 지나 투상면에 수직으로 닿고 투상면에 투상된 물체가 투상면에 나란하기 때문에 어떤 물체의 형상도 정확하게 표현할 수 있다. 이 투상법에는 1각법과 3각법이 속한다.

① 투시 투상법
② 등각 투상법
③ 사 투상법
④ 정 투상법

관련이론 25p 정 투상도

정답분석 정 투상법에 대한 설명이다.

정답 ④

04 제도 표시를 단순화하기 위해 공차 표시가 없는 선형 치수에 대해 일반 공차를 4개의 등급으로 나타낼 수 있다. 이 중 공차 등급이 "거침"에 해당하는 호칭 기호는?

① c
② f
③ m
④ v

정답분석
· ISO 2768에 따른 일반 공차 등급 중에 "c"는 거칠(coarse)의 의미이며, 큰 기계 부품이나 구조물 등에 적용된다.
· 나머지 등급으로는 f(정밀, fine), m(중간, medium), v(매우 거칠, very coarse)가 있다.

정답 ①

05

리벳의 호칭길이를 나타낼 때 머리 부분까지 포함하여 호칭길이를 나타내는 것은?

① 접시머리 리벳

② 둥근머리 리벳

③ 얇은 납작머리 리벳

④ 냄비머리 리벳

정답분석 접시머리 리벳만 머리 부분까지 포함하여 호칭길이를 나타낸다.

정답 ①

06

기계 제도의 표준 규격화의 의미로 옳지 않은 것은?

① 제품의 호환성 확보

② 생산성 향상

③ 품질 향상

④ 제품 원가 상승

정답분석
- 표준화는 제품의 호환성을 확보하고 생산성과 품질을 향상시키는 데 기여한다.
- 표준화된 부품과 프로세스를 사용하면 생산 비용과 품질 관리 비용이 감소하여 전체적으로 비용 절감 효과가 있다.
- 따라서 제품 원가가 상승하는 것은 표준화의 효과와 반대되는 내용이다.

정답 ④

07

도면이 구비하여야 할 구비 조건이 아닌 것은?

① 무역 및 기술의 국제적인 통용성

② 제도자의 독창적인 제도법에 대한 창의성

③ 면의 표면, 재료, 가공 방법 등의 정보성

④ 대상물의 도형, 크기, 모양, 자세, 위치 등의 정보성

관련이론 15p 도면이 갖추어야 하는 조건

정답분석
- ㉠ 도면의 정보를 정확하고 쉽게 이해할 수 있도록 나타내어야 한다.
- ㉡ 도면에는 형상의 크기, 모양, 위치, 자세 등이 나타나 있어야 하며, 재료의 형태 및 가공방법에 대한 정보가 있어야 한다.
- ㉢ 도면의 복사, 검색, 보존 등이 편리하도록 내용과 양식을 갖춘다.
- ㉣ 보편성 및 정확성을 갖추고 있어야 한다.
- ㉤ 무역 및 기술의 국제 교류를 위한 통용성을 갖춘다.

정답 ②

08

수나사를 가공하는 공구는?

① 정

② 탭

③ 다이스

④ 스크레이퍼

정답분석
- 다이스는 외부 나사산, 즉 수나사를 가공하는 데 사용되는 공구이다.
- 탭은 암나사, 즉 내부 나사산을 가공하는 공구이다.
- 정은 주로 돌이나 목재 같은 재료를 쪼아 떼어내거나, 깨거나, 다듬거나, 구멍을 뚫는 데 사용하는 도구이다.
- 스크레이퍼는 표면 마무리용 공구이다.

정답 ③

09

열처리, 도금 등 특별한 요구사항을 적용할 수 있는 범위를 표시하는 데 사용하는 특수 지정선은?

① 굵은 실선

② 가는 실선

③ 굵은 파선

④ 굵은 1점 쇄선

관련이론 21p 선의 용도

정답분석 굵은 1점 쇄선은 특수한 가공이나 특별한 요구사항이 적용되는 범위를 나타낼 때 사용된다.
일반적인 실선, 파선 등과 달리 특수 가공 영역을 명확히 구분하기 위하여 사용한다.

정답 ④

10

리베팅이 끝난 뒤에 리벳머리의 주위 또는 강판의 가장자리를 정으로 때려 그 부분을 밀착시켜 틈을 없애는 작업은?

① 시밍

② 코킹

③ 커플링

④ 해머링

정답분석 코킹에 대한 설명이다.

정답 ②

11

다음 중 하중의 크기 및 방향이 주기적으로 변화하는 하중으로서 양진하중을 말하는 것은?

① 집중하중　　② 분포하중
③ 교번하중　　④ 반복하중

정답분석
- 교번하중은 하중의 크기와 방향이 충격 없이 주기적으로 변화하는 하중이다. 인장과 압축이 번갈아 작용하는 경우가 이에 속한다.
- 집중하중과 분포하중은 하중 작용 위치와 분포에 따른 구분이며, 반복하중은 크기가 일정하게 반복되는 하중이다.

정답 ③

12

다음은 어떤 밸브에 대한 도시 기호인가?

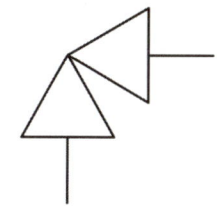

① 글로브 밸브　　② 앵글 밸브
③ 체크 밸브　　④ 게이트 밸브

정답분석

 : 게이트 밸브

 : 밸브 일반

 : 글로브 밸브

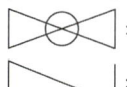 : 볼 밸브

: 체크 밸브

정답 ②

13

다음 중 억지 끼워맞춤에 속하는 것은?

① H8/e8　　② H7/t6
③ H8/f8　　④ H6/k6

관련이론 54p 끼워맞춤 공차의 예

정답분석 앞에 H7이 올 경우 구멍 기준식이다.
- 헐거운 끼워맞춤: a~g
- 중간 끼워맞춤: h~n
- 억지 끼워맞춤: p~z

정답 ②

14

축의 원주에 많은 키를 깎은 것으로 큰 토크를 전달시킬 수 있고, 내구력이 크며 보스와의 중심축을 정확하게 맞출 수 있는 것은?

① 성크 키　　② 반달 키
③ 접선 키　　④ 스플라인

정답분석 스플라인에 대한 설명이다.

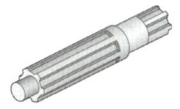

정답 ④

15

KS규격에서 규정하고 있는 단면도의 종류가 아닌 것은?

① 온 단면도　　② 한쪽 단면도
③ 부분 단면도　　④ 사각 단면도

관련이론 30p 단면도의 종류

정답분석 사각 단면도는 없다.

정답 ④

16

다음 중 전동용 기계요소에 해당하는 것은?

① 볼트와 너트　　② 리벳
③ 체인　　④ 핀

관련이론 66p 기계요소부품의 제도

정답분석
- 전동용 기계요소는 동력이나 운동을 전달하기 위해 사용되는 기계 부품으로, 기어, 벨트, 로프, 체인 등이 여기에 속한다.
- 볼트와 너트, 리벳, 핀은 결합용 기계요소에 해당하며, 부품을 고정하거나 체결하는 역할을 한다.

정답 ③

17 제품의 표면 거칠기를 나타낼 때 표면 조직의 파라미터를 "평가된 프로파일의 산술 평균 높이"로 사용하고자 한다면 그 기호로 옳은 것은?

① Rt　　　　② Rq

③ Rz　　　　④ Ra

관련이론 59p 표면 거칠기의 종류

정답분석 Ra는 산술 평균 거칠기를 의미한다.

정답 ④

19 외부 이물질이 나사의 접촉면 사이의 틈새나 볼트의 구멍으로 흘러나오는 것을 방지할 필요가 있을 때 사용하는 너트는?

① 홈붙이 너트　　　② 플랜지 너트

③ 슬리브 너트　　　④ 캡 너트

정답분석 캡 너트는 나사의 끝부분을 덮어 외부 이물질이 들어가는 것을 막는 역할을 한다. 홈붙이 너트는 체결 시 스패너가 쉽게 걸리도록 홈이 있는 너트이며, 플랜지 너트는 넓은 받침면으로 하중 분산에 좋다. 슬리브 너트는 특수 목적으로 사용하는 너트이다.

정답 ④

20 최대 허용치수가 구멍 50.025mm, 축 49.975mm이며 최소 허용치수가 구멍 50.000mm, 축 49.950mm일 때 끼워맞춤의 종류는?

① 헐거운 끼워맞춤　　② 중간 끼워맞춤

③ 억지 끼워맞춤　　　④ 상용 끼워맞춤

관련이론 51p 허용범위

정답분석 구멍의 최소 허용치수 > 축의 최대 허용치수(헐거운 끼워맞춤)

정답 ①

18 스퍼 기어의 도시방법에 대한 설명으로 틀린 것은?

① 축에 직각인 방향으로 본 투상도를 주 투상도로 할 수 있다.

② 잇봉우리원은 굵은 실선으로 그린다.

③ 피치원은 가는 1점 쇄선으로 그린다.

④ 축 방향으로 본 투상도에서 이골원은 굵은 실선으로 그린다.

관련이론 68p 평기어(스퍼 기어)

정답분석

정답 ④

21 투상도의 선택방법에 관한 설명으로 옳지 않은 것은?

① 대상물의 모양 및 기능을 가장 명확하게 표시하는 면을 주투상도로 한다.

② 조립도 등 주로 기능을 표시하는 도면에서는 대상물을 사용하는 상태로 투상도를 그린다.

③ 특별한 이유가 없는 경우는 대상물을 가로길이로 놓은 상태로 그린다.

④ 대상물의 명확한 이해를 위해 주투상도를 보충하는 다른 투상도를 되도록 많이 그린다.

정답분석 주투상도를 보충하는 다른 투상도는 되도록 적게 그리고, 주투상도만으로 표현 가능한 경우에는 보조 투상도를 그리지 않는다.

정답 ④

22 상하 또는 좌우 대칭인 물체의 1/4을 절단하여 기본 중심선을 경계로 1/2은 외부모양, 다른 1/2은 내부모양으로 나타내는 단면도는?

① 전 단면도 ② 한쪽 단면도
③ 부분 단면도 ④ 회전 단면도

`관련이론` 30p 단면도의 종류

`정답분석` 한쪽 단면도(반단면도)는 대칭형 물체에서 1/4 부위를 떼어내고 중심선을 경계로 한쪽은 외형, 다른 한쪽은 단면으로 나타내는 방법이다. 전 단면도는 물체의 반을 절단하여 도시하는 방법이며, 부분 단면도는 일부만 부분 절단하여 나타낸다. 회전 단면도는 절단면을 90도 회전하여 도시하는 단면도이다.

정답 ②

23 투상도를 표시하는 방법에 관한 설명으로 가장 옳지 않은 것은?

① 조립도 등 주로 기능을 나타내는 도면에서는 대상물을 사용하는 상태로 표시한다.
② 물체의 중요한 면은 가급적 투상면에 평행하거나 수직이 되도록 표시한다.
③ 물품의 형상이나 기능을 가장 명료하게 나타내는 면을 주 투상도가 아닌 보조 투상도로 선정한다.
④ 가공을 위한 도면은 가공량이 많은 공정을 기준으로 가공할 때 놓여진 상태와 같은 방향으로 표시한다.

`정답분석` 주 투상도는 물품의 형상과 기능을 가장 명확히 나타내는 면을 선택하여 그린다.

정답 ③

24 스프링 제도에서 스프링 종류와 모양만을 도시하는 경우 스프링 재료의 중심선은 어느 선으로 나타내야 하는가?

① 굵은 실선 ② 가는 1점 쇄선
③ 굵은 파선 ④ 가는 실선

`관련이론` 71p 스프링

`정답분석` 간략하게 나타내기 위해서는 스프링 소선의 중심선을 굵은 실선으로 도시한다.

정답 ①

25 회전체의 균형을 좋게 하거나 너트를 외부에 돌출시키지 않으려고 할 때 주로 사용하는 너트는?

① 캡 너트 ② 둥근 너트
③ 육각 너트 ④ 와셔붙이 너트

`정답분석`
• 둥근 너트는 육각 너트보다 둥글고 낮은 형태로, 회전체 균형을 맞추거나 너트를 돌출시키지 않아야 하는 공간이 협소한 경우에 사용한다. 이 너트를 조일 때는 특수한 스패너가 필요하다.
• 캡 너트는 나사 끝부분을 덮어 누출이나 오염 방지용이고, 육각 너트는 가장 일반적이며 와셔붙이 너트는 너트와 와셔 역할을 겸한다.

정답 ②

26 기계제도에서 사용하는 선에 대한 설명 중 틀린 것은?

① 숨은선, 외형선, 중심선이 한 장소에 겹칠 경우 그 선은 외형선으로 표시한다.
② 지시선은 가는 실선으로 표시한다.
③ 무게 중심선은 굵은 1점 쇄선으로 표시한다.
④ 대상물의 보이는 부분의 모양을 표시할 때는 굵은 실선으로 사용한다.

`관련이론` 21p 선외 용도

`정답분석` 무게 중심선은 가는 2점 쇄선으로 표시한다.

정답 ③

27 다음 중 베어링의 안지름이 17mm인 베어링은?

① 6303 ② 32307K
③ 6317 ④ 607U

`관련이론` 68p 베어링(bearing)

`정답분석`
• 1~9: 1~9mm
• 00: 10mm
• 01: 12mm
• 02: 15mm
• 03: 17mm
• 04: 20mm
※ 04부터는 숫자 뒤에 x5

정답 ①

28 체인 전동의 일반적인 특징으로 거리가 먼 것은?

① 속도비가 일정하다.
② 유지 및 보수가 용이하다.
③ 내열, 내유, 내습성이 강하다.
④ 진동과 소음이 없다.

정답분석
• 체인 전동은 진동과 소음이 있다.
• 자전거 탈 때 체인이 돌아가는 소리를 생각하면 편하다.

정답 ④

29 다음 중 도면에 기입되는 치수에 대한 설명으로 옳은 것은?

① 재료 치수는 재료를 구입하는데 필요한 치수로 잘림 여유나 다듬질 여유가 포함되어 있지 않다.
② 소재 치수는 주물 공장이나 단조 공장에서 만들어진 그대로의 치수를 말하며 가공할 여유가 없는 치수이다.
③ 마무리 치수는 가공 여유를 포함하지 않은 치수로 가공 후 최종으로 검사할 완성된 제품의 치수를 말한다.
④ 도면에 기입되는 치수는 특별히 명시하지 않는 한 소재 치수를 기입한다.

관련이론 40p 치수 기입의 기본 원칙

정답분석 마무리 치수(다듬질 치수)는 제품을 완성한 후 최종적으로 검사해야 할 치수로, 가공 여유를 포함하지 않는다. 재료 치수는 보통 여유를 포함하며, 소재 치수는 가공 전 상태에서 여유를 둔다. 도면에 특별한 표기가 없으면 다듬질 치수를 기입한다.

정답 ③

30 기계의 운동에너지를 흡수하여 운동속도를 감속 또는 정지시키는 장치는?

① 기어   ② 커플링
③ 마찰차   ④ 브레이크

정답분석 브레이크는 마찰력 등을 이용해 운동에너지를 열에너지 등으로 변환하여 감속 또는 정지시키는 역할을 한다. 기어, 커플링, 마찰차 등은 동력을 전달하거나 결합하는 용도일 뿐 제동 역할은 하지 않는다.

정답 ④

31 용접기호에서 그림과 같은 표시가 있을 때 그 의미는?

① 현장 용접
② 일주 용접
③ 매끄럽게 처리한 용접
④ 이면판재 사용한 용접

정답분석
• 깃발 기호는 현장 용접(Field Weld)을 의미한다.
• 이 기호가 없는 경우는 일반적으로 공장 용접(Shop Weld)을 의미한다.

정답 ①

32 가는 실선으로만 사용하지 않는 선은?

① 지시선   ② 절단선
③ 해칭선   ④ 치수선

관련이론 21p 선의 용도

정답분석
• 지시선, 해칭선, 치수선은 모두 가는 실선으로 표기한다.
• 절단선은 굵은 실선과 가는 1점쇄선으로 사용한다.

정답 ②

33 도면 작성 시 선이 한 장소에 겹쳐서 그려야 할 경우 나타내야 할 우선순위로 옳은 것은?

① 외형선 > 숨은선 > 중심선 > 무게 중심선 > 치수선

② 외형선 > 중심선 > 무게 중심선 > 치수선 > 숨은선

③ 중심선 > 무게 중심선 > 치수선 > 외형선 > 숨은선

④ 중심선 > 치수선 > 외형선 > 숨은선 > 무게 중심선

관련이론 21p 선의 우선순위

정답분석 아래의 순서가 우선되는 선의 종류이다.
(1) 외형선
(2) 숨은선
(3) 절단선
(4) 중심선
(5) 무게 중심선
(6) 치수 보조선

정답 ①

34 ISO 규격에 있는 관용 테이퍼 나사로 테이퍼 수나사를 표시하는 기호는?

① R   ② Rc

③ PS   ④ Tr

관련이론 66p 나사의 규격

정답분석

구분		나사의 종류		나사의 종류 기호	나사의 호칭에 대한 지시방법	관련표준
일반용	ISO 표준에 있는 것	미터 보통나사		M	M8	KS B 0201
		미터 가는 나사			M8 × 1	KS B 0204
		미니어처 나사		S	S 0.5	KS B 0228
		유니파이 보통나사		UNC	3/8-16 UNC	KS B 0203
		유니파이 가는 나사		UNF	No. 8-36 UNF	KS B 0206
		미터 사다리꼴 나사		Tr	Tr 10 × 2	KS B 0229
		관용 테이퍼 나사	테이퍼 수나사	R	R 3/4	KS B 0222
			테이퍼 암나사	Rc	Rc 3/4	
			평행 암나사	Rp	Rp 3/4	
		관용 평행 나사		G	G 1/2	KS B 0221
		30° 사다리꼴 나사		TM	TM 18	KS B 0227
		29° 사다리꼴 나사		TW	TW 20	KS B 0226
		관용 테이퍼 나사	테이퍼 나사	PT	PT 7	KS B 0222
			평행 암나사	PS	PS 7	
	ISO 표준에 없는 것	관용 평행나사		PF	PF 7	KS B 0221

정답 ①

35

8KN의 인장하중을 받는 정사각봉의 단면에 발생하는 인장응력이 $5N/mm^2$이다. 이 정사각봉의 한 변의 길이는 약 몇 mm인가?

① 40 　　　　② 60

③ 80 　　　　④ 100

$\sigma = 응력 = 5N/mm^2$

$P = 하중 = 8KN$

$A = 단면적 = a^2$

$\sigma = \dfrac{P}{A} = 5N/mm^2 = \dfrac{8KN}{a^2}$

$a^2 = \dfrac{8KN}{5N/mm^2} = \dfrac{8000Nmm^2}{5N} = 1600mm^2$

$\quad = (40mm)^2$

$a = 40mm$

정답 ①

36

인장시험에서 시험편의 절단부 단면적이 14mm²이고, 시험 전 시험편의 초기단면적이 20mm²일 때 단면수축률은?

① 70% 　　　　② 80%

③ 30% 　　　　④ 20%

단면수축률은 시험 전 초기 단면적과 시험 후 단면적의 차이를 백분율로 나타낸 것이다.

$\dfrac{초기\ 단면적 - 나중\ 단면적}{초기\ 단면적} \times 100\%$

$= \dfrac{20 - 14}{20} \times 100\% = 30\%$

정답 ③

37

축의 도시법에 대한 설명 중 틀린 것은?

① 속이 찬 축은 길이 방향으로 단면 도시한다.

② 긴 축은 중간을 파단하여 짧게 그리고 치수는 실제 치수를 기입한다.

③ 축에 빗줄 널링은 축선에 대하여 30°로 엇갈리게 그린다.

④ 축에 키 홈은 부분 단면하여 나타낼 수 있다.

축은 길이 방향으로 절단해서 단면도로 나타내지는 않는다.

정답 ①

38

테이퍼 핀의 테이퍼 값과 호칭지름을 나타내는 부분은?

① 1/100, 큰 부분의 지름

② 1/100, 작은 부분의 지름

③ 1/50, 큰 부분의 지름

④ 1/50, 작은 부분의 지름

테이퍼 핀의 테이퍼 값은 1/50이고, 호칭지름은 핀의 작은 부분의 지름으로 표시한다.

정답 ④

39

CAD 시스템의 기본적인 하드웨어 구성으로 거리가 먼 것은?

① 입력장치 　　　　② 중앙처리장치

③ 통신장치 　　　　④ 출력장치

CAD 시스템의 기본적인 하드웨어 구성은 입력장치, 중앙처리장치, 출력장치 등이 포함되며, 이 중 통신장치는 기본 구성에 포함되지 않는다.

정답 ③

40

다른 모델링과 비교하여 와이어프레임 모델링의 일반적인 특징을 설명한 것 중 틀린 것은?

① 데이터의 구조가 간단하다.

② 처리속도가 느리다.

③ 숨은선을 제거할 수 없다.

④ 체적 등의 물리적 성질을 계산하기가 용이하지 않다.

와이어프레임 모델링은 데이터 구조가 간단하여 모델 작성이 쉽고 처리 속도가 빠르며, 3면 투시도 작성이 용이하다는 특징이 있다. 그러나 숨은선 제거가 불가능하고, 체적 등 물리적 성질을 계산하기 어렵다.

정답 ②

41

CAD시스템에서 도면상 임의의 점을 입력할 때 변하지 않는 원점(0,0)을 기준으로 정한 좌표계는?

① 상대 좌표계   ② 상승 좌표계

③ 증분 좌표계   ④ 절대 좌표계

정답분석 절대 좌표계는 고정된 기준점인 도면 원점을 기준으로 모든 점의 좌표를 나타내며, 좌표가 항상 동일한 기준에 의해 측정되므로 변하지 않는다. 이 방식은 위치를 정확하게 지정할 때 사용된다.

정답 ④

42

다음이 설명하는 3차원 모델링 방식은?

- 간섭체크를 할 수 있다.
- 질량 등의 물리적 특성 계산이 가능하다.

① 와이어 프레임 모델링

② 서피스 모델링

③ 솔리드 모델링

④ DATA 모델링

관련이론 77p 솔리드 모델링

정답분석 솔리드 모델링(Solid Modeling)
㉠ 강체(solid)로 표현되고 표면은 곡면이 기반이다.
㉡ 은선제거와 단면도의 작성이 가능하다.
㉢ 모델링 내부의 형상까지 정확하게 표현할 수 있다.
㉣ 간섭체크가 용이하다.
㉤ 질량이나 관성모멘트와 같은 물리적 성질을 계산할 수 있다.
㉥ 데이터 용량은 가장 크다.

정답 ③

43

6-4 황동에 철 1~2%를 첨가함으로써 강도와 내식성이 향상되어 광산기계, 선박용 기계, 화학기계 등에 사용되는 특수 황동은?

① 쾌삭 메탈   ② 델타 메탈

③ 네이벌 황동   ④ 애드머럴티 황동

관련이론 116 구리합금의 종류

정답분석 델타 메탈은 6-4 황동(구리 60%, 아연 40%)에 철을 소량 첨가하여 기계적 특성과 내식성을 개선한 합금으로 고강도와 우수한 내식성을 필요로 하는 산업 분야에서 많이 사용된다.

정답 ②

44

탄소강에 함유되는 원소 중 강도, 연신율, 충격치를 감소시키며 적열취성의 원인이 되는 것은?

① Mn   ② Si

③ P   ④ S

관련이론 99p 탄소강의 기계적 성질

정답분석 탄소강에 함유되는 원소 중에서 황(S)은 강도, 연신율, 충격치를 감소시키며 적열취성(고온에서 쉽게 깨지는 현상)의 원인이 된다.

정답 ④

45

다음 중 다이캐스팅용 알루미늄 합금 재료 기호는?

① AC1B   ② ZDC1

③ ALDC3   ④ MGC1

정답분석 ① AC1B: 주조용 알루미늄 합금 중 하나로, 알루미늄과 구리를 기본 성분으로 하며 주조성이 좋고 기계적 성질이 우수하여 자동차 부품이나 항공기 부품 등에 널리 사용된다.
② ZDC1: 아연을 주성분으로 하는 다이캐스팅용 아연 합금으로, 뛰어난 주조성과 기계적 성질을 가지며 자동차 및 전자제품 부품에 많이 활용된다.
③ ALDC3: 다이캐스팅용 알루미늄 합금으로 마그네슘이 함유되어 있어 경도와 내식성이 향상된 합금이다. 주로 자동차 부품과 정밀기계 부품 제작에 적합하다.
④ MGC1: 마그네슘 합금으로 경량화가 필요한 부품에 사용되며, 항공기나 자동차 부품에 주로 적용된다. 알루미늄 합금과는 다른 소재이다.

정답 ③

46 절삭 공구로 사용되는 재료가 아닌 것은?

① 페놀   ② 서멧
③ 세라믹   ④ 초경합금

정답분석 페놀은 절삭 공구 재료가 아니다. 페놀은 주로 절연체, 접착제, 열경화성 수지 등으로 사용되며 절삭 공구 재료로 부적합하다.
② 서멧은 초경합금과 유사한 복합재료로, 탄화티타늄(TiCN) 등을 주성분으로 하여 고경도와 내열성이 뛰어나 고속 절삭 공구에 사용된다. 내마모성과 수명이 길어 절삭 공구 재료로 널리 사용된다.
③ 세라믹은 산화알루미늄(Al_2O_3) 등 무기물 분말을 소결하여 제조한 재료로 내열성, 내마모성이 뛰어나 초고속 절삭에 적합하지만, 충격과 진동에는 약한 단점이 있다.
④ 초경합금은 텅스텐 카바이드(WC)와 코발트(Co)를 주성분으로 한 소결복합재료로 매우 높은 경도와 내마모성을 가지고 있어 절삭 공구 재료 중 가장 널리 쓰이는 소재이다.

정답 ①

47 다음 중 재료기호와 명칭이 틀린 것은?

① SM 20C: 회주철품
② SF 340A: 탄소강 단강품
③ SPPS 420: 압력배관용 탄소 강관
④ PW-1: 피아노 선

정답분석 • SM 20C는 기계구조용 탄소강이다. 탄소함유량은 약 0.18~0.23%이고, 주로 기계 부품에 쓰인다.
• 용접성과 가공성이 좋고, 침탄 열처리로 표면 경도를 높여 내마모성을 개선한다.
• 회주철품이 아니다.

정답 ①

48 탄소강에 함유된 원소 중 백점이나 헤어크랙의 원인이 되는 원소는?

① 황   ② 인
③ 수소   ④ 구리

관련이론 99p 탄소강의 주요 원소
정답분석 탄소강에 함유된 원소 중 백점이나 헤어크랙의 원인이 되는 원소는 수소이다. 수소는 강을 여리게 하고, 백점(flake)과 헤어크랙(hair crack)을 발생시킨다.

정답 ③

49 다음 중 표면 경화법의 종류가 아닌 것은?

① 침탄법   ② 질화법
③ 고주파 경화법   ④ 심냉 처리법

관련이론 124~125p 기본(일반)열처리
정답분석 심냉 처리법은 표면 경화법이 아니다. 심냉 처리는 고온에서 가열한 금속을 매우 낮은 온도로 급냉하여 조직을 안정화하거나 잔류응력을 줄이는 내부 처리법이다.

정답 ④

50 초경합금의 주요 성분으로 거리가 먼 것은?

① 황   ② 니켈
③ 코발트   ④ 텅스텐

정답분석 초경합금의 주요 성분은 니켈, 코발트, 텅스텐이다.

정답 ①

51 구리에 니켈 40~50% 정도를 함유하는 합금으로서 통신기, 전열선 등의 전기저항 재료로 이용되는 것은?

① 인바   ② 엘린바
③ 콘스탄탄   ④ 모넬메탈

관련이론 119~120p 니켈과 니켈합금
정답분석 콘스탄탄은 구리와 니켈이 약 50:50 비율에 가까운 합금으로 전기저항이 크고 온도계수가 일정하여 저항선, 통신기자재 등에 사용된다.

정답 ③

52 주철의 특성에 대한 설명으로 틀린 것은?

① 주조성이 우수하다.

② 내마모성이 우수하다.

③ 강보다 인성이 크다.

④ 인장강도보다 압축강도가 크다.

관련이론 108p 주철

정답분석 주철은 인장강도보다 압축강도가 더 크다.

정답 ③

53 다음 비철 재료 중 비중이 가장 가벼운 것은?

① Cu

② Ni

③ Al

④ Mg

관련이론 119p 마그네슘

정답분석
• Cu(구리): 약 8.9
• Ni(니켈): 약 8.9
• Al(알루미늄): 약 2.7
• Mg(마그네슘): 약 1.7

정답 ④

54 Cu와 Pb 합금으로 항공기 및 자동차의 베어링 메탈로 사용되는 것은?

① 양은(nickel silver)

② 켈밋(kelmet)

③ 배빗 메탈(babbit metal)

④ 애드미럴티 포금(admiralty gun metal)

관련이론 116~117p 구리합금의 종류

정답분석 켈밋은 구리 70%, 납 30% 정도의 합금으로 내마모성과 윤활성이 좋아 베어링 재료로 쓰인다. 양은은 구리 + 니켈 합금이고, 배빗 메탈은 주석을 기본으로 한 베어링 합금이다. 애드미럴티 포금은 구리, 주석, 아연 합금으로 내식성이 뛰어나다.

정답 ②

55 구리에 아연이 5~20% 첨가되어 전연성이 좋고 색깔이 아름다워 장식품에 많이 쓰이는 황동은?

① 포금

② 톰백

③ 문쯔메탈

④ 7:3황동

관련이론 116~117p 구리합금의 종류

정답분석
• 톰백은 구리 함량이 높고 아연 함량이 5~20%인 황동 합금으로 금색에 가까운 빛과 전연성이 우수해 장식품, 악기 등에 쓰인다.
• 포금은 동-니켈 합금, 문쯔메탈은 아연 40% 전후의 황동, 7:3황동은 아연 약 30% 들어간 일반 황동이다.

정답 ②

56 재료의 기호와 명칭이 맞는 것은?

① STC: 기계 구조용 탄소 강재

② STKM: 용접 구조용 압연 강재

③ SPHD: 탄소 공구 강재

④ SS: 일반 구조용 압연 강재

정답분석
① STC(Carbon Tool Steel): 탄소 공구 강재
② STKM(Steel Tube for Machine structural purposes): 기계 구조용 탄소 강관
③ SPHD(Steel Plate Hot rolled Drawing quality): 인발용 열간 압연 강판

정답 ④

57 마이크로미터의 구조에서 구성부품에 속하지 않는 것은?

① 앤빌

② 스핀들

③ 슬리브

④ 스크라이버

관련이론 145p 마이크로미터

정답분석

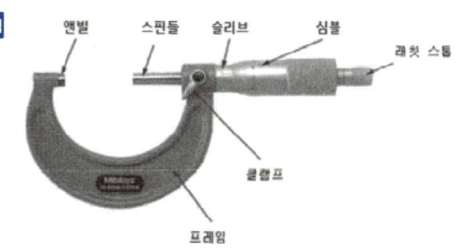

정답 ④

58 진직도를 수치화할 수 있는 측정기가 아닌 것은?

① 수준기   ② 광선정반

③ 3차원측정기   ④ 레이저 측정기

정답분석 광선정반은 진직의 수치화용 측정기가 아니고, 주로 면의 평면도나 직각도 검사에 쓰인다.

정답 ②

59 게이지 블록을 취급할 때 주의사항으로 적절하지 않은 것은?

① 목재 작업대나 가죽 위에서 사용할 것

② 먼지가 적고 습한 실내에서 사용할 것

③ 측정면은 깨끗한 천이나 가죽으로 잘 닦을 것

④ 녹이나 돌기의 해를 막기 위하여 사용한 뒤에는 잘 닦아 방청유를 칠해 둘 것

관련이론 148p 게이지 측정기

정답분석 게이지 블록은 먼지가 적고 건조한 실내에서 사용해야 하며, 습한 환경은 녹이 발생할 수 있어 적합하지 않다.

정답 ②

60 다음 중 직접 측정의 장점이 아닌 것은?

① 측정범위가 다른 측정방법보다 넓다.

② 피측정물의 실제치수를 직접 읽을 수 있다.

③ 양이 적고, 종류가 많은 제품을 측정하기에 적합하다.

④ 조작이 간단하고, 경험을 필요로 하지 않는다.

관련이론 142p 측정

정답분석 직접 측정의 장점으로는 측정 범위가 비교적 넓고, 측정 물체의 실제 치수를 직접 읽을 수 있다. 또한 양이 적고 종류가 많은 제품을 측정하는 데 적합하다. 하지만 조작이 간단하고 경험이 필요 없는 것은 아니다. 직접 측정은 눈금을 정확히 읽기 위해 숙련과 경험이 요구되며, 측정 시간이 비교적 오래 걸릴 수 있다.

정답 ④

2024년 제1회

※CBT 문제는 수험생의 기억에 따라 복원된 것이며, 실제 기출문제와 동일하지 않을 수 있습니다.

01 재료를 상온에서 다른 형상으로 변형시킨 후 원래 모양으로 회복되는 온도로 가열하면 원래 모양으로 돌아오는 합금은?

① 제진 합금　　② 형상기억 합금
③ 비정상 합금　　④ 초전도 합금

정답분석 원래 모양으로 회복되는 합금 = 형상기억 합금

정답 ②

02 황동의 자연균열 방지책이 아닌 것은?

① 수은　　　　② 아연 도금
③ 도료　　　　④ 저온풀림

정답분석 수은은 자연균열 방지책에 해당하지 않는다.

정답 ①

03 다음 중 로크웰경도를 표시하는 기호는?

① HBS　　　　② HS
③ HV　　　　④ HRC

관련이론 134p 경도시험
정답분석 로크웰경도를 표시하는 기호는 HRC이다.
① 브리넬 경도(HB)
② 쇼어 경도
③ 비커스 경도

정답 ④

04 열처리 방법 및 목적으로 틀린 것은?

① 불림 - 소재를 일정온도에 가열 후 공냉시킨다.
② 풀림 - 재질을 단단하고 균일하게 한다.
③ 담금질 - 급냉시켜 재질을 경화시킨다.
④ 뜨임 - 담금질된 것에 인성을 부여한다.

관련이론 124p 기본(일반)열처리
정답분석 ・풀림의 목적: 재질연화, 내부응력제거, 조직의 균질화, 인성향상, 기계적 성질 개선
・재질의 경화: 담금질

정답 ②

05 합성수지의 공통된 성질 중 틀린 것은?

① 가볍고 튼튼하다.
② 전기 절연성이 좋다.
③ 단단하며 열에 강하다.
④ 가공성이 크고 성형이 간단하다.

정답분석 플라스틱은 열에 약하다.

정답 ③

06 순수 비중이 2.7인 이 금속은 주조가 쉽고 가벼울 뿐만 아니라 대기 중에서 내식력이 강하고 전기와 열의 양도체로 다른 금속과 합금하여 쓰이는 것은?

① 구리(Cu)　　② 알루미늄(Al)
③ 마그네슘(Mg)　　④ 텅스텐(W)

관련이론 117p 알루미늄(Al)과 알루미늄합금
정답분석 ・Al: 2.7
・Ag: 10.5
・Mg: 1.74

정답 ②

07

길이가 50mm인 표준시험편으로 인장시험하여 늘어난 길이가 65mm이었다. 이 시험편의 연신율은?

① 20% ② 25%
③ 30% ④ 35%

관련이론 134p 인장시험

정답분석

$$연신율 = \frac{늘어난 길이}{처음길이}$$
$$= \frac{65 - 50}{50} = \frac{15}{50} = \frac{30}{100}$$
$$= 0.3 = 30\%$$

정답 ③

08

내열용 알루미늄합금 중 Y합금의 성분은?

① 구리, 납, 아연, 주석
② 구리, 알루미늄, 망간, 마그네슘
③ 구리, 알루미늄, 니켈, 마그네슘
④ 구리, 알루미늄, 납, 아연

관련이론 118p 주조용 알루미늄합금

정답분석 ③이 Y합금의 성분에 해당한다. (알구니마)

정답 ③

09

금속재료를 고온에서 오랜 시간 외력을 걸어 놓으면 시간의 경과에 따라 서서히 그 변형이 증가하는 현상은?

① 크리프 ② 스트레스
③ 스트레인 ④ 템퍼링

관련이론 136p 크리프(creep)시험

정답분석 외력을 걸고 시간의 경과에 따라 서서히 변형이 생기는 현상은 크리프이다.

정답 ①

10

Al - Mn계 합금으로 Al에 1 ~ 2% Mn 이하의 것이 사용되며, 가공성, 용접성이 좋으므로 저장탱크, 기름탱크 등에 쓰이는 합금은?

① 라우탈 ② 두랄루민
③ 알민 ④ Y합금

관련이론 118p 내식용 알루미늄합금

정답분석 Al + Mn = 알민

정답 ③

11

물체가 변형에 견디지 못하고 파괴되는 성질로 인성에 반대되는 성질은?

① 탄성 ② 전성
③ 소성 ④ 취성

관련이론 89p 기계적 성질

정답분석 물체가 변형에 견디지 못하고 파괴되는 성질은 취성이다.

정답 ④

12

6 - 4 황동에 철 1 ~ 2%를 첨가함으로써 강도와 내식성이 향상되어 광산기계, 선박용 기계, 화학기계 등에 사용되는 특수황동은?

① 쾌삭 메탈 ② 델타 메탈
③ 네이벌 황동 ④ 애드미럴티 황동

관련이론 116p 구리합금의 종류

정답분석 델타 메탈에 대한 설명이다.

정답 ②

13

풀림의 목적이 아닌 것은?

① 냉간가공 시 재료가 경화된다.
② 가스 및 분출물의 방출과 확산을 일으키고 내부 응력이 저하된다.
③ 금속합금의 성질을 변화시켜 연화된다.
④ 일성한 소직으로 균일화된다.

관련이론 126p 풀림

정답분석 재료의 경화는 담금질의 목적이다.

정답 ①

14

주철의 탄소(C) 함유량 범위로 가장 적합한 것은?

① 0.0218 ~ 2.11%　② 2.11 ~ 6.67%
③ 0.0218% 이하　④ 6.68% 이상

관련이론 96p 철(Fe)강 재료

정답분석 주철의 탄소 함유량은 2.11~6.67%이다.

정답 ②

15

다음 중 아공석강에서 탄소강의 탄소함유량이 증가할 때 기계적 성질을 설명한 것으로 틀린 것은?

① 인장강도가 증가한다.
② 경도가 증가한다.
③ 항복점이 증가한다.
④ 연신율이 증가한다.

정답분석 탄소함유량의 증가
　㉠ 경도 증가
　㉡ 항복점 증가
　㉢ 연성 감소 = 연신율 감소
　㉣ 인장강도 증가

정답 ④

16

마이크로미터 스핀들 나사의 피치가 0.5mm이고 딤블의 원주 눈금이 100등분 되어 있으면 최소 측정값은 몇 mm인가?

① 0.05　　② 0.01
③ 0.005　　④ 0.001

정답분석 $\dfrac{0.5}{100} = 0.005$

정답 ③

17

그림과 같은 사인 바(sine bar)를 이용한 각도 측정에 대한 설명으로 틀린 것은?

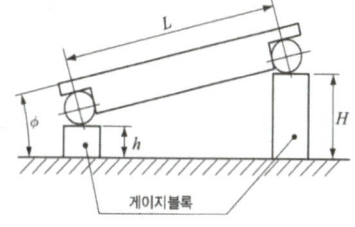

① 게이지 블록 등을 병용하고 3각함수 사인(sine)을 이용하여 각도를 측정하는 기구이다.
② 45° 보다 큰 각을 측정할 때에는 오차가 적어진다.
③ 사인바는 롤러의 중심거리가 보통 100mm 또는 200mm로 제작한다.
④ 정반 위에서 정반면과 사인봉과 이루는 각을 표시하년 $\sin\phi = (H-h)/L$ 식이 성립한다.

관련이론 147p 사인바

정답분석 측정각이 커지면 오차가 발생한다.

정답 ②

18

다음 중 한계 게이지가 아닌 것은?

① 게이지 블록　② 봉 게이지
③ 플러그 게이지　④ 링 게이지

관련이론 148p 한계 게이지

정답분석 게이지 블록은 한계 게이지에 해당하지 않는다.

정답 ①

19 원주에 톱니형상의 이가 달려 있으며 폴 (pawl)과 결합하여 한쪽 방향으로 간헐적인 회전운동을 주고 역회전을 방지하기 위하여 사용되는 것은?

① 래칫 휠
② 플라이 휠
③ 원심 브레이크
④ 자동하중 브레이크

정답분석 래칫휠은 톱니형상이라 한쪽 방향으로 운동이 발생하므로 역회전이 방지된다.

정답 ①

20 높은 정밀도를 오래 유지할 수 있으며 효율이 가장 좋은 나사는?

① 사각 나사
② 톱니 나사
③ 볼 나사
④ 둥근 나사

정답분석 볼나사는 접촉면적이 작아 손실되는 동력이 적어 효율이 좋다.

정답 ③

21 다음 중 자동하중 브레이크에 속하지 않는 것은?

① 원추 브레이크
② 웜 브레이크
③ 캠 브레이크
④ 원심 브레이크

정답분석 원추 브레이크는 자동하중 브레이크에 해당하지 않는다.

정답 ①

22 황동의 인장강도가 가장 클 때 아연(Zn)의 함유량은 몇 % 정도인가?

① 30
② 40
③ 50
④ 60

관련이론 116p 구리합금의 종류

정답분석 황동은 아연의 함유량이 30%일 때 연신율이 최대이고, 40%일 때 인장강도가 최대이다.

정답 ②

23 일반적으로 금속재료에 비하여 세라믹의 특징으로 옳은 것은?

① 인성이 풍부하다.
② 내산화성이 양호하다.
③ 성형성 및 기계가공성이 좋다.
④ 내충격성이 높다.

관련이론 105p 세라믹

정답분석 세라믹은 경도가 높아 인성이 작고 충격에 약해 가공이 어렵지만 산화에 강하다.

정답 ②

24 다음 중 가장 큰 동력을 전달할 수 있는 것은?

① 안장키
② 묻힘키
③ 세레이션
④ 스플라인

정답분석 세레이션은 많은 이가 있기 때문에 가장 큰 동력전달이 가능하다.

정답 ③

25 길이 100cm의 봉이 압축력을 받고 3mm만큼 줄어들었다. 이 때, 압축 변형률은 얼마인가?

① 0.001
② 0.003
③ 0.005
④ 0.007

정답분석 변형률 $= \dfrac{\text{늘어난 길이}}{\text{처음 길이}} = \dfrac{3\,\text{mm}}{100\text{cm}} = \dfrac{3\,\text{mm}}{1000\,\text{mm}} = 0.003$

정답 ②

26 나사 곡선을 따라 축의 둘레를 한 바퀴 회전하였을 때 축방향으로 이동하는 거리를 무엇이라 하는가?

① 나사산
② 피치
③ 리드
④ 나사홈

정답분석 리드의 정의를 의미한다.

정답 ③

27

재료 표시기호에서 SF340A로 표시되는 것은?

① 고속도 공구강   ② 탄소강 단강품

③ 기계구조용 강   ④ 탄소강 주강품

정답분석 재료 표시기호에서 SF340A로 표시되는 것은 탄소강 단강품이다.
① 고속도 공구강: SKH
③ 기계구조용 강: SM
④ 탄소강 주강품: SC

정답 ②

28

수나사 막대의 양 끝에 나사를 깎은 머리 없는 볼트로서, 한끝은 본체에 박고 다른 끝은 너트로 죌 때 쓰이는 것은?

① 관통 볼트   ② 미니추어 볼트

③ 스터드 볼트   ④ 탭 볼트

정답분석 스터드 볼트(머리 없는 볼트)에 대한 설명이다.

정답 ③

29

주조성이 좋으며 열처리에 의하여 기계적 성질을 개량할 수 있고 라우탈(Lautal)이 대표적인 합금은?

① Al - Cu계 합금

② Al - Si계 합금

③ Al - Cu - Si계 합금

④ Al - Mg - Si계 합금

관련이론 118p 주조용 알루미늄합금

정답분석 라우탈에 대한 설명이다.

정답 ③

30

다음 중 두 축의 상대위치가 평행할 때 사용되는 기어는?

① 베벨 기어   ② 나사 기어

③ 웜과 웜기어   ④ 헬리컬 기어

관련이론 69p 헬리컬 기어

정답분석 두 축의 상대위치가 평행할 때 사용되는 기어는 헬리컬 기어이다.

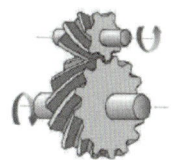

정답 ④

31

다음 중 정숙하고 원활한 운전과 고속회전이 필요할 때 적당한 체인은?

① 사일런트 체인(silent chain)

② 코일 체인(coil chain)

③ 롤러 체인(roller chain)

④ 블록 체인(block chain)

정답분석 정숙하고 원활한 운전과 고속회전이 필요할 때 적당한 체인은 사일런트 체인이다.

정답 ①

32

가장 널리 쓰이는 키(key)로 축과 보스 양쪽에 모두 키홈을 파서 동력을 전달하는 것은?

① 성크 키   ② 반달 키

③ 접선 키   ④ 원뿔 키

정답분석 축과 보스 양쪽에 모두 키홈을 파서 동력을 전달하는 것은 성크 키이다.

정답 ①

33

하중의 작용 상태에 따른 분류에서 재료의 축선 방향으로 늘어나게 하는 하중은?

① 굽힘하중   ② 전단하중

③ 인장하중   ④ 압축하중

정답분석 인장하중
재료의 양쪽(축선 방향)으로 늘어나게 하는 하중

정답 ③

34 볼나사의 단점이 아닌 것은?

① 자동체결이 곤란하다.
② 피치를 작게 하는데 한계가 있다.
③ 너트의 크기가 크다.
④ 나사의 효율이 떨어진다.

정답분석 나사의 효율이 좋다.

정답 ④

35 다음 표준 스퍼 기어에 대한 요목표에서 전체 이높이는 몇 mm인가?

스 퍼 기 어		
기어치형		표준
공구	치형	보통이
	모듈	2
	압력각	20°
잇수		31
피치원지름		62
전체 이높이		
다듬질방법		호브절삭
정밀도		KS B 1405, 5급

① 4
② 4.5
③ 5
④ 5.5

관련이론 68p 평기어(스퍼기어)

정답분석 전체 이높이 = 모듈 × 2.25 = 2 × 2.25 = 4.5

정답 ②

36 부품의 일부를 도시하는 것으로 충분한 경우에 는 그 필요 부분만을 표시할 수 있는 투상도는?

① 회전 투상도
② 부분 투상도
③ 국부 투상도
④ 요점 투상도

관련이론 28p 부분 투상도

정답분석 부분투상도
부분을 표시하는 투상도

정답 ②

37 다음 중 평 벨트 장치의 도시방법에 관한 설명으로 틀린 것은?

① 암은 길이 방향으로 절단하여 도시하는 것이 좋다.
② 벨트 풀리와 같이 대칭형인 것은 그 일부만을 도시할 수 있다.
③ 암과 같은 방사형의 것은 회전도시 단면도로 나타낼 수 있다.
④ 벨트 풀리는 축직각 방향의 투상을 주 투상도로 할 수 있다.

관련이론 69p 평벨트 풀리

정답분석 암은 길이 방향으로 절단하면 안 된다.

정답 ①

38 끼워 맞춤에서 축 기준식 헐거운 끼워 맞춤을 나타낸 것은?

① H7 / g6
② H6 / F8
③ h6 / P9
④ h6 / F7

관련이론 54p 끼워맞춤 공차의 예

정답분석 A에 가까울수록 헐거운 끼워맞춤이다.

정답 ④

39 단면의 무게 중심을 연결한 선을 표시하는데 사용되는 선은?

① 굵은 실선
② 가는 1점 쇄선
③ 가는 2점 쇄선
④ 가는 파선

관련이론 21p 선의 용도

정답분석 가는 2점쇄선
• 가상선
• 무게중심선

정답 ③

40 내식용 알루미늄(Al) 합금이 아닌 것은?

① 알민(almin)

② 알드레이(aldrey)

③ 하이드로날륨(hydronalium)

④ 라우탈(lautal)

관련이론 118p 내식용 알루미늄합금

정답분석 내식용 알루미늄 합금의 종류
- Al + Mg (하이드로날륨)
- Al + Mg + Si (알드레이)
- Al + Mn (알민)

정답 ④

41 최대 허용 한계치수와 최소 허용 한계치수와의 차이값을 무엇이라고 하는가?

① 공차　　　　② 기준치수

③ 최대 틈새　　④ 위치수 허용차

관련이론 50p 치수공차

정답분석 최대 허용 한계치수와 최소 허용 한계치수와의 차이값을 공차라고 한다.

정답 ①

42 절단면 표시 방법인 해칭에 대한 설명으로 틀린 것은?

① 같은 절단면상에 나타나는 같은 부품의 단면에는 같은 해칭을 한다.

② 해칭은 주된 중심선에 대하여 45°로 하는 것이 좋다.

③ 인접한 단면의 해칭은 선의 방향 또는 각도를 변경하든지 그 간격을 변경하여 구별한다.

④ 해칭을 하는 부분에 글자 또는 기호를 기입할 경우에는 해칭선을 중단하지 말고 그 위에 기입해야 한다.

정답분석 문자 기입시 해칭을 중단한다.

정답 ④

43 다음 용접이음 중 맞대기 이음은 어느 것인가?

① 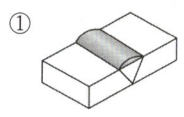　　②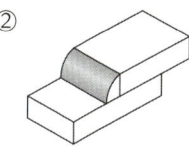

③ 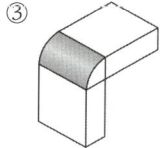　　④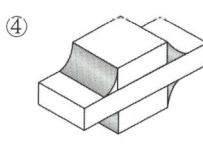

정답분석 ①의 이음이 맞대기 이음이다.
② 겹치기 이음
③ 모서리 이음
④ 필릿 이음

정답 ①

44 온둘레 현장 용접을 나타내는 보조 기호는?

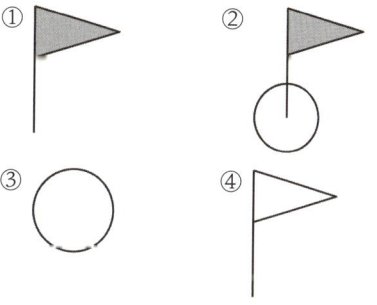

정답분석 온둘레 현장 용접(= 일주 용접)을 나타내는 보조 기호는 ③의 기호이다.

정답 ③

45 다음 기하공차 종류 중 단독형체가 아닌 것은?

① 진직도　　　　② 진원도

③ 경사도　　　　④ 평면도

관련이론 55p 기하공차의 기호와 종류

정답분석 단독형체
- 진직도
- 진원도
- 선의 윤곽도
- 평면도
- 원통도
- 면의 윤곽도

정답 ③

46 정면, 평면, 측면을 하나의 투상면 위에서 동시에 볼 수 있도록 그린 도법은?

① 보조 투상도 ② 단면도
③ 등각 투상도 ④ 전개도

관련이론 24p 투상법의 종류

정답분석 정면, 평면, 측면을 하나의 투상면 위에서 동시에 볼 수 있도록 그린 것은 등각 투상도이며, 3면을 동시에 볼 수 있다.

정답 ③

---

47 기하공차 표기에서 그림과 같이 수치에 사각형 테두리를 씌운 것은 무엇을 나타내는 것인가?

| 52 |

① 데이텀
② 돌출공차역
③ 이론적으로 정확한 치수
④ 최대 실체 공차방식

관련이론 43p 치수의 보조기호

정답분석 이론적으로 정확한 치수를 나타낸다.

정답 ③

---

48 투상도의 선택방법에 대한 설명으로 틀린 것은?

① 조립도 등 주로 기능을 나타내는 도면에서는 대상물을 사용하는 상태로 놓고 그린다.
② 부품을 가공하기 위한 도면에서는 가공공정에서 대상물이 놓인 상태로 그린다.
③ 주 투상도에서는 대상물의 모양이나 기능을 가장 뚜렷하게 나타내는 면을 그린다.
④ 주 투상도를 보충하는 다른 투상도는 명확한 이해를 위해 되도록 많이 그린다.

정답분석 투상도는 적을수록 좋다.

정답 ④

---

49 구의 반지름을 나타내는 치수 보조 기호는?

① ø   ② Sø
③ SR   ④ C

관련이론 43p 치수의 보조기호

정답분석 구의 반지름을 나타내는 치수 보조 기호는 SR이다.
① 원의 지름
② 구의 지름
④ 모따기

정답 ③

---

50 다음 밸브 도시법 중 게이트 밸브를 나타내는 기호는?

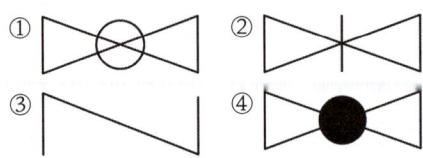

정답분석 ②의 기호가 게이트 밸브를 나타내는 기호이다.
① 볼 밸브
③ 체크 밸브
④ 글로브 밸브

정답 ②

---

51 재료 기호의 연결이 틀린 것은?

① SNC 415: 니켈크롬강 강재
② SM45C: 기계구조용 탄소 강재
③ ZDC1: 아연 합금 다이캐스팅
④ AC1A: 알루미늄 합금 다이캐스팅

정답분석 AC1A는 알루미늄 합금 주물이다.

정답 ④

52

기계제도에서 표면 거칠기 Rz가 의미하는 것은?

① 산술 평균 거칠기
② 최대 높이
③ 10점 평균 거칠기
④ 요철의 평균간격

<u>**관련이론**</u> 60p 10점 평균 거칠기

<u>**정답분석**</u> 표면 거칠기 Rz가 의미하는 것은 10점 평균 거칠기이며, ① 은 Ra, ②는 Ry이다.

정답 ③

53

아래 도면의 기하공차가 나타내고 있는 것은?

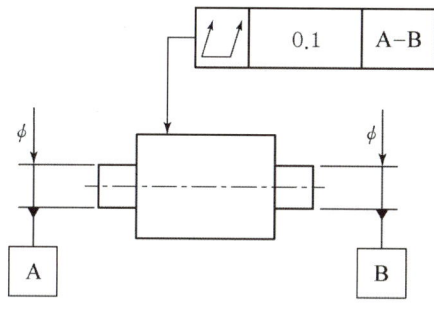

① 원통도　　　② 진원도
③ 온 흔들림　　④ 원주 흔들림

<u>**관련이론**</u> 55p 기하공차의 기호와 종류

<u>**정답분석**</u> 도면의 기하공차가 나타내고 있는 것은 온 흔들림이다.

정답 ③

54

가공에 의한 커터의 줄무늬 방향이 그림과 같을 때, (가) 부분의 기호는?

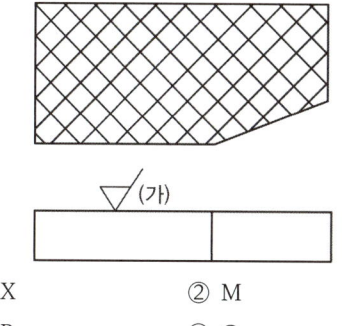

① X　　　② M
③ R　　　④ C

<u>**관련이론**</u> 58p 표면 거칠기에 관련된 용어

<u>**정답분석**</u> (가) 부분의 기호는 X이며, 이는 줄무늬 기호를 의미한다.

정답 ①

55

마지막 입력 점으로부터 다음 점까지의 거리와 각도를 입력하는 좌표 입력 방법은?

① 절대 좌표 입력
② 상대 좌표 입력
③ 상대 극좌표 입력
④ 요소 부영점 입력

<u>**정답분석**</u>
• 상대 극좌표 입력에 대한 설명이다.
• 극좌표: 거리와 각도를 입력

정답 ③

56

대상물의 구멍, 홈 등 모양만을 나타내는 것으로 충분한 경우에 그 부분만을 도시하는 그림과 같은 투상도는?

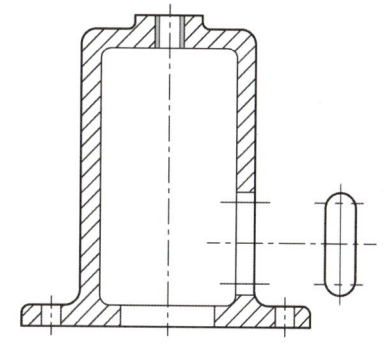

① 회전 투상도　　② 국부 투상도
③ 부분 투상도　　④ 보조 투상도

<u>**관련이론**</u> 28p 국부 투상도

<u>**정답분석**</u> 그림은 국부 투상도이다.

정답 ②

57 KS 기계제도에서 특수한 용도의 선으로 아주 굵은 실선을 사용해야 하는 경우는?

① 나사, 리벳 등의 위치를 명시하는데 사용한다.

② 외형선 및 숨은선의 연장을 표시하는데 사용한다.

③ 평면이라는 것을 나타내는데 사용한다.

④ 얇은 부분의 단면도시를 명시하는데 사용한다.

관련이론 21p 선의 용도

정답분석 아주 굵은 실선은 얇은 부분의 단면도시를 명시하는데 사용한다.
① 가는 1점쇄선을 사용한다.
② 가는 실선을 사용한다.
③ 가는 실선을 사용한다.

정답 ④

58 그림과 같은 도형에서 화살표 방향에서 본 투상을 정면으로 할 경우 우측면도로 옳은 것은?

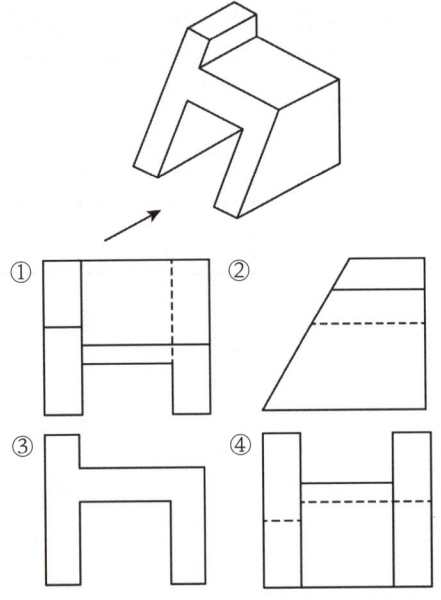

정답분석 우측면도로 옳은 것은 ②이다.

정답 ②

59 다음 중 "어떤 위치의 모서리에 대하여 A 크기의 모떼기를 해라"와 같은 명령을 사용하여 모델링을 수행하는 형상 모델링 방법으로 적절한 것은?

① 와이어프레임 모델링

② 특징형상 모델링

③ 경계 모델링

④ 스위핑 모델링

정답분석 특징형상 모델링의 정의이다.

정답 ②

60 다음 중 스케치도를 작성하는 방법이 아닌 것은?

① 프리핸드법　　② 방사선법

③ 본뜨기법　　④ 프린트법

정답분석 방사선법은 전개도 작성법이다.

정답 ②

2024년 제2회

※CBT 문제는 수험생의 기억에 따라 복원된 것이며, 실제 기출문제와 동일하지 않을 수 있습니다.

01
5~20% Zn의 황동으로 강도는 낮으나 전연성이 좋고 황금색에 가까우며 금박대용, 황동단추 등에 사용되는 구리 합금은?

① 톰백
② 문쯔메탈
③ 델터메탈
④ 주석황동

관련이론 116p 황동
정답분석 톰백에 대한 설명이다.

정답 ①

02
일반 구조용 압연강재의 KS 기호는?

① SS330
② SM400A
③ SM45C
④ SNC415

정답분석 일반 구조용 압연강재의 KS 기호는 SS330이다.
① Steel Structure: SS 일반구조용 강
② Steel Machine: 3M 기계구조용 강
④ Steel Nickel Chrome: SNC 니켈크롬 강

정답 ①

03
탄소강에 함유된 원소 중 백점이나 헤어크랙의 원인이 되는 원소는?

① 황
② 인
③ 수소
④ 구리

관련이론 99p 탄소강의 주요 원소
정답분석 백점이나 헤어크랙의 원인이 되는 원소는 수소이다.
① 황: 적열취성의 원인
② 인: 청열취성의 원인

정답 ③

04
고속도 공구강 강재의 표준형으로 널리 사용되고 있는 18-4-1형에서 텅스텐 함유량은?

① 1%
② 4%
③ 18%
④ 23%

정답분석 W(텅스텐)18% - Cr (크롬)4% - v(바나듐) 1%

정답 ③

05
철과 탄소는 약 6.68% 탄소에서 탄화철이라는 화합물질을 만드는데 이 탄소강의 퓨주조직은 무엇인가?

① 펄라이트
② 오스테나이트
③ 시멘타이트
④ 솔바이트

관련이론 97p 시멘타이트(cementite)
정답분석 시멘타이트는 6.68%의 탄소를 함유한다.

정답 ③

06
황이 함유된 탄소강에 적열취성을 감소시키기 위해 첨가하는 원소는?

① 망간
② 규소
③ 구리
④ 인

관련이론 99p 탄소강의 주요 원소
정답분석 망간은 황의 유해성을 감소시킨다.

정답 ①

07 재료에 높은 온도로 큰 하중을 일정하게 작용시키면 응력이 일정해도 시간의 경과에 따라 변형률이 증가하는 현상은?

① 크리프현상　　② 시효현상

③ 응력집중현상　④ 피로파손현상

관련이론 136p 크리프(creep)시험

정답분석 크리프현상에 대한 설명이다.

정답 ①

08 마우러조직도에 대한 설명으로 옳은 것은?

① 탄소와 규소량에 따른 주철의 조직 관계를 표시한 것

② 탄소와 흑연량에 따른 주철의 조직 관계를 표시한 것

③ 규소와 망간량에 따른 주철의 조직 관계를 표시한 것

④ 규소와 Fe2C량에 따른 주철의 조직 관계를 표시한 것

관련이론 109p 마우러 조직도

정답분석 마우러조직도는 탄소와 규소량의 관계를 표시한다.

정답 ①

09 황동의 합금 원소는 무엇인가?

① Cu - Sn　　② Cu - Zn

③ Cu - Al　　④ Cu - Ni

관련이론 116p 황동

정답분석
• 청동 = Cu + Sn
• 황동 = Cu + Zn

정답 ②

10 가스 질화법에 사용하는 기체는?

① 탄산가스　　② 코크스

③ 목탄가스　　④ 암모니아가스

관련이론 130p 질화법

정답분석 질화법
• 질소를 사용한 경화법
• NH3(암모니아)를 이용한다.

정답 ④

11 다음 중 가열 시간이 짧고, 피가열물의 스트레인을 최소한으로 억제하며, 전자 에너지의 형식으로 가열하여 표면을 경화시키는 방법은?

① 침탄법　　　② 질화법

③ 시안화법　　④ 고주파 담금질

관련이론 130p 물리적 표면경화법

정답분석 고주파 담금질
전자 에너지로 가열하여 표면을 경화시킨다.

정답 ④

12 구리에 니켈 40~50%의 함유량을 첨가하는 합금으로 통신기, 전열선 등의 전기저항 재료로 이용되는 것은?

① 모넬메탈　　② 콘스탄탄

③ 엘린바　　　④ 인바

관련이론 119p 니켈(Ni)과 니켈합금

정답분석 콘스탄탄에 대한 설명으로서, Cu-40 ~ 50% Ni계 합금이며 전기저항이 크고 저항온도계수가 작아 전기저항선이나 열전대의 재료로 사용된다.

정답 ②

13 알루미늄의 특성에 대한 설명 중 틀린 것은?

① 내식성이 좋다.

② 열전도성이 좋다.

③ 순도가 높을수록 강하다.

④ 가볍고 전연성이 우수하다.

관련이론 117p 알루미늄(Al)과 알루미늄합금

정답분석 합금의 형태일수록 강하다.

정답 ③

14 강을 Ms점과 Mf 점 사이에서 항온 유지 후 꺼내어 공기 중에서 냉각하여 마텐자이트와 베이나이트의 혼합조직으로 만드는 열처리는?

① 풀림　　　　　② 담금질
③ 침탄법　　　　④ 마템퍼

관련이론 128p 항온뜨임
정답분석 마템퍼에 대한 설명이다.

정답 ④

15 어미자의 1눈금이 0.5mm이며 아들자의 눈금이 12mm를 25등분한 버니어 캘리퍼스의 최소 측정값은?

① 0.01mm　　　② 0.05mm
③ 0.02mm　　　④ 0.1mm

정답분석 버니어 캘리퍼스의 최소 측정값

$$\frac{0.5}{25} = \frac{l}{100} = 0.02$$

정답 ③

16 측정 오차에 관한 설명으로 틀린 것은?

① 기기 오차는 측정기의 구조상에서 일어나는 오차이다.
② 계통 오차는 측정값에 일정한 영향을 주는 원인에 의해 생기는 오차이다.
③ 우연 오차는 측정자와 관계없이 발생하고, 반복적이고 정확한 측정으로 오차 보정이 가능하다.
④ 개인 오차는 측정자의 부주의로 생기는 오차이며, 주의해서 측정하고 결과를 보정하면 줄일 수 있다.

관련이론 143p 오차(error)
정답분석 우연오차
우연히 발생하는 천둥소리, 지진 등으로 발생하는 오차

정답 ③

17 다음 중 각도를 측정할 수 있는 측정기는?

① 버니어 캘리퍼스
② 옵티컬 플랫
③ 사인바
④ 하이트 게이지

관련이론 147p 각도측정기
정답분석 각도를 측정하는 측정기는 사인바이다.

정답 ③

18 이미 치수를 알고 있는 표준과의 차를 구하여 치수를 알아내는 측정방법을 무엇이라 하는가?

① 절대 측정　　　② 비교 측정
③ 표준 측정　　　④ 간접 측정

관련이론 142p 측정의 종류
정답분석 비교측정
비교하여 측정하는 방법으로서 이미 치수를 알고 있는 표준과의 차를 구하여 치수를 알아내는 측정방법이다.

정답 ②

19 재료의 인장시험에서 시험편의 표점 거리가 50mm이고, 인장시험 후 파괴 시작점의 표점 거리가 55mm 이었을 때 재료의 연신율은 몇 %인가?

① 5　　　　　　② 10
③ 50　　　　　④ 55

관련이론 134p 인장시험
정답분석 연신율

$$= \frac{늘어난 길이}{처음 길이} = \frac{55-50}{50} = \frac{5}{50} = \frac{10}{100} = 0.1 = 10\%$$

정답 ②

20 강판 또는 형강 등을 영구적으로 결합하는데 사용되는 것은?

① 핀　　　　　　② 키
③ 용접　　　　　④ 볼트와 너트

정답분석 영구적 결합시 리벳, 용접을 사용한다.

정답 ③

21 평벨트 전동장치와 비교하여 V-벨트 전동장치에 대한 설명으로 옳지 않은 것은?

① 접촉 면적이 넓으므로 비교적 큰 동력을 전달한다.
② 장력이 커서 베어링에 걸리는 하중이 큰 편이다.
③ 미끄럼이 작고 속도비가 크다.
④ 바로걸기로만 사용이 가능하다.

관련이론 69p 벨트 풀리(belt pulley)

정답분석 장력이 작으므로 베어링에 걸리는 하중이 작다.

정답 ②

22 다음 체인전동의 특성 중 틀린 것은?

① 정확한 속도비를 얻을 수 있다.
② 벨트에 의해 소음과 진동이 심하다.
③ 2축이 평행한 경우에만 전동이 가능하다.
④ 축간 거리는 10~15m가 적합하다.

정답분석 축간 거리는 4m 이하에서 사용한다.

정답 ④

23 왕복운동 기관에서 직선운동과 회전운동을 상호 전달할 수 있는 축은?

① 직선 축
② 크랭크 축
③ 중공 축
④ 플렉시블 축

정답분석 크랭크 축
직선운동 + 회전운동 전달

정답 ②

24 다음 벨트 중에서 인장강도가 대단히 크고 수명이 가장 긴 벨트는?

① 가죽 벨트
② 강철 벨트
③ 고무 벨트
④ 섬유 벨트

정답분석 강철 벨트의 수명이 가장 길다.

정답 ②

25 운전 중 또는 정지 중에 운동을 전달하거나 차단하기에 적절한 축이음은?

① 외접기어
② 클러치
③ 올덤 커플링
④ 유니버설 조인트

정답분석 • 클러치: 운동의 전달, 차단 가능
• 커플링: 운동의 전달, 차단 불가능

정답 ②

26 나사면에 증기, 기름 또는 외부로부터의 먼지 등이 유입되는 것을 방지하기 위해 사용하는 너트는?

① 나비 너트
② 둥근 너트
③ 사각 너트
④ 캡 너트

정답분석 캡너트에 대한 설명이며, 이물질 유입을 방지하기 위해 사용한다.

정답 ④

27 "왼 2줄 M50 × 2 6H"로 표시된 나사의 설명으로 틀린 것은?

① 왼: 나사산의 감는 방향
② 2줄: 나사산의 줄 수
③ M50 × 2: 나사의 호칭지름 및 피치
④ 6H: 수나사의 등급

정답분석 • 대문자: 암나사의 등급
• 소문자: 수나사의 등급

정답 ④

28 강도와 경도를 높이는 열처리 방법은?

① 뜨임
② 담금질
③ 풀림
④ 불림

관련이론 124p 기본(일반)열처리

정답분석 담금질만 경도를 높이는 열처리 방법이다.

정답 ②

29 스프링을 사용하는 목적이 아닌 것은?

① 힘 축적   ② 진동 흡수
③ 동력 전달   ④ 충격 완화

30 주철의 성장원인이 아닌 것은?

① 흡수한 가스에 의한 팽창
② Fe3C의 흑연화에 의한 팽창
③ 고용 원소인 Sn의 산화에 의한 팽창
④ 불균일한 가열에 의해 생기는 파열 팽창

31 리베팅이 끝난 뒤에 리벳머리의 주위 또는 강판의 가장자리를 정으로 때려 그 부분을 밀착시켜 틈을 없애는 작업은?

① 시밍   ② 코킹
③ 커플링   ④ 해머링

32 나사를 기능상으로 분류했을 때 운동용 나사에 속하지 않는 것은?

① 볼나사   ② 관용나사
③ 둥근나사   ④ 사다리꼴나사

33 전기에너지를 이용하여 제동력을 가해 주는 브레이크는?

① 블록 브레이크
② 밴드 브레이크
③ 디스크 브레이크
④ 전자 브레이크

34 보스와 축의 둘레에 여러 개의 키(key)를 깎아 붙인 모양으로 큰 동력을 전달할 수 있고 내구력이 크며, 축과 보스의 중심을 정확하게 맞출 수 있는 특징을 가지는 것은?

① 새들 키   ② 원뿔 키
③ 반달 키   ④ 스플라인

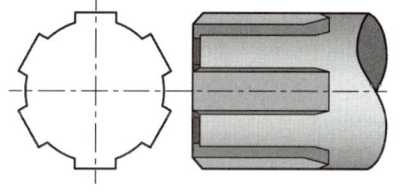

35 V벨트는 단면 형상에 따라 구분되는데 가장 단면이 큰 벨트의 형은?

① A   ② C
③ E   ④ M

36 평행키에서 나사용 구멍이 없는 것의 보조기호는?

① P   ② PS

③ T   ④ TG

정답분석
- 나사용 구멍이 없는 평행키: P (Parallel key)
- 나사용 구멍이 있는 평행키: PS (Parallel key Screw)

정답 ①

37 가상선의 용도로 맞지 않는 것은?

① 인접부분을 참고로 표시하는데 사용
② 도형의 중심을 표시하는데 사용
③ 가공 전 또는 가공 후의 모양을 표시하는데 사용
④ 도시된 단면의 앞쪽에 있는 부분을 표시하는데 사용

관련이론 21p 선의 용도

정답분석 도형의 중심을 표시하는데 사용하는 것은 중심선이다.

정답 ①

38 작은 쪽의 지름을 호칭지름으로 나타내는 핀은?

① 평행핀 A형   ② 평행핀 B형
③ 분할 핀   ④ 테이퍼 핀

관련이론 67p 핀(pin)

정답분석 테이퍼 핀의 호칭지름: 작은 쪽의 지름

정답 ④

39 IT 공차에 대한 설명으로 옳은 것은?

① IT 01부터 IT 18까지 20등급으로 구분되어 있다.
② IT 01~IT 4는 구멍 기준공차에서 게이지 제작공차이다.
③ IT 6~IT 10은 축 기준공차에서 끼워맞춤 공차이다.
④ IT 10~IT 18은 구멍 기준공차에서 끼워맞춤 이외의 공차이다.

관련이론 57p IT(International Tolerance) 기본공차

정답분석

용도	게이지 제작 공차	끼워 맞춤 공차	끼워 맞춤 이외 공차
구멍	IT 01 ~ IT 5	IT 6 ~ IT 10	IT 11 ~ IT 18
축	IT 01 ~ IT 4	IT 5 ~ IT 9	IT 10 ~ IT 18

정답 ①

40 선의 종류에 따른 용도의 설명으로 틀린 것은?

① 굵은 실선: 외형선으로 사용한다.
② 가는 실선: 치수선으로 사용한다.
③ 파선: 숨은선으로 사용한다.
④ 굵은 1점 쇄선: 단면의 무게 중심선으로 사용한다.

관련이론 21p 선의 용도

정답분석
- 무게중심선: 가는 2점쇄선
- 특수지정선: 굵은 1점쇄선

정답 ④

41 그림과 같은 지시 기호에서 "b"에 들어갈 지시 사항으로 옳은 것은?

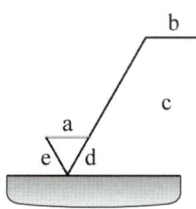

① 가공 방법
② 표면 파상도
③ 줄무늬 방향 기호
④ 컷오프값·평가길이

관련이론 60p 면의 지시 기호

정답분석

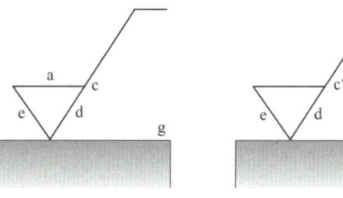

① a: 산술 평균 거칠기의 값
㉠ h: 가공 방법
③ c: 컷오프 값
④ c′: 기준 길이
⑤ d: 줄무늬 방향 기호
⑥ e: 다듬질 여유
㉦ f: 산술 평균 거칠기 이외의 표면 거칠기 값
⑧ g: 표면 파상도(KS B 0610에 따른다)

정답 ①

42 다음 기하공차의 종류 중 단독 모양에 적용하는 것은?

① 진원도
② 평행도
③ 위치도
④ 원주흔들림

관련이론 55p 기하공차의 기호와 종류

정답분석 모양공차(단독형체)
진원도, 원통도, 진직도, 평면도, 선의 윤곽도, 면의 윤곽도
정답 ①

43 다음 중 한 도면에서 두 종류 이상의 선이 같은 장소에 겹치는 경우 가장 우선적으로 그려야 할 선은?

① 숨은선
② 무게 중심선
③ 절단선
④ 중심선

관련이론 21p 선의 용도

정답분석 문자 > 외형선 > 숨은선 > 절단선 > 중심선 > 무게 중심선 > 치수 보조선

정답 ①

44 경사면부가 있는 대상물에서 그 경사면의 실형을 표시할 필요가 있는 경우에 사용하는 그림과 같은 투상도의 명칭은?

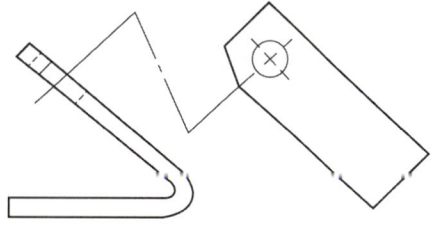

① 부분 투상도
② 보조 투상도
③ 국부 투상도
④ 회전 투상도

관련이론 27p 특수 투상도

정답분석 경사면에 표시하는 투상도는 보조 투상도이다.

정답 ②

45 축을 제도할 때 도시방법의 설명으로 맞는 것은?

① 축에 단이 있는 경우는 치수를 생략한다.
② 축은 길이 방향으로 전체를 단면하여 도시한다.
③ 축 끝에 모떼기는 치수는 생략하고 기호만 기입한다.
④ 단면 모양이 같은 긴 축은 중간을 파단하여 짧게 그릴 수 있다.

관련이론 67p 축

정답분석 파단하여 짧게 그리고 치수는 실제치수를 기입한다.

정답 ④

46 수나사 막대의 양 끝에 나사를 깎은 머리 없는 볼트로서, 한끝은 본체에 박고 다른 끝은 너트로 죌 때 쓰이는 것은?

① 관통 볼트
② 미니추어 볼트
③ 스터드 볼트
④ 탭 볼트

스터드 볼트(머리 없는 볼트)에 대한 설명이다.

정답 ③

47 치수 기입의 원칙에 대한 설명으로 틀린 것은?

① 치수는 되도록 계산할 필요가 없도록 기입한다.
② 치수는 필요에 따라 기준으로 하는 점, 선, 또는 면을 기초로 한다.
③ 치수는 되도록 정면도 외에 분산하여 기입하고 중복기입을 피한다.
④ 치수는 선에 겹치게 기입해서는 안되나, 부득이한 경우 선을 중단시켜 기입할 수 있다.

40p 치수 기입의 기본 원칙
치수는 정면도에 집중기입한다.

정답 ③

48 기하 공차의 종류와 기호 설명이 틀린 것은?

① / / : 평행도 공차
② ↗ : 원주 흔들림 공차
③ ○ : 동축도 또는 등심도 공차
④ ⊥ : 직각도 공차

55p 기하공차
O 표시는 진원도 공차이다.

정답 ③

49 유니파이나사의 나사산 각도는?

① 55°
② 60°
③ 30°
④ 50°

66p 나사의 규격
• 55°: 관용나사
• 60°: 미터나사, 유니파이 나사

정답 ②

50 스프링 도시의 일반 사항이 아닌 것은?

① 코일 스프링은 일반적으로 무 하중 상태에서 그린다.
② 그림 안에 기입하기 힘든 사항은 일괄하여 요목표에 기입한다.
③ 하중이 걸린 상태에서 그린 경우에는 치수를 기입할 때, 그 때의 하중을 기입한다.
④ 단서가 없는 코일 스프링이나 벌류트 스프링은 모두 왼쪽으로 감은 것을 나타낸다.

71p 스프링
일반적으로 코일 스프링은 오른쪽 감기이다.

정답 ④

51 인치계 사다리꼴 나사산의 각도로서 맞는 것은?

① 60°
② 29°
③ 30°
④ 55°

66p 나사의 규격
• 미터계 사다리꼴 나사(Tr): 30°
• 인치계 사다리꼴 나사(Tw): 29°

정답 ②

해커스
전산응용기계제도
기능사 필기
한권완성

시험장에 꼭 가져가야 할

핵심노트

해커스

PART 01 | 기계제도

CHAPTER 01 | 기계 일반

1 국가별 산업규격과 기호

기호	명칭
ISO [International Organization for Standardization]	국제 표준화 기구
ANSI [American National Standards Institute]	미국 산업규격
DIN [Deutsches Institut für Normung]	독일 산업규격
JIS [Japanese Industrial Standards]	일본 산업규격
ASTM [American Society for Testing and Materials]	미국 재료시험학회

2 KS[Korean Industrial Standards] 분류기호

KS 기호	부문	KS 기호	부문
(KS) A	규격총칙	(KS) I	환경
(KS) B	기계	(KS) M	화학
(KS) C	전기	(KS) R	수송기계
(KS) D	금속	(KS) V	조선
(KS) E	광산	(KS) W	항공우주
(KS) F	토목 건설	(KS) X	정보

3 척도

종류	의미	기준 축척
현척	실물 크기와 같음	1:1
축척	실물 크기보다 작음	1:2 1:5 1:10 1:50 1:100 1:200
배척	실물 크기보다 큼	2:1 5:1 10:1 20:1 50:1

4 도면의 구성요소

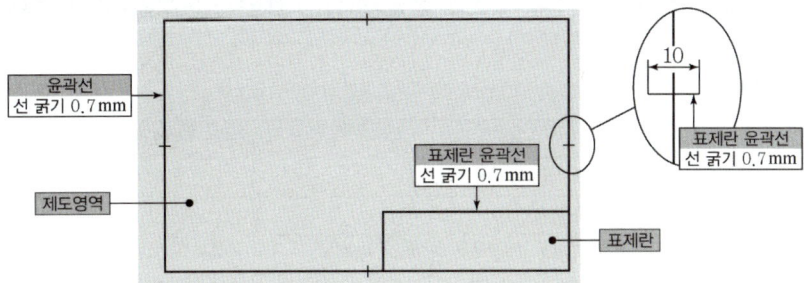

(1) 윤곽선

(2) 표제란

(3) 중심마크

5 도면이 갖추어야 하는 조건

(1) 도면의 정보를 정확하고 쉽게 이해할 수 있도록 나타내어야 한다.

(2) 도면에는 형상의 크기, 모양, 위시, 자세 등이 나타나 있어야 하며, 재료의 형태 및 가공방법에 대한 정보가 있어야 한다.

(3) 도면의 복사, 검색, 보존 등이 편리하도록 내용과 양식을 갖추어야 한다.

(4) 보편성 및 정확성을 갖추고 있어야 한다.

(5) 무역 및 기술의 국제 교류를 위한 통용성을 갖추어야 한다.

1 선의 용도

명칭	용도	선의종류	모양
외형선	물체의 보이는 부분을 표시하는데 사용한다.	굵은 실선	————
치수선	치수를 기입하기 위해 사용한다.	가는 실선	
치수보조선	치수를 기입하기 위해 도형의 끝부분에서 연장하여 사용한다.		
지시선	기술 또는 기호 등을 표기하기 위해 주로 도형 밖으로 연장하여 표기할 때 사용한다.		
회전단면선	회전한 형상을 표기할 때 사용한다.		
수준면선	수면, 유면 등의 위치를 표기할 때 사용한다.		
중심선	도형의 중심을 표시하거나 중심이 이동한 중심 궤적을 표시하는 데 사용한다.	가는 1점 쇄선	—·—·—
피치선	되풀이 되는 도형의 피치를 취하는 기준을 표기하는데 사용한다.		
숨은선	물체의 보이지 않는 부분의 모양을 표시하는데 사용한다.	가는 파선 또는 굵은 파선	– – – – –
가상선	가공 전 또는 가공 후의 모습을 표기하는데 주로 사용한다.	가는 2점 쇄선	
무게중심선	단면의 무게중심을 표기할 때 사용한다.		
파단선	물체의 일부를 파단한 경계 또는 일부를 떼어낸 경계를 표시하는데 사용한다.	불규칙한 파형의 가는 실선	∿∿∿
해칭선	단면도의 절단된 부분을 표시하는데 사용되며, 각기 다른 단면과 접촉되는 경우 서로 반대 방향으로 표기한다.	가는 실선을 규칙적으로 늘어놓은 것	⫽⫽⫽
절단선	단면도 작성시 그 절단 위치를 대응하는 그림에 표시하는데 사용한다.	가는 1점 쇄선으로 끝 부분 및 방향이 변하는 부분을 굵게 표기한 것	
특수지정선	특수한 가공 및 열처리가 필요 하거나, 요청사항의 범위를 적용할 때 사용한다.	굵은 1점 쇄선	—·—·—
가스켓	가스켓등 두께가 얇은 부분을 표시하는데 사용한다.	아주 굵은 실선	━━━
비고	기타 KS에 규정되지 않은 선을 사용할 때에는 그 선의 용도를 도면 안에 주기한다.		

5 선의 우선순위

도면에서 두 종류 이상의 선이 같은 위치에 중복될 경우 다음 순위에 따라 우선되는 종류부터 그린다.

(1) 외형선

(2) 숨은선

(3) 절단선

(4) 중심선

(5) 무게 중심선

(6) 치수 보조선

1 투상법의 종류

1. 등각 투상도

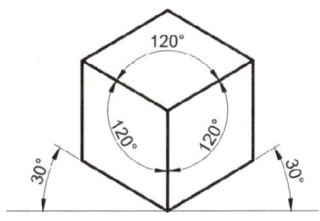

2. 사투상도

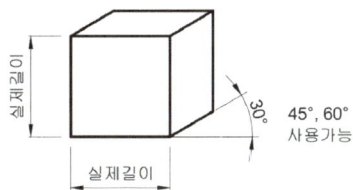

3. 투시도

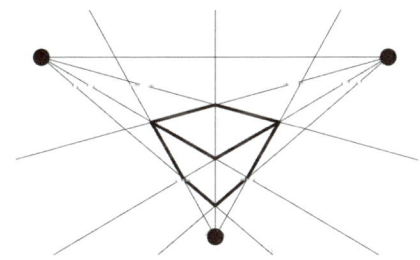

4. 정투상도

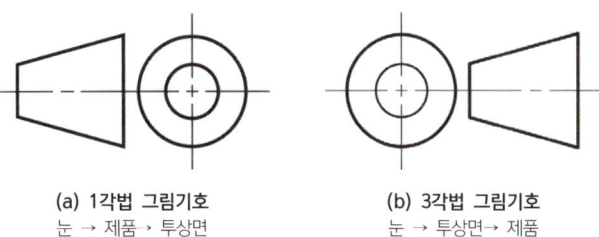

(a) 1각법 그림기호
눈 → 제품 → 투상면

(b) 3각법 그림기호
눈 → 투상면→ 제품

2 특수 투상도

1. 보조 투상도

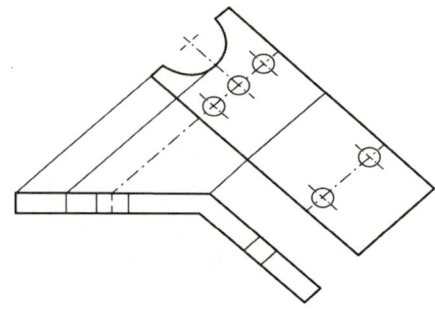

2. 회전 투상도

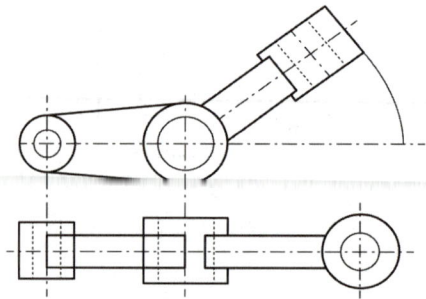

3. 부분 투상도

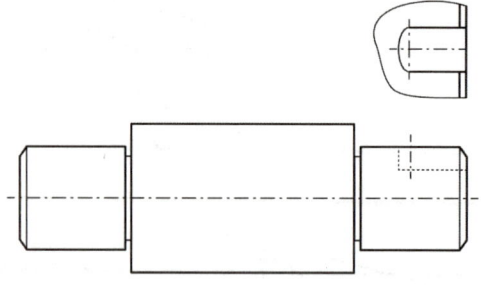

4. 국부 투상도

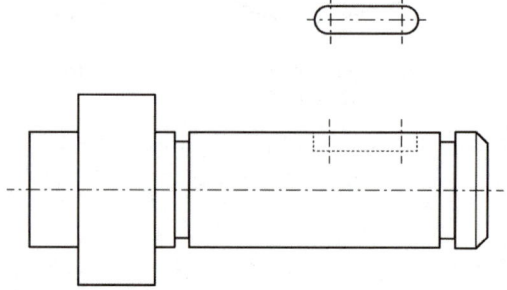

5. 부분 확대도

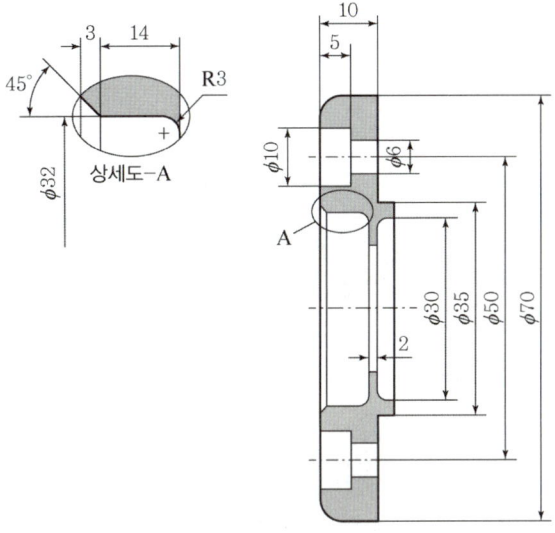

상세도-A

3 단면도의 종류

1. 온단면도(전단면도)

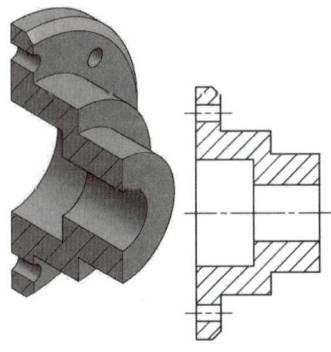

2. 반단면도(한쪽 단면도)

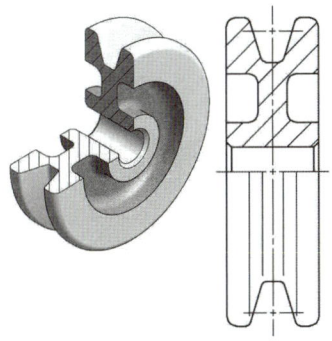

3. 부분 단면도

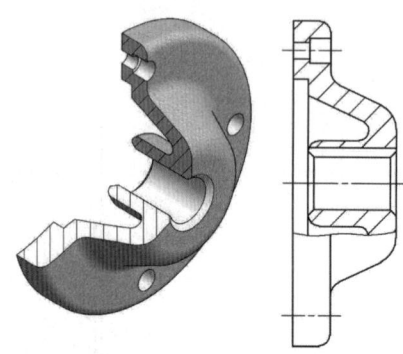

4. 회전 단면도

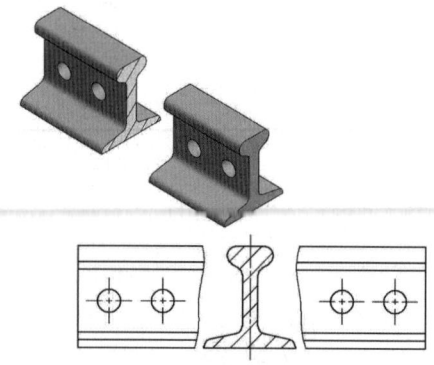

5. 계단 단면도

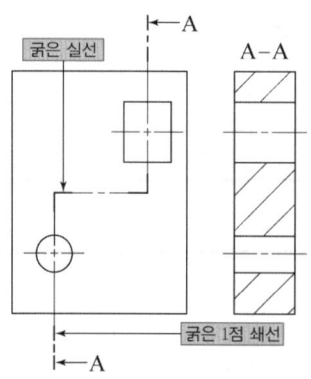

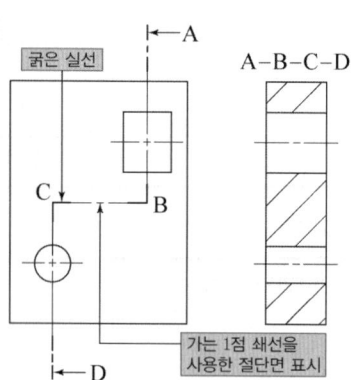

※ CHAPTER 04 특수 표기법 내용은 교재 참고

1 치수의 기입 방식

1. 직렬 치수 기입 방식

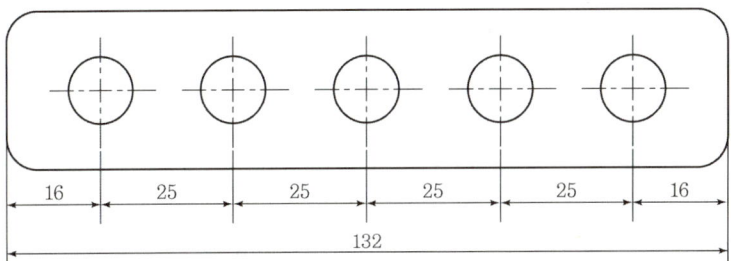

2. 병렬 치수 기입 방식

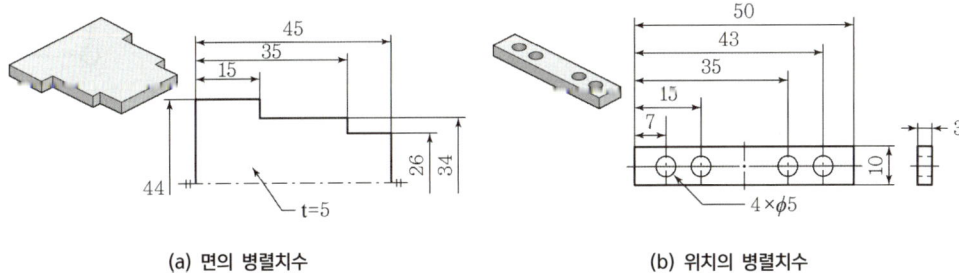

(a) 면의 병렬치수   (b) 위치의 병렬치수

3. 누진 치수 기입 방식

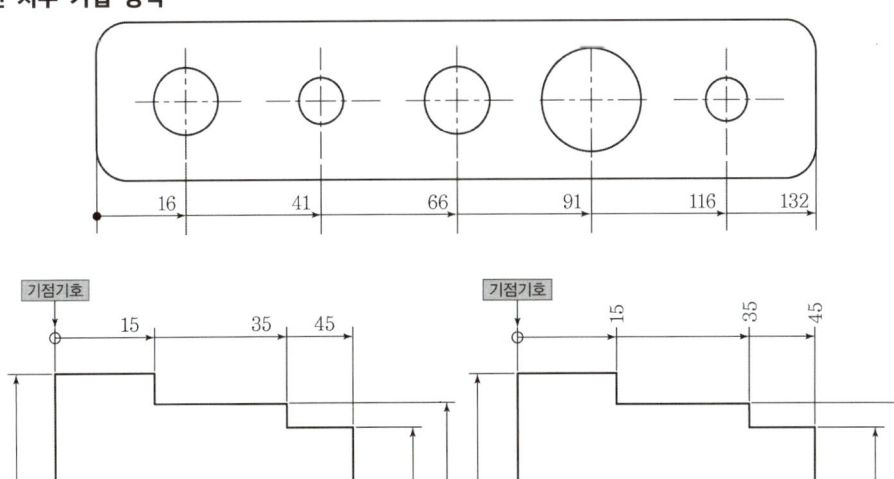

2 치수 보조기호

기호	구분	기호	구분
지름	ϕ	카운트 보어	⊔
반지름	R	카운트 싱크	∨
구의 지름	Sϕ	깊이	⊻
구의 반지름	SR	이론적으로 정확한 치수	50
정사각형	□	참고 치수	(50)
판의 두께	t	치수의 취소	~~50~~
원호의 길이	⌒	비례 척도가 아닌 치수	<u>50</u>
45° 모떼기	C	치수의 기준(기점기호)	⊸

CHAPTER 06 | 공차(tolerance)

1 IT(International Tolerance) 기본공차

용도	게이지 제작 공차	끼워 맞춤 공차	끼워 맞춤 이외 공차
구멍	IT 01 ~ IT 5	IT 6 ~ IT 10	IT 11 ~ IT 18
축	IT 01 ~ IT 4	IT 5 ~ IT 9	IT 10 ~ IT 18

2 끼워맞춤공차

1. 헐거운 끼워맞춤
구멍의 최소 치수가 축의 최대 치수보다 큰 경우이며, 항상 틈새가 발생하는 끼워맞춤 관계이다.

2. 중간 끼워맞춤
끼워맞춤 관계 중에서 틈새와 죔쇄 둘다 발생할 수 있다.

3. 억지 끼워맞춤
축의 최소 치수가 구멍의 최대 치수보다 항상 큰 경우로, 항상 죔쇄가 발생하는 끼워맞춤 관계이다.

3 기하공차

적용하는 형체	공차의 종류		기호
단독 형체	모양 공차	진직도 공차	—
		평면도 공차	▱
		진원도 공차	○
		원통도 공차	⌀
단독 형체 또는 관련 형체		선의 윤곽도 공차	⌒
		면의 윤곽도 공차	⌓
관련 형체	자세 공차	평행도 공차	//
		직각도 공차	⊥
		경사도 공차	∠
	위치 공차	위치도 공차	⊕
		동축도 공차 또는 동심도 공차	◎
		대칭도 공차	=
	흔들림 공차	원주 흔들림 공차	↗
		온 흔들림 공차	↗↗

1 줄무늬 기호

기호	줄무늬 형상	의미
=		가공으로 생긴 줄무늬 방향이 기호를 기입한 그림의 투상면에 평행
⊥		가공으로 생긴 줄무늬 방향이 기호를 기입한 그림의 투상면에 직각
X		가공으로 생긴 선이 두 방향으로 교차
M		가공으로 생긴 선이 여러 방향 또는 방향이 없음
C		가공으로 생긴 선이 거의 동심원
R		가공으로 생긴 선이 거의 방사선

2 표면 거칠기의 종류

1. 산술 평균 거칠기(중심선 평균 거칠기, R_a)

2. 최대높이 거칠기($R_y = R_{\max}$)

3. 10점 평균 거칠기(R_Z)

3 면의 지시 기호

면의 지시 기호는 기계부품의 표면에 있어서의 표면 거칠기, 제거가공의 필요 여부, 줄무늬 방향, 가공방법 등을 나타낼 때 사용한다.

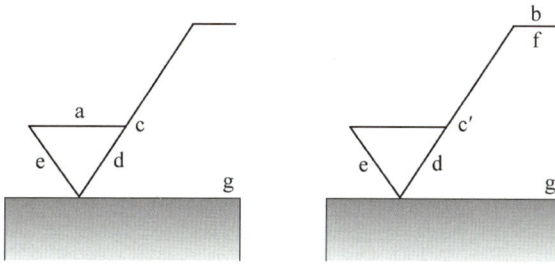

① a: 산술 평균 거칠기의 값

② b: 가공 방법

③ c: 컷오프 값

④ c': 기준 길이

⑤ d: 줄무늬 방향 기호

⑥ e: 다듬질 여유

⑦ f: 산술 평균 거칠기 이외의 표면 거칠기 값

⑧ g: 표면 파상도(KS B 0610에 따른다)

4 가공 방법의 기호

가공 방법의 기호		
선반 가공(L)	드릴 가공(D)	보링 가공(B)
리머 가공(FR)	연마 가공(G)	주조(C)
브로치 가공(BR)	셰이퍼 가공(SH)	플래너 가공(P)
밀링 가공(M)	줄 가공(FF)	배럴 가공(SPBR)

1 나사의 종류와 호칭(규격)

구분		나사의 종류		나사의 종류 기호	나사의 호칭에 대한 지시방법	관련표준
일반용	ISO 표준에 있는 것	미터 보통나사		M	M8	KS B 0201
		미터 가는 나사			M8 × 1	KS B 0204
		미니어처 나사		S	S 0.5	KS B 0228
		유니파이 보통나사		UNC	3/8-16 UNC	KS B 0203
		유니파이 가는 나사		UNF	No. 8-36 UNF	KS B 0206
		미터 사다리꼴 나사		Tr	Tr 10 × 2	KS B 0229
		관용 테이퍼 나사	테이퍼 수나사	R	R 3/4	KS B 0222
			테이퍼 암나사	Rc	Rc 3/4	
			평행 암나사	Rp	Rp 3/4	
		관용 평행 나사		G	G 1/2	KS B 0221
		30° 사다리꼴 나사		TM	TM 18	KS B 0227
		29° 사다리꼴 나사		TW	TW 20	KS B 0226
		관용 테이퍼 나사	테이퍼 나사	PT	PT 7	KS B 0222
			평행 암나사	PS	PS 7	
	ISO 표준에 없는 것	관용 평행나사		PF	PF 7	KS B 0221

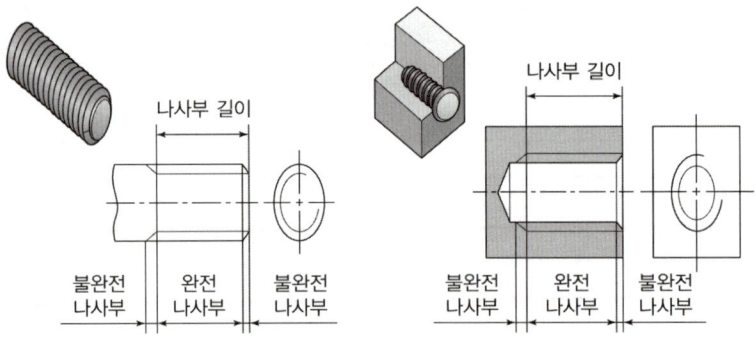

2 구름 베어링의 규격

형식번호	치수기호	안지름 번호	접촉각 기호	실드 기호
• 1: 복열 자동조심형 • 2, 3: 넓은 폭 복열 자 동조심형 • 6: 단열홈형 • 7: 단열 앵귤러 접촉형 • N: 원통롤러형	• 0, 1: 특별 경하중 • 2: 경하중 • 3: 중하중	• 1~9: 1~9mm • 00: 10mm • 01: 12mm • 02: 15mm • 03: 17mm • 04: 20mm ※ 04부터는 X5	C	• Z: 한쪽 실드 • ZZ: 양쪽 실드

3 용접 종류에 따른 기호

용접종류	도시법	기호
필릿용접		
스폿용접		
플러스(슬롯)용접		
심용접		
뒷면용접		
겹침용접(이음)		

4 배관의 제도

1. 배관의 접속 상태

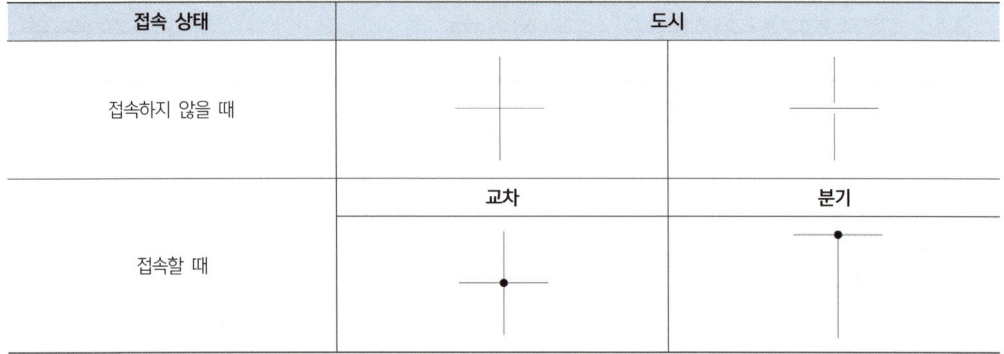

접속 상태	도시	
접속하지 않을 때		
	교차	분기
접속할 때		

2. 배관 내부에 흐르는 유체

유체의 종류	기호
공기	A(air)
가스	G(gas)
기름	O(oil)
증기	S(steam)
물	W(water)

1 형상모델링의 종류

1. 와이어프레임 모델링(Wire-frame Modeling)

(1) 선(line)에 의해서 표현되고 선을 해독해서 형상을 유추한다.

(2) 데이터의 용량이 가장 작고 처리속도가 빠르다

(3) 형상모델링작업이 용이하고 투시도제작에 유리하다.

(4) 은선(숨은선)제거와 단면도 작성은 불가능하다.

(5) 물리적 해석이 불가능한 형상모델링이다.

2. 서피스 모델링(Surface Modeling)

(1) 면(surface)에 의해서 표현된다.

(2) 은선제거와 단면도의 작성이 가능하다.

(3) NC(또는 CNC)공작기계에 가공정보를 전달할 수 있다.

(4) 물리적 해석은 불가능한 형상모델링이다.

3. 솔리드 모델링(Solid Modeling)

(1) 실체(solid)로 표현되고 표면은 곡면이 기본이나.

(2) 은선제거와 단면도의 작성이 가능하다.

(3) 모델링 내부의 형상까지 정확하게 표현할 수 있다.

(4) 간섭체크가 용이하다.

(5) 질량이나 관성모멘트와 같은 물리적 성질을 계산할 수 있다.

(6) 데이터 용량은 가장 크다.

PART 02 | 기계재료

CHAPTER 01 | 기계재료의 특징

1 기계재료의 종류와 특징

1. 기계재료의 종류

금속재료	철	• 순철 • 강: 탄소강, 합금강 • 주철: 보통주철, 특수주철
	비철	• 구리(Cu)계 • 알루미늄(Al)계 • 마그네슘(Mg) • 티타(Ti)늄 • 니켈(Ni)계 • 아연(Zn), 납(Pb), 주석(Sn) • 귀금속
비금속	무기질	유리, 시멘트, 내제
	유기질	플라스틱, 목재, 고무

2. 금속재료의 특징
(1) 상온에서 고체상태를 유지하고 결정구조를 갖는다[단, 수은(Hg)은 제외].
(2) 특유의 광택이 있다.
(3) 전성, 연성, 가공성과 같은 기계적 성질을 가지고 있다.
(4) 열전도성이 크고, 전기가 잘 통한다.
(5) 비중 및 경도가 크다.

2 금속의 결정구조
(1) 체심입방격자(BCC)
(2) 면심입방격자(FCC)
(3) 조밀육방격자(HCP)

3 동소변태

	A3 변태 912 °C	A4 변태 1400 °C	용융점 1538 °C
	α철	γ철	δ철
	BCC	FCC	BCC

1 철(Fe)강 재료

철강재료	순철	-	0.02%C 이하
	강	아공석강	0.02 ~ 0.77%C
		공석강	0.77%C
		과공석강	0.77 ~ 2.11%C
	주철	아공정주철	2.11 ~ 4.3%C
		공정주철	4.3%C
		과공정주철	4.3 ~ 6.68%C

2 순철의 특징

동소체	온도	원자배열
α철	912℃ 이하	체심입방격자(BCC)
γ철	912~1400℃	면심입방격자(FCC)
δ철	1400℃ 이상	체심입방격자(BCC)

3 탄소강의 주요 조직

(1) 오스테나이트(austenite)
(2) 페라이트(ferrite)
(3) 펄라이트(pearlite)
(4) 레데뷰라이트(ledeburite)
(5) 시멘타이트(cementite)

4 탄소강의 주요 원소

원소	효과
C(탄소)	강도, 경도 증가 / 인성, 전성, 충격 값 감소 / 담금질 효과 커짐 / 냉간 가공성 감소
Si(규소)	강도, 경도 증가 / 주조성 향상 / 충격치 감소 / 냉간 가공성 감소
Mn(망간)	강도, 경도, 인성, 점성 증가 / 연성 및 황(S)으로 인한 피해를 감소
P(인)	강도, 경도 증가 / 연신율 감소 / 냉간 가공성 향상 / 편석 발생
S(황)	강도, 경도, 연성, 절삭성 증가 / 충격치 저하 / 적열 메짐의 원인
H_2(수소)	헤어크랙의 발생 원인

※ CHAPTER 03 합금강 내용은 교재 참고

1 주철의 특징

(1) 장점
① 압축강도와 마찰저항이 우수하다.
② 녹이 비교적 쉽게 발생하지 않으며 주조성이 우수하다.
③ 용융점이 낮으며 쇳물 유동성이 우수하다.

(2) 단점
① 압축강도와 비교해서 상대적으로 낮은 인장강도, 굽힘강도가 나타난다.
② 가공이 어렵다.
③ 충격에 약하고 연신율이 작다.

2 흑연화

(1) 흑연화 촉진제: Si, Ni, Al, Ti, Co

(2) 흑연화 방지제: Mo, S, Cr, Mn, V, W

1 구리(Cu)와 구리합금

1. 구리의 특징

(1) 전기와 열의 양도체이며 비자성체다. 특히 전기전도율은 비철금속 중에서 은(Ag) 다음으로 우수하다.

(2) 연성, 전성이 우수해서 냉간가공이 쉽다.

(3) 대기 중에서는 내식성이 우수하나 암모늄에는 쉽게 침식된다.

(4) 다른 금속과 합금성이 우수하고 상태변화 중 변태점이 존재하지 않는다.

2. 구리합금의 종류

(1) 황동(brass)

① 톰백(tombac): Cu + 5~20% Zn

② 7:3황동(cartridge brass): 70% Cu + 30% Zn

③ 6:4황동(muntz metal): 60% Cu + 40% Zn

④ 에드미럴티 황동: 7:3황동 + 1% Sn

⑤ 네이벌 황동: 6:4황동 + 1% Sn

⑥ 델타메탈(delta metal): 6:4황동 + 1~2% Fe

⑦ 양은(또는 양백, nickel silver): 7:3황동 + 10~20% Ni

⑧ 망가닌(manganin): 6:4황동 + 10~15% Mn

⑨ 황동의 화학적 성질

 ㉠ 탈아연부식

 ㉡ 자연균열(응력부식균열)

 ㉢ 고온탈아연(dezincing)

(2) 청동(bronze)

① 포금(gun metal)[Cu + 8~12% Sn + 1~2% Zn]

② 켈밋[Cu + 30~40%Pb]

③ 오일리스 베어링

④ 알루미늄청동[Cu + 6~10% Al]

⑤ 인청동

2 알루미늄(Al)과 알루미늄합금

1. 알루미늄의 특징

(1) 열과 전기의 양도체이다.

(2) 내식성이 우수하고 전성, 연성이 좋다. 하지만 바닷물에는 심하게 침식이 된다.

(3) 순도가 높을수록 연하다.

(4) 주조성이 좋으며 변태점이 존재하지 않는다.

2. 주조용 알루미늄합금

    (1) 라우탈

    (2) 실루민

    (3) 하드로날륨

    (4) Y합금

    (5) 로엑스

3. 내식용 알루미늄합금

    (1) 알민(almin)

    (2) 알드레이(alcled)

    (3) 알클래드(alcled)

4. 고강도 알루미늄합금

    (1) 두랄루민(duralumin)

    (2) 초두랄루민(super duralumin)

3 마그네슘(Mg)과 마그네슘합금

1. 마그네슘의 특징

    (1) 비중이 1.7이며, 가장 가벼운 금속이다.

    (2) 절삭성은 좋지만 소성가공성은 나쁘다.

    (3) 알카리에는 강하지만 산이나 염기에는 침식된다.

2. 마그네슘합금

    (1) 다우메탈(dow metal)

    (2) 일렉트론(electron)

4 니켈(Ni)과 니켈합금

1. 니켈의 특징

    (1) 은백색의 광택을 내고 열전도도, 내식성, 전성, 연성이 우수하다.

    (2) 상온에서는 강자성체고 360℃에서 자기변태를 하여 자성을 잃는다.

    (3) 알칼리에는 강하지만 황산, 염산에는 취약하다.

2. 니켈-구리계 합금

    (1) 콘스탄탄(constantan)

    (2) 모넬(monel metal)

    (3) 베네딕트메탈(benedict metal)

    (4) 큐프로니켈(cupro nickel)

3. 니켈-철계 합금

(1) 인바

(2) 엘린바

(3) 플래티나이트

(4) 퍼멀로이

4. 니켈-크롬계 합금

(1) 인코넬

(2) 알루멜-크로멜(alumel-chromel)

1 열처리의 개요

기본열처리	• 담금질(quenching) • 뜨임(tempering) • 풀림(annealing) • 불림(normalizing)			
항온열처리	오스템퍼링, 마템퍼링, 마퀜칭, MS퀜칭, 항온뜨임			
표면경화법	화학적 표면경화	침탄법	고체, 액체, 기체	
		질화법		
	물리적 표면경화	화염경화, 고주파경화, 하드페이싱, 숏피닝		
	금속침투법	• 세라다이징(Zn) • 보로나이징(B) • 크로마이징(Cr) • 칼로라이징(Al) • 실리코나이징(Si)		

2 화학적 표면경화법

침탄법과 질화법의 비교

구분	침탄법	질화법
경도	낮다.	높다.
담금질	필요하다.	필요없다.
처리후 수정	가능하다.	불가능하다.
처리시간	짧은 시간에 가능하다.	비교적 긴 시간이 필요하다.
변형층	넓은 분포로 발생한다.	좁은 부분에 발생한다.
처리표면	경화층이 단단하다.	경화층이 여리다.
처리온도	높은 처리온도(900~950℃)	낮은 처리온도(500~550℃)

3 물리적 표면경화법

(1) 화염 경화법(flame hardening)
(2) 고주파 경화법(induction hardening)
(3) 하드페이싱(hardfacing)
(4) 숏 피닝(shot peening)

4 금속침투법

금속종류	명칭	효과
Zn	세라다이징	내식성을 향상시킨다.
B	보로나이징	열처리 후 담금질이 필요가 없다.
Cr	크로마이징	스테인레스와 유사한 기계적 성질을 얻는다.
Al	칼로라이징	내열, 내식, 내해수성이 향상된다.
Si	실리코나이징	내산성이 향상된다.

1 기계적 시험(파괴시험)

1. 변형률

(1) 길이변형률(연신률)

$$\epsilon = \frac{\delta}{L} = \frac{L' - L}{L}$$

여기에서 시편의 처음길이를 L, 변형 후 나중길이를 L', 변형량을 $\delta(L-L')$로 한다.

(2) 단변수축률(ϵ_A)

$$\epsilon_A = \frac{A - A'}{A} = \frac{\triangle A}{A} = 2\mu\epsilon$$

여기서 A는 처음 면적, A'는 변형 후의 면적, $\triangle A$: 면적 변화량$(A - A')$이다.

2. 경도시험

종류	원리	압입도구
브리넬 경도(H_B)	강구의 압입, 압입자국과 하중의 비	강구
비커스 경도(H_V)	압입자국의 대각선 길이	다이아몬드 피라미드
로크웰 경도(H_R)	압입자국의 깊이	B 스케일: 강구 C 스케일: 다이아몬드 콘
쇼어 경도(H_S)	자유낙하 추의 반발 높이	다이아몬드 추

PART 03 | 측정

1 측정의 종류

1. 직접측정(direct measurement)
직접 눈금을 읽고 값을 해독하는 방식이다. 대표적인 측정장치로는 자(scale), 버니어 캘리퍼스가 있다.

(1) 장점
① 측정의 범위가 넓고 직접적인 판독이 가능하다.
② 다품종, 소량생산에 적합한 측정방법이다.

(2) 단점
① 눈금을 읽는 사람에 따라 다르게 읽을 수 있다.
② 측정시간이 상대적으로 길며 숙련자와 비숙련자와의 차이가 크다.

2. 비교측정(relative measurement)

(1) 장점
① 정밀한 측정을 쉽고 빠르게 할 수 있다.
② 소품종 대량생산에 유리한 측정방법이다.
③ 전용 측정장비에 의한 자동화에 용이하다.

(2) 단점
① 판독의 기준이 되는 샘플이나 표준품이 필요하다.
② 측정범위가 좁다.
③ 직접적으로 눈금을 읽을 수 없는 측정방식이다.

3. 간접측정(indirect measurement)
간접측정은 직접 눈금을 읽음으로 측정값을 얻지 못하며, 측정을 통해 얻어진 데이터를 가지고 계산으로 측정값을 얻는 방법이다.

2 오차

1. (측정)오차

$$오차 = 측정값 - 참값$$

2. 오차율(오차백분률)

$$오차율(오차백분률) = (오차/참값) \times 100 \ \%$$

3. 오차의 종류
(1) 개인오차: 측정하는 개인의 능력차에 의해서 발생하는 오차를 의미한다.
(2) 계통오차: 실질적으로는 개인오차와 우연오차를 제외한 나머지 오차를 모두 계통오차라고 본다. 대표적으로 계측기 오차가 여기에 해당한다.

(3) 우연오차: 오차의 원인을 알 수 없거나 알더라도 측정 당시의 순간적인 변화로 인해 수식적으로 보정할 수 없는 오차를 의미한다. 그렇기 때문에 우연오차의 경우에는 확률에 의하여 통계적으로 처리하며 반복측정에 의한다.

4. 아베의 원리(Abbe's principle)

아베의 원리는 길이 측정 시 기하학적 위치에 의한 측정오차를 제거하기 위한 원리로서 "피측정물과 표준편은 동일 축선상에 위치하여야 한다."라는 원리로, 이러한 아베의 원리에 어긋나는 대표적인 측정기로는 버니어 캘리퍼스, 내측 마이크로미터 등이 있다.

3 측정기

1. 길이측정

(1) 버니어 캘리퍼스(vernier calipers)

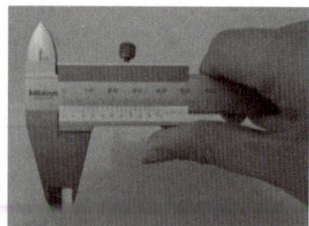 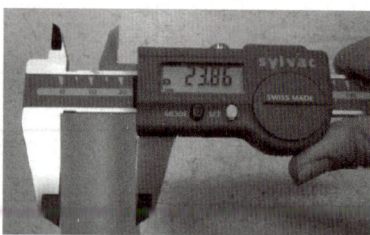

(a) 일반 버니어 캘리퍼스   (b) 디지털 버니어 캘리퍼스

(2) 마이크로미터(micrometer)

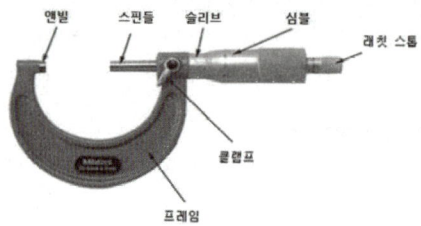

(3) 하이트게이지(height gauge)

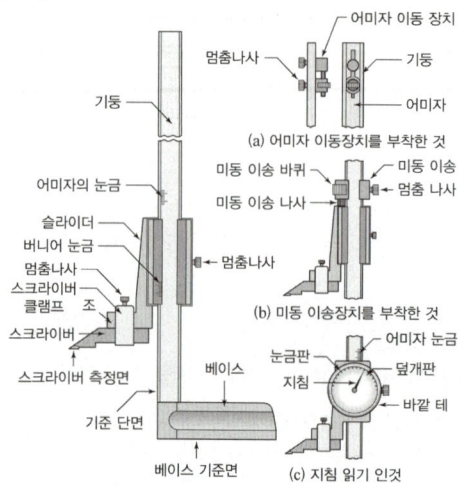

2. 비교측정

다이얼 게이지(dial gauge)

3. 각도측정기

(1) 요한슨식

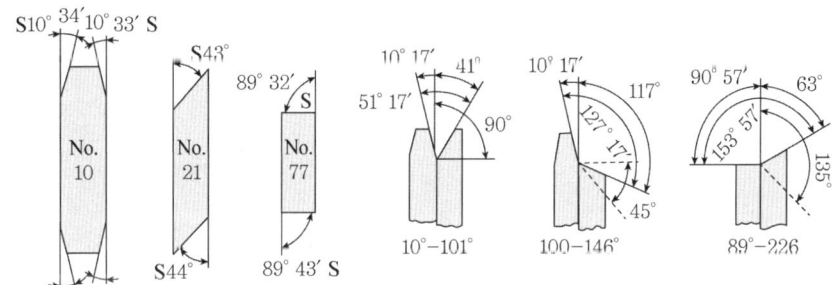

(2) NPL식

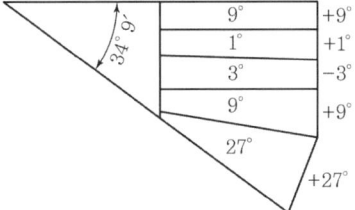

(3) 사인바(sine bar)

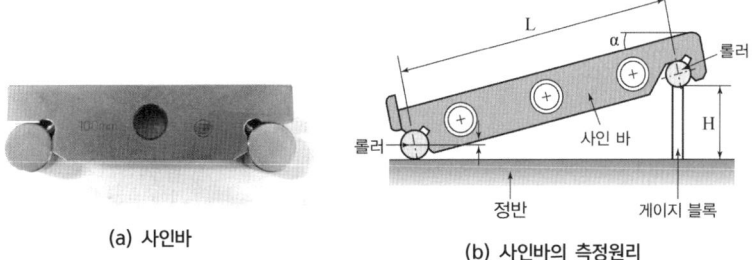

(a) 사인바   (b) 사인바의 측정원리

4. 게이지 측정기

블록 게이지(block guage)

(a) 블록 게이지   (b) 한계 게이지

52
관의 결합방식 표현에서 유니언식을 나타내는 것은?

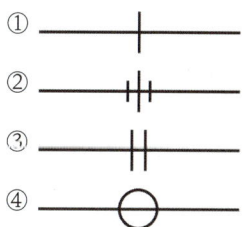

① ——|——
② ——||——
③ ——|——
④ ——○——

정답분석 유니언식을 나타내는 것은 ②의 기호이다.
① 나사식
③ 플랜지식

정답 ②

53
줄무늬 방향 기호 중에서 가공 방향이 무방향이거나 여러 방향으로 교차할 때 기입하는 기호는?

① =   ② X
③ M   ④ C

관련이론 58p 표면 거칠기에 관련된 용어

정답분석 가공 방향이 무방향이거나 여러 방향으로 교차할 때 기입하는 기호는 M이다.
① 투상면에 평행
② 투상면에 경사지고 두 방향 교차
④ 동심원 모양

정답 ③

54
다음 중 CAD 시스템의 입력장치가 아닌 것은?

① 디지타이저(digitizer)
② 마우스(mouse)
③ 플로터(plotter)
④ 라이트 펜(light pen)

정답분석 플로터는 출력장치이다.

정답 ③

55
다음 등각 투상도에서 화살표 방향을 정면도로 할 경우 평면도로 올바른 것은?

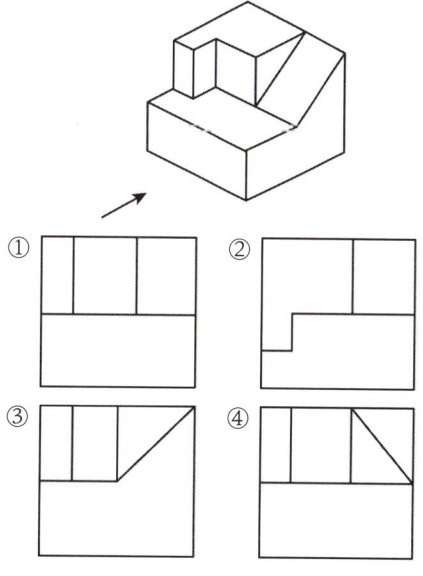

① ② ③ ④

정답분석 보기의 평면도는 ②이다.

정답 ②

56
다음은 관의 장치도를 단선으로 표시한 것이다. 체크밸브를 나타내는 기호는?

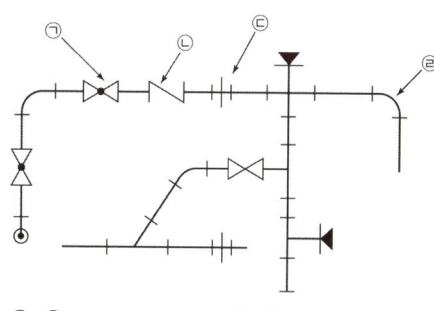

① ㉠   ② ㉡
③ ㉢   ④ ㉣

정답분석 체크밸브를 나타내는 기호는 ㉡이다.
㉠ 글로브 밸브
㉢ 유니온식 결합
㉣ 엘보

정답 ②

57 제품의 모델(model)과 그에 관련된 데이터 교환에 관한 표준 데이터 형식이 아닌 것은?

① STEP ② IGES
③ DXF ④ DWG

관련이론 81p 데이터 파일의 표준

정답분석 DWG는 오토데스크 고유 형식이다.

정답 ④

58 다음 그림 기호는 정투상 방법의 몇 각법을 나타내는가?

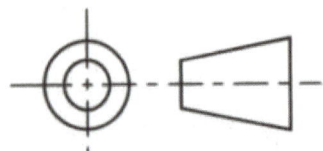

① 1각법 ② 등각 방법
③ 3각법 ④ 부등각 방법

관련이론 25p 정투상도

정답분석 3각법의 기호이다.

정답 ③

59 아래 그림과 같은 치수 기입 방법은?

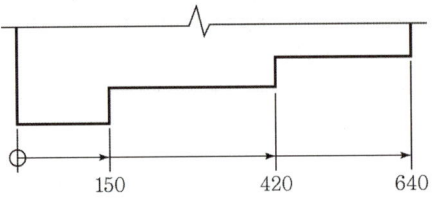

① 병렬 치수 기입법
② 직렬 치수 기입법
③ 원형 치수 기입법
④ 누진 치수 기입법

관련이론 42p 누진 치수 기입 방식

정답분석 기점기호 O가 있으면 누진 치수 기입법이다.

정답 ④

60 한국산업표준(KS)의 부문별 분류기호 연결로 틀린 것은?

① KS A : 기본 ② KS B : 기계
③ KS C : 광산 ④ KS D : 금속

관련이론 12p 제도의 규격(standard)

정답분석

KS 기호	부문
(KS) A	규격총칙
(KS) B	기계
(KS) C	전기
(KS) D	금속
(KS) E	광산
(KS) F	토목건설
(KS) I	환경
(KS) M	화학
(KS) R	수송기계
(KS) V	조선
(KS) W	항공우주
(KS) X	정보

정답 ③

※CBT 문제는 수험생의 기억에 따라 복원된 것이며, 실제 기출문제와 동일하지 않을 수 있습니다.

01
Al-Si 계 합금인 실루민의 주조 조직에 나타나는 Si의 거친 결정을 미세화시키고 강도를 개선하기 위하여 개량처리를 하는데 사용되는 것은?

① Na
② Mg
③ Al
④ Mn

정답분석 Na에 대한 설명이다.

정답 ①

02
탄소강에 함유된 원소 중 백점이나 헤어크랙의 원인이 되는 원소는?

① 황(S)
② 인(P)
③ 수소(H)
④ 구리(Cu)

관련이론 99p 탄소강의 주요 원소

정답분석 수소에 의해 백점, 헤어크랙이 발생한다.

정답 ③

03
6-4 황동에 철 1~2%를 첨가함으로써 강도와 내식성이 향상되어 광산기계, 선박용 기계, 화학기계 등에 사용되는 특수황동은?

① 쾌삭 메탈
② 델타 메탈
③ 네이벌 황동
④ 애드머럴티 황동

관련이론 116p 구리(Cu)와 구리합금

정답분석 델타메탈에 대한 설명이다.

정답 ②

04
주철의 특성에 대한 설명으로 틀린 것은?

① 주조성이 우수하다.
② 내마모성이 우수하다.
③ 강보다 인성이 크다.
④ 인장강도보다 압축강도가 크다.

관련이론 108p 주철의 일반적인 성질

정답분석 주철은 강보다 인성이 작다.

정답 ①

05
다음 중 구리의 특성에 대한 설명으로 틀린 것은?

① 전기 및 열의 전도성이 우수하다.
② 전연성이 좋아 가공이 용이하다.
③ 화학적 저항력이 작아 부식이 잘 된다.
④ 아름다운 광택과 귀금속적 성질이 우수하다.

관련이론 116p 구리(Cu)와 구리합금

정답분석
• 전기와 열의 양도체이며 비자성체다. 특히 전기전도율은 비철금속 중에서 은(Ag) 다음으로 우수하다.
• 연성, 전성이 우수해서 냉간기공이 쉽다.
• 대기 중에서는 내식성이 우수하나 암모늄에는 쉽게 침식된다.
• 다른 금속과 합금성이 우수하고 상태변화 중 변태점이 존재하지 않는다.

정답 ③

06
황(S)이 적은 선철을 용해하여 주입 전에 Mg, Ce, C 등을 첨가하여 제조한 주철은?

① 펄라이트주철
② 구상흑연주철
③ 가단주철
④ 강력주철

관련이론 112p 구상흑연주철

정답분석 구상흑연주철에 대한 설명이다.

정답 ②

07 회주철(grey cast iron)의 조직에 가장 큰 영향을 주는 것은?

① C와 Si
② Si와 Mn
③ Si와 S
④ Ti와 P

회주철은 탄소와 규소에 영향을 크게 받는다.

정답 ①

08 주철의 마우러의 조직도를 바르게 설명한 것은?

① Si와 Mn량에 따른 주철의 조직 관계를 표시한 것이다.
② C와 Si량에 따른 주철의 조직 관계를 표시한 것이다.
③ 탄소와 흑연량에 따른 주철의 조직 관계를 표시한 것이다.
④ 탄소와 Fe3C량에 따른 주철의 조직 관계를 표시한 것이다.

109p 마우러 조직도

마우러 조직도에 대한 옳은 설명은 ②의 내용이다.

정답 ②

09 표면 경화법에서 금속 침투법이 아닌 것은?

① 세라다이징
② 크로마이징
③ 칼로라이징
④ 방전경화법

124p 열처리의 개요

금속종류	명칭	효과
Zn	세라다이징	내식성을 향상시킨다.
B	보로나이징	열처리 후 담금질이 필요 없다.
Cr	크로마이징	스테인레스와 유사한 기계적 성질을 얻는다.
Al	칼로라이징	내열, 내식, 내해수성이 향상된다.
Si	실리코라이징	내산성이 향상된다.

정답 ④

10 다음 중 강자성체가 아닌 것은?

① Ni
② Cr
③ Co
④ Fe

· Cr은 강자성체에 해당하지 않는다.
· 강자성체: Fe, Ni, Co

정답 ②

11 강괴를 탈산정도에 따라 분류할 때 이에 속하지 않는 것은?

① 림드강
② 세미 림드강
③ 킬드강
④ 세미 킬드강

강괴: 림드강, 세미 킬드강, 킬드강

정답 ②

12 담금질한 탄소강을 뜨임 처리하면 어떤 성질이 증가되는가?

① 강도
② 경도
③ 인성
④ 취성

125p 뜨임

담금질 외 다른 열처리는 전부 인성을 증가시킨다.

정답 ③

13 다음 중 가열 시간이 짧고, 피가열물의 스트레인을 최소한으로 억제하며, 전자 에너지의 형식으로 가열하여 표면을 경화시키는 방법은?

① 침탄법
② 질화법
③ 시안화법
④ 고주파 담금질

130p 물리적 표면경화법

전자 에너지 형식으로 가열하는 경화법은 고주파 담금질이다.

정답 ④

14 구리에 아연 5%를 첨가하여 화폐, 메달 등의 재료로 사용되는 것은?

① 델타메탈　　　② 길딩메탈
③ 문쯔메탈　　　④ 네이벌활동

정답 ②

15 다음 재료 중 기계구조용 탄소강재를 나타낸 것은?

① STS4　　　　② STC4
③ SM45C　　　④ STDll

정답 ③

16 시편의 표준거리가 40mm이고 지름이 15mm일 때 최대하중이 6kN에서 시편이 파단 되었다면 연신율은 몇 %인가? (단, 연신된 길이는 10mm이다)

① 10　　　　　② 12.5
③ 25　　　　　④ 30

정답 ③

17 래스터 스캔 디스플레이에서 컬러를 표현하기 위해 사용되는 3가지 기본 색상에 해당하지 않는 것은?

① 흰색(white)　　② 녹색(green)
③ 적색(red)　　　④ 청색(blue)

정답 ①

18 다음 중 핀(Pin)의 용도가 아닌 것은?

① 핸들과 축의 고정
② 너트의 풀림 방지
③ 볼트의 마모 방지
④ 분해 조립할 때 조립할 부품의 위치결정

정답 ③

19 다음 스프링 중 너비가 좁고 얇은 긴 보의 형태로 하중을 지지하는 것은?

① 원판 스프링
② 겹판 스프링
③ 인장 코일 스프링
④ 압축 코일 스프링

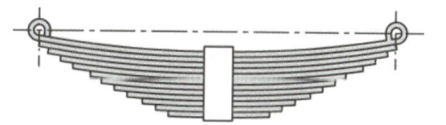

정답 ②

20 한 변의 길이 12mm인 정사각형 단면 봉에 축선 방향으로 144kgf의 압축하중이 작용할 때 생기는 압축응력 값은 몇 kgf/mm²인가?

① 4.75　　　　② 1.0
③ 0.75　　　　④ 12.1

정답 ②

21 평벨트 풀리의 구조에서 벨트와 직접 접촉하여 동력을 전달하는 부분은?

① 림   ② 암

③ 보스   ④ 리브

관련이론 69p 벨트 풀리(belt pulley)

정답분석 벨트와 닿는 부분은 림이다.

정답 ①

22 황동의 자연균열 방지책이 아닌 것은?

① 수은   ② 아연 도금

③ 도료   ④ 저온풀림

정답분석 수은은 자연균열 방지책에 해당하지 않는다.

정답 ①

23 수나사의 호칭치수는 무엇을 표시하는가?

① 골지름   ② 바깥지름

③ 평균지름   ④ 유효지름

관련이론 66p 나사의 제도

정답분석 나사의 호칭지름 = 수나사의 바깥지름 = 암나사의 바깥지름

정답 ②

24 다음 중 하물을 감아올릴 때는 제동 작용은 하지 않고 클러치 작용을 하며, 내릴 때는 하물 자중에 의해 브레이크 작용을 하는 것은?

① 블록 브레이크

② 밴드 브레이크

③ 자동하중 브레이크

④ 축압 브레이크

정답분석 하물 자중에 의해 브레이크 작용 = 스스로의 무게에 의해 자동으로 하중에 작용함 = 자동하중 브레이크

정답 ③

25 다음 투상방법 설명 중 틀린 것은?

① 경사면부가 있는 대상물에서 그 경사면의 실형을 표시할 때에는 보조투상도로 나타낸다.

② 그림의 일부를 도시하는 것으로 충분한 경우에는 부분투상도로서 나타낸다.

③ 대상물의 구멍, 홈 등 한 부분만의 모양을 도시하는 것으로 충분한 경우에는 그 필요한 부분만을 회전 투상도로서 나타낸다.

④ 특정 부분의 도형이 작은 이유로 그 부분의 상세한 도시나 치수기입을 할 수 없을 때에는 부분 확대도로 나타낸다.

관련이론 27p 특수 투상도

정답분석 대상물의 구멍, 홈 등 한 부분만의 모양을 도시하는 것으로 충분한 경우에는 그 필요한 부분만을 부분 투상도로서 나타낸다.

정답 ③

26 리벳 이음의 장점에 해당하지 않는 것은?

① 열응력에 의한 잔류응력이 생기지 않는다.

② 경합금과 같이 용접이 곤란한 재료의 결합에 적합하다.

③ 리벳 이음한 구조물에 대해서 분해 조립이 간편하다.

④ 구조물 등에 사용할 때 현장조립의 경우 용접작업보다 용이하다.

정답분석 영구 이음이므로 분해 조립이 불가능하다.

정답 ③

27 평벨트 전동장치와 비교하여 V-벨트 전동장치에 대한 설명으로 옳지 않은 것은?

① 접촉 면적이 넓으므로 비교적 큰 동력을 전달한다.

② 장력이 커서 베어링에 걸리는 하중이 큰 편이다.

③ 미끄럼이 작고 속도비가 크다.

④ 바로걸기로만 사용이 가능하다.

관련이론 69p 벨트 풀리(belt pulley)

정답분석 V-벨트 전동장치는 장력이 작아서 베어링에 걸리는 하중이 작다. 작은 장력으로 큰 회전력을 얻을 수 있다.

정답 ②

28 가공에 사용하는 공구나 지그 등의 위치를 참고로 도시할 경우에 사용되는 선은?

① 굵은 파선　② 가는 2점 쇄선

③ 가는 파선　④ 굵은 1점 쇄선

관련이론 21p 선의 용도

정답분석 가는 2점 쇄선

• 가공 전 또는 가공 후의 모습을 표기하는데 주로 사용한다(가상선).

• 단면의 무게중심을 표기할 때 사용한다(무게중심선).

정답 ②

29 다음 중 동력전달장치로서 운전이 조용하고, 무단변속을 할 수 있으나 일정한 속도비를 얻기가 힘든 것은?

① 마찰차　② 기어

③ 체인　④ 플라이 휠

정답분석 마찰차는 일정한 속도비를 얻기 어렵다.

정답 ①

30 리브(rib), 암(arm) 등의 회전도시 단면을 도형 내의 절단한 곳에 겹쳐서 나타낼 때 사용하는 선은?

① 굵은 실선　② 굵은 1점쇄선

③ 가는 파선　④ 가는 실선

정답분석 회전 단면도 단면

• 도형 내부에 나타낼 때: 가는 실선

• 도형 외부에 나타낼 때: 가는 실선

정답 ④

31 단면 50mm × 50mm이고, 길이 100mm의 탄소강재가 있다. 여기에 10kN의 인장력을 길이 방향으로 주었을 때, 0.4mm가 늘어났다면, 이 때 변형률은 얼마인가?

① 0.0025　② 0.001

③ 0.0125　④ 0.025

관련이론 134p 변형률

정답분석 $$변형률 = \frac{늘어난\,길이}{처음\,길이} = \frac{0.4mm}{100mm} = 0.004$$

정답 ②

32 다음 치수 보조기호 표시 중 의미가 잘못 표시된 것은?

① S∅ : 구의 지름

② SR : 구의 반지름

③ C : 45° 모떼기

④ (20) : 완성치수 20

관련이론 43p 치수의 보조기호

정답분석 (20) = 참고치수 20

정답 ④

33 끼워맞춤 방식에서 축의 지름이 구멍의 지름보다 큰 경우 조립 전 두 지름의 차를 무엇이라고 하는가?

① 죔새 ② 틈새
③ 공차 ④ 허용차

정답 ①

34 IT 기본 공차에 대한 설명으로 틀린 것은?

① IT 기본 공차는 치수 공차와 끼워맞춤에 있어서 정해진 모든 치수 공차를 의미한다.
② IT 기본 공차의 등급은 IT01부터 IT18까지 20등급으로 구분되어 있다.
③ IT 공차 적용시 제작의 난이도를 고려하여 구멍에는 ITn-1, 축에는 ITn 을 부여한다.
④ 끼워맞춤 공차를 적용할 때 구멍일 경우 IT6~IT10이고, 축일 때에는 IT5 ~ IT9이다.

정답 ③

35 얇은 부분의 단면 표시를 하는데 사용하는 선은?

① 아주 굵은 실선
② 불규칙한 파형의 가는 실선
③ 굵은 1점 쇄선
④ 가는 파선

정답 ①

36 축에 작용하는 하중의 방향이 축 직각 방향과 축 방향에 동시에 작용하는 곳에 가장 적합한 베어링은?

① 니들 롤러 베어링
② 레이디얼 볼 베어링
③ 스러스트 볼 베어링
④ 테이퍼 롤러 베어링

정답 ④

37 줄무늬 방향의 기호에서 가공에 의한 커터의 줄무늬가 여러 방향으로 교차될 때 나타내는 기호는?

① R ② C
③ F ④ M

정답 ④

38 축을 도시하는 방법으로 틀린 것은?

① 가공 방향을 고려하여 도시한다.
② 길이 방향으로 절단하여 온 단면도를 표현한다.
③ 축의 끝에는 모따기를 할 경우 모따기 모양을 도시한다.
④ 중심선을 수평방향으로 놓고 옆으로 길게 놓은 상태로 도시한다.

정답 ②

39 치수의 배치방법 중 개별 치수들을 하나의 열로서 기입하는 방법으로 일반 공차가 차례로 누적되어도 문제없는 경우에 사용하는 치수 배치방법은?

① 직렬 치수 기입법
② 병렬 치수 기입법
③ 누진 치수 기입법
④ 좌표 치수 기입법

관련이론 42p 치수 기입 방식

정답분석
· 직렬 치수 기입: 직렬로 나란히 연결된 치수에 지시하고 일반 공차가 차례로 누적되어도 좋은 경우에 적용할 수 있다.
· 병렬 치수 기입: 각 치수의 일반 공차는 다른 치수의 일반 공차에 영향을 주지 않는다.

정답 ①

40 재료의 표시에서 SM35C에서 35C가 나타내는 뜻은?

① 인장강도   ② 재료의 종별
③ 탄소 함유량   ④ 규격명

정답분석 숫자에 C가 붙으면 탄소함유량을 나타내고, 숫자에 C가 없으면 최저 인장 강도를 나타낸다.

정답 ③

41 철강재 스프링 재료가 갖추어야 할 조건이 아닌 것은?

① 가공하기 쉬운 재료이어야 한다.
② 높은 응력에 견딜 수 있고, 영구변형이 적어야 한다.
③ 피로강도와 파괴인성치가 낮아야 한다.
④ 부식에 강해야 한다.

정답분석 피로강도, 파괴인성치가 높아야 외력에 잘 견딜 수 있다.

정답 ③

42 다음의 두 투상도에 사용된 단면도의 종류는?

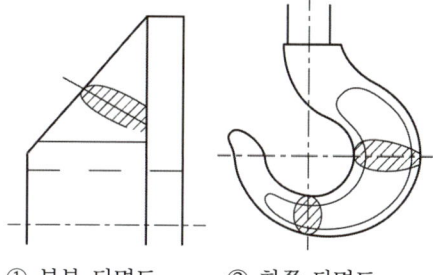

① 부분 단면도   ② 한쪽 단면도
③ 온 단면도   ④ 회전도시 단면도

관련이론 31p 회전 단면도

정답분석 회전도시 단면도를 의미한다.

정답 ④

43 다음 그림은 어떤 기어(gear)를 간략 도시한 것인가?

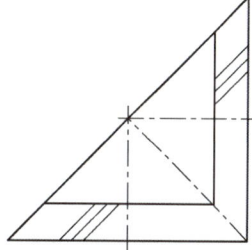

① 베벨 기어
② 스파이럴 베벨 기어
③ 헬리컬 기어
④ 웜과 웜 기어

정답분석 사선 3개를 지울 경우 일반 베벨기어의 간략도시이다.

정답 ②

44 직선운동을 회전운동으로 변환하거나, 회전운동을 직선운동으로 변환하는데 사용되는 기어는?

① 스퍼 기어 ② 베벨 기어
③ 헬리컬 기어 ④ 래크와 피니언

정답분석 래크와 피니언
직선운동을 회전운동으로 변환

정답 ④

45 그림과 같은 대칭적인 용접부의 기호와 보조 기호 설명으로 올바른 것은?

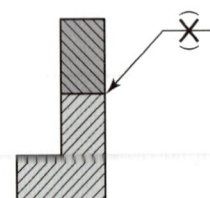

① 양면 V형 맞대기 용접, 볼록형
② 양면 필릿 용접, 볼록형
③ 양면 V형 맞대기 용접, 오목형
④ 양면 필릿 용접, 오목형

정답분석 양면 V형 맞대기 용접, 볼록형을 의미한다.

정답 ①

46 스프로킷 휠의 도시방법에서 바깥지름은 어떤 선으로 표시하는가?

① 가는 실선 ② 굵은 실선
③ 가는 1점 쇄선 ④ 굵은 1점 쇄선

관련이론 70p 스프라켓 휠(sprocket wheel)
정답분석 스퍼기어의 바깥지름도 굵은 실선이다.

정답 ②

47 다음은 어떤 밸브에 대한 도시 기호인가?

① 글로브 밸브 ② 앵글 밸브
③ 체크 밸브 ④ 게이트 밸브

정답분석 앵글 밸브의 기호이다.

정답 ②

48 다음 해칭에 대한 설명 중 틀린 것은?

① 해칭선은 수직 또는 수평의 중심선에 대하여 45°로 경사지게 긋는 것이 좋다.
② 인접한 단면의 해칭은 선의 방향 또는 각도를 변경 하거나 해칭 간격을 달리하여 긋는다.
③ 단면 면적이 넓은 경우에는 그 외형선에 따라 적절한 범위에 해칭 또는 스머징을 한다.
④ 해칭 또는 스머징하는 부분 안에 문자나 기호를 절대로 기입해서는 안 된다.

정답분석 문자가 있으면 스머징과 해칭을 멈춘다.

정답 ④

49 도면에 사용되는 선, 문자가 겹치는 경우에 투상선이 우선 적용되는 순위로 맞는 것은?

① 문자 → 외형선 → 중심선 → 치수선
② 외형선 → 문자 → 중심선 → 숨은선
③ 문자 → 숨은선 → 외형선 → 중심선
④ 중심선 → 파단선 → 문자 → 치수보조선

관련이론 21p 선의 우선순위
정답분석 문자의 우선순위가 가장 높다.

정답 ①

50 축용 게이지 제작에 사용되는 IT 기본 공차의 등급은?

① IT 01 ~ IT 4 ② IT 5 ~ IT 8

③ IT 8 ~ IT 12 ④ IT 11 ~ IT 18

관련이론 52p IT(International Tolerance) 기본공차

정답분석

용도	게이지 제작 공차	끼워 맞춤 공차	끼워 맞춤 이외 공차
구멍	IT 01 ~ IT 5	IT 6 ~ IT 10	IT 11 ~ IT 18
축	IT 01 ~ IT 4	IT 5 ~ IT 9	IT 10 ~ IT 18

정답 ①

51 다음 그림은 어느 단면도에 해당하는가?

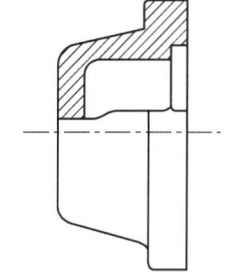

① 온 단면도 ② 한쪽 단면도

③ 회전도시 단면도 ④ 부분 단면도

관련이론 31p 부분 단면도

정답분석 그림은 부분단면도에 해당한다.

정답 ④

52 다음 중 리벳의 호칭 방법으로 올바른 것은?

① 규격 번호, 종류, 호칭지름×길이, 재료

② 규격 번호, 길이×호칭지름, 종류, 재료

③ 재료, 종류, 호칭지름×길이, 규격 번호

④ 종류, 길이×호칭지름, 재료, 규격 번호

관련이론 67p 리벳

정답분석 리벳의 호칭방법
규격 번호, 종류, 호칭지름 × 길이, 재료

정답 ①

53 ø60G7의 공차값을 나타낸 것이다. 치수공차를 바르게 나타낸 것은?(단, ø60의 IT7급의 공차값은 0.03이며 ø60G7의 기초가 되는 치수 허용차에서 아래치수 허용차는 +0.01이다)

① $\phi 60^{+0.03}_{+0.01}$ ② $\phi 60^{+0.04}_{+0.03}$

③ $\phi 60^{+0.04}_{+0.01}$ ④ $\phi 60^{+0.02}_{+0.01}$

정답분석 공차 = 위치수 허용차 - 아래치수 허용차
0.03 = 위치수 허용차 - (+0.01)

정답 ③

54 경사면부가 있는 대상물에서 그 경사면의 실형을 표시할 필요가 있는 경우에 사용하는 그림과 같은 투상도의 명칭은?

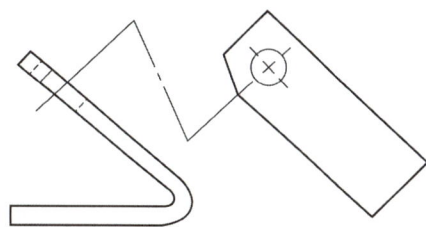

① 부분 투상도 ② 보조 투상도

③ 국부 투상도 ④ 회전 투상도

관련이론 27p 특수 투상도

정답분석 경사면을 표시하는 투상도는 보조 투상도이다.

정답 ②

55

다음 그림은 제3각법으로 나타낸 투상도이다. 평면도에 누락된 선을 완성한 것은?

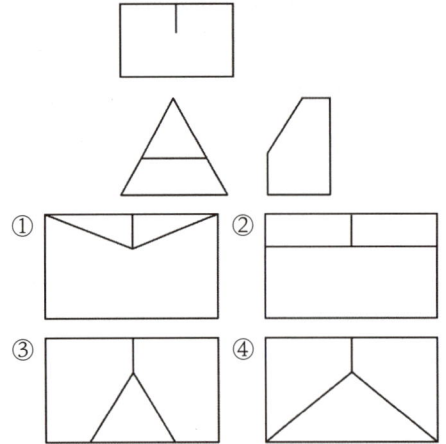

평면도에 누락된 선을 완성한 것은 ③이다.

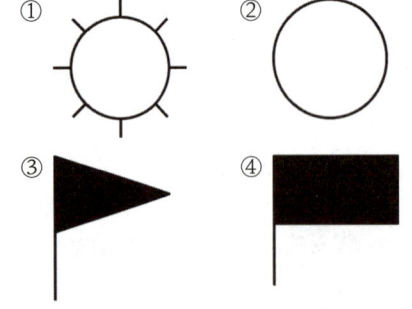

정답 ③

56

용접부의 보조기호 중 현장용접 기호는?

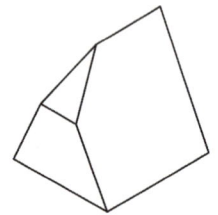

현장용접 기호는 ③의 깃발표시이다.

정답 ③

57

화면 표시장치 각각의 영역에서 판독 위치, 입력 가능 위치 및 입력상태 등을 표현하여 주는 표식은?

① 좌표 원점(origin point)

② 도면 요소(entity)

③ 커서(cursor)

④ 대화 상자(dialogue box)

커서에 대한 설명이다.

정답 ③

58

CAD의 기하학적 도형 표현 방법에서 서피스(surface) 모델의 특징을 바르게 설명한 것은?

① 은선 제거가 불가능하다.

② NC 데이터를 생성할 수 있다.

③ 물리적 성질을 계산하기 쉽다.

④ 단면도 작성이 불가능하다.

서피스 모델링은 NC데이터를 생성할 수 있다.

정답 ②

59 컴퓨터의 기억용량 단위인 비트(bit)의 설명으로 틀린 것은?

① binary digit의 약자이다.

② 정보를 나타내는 가장 작은 단위이다.

③ 전기적으로 처리하기가 아주 편리하다.

④ 0과 1을 동시에 나타내는 정보 단위이다.

정답분석 0 또는 1이 기본인 정보 단위이다.

정답 ④

60 서피스(surface) 모델링에서 곡면을 절단하였을 때 나타내는 요소는?

① 곡선　　　　② 곡면

③ 점　　　　　④ 면

관련이론 77p 서피스 모델링

정답분석
• 절단시 와이어프레임 모델링: 점
• 절단시 서피스 모델링: 선
• 절단시 솔리드 모델링: 면

정답 ①

2024년 제4회

※CBT 문제는 수험생의 기억에 따라 복원된 것이며, 실제 기출문제와 동일하지 않을 수 있습니다.

01 형상기억합금의 종류에 해당되지 않는 것은?

① 니켈-티타늄계 합금
② 구리-알루미늄-니켈계 합금
③ 니켈-티타늄-구리계 합금
④ 니켈-크롬-철계 합금

정답분석 Cr은 사용되지 않는다.

정답 ④

02 베릴륨 청동 합금에 대한 설명으로 옳지 않은 것은?

① 구리에 2~3%의 Be를 첨가한 석출경화성 합금이다.
② 피로한도, 내열성, 내식성이 우수하다.
③ 베어링, 고급 스프링 재료에 이용된다.
④ 가공이 쉽게 되고 가격이 싸다.

정답분석 베릴륨 청동
· 구리 합금 중 가장 높은 강도와 경도를 가진다.
· 비싸고 산화가 잘된다.
· 베릴륨(Be) 비중: 1.85

정답 ④

03 8~12% Sn에 1~2% Zn의 구리합금으로 밸브, 콕, 기어, 베어링, 부시 등에 사용되는 합금은?

① 코르손 합금   ② 베릴륨 합금
③ 포금   ④ 규소 청동

관련이론 117p 청동
정답분석 포금: Sn(8 ~ 12%) + Zn(1 ~ 2%)

정답 ③

04 합금주철에서 0.2~1.5% 첨가로 흑연화를 방지하고 탄화물을 안정시키는 원소는 무엇인가?

① Cr   ② Ti
③ Ni   ④ Mo

관련이론 108p 흑연화
정답분석 크롬(Cr)은 흑연화를 방지한다.

정답 ①

05 내식용 Al 합금이 아닌 것은?

① 알민(Almin)
② 알드레이(Aldrey)
③ 하이드로날륨(hydronalium)
④ 코비탈륨(cobitalium)

관련이론 118p 내식용 알루미늄 합금
정답분석 코비탈륨은 내식용 Al 합금에 해당하지 않는다.

정답 ④

06 회전력의 전달과 동시에 보스를 축 방향으로 이동시킬 때 가장 적합한 키는?

① 새들 키   ② 반달 키
③ 미끄럼 키   ④ 접선 키

정답분석 미끄럼 키(Sliding Key)

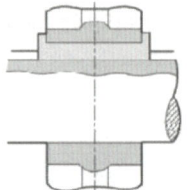

· 페더키(Feather Key)라고도 하며 키에는 기울기가 없다.
· 기어나 풀리를 축 방향으로 이동할 경우에 사용하며 축 방향으로 보스의 이동이 가능하다.

정답 ③

07 모듈이 m인 표준 스퍼기어(미터식)에서 총 이 높이는?

① 1.25m ② 1.5708m

③ 2.25m ④ 3.2504m

68p 기어

모듈이 m인 표준 스퍼기어(미터식)에서 총 이 높이는 '2.25m'이다.

정답 ③

08 길이 측정에 적합하지 않은 것은?

① 버니어 캘리퍼스 ② 마이크로미터

③ 하이트게이지 ④ 수준기

147p 평면측정기

수준기는 각도측정기이다.

정답 ④

09 양쪽 끝 모두 수나사로 되어있으며, 한쪽 끝은 상대 쪽에 암나사를 만들어 미리 반영구적나사 박음하고, 다른 쪽 끝에 너트를 끼워 죄도록 하는 볼트는 무엇인가?

① 스테이 볼트 ② 아이 볼트

③ 탭 볼트 ④ 스터드 볼트

스터드 볼트에 대한 설명이다.

정답 ④

10 레디얼 볼 베어링 번호 6200의 안지름은?

① 10mm ② 12mm

③ 15mm ④ 17mm

68p 구름 베어링의 규격

베어링 번호 뒤 2자리가 안지름을 지시한다.
- 00 = 10
- 01 = 12
- 02 = 15
- 03 = 17

정답 ①

11 평 벨트 전동과 비교한 V벨트 전동의 특징이 아닌 것은?

① 고속운전이 가능하다.

② 미끄럼이 적고 속도비가 크다.

③ 바로걸기와 엇걸기 모두 가능하다.

④ 접촉 면석이 넓으므로 큰 동력을 전달한다.

69p 벨트 풀리(belt pulley)

V벨트 전동은 꼬일 수 없어서 바로걸기만 가능하다.

정답 ③

12 인장 코일 스프링에 3kgf의 하중을 걸었을 때 변위가 30mm이었다면, 이 스프링의 상수는 얼마인가?

① 1/10 kgf/mm ② 1/5 kgf/mm

③ 5 kgf/mm ④ 10 kgf/mm

스프링 상수 K

$$K = \frac{\omega(하중)}{\delta(처짐, 늘어남, 변위)}$$

$$= \frac{3kgf}{30mm} = 0.1kgf/mm = 1/10kgf/mm$$

정답 ①

13 N.P.L식 각도 게이지에 대한 설명과 관계가 없는 것은?

① 쐐기형의 열처리된 블록이다.

② 12개의 게이지를 한조로 한다.

③ 조합 후 정밀도는 2~3초 정도이다.

④ 2개의 각도게이지를 조합할 때에는 홀더가 필요하다.

146p 각도측정기

N.P.L식 각도 게이지
- 쐐기형
- 게이지 12개가 한 조를 이룬다.
- 2개의 각도게이지를 조합할 때에는 홀더가 필요없다.
- 두 개 이상을 조합해 임의 각도를 만들어 사용한다.

정답 ④

14 파이프의 연결에서 신축이음을 하는 것은 온도변화에 의해 파이프내부에 생기는 무엇을 방지하기 위해서인가?

① 열응력   ② 전단응력
③ 응력집중   ④ 피로

정답분석 응력
- 영어로 Stress라고 한다.
- 외력에 대항하여 내부에 발생하는 힘

정답 ①

15 고온의 오스테나이트 영역에서 탄소강을 냉각하면 냉각속도의 차이에 따라 여러 조직으로 변태되는데, 이들 조직의 강도와 경도를 큰 순서대로 바르게 나열한 것은?

① 마텐자이트 > 펄라이트 > 소르바이트 > 트루스타이트
② 마텐자이트 > 트루스타이트 > 펄라이트 > 소르바이트
③ 트루스타이트 > 마텐자이트 > 소르바이트 > 펄라이트
④ 마텐자이트 > 트루스타이트 > 소르바이트 > 펄라이트

정답분석 마텐자이트 > 트루스타이트 > 소르바이트 > 펄라이트 순이다.
※ 암기: 마트소펄 = 마트는 수퍼다

정답 ④

16 힘의 크기와 방향이 동시에 주기적으로 변하는 하중은?

① 반복 하중   ② 교번 하중
③ 충격 하중   ④ 정하중

정답분석
① 반복 하중: 반복해서 힘이 가해지는 하중
② 교번 하중: 힘의 크기와 방향이 동시에 주기적으로 변하는 하중
③ 충격 하중: 한 번에 큰 힘으로 충격을 주는 하중
④ 정하중: 정지한 상태로 시간이 지나도 크기가 변하지 않는 하중

정답 ②

17 물체에 하중을 작용시키면 물체 내부에는 하중에 대응하는 저항력이 발생한다. 이 저항력을 무엇이라 하는가?

① 응력(stress)
② 변형률(strain)
③ 프와송의 비(Poisson's ratio)
④ 탄성(elasticity)

정답분석 내부에 발생하는 저항력 = 응력

정답 ①

18 도면에 마련하는 양식 중에서 마이크로필름 등으로 촬영하거나 복사 및 철할 때 편의를 위하여 마련하는 것은?

① 윤곽선   ② 표제란
③ 중심마크   ④ 비교눈금

관련이론 13p 도면의 구성요소
정답분석 중심마크에 대한 설명이다.

정답 ③

19 반복 도형의 피치를 잡는 기준이 되는 피치선의 선의 종류는?

① 가는 실선   ② 굵은 실선
③ 가는 1점 쇄선   ④ 굵은 1점 쇄선

관련이론 21p 선의 용도
정답분석 피치선: 가는 1점 쇄선

정답 ③

20 기준치수가 30, 최대 허용치수가 29.98, 최소 허용치수가 29.95일 때 아래 치수 허용차는 얼마인가?

① + 0.03   ② + 0.05
③ - 0.02   ④ - 0.05

정답분석 $30_{-0.05}^{-0.02}$

정답 ④

21

축의 도시법에서 잘못된 것은?

① 축의 구석 홈 가공부는 확대하여 상세 치수를 기입할 수 있다.

② 길이가 긴 축의 중간 부분을 생략하여 도시하였을 때 치수는 실제 길이를 기입한다.

③ 축은 일반적으로 길이 방향으로 절단하지 않는다.

④ 축은 일반적으로 축 중심선을 수직 방향으로 놓고 그린다.

관련이론 67p 축

정답분석 축은 길이 방향으로 놓고 그린다.

정답 ④

22

볼 베어링의 KS호칭번호가 6008 C2 P6일 때 P6이 나타내는 것은?

① 등급 기호 ② 틈새 기호

③ 실드 기호 ④ 복합 표시 기호

정답분석

6	형식번호
0	지수기호
08	안지름 번호
C2	틈새기호
P6	등급기호

정답 ①

23

"M20×2"는 미터 가는 나사의 호칭 보기이다. 여기서 2는 무엇을 나타내는가?

① 나사의 피치 ② 나사의 호칭지름

③ 나사의 등급 ④ 나사의 경도

정답분석 2는 피치를 의미한다.

정답 ①

24

다음 그림은 어떤 기어(gear)를 간략 도시한 것인가?

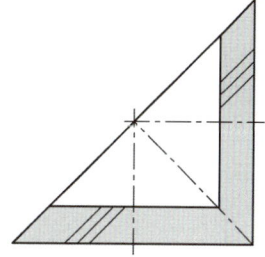

① 베벨 기어

② 스파이럴 베벨 기어

③ 헬리컬 기어

④ 웜과 웜 기어

정답분석 그림은 스파이럴 베벨 기어를 간략 도시한 것이다.

정답 ②

25

테이퍼 핀의 호칭지름을 표시하는 부분은?

① 가는 부분의 지름

② 굵은 부분의 지름

③ 가는 쪽에서 전체 길이의 1/3이 되는 부분의 지름

④ 굵은 쪽에서 전체 길이의 1/3이 되는 부분의 지름

관련이론 67p 핀(pin)

정답분석 테이퍼 핀의 호칭지름: 가는 부분의 지름

정답 ①

26

그림의 "C" 부분에 들어갈 기하 공차 기호로 가장 알맞은 것은?

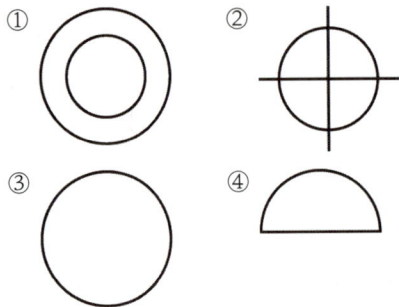

① ② ③ ④

정답분석 위치도 공차를 의미한다.

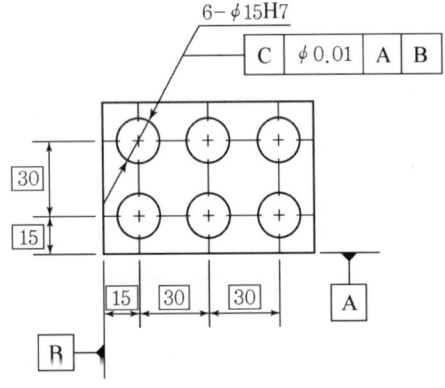

정답 ②

27

축용 게이지 제작에 사용되는 IT 기본 공차의 등급은?

① IT 01 ~ IT 4 ② IT 5 ~ IT 8

③ IT 8 ~ IT 12 ④ IT 11 ~ IT 18

관련이론 52p IT(International Tolerance) 기본공차

정답분석

용도	게이지 제작 공차	끼워 맞춤 공차	끼워 맞춤 이외 공차
구멍	IT 01 ~ IT 5	IT 6 ~ IT 10	IT 11 ~ IT 18
축	IT 01 ~ IT 4	IT 5 ~ IT 9	IT 10 ~ IT 18

정답 ①

28

다음 그림은 어느 단면도에 해당하는가?

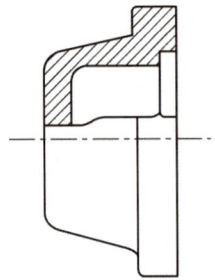

① 온 단면도 ② 한쪽 단면도

③ 회전도시 단면도 ④ 부분 단면도

관련이론 31p 부분 단면도

정답분석 그림은 부분 단면도이다.

정답 ④

29

스케치할 물체의 표면에 광명단 또는 스탬프 잉크를 칠한 다음 용지에 찍어 실형을 뜨는 스케치법은?

① 사진 촬영법 ② 프린트법

③ 프리핸드법 ④ 본뜨기법

정답분석 물체의 표면에 광명단 또는 스탬프잉크를 칠한 후 용지에 찍어 실형을 뜨는 스케치법은 프린트법이다.

① 사진 촬영법: 직접 사진찍어 도면 그리는 방법

③ 프리핸드법: 손으로 그리는 방법

④ 본뜨기법(모양 뜨기법): 물체를 직접 종이에 대고 그리는 방법

정답 ②

30

기계재료의 표시 [SM 45C]에서 S가 나타내는 것은?

① 재질을 나타내는 부분

② 규격명을 나타내는 부분

③ 제품명을 나타내는 부분

④ 최저 인장강도를 나타내는 부분

정답분석 SM 45C

• S: Steel

• M: Machine

• 45C: C(탄소) 함유량

정답 ①

31 볼 베어링 6203 ZZ에서 ZZ는 무엇을 나타내는가?

① 실드 기호
② 내부 틈새 기호
③ 등급 기호
④ 안지름 기호

관련이론 68p 구름 베어링의 규격

정답분석 실드: 방패를 뜻하며, 베어링 옆면을 방패처럼 막아주는 요소이다.

정답 ①

32 스프링 제도에 대한 설명으로 맞는 것은?

① 오른쪽 감기로 도시할 때는 '감긴 방향 오른쪽'이라고 반드시 명시해야 한다.
② 하중이 걸린 상태에서 그리는 것을 원칙으로 한다.
③ 하중과 높이 및 처짐과의 관계는 선도 또는 요목표에 나타낸다.
④ 스프링의 종류와 모양만을 도시할 때에는 재료의 중심선만을 가는 실선으로 그린다.

관련이론 71p 스프링

정답분석 하중과 높이 및 처짐과의 관계는 선도 또는 요목표에 나타낸다.
① 오른쪽 감기는 표시하지 않는다.
② 무하중 상태로 그린다.
④ 스프링의 종류와 모양만을 도시할 때에는 재료의 중심선만을 가는 실선으로 그린다.

정답 ③

33 나사용 구멍이 없고 양쪽 둥근 형 평행 키의 호칭으로 옳은 것은?

① P-A 25 x 90
② TG 20 x 12 x 70
③ WA 23 x 16
④ T-C 22 x 12 x 60

정답분석
· 나사용 구멍(screw)이 있는 평행 키: PS
· 나사용 구멍(screw)이 없는 평행 키: P

정답 ①

34 금속재료를 고온에서 오랜 시간 외력을 걸어 놓으면 시간의 경과에 따라 서서히 그 변형이 증가하는 현상은?

① 크리프
② 스트레스
③ 스트레인
④ 템퍼링

관련이론 136p 크리프(creep)시험

정답분석 크리프의 정의이다.

정답 ①

35 공구의 합금강을 담금질 및 뜨임처리하여 개선되는 재질의 특성이 아닌 것은?

① 조직의 균질화
② 경도 조절
③ 가공성 향상
④ 취성 증가

관련이론 125p 기본(일반)열처리

정답분석 뜨임은 취성이 감소한다.

정답 ④

36 황동의 연신율이 가장 클 때 아연(Zn)의 함유량은 몇 % 정도인가?

① 30
② 40
③ 50
④ 60

관련이론 116p 구리합금의 종류

정답분석 연신율이 가장 클 때의 아연(Zn) 함유량은 30% 정도이다.

정답 ①

37 합금의 종류 중 고용융점 합금에 해당하는 것은?

① 티탄 합금
② 텅스텐 합금
③ 마그네슘 합금
④ 알루미늄 합금

정답분석 고용융 합금인 텅스텐 합금은 용접봉으로 많이 사용된다.

정답 ②

38 다음 중 구름 베어링의 특성이 아닌 것은?

① 감쇠력이 작아 충격 흡수력이 작다.

② 축심의 변동이 작다.

③ 표준형 양산품으로 호환성이 높다.

④ 일반적으로 소음이 작다.

정답분석 미끄럼 베어링보다 구름 베어링은 충격에 약하고 소음이 발생한다.

정답 ④

39 나사의 제도방법에 대한 설명 중 틀린 것은?

① 암나사의 골을 표시하는 선은 굵은 실선으로 그린다.

② 수나사의 바깥지름은 굵은 실선으로 그린다.

③ 수나사의 골지름은 가는 실선으로 그린다.

④ 완전 나사부와 불완전 나사부의 경계선은 굵은 실선으로 그린다.

관련이론 66p 나사의 제도

정답분석 암나사의 골지름은 가는 실선이다.

정답 ①

40 스퍼 기어에서 축 방향에서 본 투상도의 이뿌리원을 나타내는 선은?

① 가는 1점 쇄선   ② 가는 실선

③ 굵은 실선   ④ 가는 2점 쇄선

관련이론 68p 기어

정답분석 이뿌리원을 나타내는 선은 가는 실선이다.

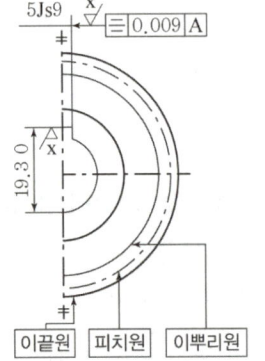

정답 ②

41 강괴를 탈산정도에 따라 분류할 때 이에 속하지 않는 것은?

① 림드강   ② 세미 림드강

③ 킬드강   ④ 세미 킬드강

정답분석 세미 림드강은 없다.

정답 ②

42 Cr 10~11%, Co 26~58%, Ni 10~16% 함유하는 철합금으로 온도변화에 대한 탄성률의 변화가 극히 적고 공기 중이나 수중에서 부식되지 않고, 스프링, 태엽 기상관측용 기구의 부품에 사용되는 불변강은?

① 인바(invar)

② 코엘린바(coelinvar)

③ 퍼멀로이(permalloy)

④ 플래티나이트(platinite)

관련이론 104p 불변강

정답분석 불변강

• 인바: 시계진자

• 코엘린바: 스프링, 태엽

정답 ②

43 담금질한 탄소강을 뜨임 처리하면 어떤 성질이 증가되는가?

① 강도   ② 경도

③ 인성   ④ 취성

관련이론 125p 뜨임

정답분석 담금질을 제외한 나머지 열처리(뜨임, 풀림, 볼림)는 모두 인성이 증가한다.

정답 ③

44 나사 및 너트의 이완을 방지하기 위하여 주로 사용되는 핀은?

① 테이퍼 핀　　② 평행 핀

③ 스프링 핀　　④ 분할 핀

나사의 풀림 방지법

㉠ 로크 너트

㉡ 자동 죔 너트

㉢ 분할핀

㉣ 와셔

㉤ 멈춤나사

㉥ 플라스틱 플러그

㉦ 철사

정답 ④

45 체인 전동의 특징으로 잘못된 것은?

① 고속 회전의 전동에 적합하다.

② 내열성, 내유성, 내습성이 있다.

③ 큰 동력 전달이 가능하고 전동 효율이 높다.

④ 미끄럼이 없고 정확한 속도비를 얻을 수 있다.

체인 전동장치의 특징

㉠ 미끄럼이 발생하지 않아서 정확한 속도비를 얻을 수 있다.

㉡ 체인의 길이 조정이 용이하고 다축전동이 가능하다.

㉢ 큰 동력을 전달할 수 있다.

㉣ 탄성에 의해서 어느 정도의 충격을 흡수할 수 있다.

㉤ 초기장력이 크지 않아 베어링에 대한 레이디얼 하중이 작다.

㉥ 내열, 내유, 내습성이 있다.

㉦ 진동과 소음이 발생하기 쉽다.

㉧ 고속회전에 부적합하다.

㉨ 윤활이 필요하다.

정답 ①

46 평기어에서 피치원의 지름이 132mm, 잇수가 44개인 기어의 모듈은?

① 1　　　　② 3

③ 4　　　　④ 6

68p 평기어(스퍼기어)

피치원 = 모듈 × 잇수 = 132 = M × 44

∴ 기어의 모듈: 3

정답 ②

47 대칭형의 물체를 1/4 절단하여 내부와 외부의 모습을 동시에 보여주는 단면도는?

① 온 단면도　　② 한쪽 단면도

③ 부분 단면도　　④ 회전도시 단면도

30p 반단면도

한쪽 단면도의 정의이다.

정답 ②

48 중간 부분을 생략하여 단축해서 그릴 수 없는 것은?

① 관　　　　② 스퍼 기어

③ 래크　　　④ 교량의 난간

길이가 긴 것들만 생략하여 그린다.

정답 ②

49 제3각법에서 정면도 아래에 배치하는 투상도를 무엇이라 하는가?

① 평면도　　　② 좌측면도

③ 배면도　　　④ 저면도

25p 정투상도

정면도 아래에 저면도를 배치한다.

정답 ④

50 투상도의 선택 방법에 대한 설명 중 틀린 것은?

① 대상물의 모양이나 기능을 가장 뚜렷하게 나타내는 부분을 정면도로 선택한다.
② 기능을 나타내는 도면에서는 대상물을 사용하는 상태로 놓고 표시한다.
③ 특별한 이유가 없는 한 대상물을 모두 세워서 그린다.
④ 비교 대조가 불편한 경우를 제외하고는 숨은선을 사용하지 않도록 투상을 선택한다.

정답분석 일반적으로 용지 방향에 맞춰 가로로 길게 그린다.

정답 ③

51 나사의 종류와 표시하는 기호로 틀린 것은?

① S0.5: 미니어처나사
② Tr 10×2: 미터 사다리꼴나사
③ Rc 3/4: 관용 테이퍼 암나사
④ SM: 전구나사

관련이론 66p 나사의 규격
정답분석 전구나사는 'E'로 표시한다.

정답 ④

52 나사의 도시에서 완전 나사부와 불완전 나사부의 경계선을 나타내는 선의 종류는?

① 굵은 실선
② 가는 실선
③ 가는 1점 쇄선
④ 가는 2점 쇄선

관련이론 66p 나사의 제도
정답분석 굵은 실선이다.

정답 ①

53 강재의 크기에 따라 표면이 급랭되어 경화하기 쉬우나 중심부에 갈수록 냉각속도가 늦어져 경화량이 적어지는 현상은?

① 경화능
② 잔류응력
③ 질량효과
④ 노치효과

관련이론 125p 질량효과
정답분석 질량효과의 정의이다.

정답 ③

54 구리의 일반적인 특성에 관한 설명으로 틀린 것은?

① 전연성이 좋아 가공이 용이하다.
② 전기 및 열의 전도성이 우수하다.
③ 화학적 저항력이 작아 부식이 잘된다.
④ Zn, Sn, Ni, Ag 등과는 합금이 잘된다.

관련이론 116p 구리합금의 종류
정답분석 구리는 내식성(부식에 견디는 성질)이 우수하다.

정답 ③

55 구리에 니켈 40 ~ 50% 정도를 함유하는 합금으로 통신기, 전열선 등의 전기저항 재료로 이용되는 것은?

① 모네메탈
② 콘스탄탄
③ 엘린바
④ 인바

관련이론 116p 구리합금의 종류
정답분석
• 콘스탄탄: Cu + Ni (40 ~ 45%)
• 모넬메탈: Cu + Ni (60 ~ 70%)

정답 ②

56 CAD 시스템을 구성하는 하드웨어로 볼 수 없는 것은?

① CAD 프로그램
② 중앙처리장치
③ 입력장치
④ 출력장치

정답분석 프로그램은 소프트웨어이다.

정답 ①

---

57 3차원 물체의 외부 형상뿐만 아니라 중량, 무게중심, 관성모멘트 등의 물리적 성질도 제공할 수 있는 형상 모델링은?

① 와이어 프레임 모델링
② 서피스 모델링
③ 솔리드 모델링
④ 곡면 모델링

관련이론 77p 솔리드 모델링

정답분석 솔리드 모델링: 물리적 성질을 포함한다.

정답 ③

---

58 중앙처리장치(CPU)와 주기억장치 사이에서 원활한 정보의 교환을 위하여 주기억장치의 정보를 일시적으로 저장하는 고속 기억장치는?

① floppy disk
② CD-ROM
③ cache memory
④ coprocessor

정답분석 캐시 메모리의 정의이다.

정답 ③

---

59 CAD 시스템의 입력장치에 해당하지 않는 것은?

① 키보드(keyboard)
② 마우스(mouse)
③ 디스플레이(display)
④ 라이트 펜(light pen)

정답분석 디스플레이는 출력장치이다.

정답 ③

---

60 데이터를 표현하는 최소단위를 무엇이라고 하는가?

① byte   ② bit
③ word   ④ file

정답분석 비트 < 바이트 < 워드 < 필드 < 레코드 (점점 커짐)

정답 ②

2023년 제1회

※CBT 문제는 수험생의 기억에 따라 복원된 것이며, 실제 기출문제와 동일하지 않을 수 있습니다.

01 도면에서 구멍의 치수가 $\phi 60^{+0.03}_{-0.02}$로 표기되어 있을 때, 아래치수 허용차 값은?

① +0.03   ② +0.01

③ -0.02   ④ -0.01

정답분석 ・아래치수 허용차: - 0.02
・위치수 허용차: + 0.03

정답 ③

02 눈금자와 같이 주로 금형으로 생산되는 플라스틱 제품 등에 가공 여부를 묻지 않을 때 사용되는 기호는?

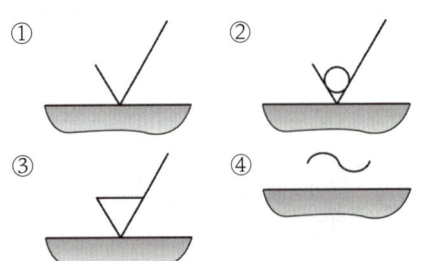

정답분석 ①의 기호를 사용한다.
②: 가공을 해서는 안될 때
③: 가공이 필요하다.

정답 ①

03 다음은 3각법으로 정투상한 도면이다. 등각투상도로 맞는 것은 어느 것인가?

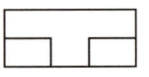

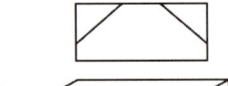

①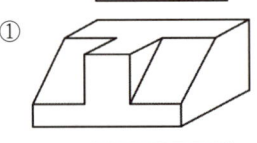

②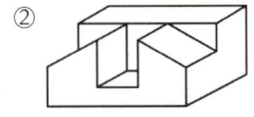

③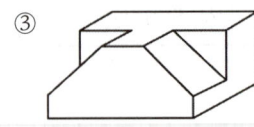

④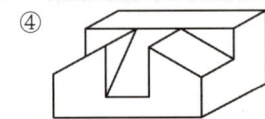

정답분석 ③을 투상시 보기와 같이 나온다.

정답 ③

04 6 : 4 황동에 철 1 ~ 2%를 첨가한 동합금으로 강도가 크고 내식성도 좋아 광산기계, 선반용 기계에 사용되는 것은?

① 톰백   ② 문쯔메탈

③ 네이벌황동   ④ 델타메탈

관련이론 116p 구리합금의 종류

정답분석 델타메탈에 대한 설명이다.
① 구리 + 아연(8 ~ 20%)
② 6 : 4 황동
③ 6 : 4 황동 + 주석(1%)

정답 ④

05 다음 그림과 같은 베어링의 명칭은 무엇인가?

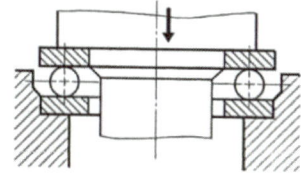

① 깊은 홈 볼 베어링
② 구름 베어링 유닛용 볼 베어링
③ 앵귤러 볼 베어링
④ 평면자리 스러스트 볼 베어링

스러스트 베어링: 하중 방향과 축의 방향이 같다.

정답 ④

06 ISO 표준에 있는 일반용으로 관용 테이퍼 암나사의 호칭 기호는?

① R
② Rc
③ Rp
④ G

66p 나사의 규격

관용 테이퍼 암나사의 호칭 기호는 Rc이다.
① 관용 테이퍼 수나사
③ 관용 테이퍼 평행암나사
④ 관용 평행나사

정답 ②

07 스퍼기어와 맞물려 돌아가고, 그 스퍼기어의 잇줄과 같은 방향의 축으로 기어를 회전시키며 직선운동을 하는 기어는?

① 헬리컬기어
② 베벨기어
③ 피니언기어
④ 래크기어

래크기어이다.

정답 ④

08 다음 내용이 설명하는 투상법은?

> 투상선이 평행하게 물체를 지나 투상면에 수직으로 닿고 투상된 물체가 투상면에 나란히 하기 때문에 어떤 물체의 형상도 정확하게 표현할 수 있다. 이 투상법에는 1각법과 3각법이 속한다.

① 투시 투상법
② 등각 투상법
③ 사 투상법
④ 정 투상법

25p 정투상도

정투상법에 대한 설명이며, 정투상법에는 1각법, 3각법이 속한다.

정답 ④

09 치수 기입의 원칙에 대한 설명으로 틀린 것은?

① 치수는 되도록 계산하여 구할 필요가 없도록 기입한다.
② 치수는 필요에 따라 기준으로 하는 점, 선 또는 면을 기초로 한다.
③ 치수는 되도록 정면도 외에 분산하여 기입하고 중복기입을 피한다.
④ 치수는 선에 겹치게 기입해서는 안 된다.

40p 치수 기입의 기본 원칙

치수는 되도록 정면도에 집중기입한다.

정답 ③

10 코일 스프링의 도시방법으로 맞는 것은?

① 특별한 단서가 없는 한 모두 왼쪽 감기로 도시한다.
② 종류와 모양만을 도시할 때는 스프링 재료의 중심선을 굵은 실선으로 그린다.
③ 스프링은 원칙적으로 하중이 걸린 상태로 그린다.
④ 스프링의 중간부분을 생략할 때는 안지름과 바깥지름을 가는 실선으로 그린다.

관련이론 71p 스프링

정답분석 ㉠ 별다른 지시가 없다면, 스프링은 자유상태(무하중 상태), 오른쪽 감기로 나타낸다.
㉡ 도면 안에 도시하기 어려울 경우 요목표로 나타낼 수 있다.
㉢ 스프링은 중간 부분을 생략해도 되는 경우에는 생략한 부분을 가는 2점 쇄선으로 나타낼 수 있다.
㉣ 왼쪽 감기 스프링은 요목표에 [감긴 방향 왼쪽]이라고 기입한다.
㉤ 간략하게 나타내기 위해서는 스프링 소선의 중심선을 굵은 실선으로 도시한다.

정답 ②

13 그림과 같은 리벳 이음의 명칭은?

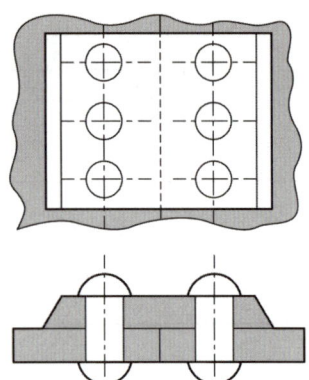

① 1줄 겹치기 리벳이음
② 1줄 맞대기 리벳이음
③ 2줄 겹치기 리벳이음
④ 2줄 맞대기 리벳이음

정답분석 1줄 맞대기 리벳이음이다.

정답 ②

11 치수선의 양끝에 사용되는 끝부분 기호가 아닌 것은?

① 화살표   ② 기점기호
③ 사선   ④ 검정 동그라미

정답분석 기점기호는 누적치수기입법에만 사용한다.

정답 ②

14 CAD 시스템의 출력 장치가 아닌 것은?

① 스캐너
② 그래픽 디스플레이
③ 프린터
④ 플로터

정답분석 스캐너는 입력장치이다.

정답 ①

12 운전 중 또는 정지 중에 운동을 전달하거나 차단하기에 적절한 축이음은?

① 외접기어   ② 클러치
③ 올덤 커플링   ④ 유니버설 조인트

정답분석 운동의 전달과 차단에 적절한 축이음 = 클러치

정답 ②

15 다음 중 C와 N이 동시에 재료에 침입하여 표면경화되는 것은?

① 청화법   ② 질화법
③ 표면경화법   ④ 화염경화법

관련이론 129p 표면경화법

정답분석 침탄법의 한 종류이다.

정답 ①

16

탄소강에 함유된 5대 원소는?

① 황(S), 망간(Mn), 탄소(C), 규소(Si), 인(P)
② 탄소(C), 규소(Si), 인(P), 망간(Mn), 니켈(Ni)
③ 규소(Si), 탄소(C), 니켈(Ni), 크롬(Cr), 인(P)
④ 인(P), 규소(Si), 황(S), 망간(Mn), 텅스텐(W)

관련이론 109p 주철의 5대 원소

정답분석 탄소강의 5대 원소는 황(S), 망간(Mn), 탄소(C), 규소(Si), 인(P)이다.

정답 ①

17

단면이 고르지 못한 재료에 하중을 가하면 노치의 밑바닥, 구멍의 양끝, 단의 모서리 등에 큰 응력이 발생하는데 이러한 현상은?

① 열 응력　　　　② 피로 한도
③ 분산 응력　　　④ 응력 집중

정답분석 고르지 못한 부분에 응력 집중이 발생한다.

정답 ④

18

너비가 좁고 얇은 긴 보로서 하중을 지지하며, 주로 자동차의 현가장치로 사용되는 스프링은?

① 코일 스프링　　② 토션바
③ 겹판 스프링　　④ 접시형 스프링

정답분석 현가장치에 설치된 겹판스프링에 상용 하중이 발생한다.

정답 ③

19

다음과 같이 도면에 기입된 기하 공차에서 0.011이 뜻하는 것은?

//	0.011	A
	0.05/200	

① 기준 길이에 대한 공차값
② 전체 길이에 대한 공차값
③ 전체 길이 공차값에서 기준 길이 공차값을 뺀 값
④ 치수 공차값

관련이론 55p 기하공차의 표기 방법

정답분석
- 기하공차: 평행도
- 전체길이: 0.011
- 공차: 0.05
- 지정길이: 200
- 데이텀(= 기준면): A

정답 ②

20

다음 중 재료의 기호와 명칭이 맞는 것은?

① STC: 기계 구조용 탄소 강재
② STKM: 용접 구조용 압연 강재
③ SC: 탄소 공구 강재
④ SS: 일반 구조용 압연 강재

정답분석 SS는 일반 구조용 압연 강재의 기호이다.
① STC: 탄소공구강
② STKM: 기계구조용 탄소강관
③ SC: 주강

정답 ④

21 회전 단면도를 설명한 것으로 가장 올바른 것은?

① 도형 내의 절단한 곳에 겹쳐서 90° 회전 시켜 도시한다.

② 물체의 1/4을 절단하여 1/2은 단면, 1/2은 외형을 도시한다.

③ 물체의 반을 절단하여 투상면 전체를 단면으로 도시한다.

④ 외형도에서 필요한 일부분만 단면으로 도시한다.

관련이론 30p 단면도의 종류

정답분석 도형 내의 절단한 곳에 겹쳐서 90° 회전시켜 도시한다.
② 반단면도에 대한 설명이다.
③ 온단면도에 대한 설명이다.
④ 부분단면도에 대한 설명이다.

정답 ①

22 나사의 도시에서 완전 나사부와 불완전 나사부의 경계선을 나타내는 선의 종류는?

① 굵은 실선 ② 가는 실선

③ 가는 1점 쇄선 ④ 가는 2점 쇄선

관련이론 66p 나사의 제도

정답분석 완전 나사부와 불완전 나사부의 경계선은 굵은 실선이다.

정답 ①

23 마이크로미터에서 측정압을 일정하게 하기 위한 장치는?

① 스핀들 ② 프레임

③ 심블 ④ 래칫스톱

정답분석

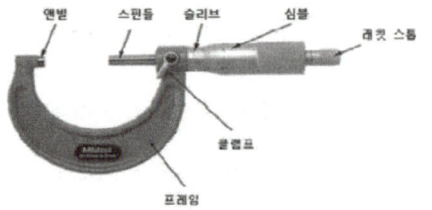

래칫스톱을 돌리면 스핀들이 전진하여 앤빌과 스핀들 사이에 측정물체에 일정한 압력을 가한다.

정답 ④

24 마지막 입력 점으로부터 다음 점까지의 거리와 각도를 입력하는 좌표 입력 방법은?

① 절대 좌표 입력

② 상대 좌표 입력

③ 상대 극좌표 입력

④ 요소 투영점 입력

정답분석 마지막 입력 점으로부터 다음 점까지의 거리와 각도를 입력하는 좌표법은 상대 극좌표이다.

정답 ③

25 스프로킷 휠의 도시방법에 대한 설명 중 옳은 것은?

① 스프로킷의 이끝원은 가는 실선으로 그린다.

② 스프로킷의 피치원은 가는 2점 쇄선으로 그린다.

③ 스프로킷의 이뿌리원은 가는 실선으로 그린다.

④ 축의 직각 방향에서 단면도를 도시할 때 이뿌리선은 가는 실선으로 그린다.

관련이론 70p 스프라켓 휠(sprocket wheel)

정답분석
• 스프로킷의 피치원: 가는 1점 쇄선
• 바깥지름(이끝원): 굵은 실선
• 스프로킷의 이뿌리원: 가는 실선 또는 굵은 파선(이뿌리원은 생략 가능)

정답 ①

26 Cu 4%, Mn 0.5%, Mg 0.5% 함유된 알루미늄합금으로 기계적 성질이 우수하여 항공기, 차량부품 등에 많이 쓰이는 재료는?

① Y합금 ② 실루민

③ 두랄루민 ④ 켈멧합금

관련이론 118p 고강도 알루미늄합금

정답분석 알루미늄 + 구리 + 마그네슘 + 망간 = Al + Cu + Mg + Mn (알구마망)

정답 ③

27 아래와 같은 구멍과 축의 끼워 맞춤에서 최대 틈새는?

$$구멍 : \varnothing 45H7 = \varnothing 45 \begin{smallmatrix} +0.025 \\ 0 \end{smallmatrix}$$

$$축 : \varnothing 45K6 = \varnothing 45 \begin{smallmatrix} +0.025 \\ +0.002 \end{smallmatrix}$$

① 0.018　　　　② 0.023

③ 0.050　　　　④ 0.027

관련이론 51p 허용범위

정답분석 최대틈새 = 구멍의 위치수허용차 - 축의 아래치수허용차
= 0.025 - 0.002 = 0.023

정답 ②

28 가공에 사용하는 공구나 지그 등의 위치를 참고로 도시할 경우에 사용되는 선은?

① 굵은 파선　　　　② 가는 2점 쇄선

③ 가는 파선　　　　④ 굵은 1점 쇄선

관련이론 21p 선의 용도

정답분석 가공에 사용하는 공구나 지그 등의 위치를 참고로 도시할 경우 가는 2점 쇄선을 사용한다.

정답 ②

29 그림과 같이 표면의 결 도시기호가 지시되었을 때 표면의 줄무늬 방향은?

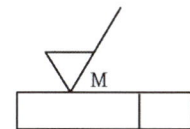

① 가공으로 생긴 선이 거의 동심원
② 가공으로 생긴 선이 여러 방향
③ 가공으로 생긴 선이 방향이 없거나 돌출됨
④ 가공으로 생긴 선이 투상면에 직각

관련이론 58p 표면 거칠기에 관련된 용어

정답분석 가공으로 생긴 선이 여러 방향이다.
① C
④ ⊥

정답 ②

30 다음 기호가 나타내는 각법은?

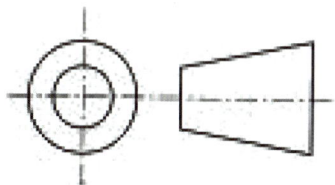

① 제1각법　　　　② 제2각법

③ 제3각법　　　　④ 제4각법

관련이론 25p 정투상도

정답분석 제3각법의 기호이다.

정답 ③

31 아공석강 영역의 탄소강은 탄소량의 증가에 따라 기계적 성질이 변한다. 이에 대한 설명으로 옳지 않은 것은?

① 항복점이 증가한다.
② 인장강도가 증가한다.
③ 충격치가 증가한다.
④ 경도가 증가한다.

정답분석 탄소량이 증가하면 경도와 취성이 올라가서 작은 충격에도 파괴된다. = 충격치가 감소한다.

정답 ③

32 A1 제도 용지의 크기는 몇 mm인가?

① 420 × 594　　　　② 297 × 420

③ 841 × 1189　　　　④ 594 × 841

관련이론 14p 도면의 크기

정답분석 594 × 841mm이다.
① A2 용지의 크기이다.
② A3 용지의 크기이다.
③ A0 용지의 크기이다.

정답 ④

33 다음의 평면도에 해당하는 것은? (단, 제3각 법의 경우이다)

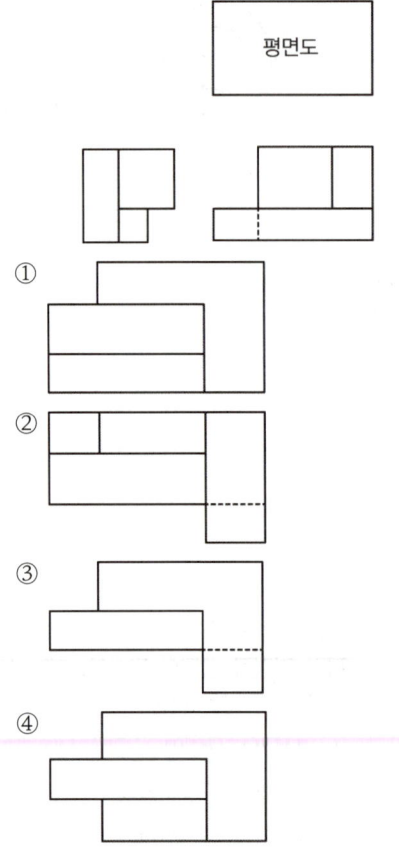

① ② ③ ④

③의 경우가 보기의 평면도에 해당한다.

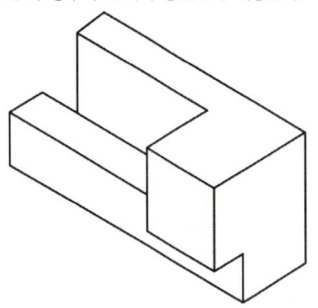

정답 ③

34 베벨기어 제도시 피치원을 나타내는 선의 종 류는?

① 굵은 실선　　② 가는 1점 쇄선

③ 가는 실선　　④ 가는 2점 쇄선

관련이론 68p 기어

정답분석 피치원은 가는 1점 쇄선이다.

정답 ②

35 초경합금의 특성 중 틀린 것은?

① 경도가 높다.

② 연성이 크다.

③ 고온에서 변형이 적다.

④ 내마모성이 크다.

관련이론 105p 초경합금

정답분석 초경합금은 경도가 아주 높은 합금이어서 연성이 작다.

정답 ②

36 도면에 사용되는 선, 문자가 겹치는 경우에 투상선이 우선 적용되는 순위로 맞는 것은?

① 문자 → 외형선 → 중심선 → 치수선

② 외형선 → 문자 → 중심선 → 숨은선

③ 문자 → 숨은선 → 외형선 → 중심선

④ 중심선 → 파단선 → 문자 → 치수보조선

관련이론 21p 선의 우선순위

정답분석 도면에서 두 종류 이상의 선이 같은 위치에 중복될 경우 다음 순위에 따라 우선되는 종류부터 그린다.
㉠ 외형선(단, 외형선보다 우선하는 선은 문자와 기호가 있다.)
㉡ 숨은선
㉢ 절단선
㉣ 중심선
㉤ 무게 중심선
㉥ 치수 보조선

정답 ①

37 뜨임의 목적이 아닌 것은?

① 탄화물의 고용강화
② 인성 부여
③ 담금질할 때 생긴 내부응력 감소
④ 내마모성의 향상

관련이론 125p 뜨임

정답분석 탄화물의 고용강화와 뜨임은 관계가 없다.

정답 ①

38 회전단면도를 그리기 위해 인출선을 사용할 때 사용하는 선은?

① 굵은 실선으로 단면위치를 표시하고 처음과 끝은 가는 실선으로 나타낸다.
② 가는 실선으로 단면위치를 표시하고 처음과 끝은 굵은 실선으로 나타낸다.
③ 1점 쇄선으로 단면위치를 표시하고 처음과 끝은 굵은 실선으로 나타낸다.
④ 1점 쇄선으로 단면위치를 표시하고 처음과 끝은 2점 쇄선으로 나타낸다.

정답분석

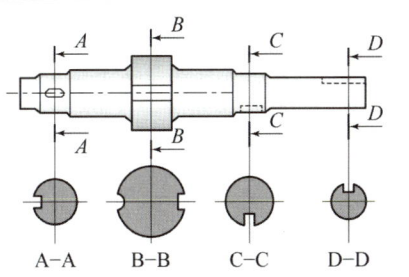

정답 ②

39 단면도를 나타낼 때 길이 방향으로 절단하여 도시할 수 있는 것은?

① 볼트
② 기어의 이
③ 바퀴 암
④ 풀리의 보스

관련이론 69p 벨트 풀리

정답분석 축이 닿는 외부를 보스라고 한다(상대적 개념).

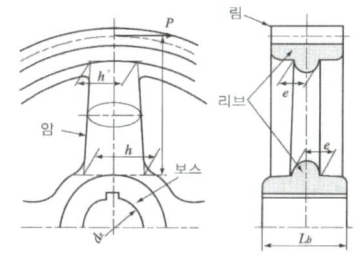

정답 ④

40 다음 중 억지 끼워맞춤에 속하는 것은?

① H8 / e8
② H7 / t6
③ H8 / f8
④ H6 / k6

관련이론 54p 끼워맞춤 공차의 예

정답분석 Z쪽에 가까운 것을 고른다.

정답 ②

41 일반적인 제동 장치의 제동부 조작에 이용하는 에너지가 아닌 것은?

① 유압
② 전자력
③ 압축 공기
④ 빛 에너지

정답분석 빛 에너지는 제동장치와 관계가 없다.

정답 ④

42 피치 4mm인 3줄 나사를 1회전시켰을 때의 리드는 얼마인가?

① 6mm   ② 12mm

③ 16mm   ④ 18mm

정답분석 리드 = 피치 x 줄수 = 4 x 3 = 12mm

정답 ②

43 기하공차 기호에서 ◎은 무엇을 나타내는가?

① 진원도   ② 동축도

③ 위치도   ④ 원통도

관련이론 55p 기하공차

정답분석 ◎ : 동심도 혹은 동축도를 나타낸다.

정답 ②

44 그림에서 나타난 치수선은 어떤 치수를 나타내는가?

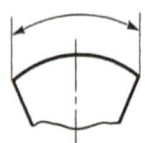

① 변의 길이   ② 호의 길이

③ 현의 길이   ④ 각도

정답분석 호의 길이를 나타낸다.

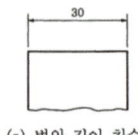 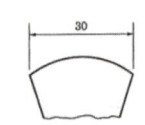

(a) 변의 길이 치수   (b) 현의 길이 치수

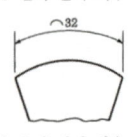 

(c) 호의 길이 치수   (d) 각도 치수

정답 ②

45 다음 중 스케치도를 작성하는 방법이 아닌 것은?

① 프리핸드법   ② 방사선법

③ 본뜨기법   ④ 프린트법

정답분석 전개도의 종류(3종류)
㉠ 평행선법
㉡ 방사선법
㉢ 삼각형법

정답 ②

46 대상물의 측정 값을 직접 읽을 수 없을 때 측정량에 관련된 요소들을 측정하고 이를 계산하여 측정값을 얻을 수 있는 방법은?

① 직접측정   ② 비교측정

③ 간접측정   ④ 각도측정

관련이론 142p 측정의 종류

정답분석 직접 읽을 수 없을 때의 측정법은 간접측정이다.

정답 ③

47 인장강도가 255 ~ 340MPa로 Ca-Si나 Fe-Si 등의 접종제로 접종 처리한 것으로 바탕조직은 펄라이트이며 내마멸성이 요구되는 공작기계의 안내면이나 강도를 요하는 기관의 실린더 등에 사용되는 주철은?

① 칠드 주철   ② 미하나이트 주철

③ 흑심가단 주철   ④ 구상흑연 주철

관련이론 111p 고급주철

정답분석 미하나이트 주철은 인장강도가 255MPa 정도이다.

정답 ②

48 다음 설명에 가장 적합한 3차원의 기하학적 형상 모델링 방법은?

> • Boolean 연산(합, 차, 적)을 통하여 복잡한 형상표현이 가능하다
> • 형상을 절단한 단면도 작성이 용이하다.
> • 은선 세서가 가능하고 물리적 싱질 등의 계산이 가능하다.
> • 컴퓨터의 메모리양과 데이터 처리가 많아진다.

① 서피스 모델링(surface modeling)
② 솔리드 모델링(solid modeling)
③ 시스템 모델링(system modeling)
④ 와이어 프레임 모델링(wire frame modeling)

관련이론 77p 솔리드 모델링

정답분석 솔리드 모델링은 물리적 성질 계산이 가능하다.

정답 ②

49 IT기본 공차에서 주로 죽의 끼워 맞춤 공자에 적용되는 공차의 등급은?

① IT 01 ~ IT 5
② IT 6 ~ IT 10
③ IT 10 ~ IT 18
④ IT 5 ~ IT 9

관련이론 52p IT(International Tolerance) 기본공차

정답분석

용도	게이지 제작 공차	끼워 맞춤 공차	끼워 맞춤 이외 공차
구멍	IT 01 ~ IT 5	IT 6 ~ IT 10	IT 11 ~ IT 18
축	IT 01 ~ IT 4	IT 5 ~ IT 9	IT 10 ~ IT 18

정답 ④

50 재료 기호 [GC200]이 나타내는 명칭은?

① 황동 주물
② 회주철품
③ 주강
④ 탄소강

정답분석 GC = Gray Casing = 회색 주물
① 황동 주물 = BSC = Brass Casting
③ 주강 = SC = Steel Casting

정답 ②

51 컴퓨터의 구성에서 중앙처리장치에 해당하지 않는 것은?

① 연산장치
② 제어장치
③ 주기억장치
④ 출력장치

정답분석 중앙처리장치
• 주기억장치
• 논리연산장치
• 제어장치

정답 ④

52 미터 사다리꼴나사의 호칭지름 40mm, 피치 7, 수나사 등급이 7e인 경우 옳게 표시한 방법은?

① TM40 × 7 - 7e
② TW40 × 7 - 7e
③ Tr40 × 7 - 7e
④ TS40 × 7 - 7e

정답분석 'Tr40 × 7 - 7e'로 표시한다.

정답 ③

53 주로 탄소강에서 행해지는 표면경화법으로 국부적으로 처리가 가능하고 처리시간이 매우 빠른 열처리 방법은?

① 침탄법
② 화염경화법
③ 금속침투법
④ 고주파 열처리

관련이론 130p 물리적 표면경화법

정답분석 고주파 유도전류를 이용해서 공작물의 표면을 가열하고 바로 급냉하여 표면을 경화시키는 방법이다.

정답 ④

54 증기나 기름 등이 누출되는 것을 방지하는 부위 또는 외부로부터 먼지 등의 오염물 침입을 막는데 주로 사용하는 너트는?

① 캡 너트(cap nut)
② 와셔붙이 너트(washer based nut)
③ 둥근 너트(circular nut)
④ 육각 너트(hexagon nut)

정답분석 캡 너트(cap nut)에 대한 설명이다. 캡 너트는 볼트의 한쪽 끝 부분이 막혀 있어 외부로부터의 오염을 방지할 수 있다.

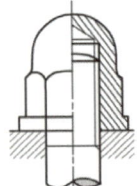

정답 ①

55 다음 중 풀림(annealing)처리가 반드시 필요한 경우가 아닌 것은?

① 절삭가공 후 변형을 방지하기 위해
② 냉간가공 후 잔류응력을 제거하기 위해
③ 침탄 열처리 후
④ 용접부의 내부응력을 제거하기 위해

관련이론 126p 풀림
정답분석 풀림은 내부응력 제거, 재질의 연화 시 필요하다.

정답 ①

56 컴퓨터 도면 관리 시스템의 일반적인 장점을 잘못 설명한 것은?

① 여러가지 도면 및 파일의 통합관리체계를 구축 가능하다.
② 반영구적인 저장 매체로 유실 및 훼손의 염려가 없다.
③ 도면의 질과 정확도를 향상시킬 수 있다.
④ 정전 시에도 도면 검색 및 작업을 할 수 있다.

정답분석 정전 시에는 도면 검색 및 작업을 할 수 없다.

정답 ④

57 아래 그림은 표준 스퍼기어 요목표이다. (1), (2)에 들어 갈 숫자로 옳은 것은?

스퍼 기어		
기어 치형		표준
공구	치형	보통 이
	모듈	2
	압력각	20°
잇수		32
피치원 지름		(1)
전체 이 높이		(2)
다듬질 방법		호브 절삭
정밀도		KS B 1405, 5급

① (1): ø64 , (2): 4.5
② (1): ø40 , (2): 4
③ (1): ø40 , (2): 4.5
④ (1): ø64 , (2): 4

관련이론 68p 기어(gear)
정답분석 • 피치원 지름 공식 = 모듈 x 잇수 = 2 x 32 = 64
• 전체 이 높이 공식 = 2.25 x 잇수 = 4.5

정답 ①

58 용접기호에서 그림과 같은 표시가 있을 때 그 의미는?

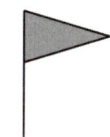

① 현장 용접
② 일주 용접
③ 매끄럽게 처리한 용접
④ 이면판재를 사용한 용접

정답분석 깃발 표시는 현장용접을 의미한다.

정답 ①

59 레디얼 볼 베어링 번호 6200의 안지름은?

① 10mm ② 12mm
③ 15mm ④ 17mm

관련이론 68p 구름 베어링의 규격

정답분석 • 1 ~ 9: 1 ~ 9mm
• 00: 10mm
• 01: 12mm
• 02: 15mm
• 03: 17mm
• 04: 20mm
※ 04 부터는 x5**

정답 ①

60 다음 중 가는 2점 쇄선의 용도로 틀린 것은?

① 인접 부분 참고 표시
② 공구, 지그 등의 위치
③ 가공 전 또는 가공 후의 모양
④ 회전 단면도를 도형 내에 그릴 때의 외형선

관련이론 21p 선의 용도

정답분석 회전 단면도를 도형 내에 그릴 때의 외형선은 가는 실선이다.

정답 ④

2023년 제2회

※CBT 문제는 수험생의 기억에 따라 복원된 것이며, 실제 기출문제와 동일하지 않을 수 있습니다.

01
열간가공이 쉽고 다듬질 표면이 아름다우며 특히 용접성이 좋고 고온강도가 큰 장점을 갖고 있어 각종 축, 기어, 강력볼트, 암 레버 등에 사용하는 것으로 기호표시를 SCM으로 하는 강은?

① 니켈 - 크롬강
② 니켈 - 크롬 - 몰리브덴강
③ 크롬 - 몰리브덴강
④ 크롬 - 망간 - 규소강

정답분석 크롬 - 몰리브덴강이다.
• S: 강
• C: 크롬
• M: 몰리브덴

정답 ③

02
길이가 20mm인 축을 도면에 5:1 척도로 그릴 때 기입되는 치수로 옳은 것은?

① 4　　　　　② 100
③ 20　　　　④ 5

관련이론 13p 척도

정답분석 치수는 실제길이 그대로 기입한다.

정답 ③

03
ISO 규격에 있는 관용 테이퍼 나사로 테이퍼 수나사를 표시하는 기호는?

① R　　　　　② Rc
③ PS　　　　④ Tr

관련이론 66p 나사의 규격

정답분석 테이퍼 수나사를 표시하는 기호는 R이다.
② 관용 테이퍼 암나사를 표시하는 기호이다.
③ 관용 테이퍼 평행암나사를 표시하는 기호이다.
④ 미터사다리꼴나사를 표시하는 기호이다.

정답 ①

04
전체 둘레 현장 용접을 나타내는 보조 기호는?

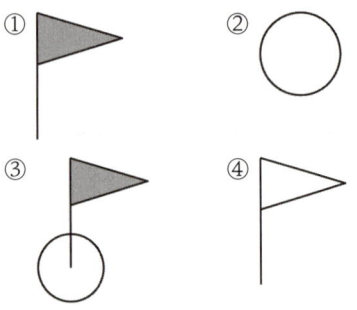

① ② ③ ④

정답분석 둘레용접=일주용접

정답 ③

05
평행키의 호칭 표기 방법으로 맞는 것은?

① KS B 1311 평행키 $10 \times 8 \times 25$
② KS B 1311 $10 \times 8 \times 25$ 평행키
③ 평행키 $10 \times 8 \times 25$ 양 끝 둥금 KS B 1311
④ 평행키 $10 \times 8 \times 25$ KS B 1311 양 끝 둥금

정답분석 ①의 표기가 옳은 방법이다.

정답 ①

06
외접 헬리컬 기어를 축에 직각인 방향에서 본 단면으로 도시할 때, 잇줄 방향의 표시 방법은?

① 1개의 가는 실선
② 3개의 가는 실선
③ 1개의 가는 2점 쇄선
④ 3개의 가는 2점 쇄선

관련이론 69p 헬리컬 기어

정답분석
• 스퍼기어와 비교해서 헬리컬 기어는 이가 비틀어져 있는데 3개의 가는 실선으로 비틀림 방향을 나타낸다.
• 단면으로 나타내야 할 때는 3개의 가는 이점 쇄선으로 나타내며 기울기는 치수와 상관없이 30°로 나타낸다.

정답 ④

07 V벨트 풀리에 대한 설명으로 올바른 것은?

① A형은 원칙적으로 한 줄만 걸친다.
② 암은 길이 방향으로 절단하여 도시한다.
③ V벨트 풀리는 축 직각 방향의 투상을 정면도로 한다.
④ V벨트 풀리의 홈의 각도는 35°, 38°, 40°, 42° 4종류가 있다.

관련이론 70p V-벨트 풀리(V-belt pulley)의 규격
정답분석 V벨트 풀리는 축 직각 방향의 투상을 정면도로 한다.
① M형은 한 줄만 걸친다.
② 암은 길이 방향으로 절단하지 않는다.
④ V벨트 풀리 홈의 각도는 34°, 36°, 38°이다.

정답 ③

08 투상법의 종류 중 정투상법에 속하는 것은?

① 등각투상법　② 제3각법
③ 사투상법　④ 투시도법

관련이론 25p 정투상도
정답분석 정투상법: 1각법, 3각법

정답 ②

09 M30 x 1 - 6g인 나사에서 6g는 무엇인가?

① 나사의 피치　② 나사의 등급
③ 나사의 줄 수　④ 나사의 호칭지름

정답분석 6g는 나사의 등급이다.
① 나사의 피치: 1
④ 나사의 호칭지름: M30

정답 ②

10 관용 평행 나사를 표시하는 기호는?

① R　② G
③ PT　④ Tr

관련이론 66p 나사의 규격
정답분석 관용 평행 니사는 G로 표시힌디.
① 관용 테이퍼 수나사를 표시하는 기호이다.
③ 관용 테이퍼나사를 표시하는 기호이다.
④ 미터사다리꼴나사를 표시하는 기호이다.

정답 ②

11 공석강에 탄소량이 증가될 때 나타나는 현상은?

① 경도가 증가한다.
② 인성이 증가한다.
③ 연신율이 증가한다.
④ 연성이 증가한다.

관련이론 130p 물리적 표면경화법
정답분석 탄소량이 증가하면 경도가 증가한다.

정답 ①

12 다음 치수 보조 기호에 관한 내용으로 틀린 것은?

① C: 45°의 모떼기
② D: 판의 두께
③ □: 정사각형 변의 길이
④ ⌒ : 원호의 길이

관련이론 43p 치수의 보조기호
정답분석 판의 두께: t(thickness)

정답 ②

13 다음 중 탄소강의 열처리 조직이 아닌 것은?

① 트루스타이트   ② 마텐자이트
③ 시멘타이트   ④ 오스테나이트

정답분석 탄소강의 열처리 조직
마텐자이트, 트루스타이트, 소르바이트, 펄라이트, 오스테나이트
※ 암기: 마트(에)서 (짐)풀어

정답 ③

14 도면 작성 시 선이 한 장소에 겹쳐서 그려야 할 경우 나타내야 할 우선 순위로 옳은 것은?

① 외형선 > 숨은선 > 중심선 > 무게 중심선 > 치수선
② 외형선 > 중심선 > 무게 중심선 > 치수선 > 숨은선
③ 중심선 > 무게 중심선 > 치수선 > 외형선 > 숨은선
④ 중심선 > 치수선 > 외형선 > 숨은선 > 무게 중심선

관련이론 21p 선의 우선순위

정답분석 외형선 > 숨은선 > 중심선 > 무게 중심선 > 치수선 순으로 나타내야 한다.

정답 ①

15 코일 스프링의 제도에 대한 설명 중 틀린 것은?

① 스프링은 원칙적으로 하중이 걸린 상태에서 도시한다.
② 스프링의 종류와 모양만을 도시할 때에는 재료의 중심을 굵은 실선으로 그린다.
③ 특별한 단서가 없는 한 모두 오른쪽 감기로 도시하고 왼쪽 감기일 경우 '감긴 방향 왼쪽'이라고 표시한다.
④ 코일 부분의 중간 부분을 생략할 때에는 생략한 부분을 가는 1점 쇄선 또는 가는 2점 쇄선으로 표시해도 좋다.

관련이론 71p 스프링

정답분석 스프링은 원칙적으로 하중이 걸리지 않은 상태에서 도시한다.

정답 ①

16 다음 경도 시험 중 압입자를 이용한 방법이 아닌 것은?

① 브리넬 경도   ② 로크웰 경도
③ 비커스 경도   ④ 쇼어 경도

관련이론 134p 경도시험

정답분석

종류	원리
브리넬 경도(H_B)	강구의 압입, 압입자국과 하중의 비
비커스 경도(H_V)	압입자국의 대각선 길이
로크웰 경도(H_R)	압입자국의 깊이
쇼어 경도(H_S)	자유낙하 추의 반발 높이

정답 ④

17 다음 중 강에 S, Pb등의 특수원소를 첨가하여 절삭할 때 칩을 잘게 하고 피삭성을 좋게 만든 특수강은?

① 내열강   ② 내식강
③ 쾌삭강   ④ 내마모강

정답분석 피삭성이 좋다 = 쾌삭(절삭이 잘 된다)

정답 ③

18 너비가 좁고 얇은 긴 보로서 하중을 지지하며, 주로 자동차의 현가장치로 사용되는 스프링은?

① 코일 스프링   ② 토션바
③ 겹판 스프링   ④ 접시형 스프링

정답분석 너비가 좁고 얇은 긴 보 = 얇은 철판

정답 ③

19 나사 마이크로미터는 무엇의 측정에 가장 널리 사용되는가?

① 나사의 골지름　② 나사의 유효지름

③ 나사의 호칭지름　④ 나사의 바깥지름

> **관련이론** 149p 나사의 유효지름 측정방법
>
> **정답분석** 나사의 유효지름 측정방법
> - 삼침법
> - 나사 마이크로미터
> - 공구현미경
>
> 정답 ②

20 초경질합금의 중요한 원소가 아닌 것은?

① W　② C

③ Co　④ Al

> **정답분석** 초경합금의 주요원소
> → W, C, Co, Ni
>
> 정답 ④

21 다음 중 CAD시스템의 입력장치가 아닌 것은?

① 라이트 펜(light pen)

② 마우스(mouse)

③ 트랙 볼(track ball)

④ 그래픽 디스플레이(graphic display)

> **정답분석** 그래픽 디스플레이(graphic display)는 출력장치이다.
>
> 정답 ④

22 다음 중 구름 베어링의 특성이 아닌 것은?

① 감쇠력이 작아 충격 흡수력이 작다.

② 축심의 변동이 작다.

③ 표준형 양산품으로 호환성이 높다.

④ 일반적으로 소음이 작다.

> **정답분석**
> - 감쇠력: 진동을 멈추려는 힘
> - 구름 베어링은 미끄럼 베어링에 비하여 충격에 약하고 소음이 발생한다.
>
> 정답 ④

23 볼트 너트의 풀림 방지 방법 중 틀린 것은?

① 로크 너트에 의한 방법

② 스프링 와셔에 의한 방법

③ 플라스틱 플러그에 의한 방법

④ 아이 볼트에 의한 방법

> **정답분석** 나사의 풀림방지(= 너트의 풀림방지)
> ㉠ 로크너트(Lock nut)에 의한 방법
> ㉡ 자동 죔 너트에 의한 방법
> ㉢ 분할핀에 의한 방법
> ㉣ 와셔에 의한 방법
> ㉤ 멈춤나사에 의한 방법
> ㉥ 플라스틱 플러그에 의한 방법
> ㉦ 철사를 이용하는 방법
>
> 정답 ④

24 다음 중 스프로킷 휠의 도시방법으로 틀린 것은? (단, 축방향에서 본 경우를 기준으로 한다)

① 항목표에는 톱니의 특성을 나타내는 사항을 기입한다.

② 바깥지름은 굵은 실선으로 그린다.

③ 피치원은 가는 2점 쇄선으로 그린다.

④ 이뿌리원을 나타내는 선은 생략 가능하다.

> **관련이론** 70p 스프라켓 휠(sprocket wheel)
>
> **정답분석** 스프로킷의 특징
> - 바깥지름은 굵은 실선이다.
> - 피치원은 가는 1점 쇄선이다.
> - 이뿌리원은 가는 실선 또는 굵은 파선 (이뿌리원은 생략 가능)
> - 축에 직각 방향에서 본 그림을 단면으로 도시할 때에는 이뿌리선을 굵은 실선으로 그린다.
> - 항목표에는 이의 특성을 나타내는 사항을 기입한다.
>
> 정답 ③

25 평 벨트 전동에 비하여 V벨트 전동의 특징이 아닌 것은?

① 고속운전이 가능하다.

② 바로걸기와 엇걸기 모두 가능하다.

③ 미끄럼이 적고 속도비가 크다.

④ 접촉 면적이 넓으므로 큰 동력을 전달한다.

관련이론 69p 벨트 풀리

정답분석 V벨트 전동은 엇걸기가 안 된다.

정답 ②

---

26 철과 탄소는 약 6.68% 탄소에서 탄화철이라는 화합물질을 만드는데 이 탄소강의 표준조직은 무엇인가?

① 펄라이트   ② 오스테나이트

③ 시멘타이트   ④ 솔바이트

관련이론 97p 시멘타이트

정답분석 시멘타이트의 탄소함유량은 6.68%이다.

정답 ③

---

27 아베의 원리에 어긋나는 측정 게이지는?

① 외측 마이크로미터

② 버니어 캘리퍼스

③ 다이얼 게이지

④ 나사 마이크로미터

관련이론 143p 아베의 원리

정답분석
- 아베의 원리: 피 측정물과 표준편은 동일 축선상에 위치하여야 한다.
- 버니어 캘리퍼스만 해당되지 않는다.

정답 ②

---

28 축의 도시방법에 대한 설명 중 잘못된 것은?

① 모떼기는 길이 치수와 각도로 나타낼 수 있다.

② 축은 주로 길이방향으로 단면도시를 한다.

③ 긴 축은 중간을 파단하여 짧게 그릴 수 있다.

④ 45° 모따기의 경우 C로 그 의미를 나타낼 수 있다.

관련이론 67p 축

정답분석 축은 길이방향으로 단면도시하지 않는다. 다만, 부분단면은 가능하다.

정답 ②

---

29 주조성이 우수한 백선 주물을 만들고, 열처리하여 강인한 조직으로 단조를 가능하게 한 주철은?

① 가단 주철   ② 칠드 주철

③ 구상 흑연 주철   ④ 보통 주철

관련이론 112p 가단주철

정답분석 단조가 가능한 주철: 가단 주철

정답 ①

---

30 구리에 니켈 40~50% 정도를 함유하는 합금으로서 통신기, 전열선 등의 전기저항 재료로 이용되는 것은?

① 인바   ② 엘린바

③ 콘스탄탄   ④ 모넬메탈

관련이론 119p 니켈-구리계 합금

정답분석 Cu-40~50% Ni계 합금이며 전기저항이 크고 저항온도계수가 작아 전기저항선이나 열전대의 재료로 사용된다.

정답 ③

31

다음 그림과 같이 정면도와 우측면도가 주어졌을 때 평면도로 알맞은 것은?

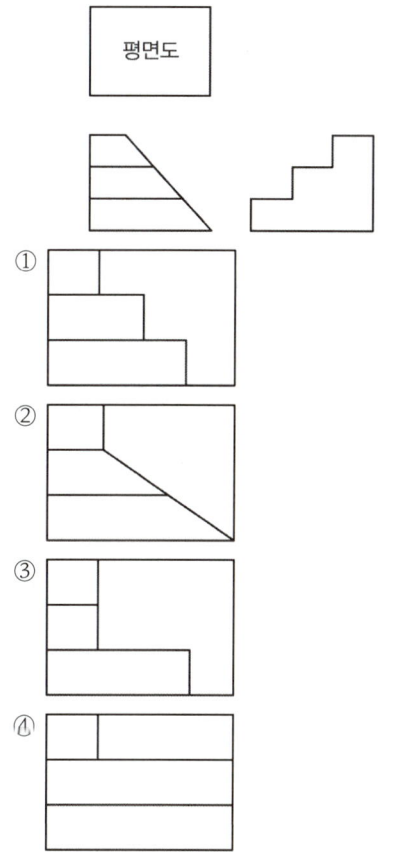

① ② ③ ④

정답분석 ①의 경우가 평면도에 알맞은 내용이다.

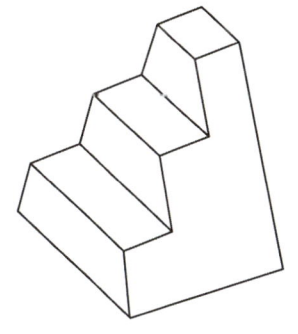

정답 ①

32

컴퓨터의 기억용량표시가 틀린 것은?

① 1Gigabyte = 230byte

② 1Megabyte = 220byte

③ 1Kilobyte = 210byte

④ 1byte = 16bit

정답분석
· 1bit: 정보의 최소 단위
· 1B = 1byte = 8bit
· 1KB = 210byte
· 1MB = 220byte
· 1GB = 230byte

정답 ④

33

비중이 2.7로써 가볍고 은백색의 금속으로 내식성이 좋으며, 전기전도율이 구리의 60% 이상인 금속은?

① 알루미늄(Al) ② 마그네슘(Mg)

③ 바나듐(V) ④ 안티몬(Sb)

관련이론 117p 알루미늄(Al)과 알루미늄합금

정답분석 금속의 비중

Cu(8.96) > Ni(8.9) > Al(2.7) > Mg(1.74)

정답 ①

34

다음 축척의 종류 중 우선적으로 사용되는 척도가 아닌 것은?

① 1 : 2 ② 1 : 3

③ 1 : 5 ④ 1 : 10

관련이론 13p 척도

정답분석 우선적으로 사용되는 축척

→ 1:2 1:5 1:10 1:50 1:100 1:200

정답 ②

35

'M20×2'는 미터 가는 나사의 호칭 보기이다. 여기서 2는 무엇을 나타내는가?

① 나사의 피치 ② 나사의 호칭지름

③ 나사의 등급 ④ 나사의 경도

정답분석 '2'는 나사의 피치를 나타낸다.

정답 ①

36

다음 기하공차의 기호 중 위치도 공차를 나타내는 것은?

① (화살표 기호)   ② (이중 화살표 기호)

③ (⊕ 기호)   ④ (⊗ 기호)

관련이론 55p 기하공차

정답분석 위치도 공차를 나타내는 것은 ③의 기호이다.
① 원주흔들림
② 온흔들림

정답 ③

37

그림과 같은 대칭적인 용접부의 기호와 보조 기호 설명으로 올바른 것은?

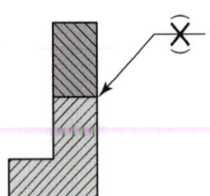

① 양면 V형 맞대기 용접, 블록형
② 양면 필릿 용접, 블록형
③ 양면 V형 맞대기 용접, 오목형
④ 양면 필릿 용접, 오목형

정답분석 '양면 V형 맞대기 용접, 블록형'의 의미이다.

정답 ①

38

표준 스퍼 기어에서 모듈이 4이고, 피치원지름이 160mm일 때, 기어의 잇수는?

① 20   ② 30

③ 40   ④ 50

관련이론 68p 기어

정답분석 피치원 = 모듈 x 잇수 = 160 = 4 x 잇수
∴ 잇수 = 40

정답 ③

39

다음 중 도면에 기입되는 치수에 대한 설명으로 옳은 것은?

① 재료 치수는 재료를 구입하는데 필요한 치수로 잘림 여유나 다듬질 여유가 포함되어 있지 않다.

② 소재 치수는 주물 공장이나 단조 공장에서 만들어진 그대로의 치수를 말하며 가공할 여유가 없는 치수이다.

③ 마무리 치수는 가공 여유를 포함하지 않은 치수로 가공 후 최종으로 검사할 완성된 제품의 치수를 말한다.

④ 도면에 기입되는 치수는 특별히 명시하지 않는 한 소재 치수를 기입한다.

관련이론 40p 치수 기입의 기본 원칙

정답분석 마무리 치수는 가공 여유를 포함하지 않은 치수로 가공후 최종으로 검사할 완성된 제품의 치수를 말한다.

정답 ③

40

컴퓨터 입력장치의 한 종류로 직사각형의 판에 사용자가 손에 잡고 움직일 수 있는 펜 모양의 스타일러스 혹은 버튼이 달린 라인 커서 장치의 2가지 부분으로 구성되며 펜이나 커서의 움직임에 대한 좌표 정보를 읽어서 컴퓨터에 나타내는 장치는?

① 디지타이저(digitizer)
② 광학 마크 판독기(OMR)
③ 음극선관(CRT)
④ 플로터(plotter)

정답분석 디지타이저(= 태블릿)에 대한 설명이다.

정답 ①

41

다음 관 이름의 그림 기호 중 플랜지식 이음은?

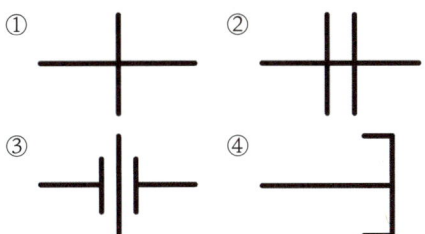

① ② ③ ④

플랜지식 이음은 ②의 기호이다.
① 나사식 이음 기호이다.
③ 유니언 나사식 이음 기호이다.
④ 나사 박음관 끝부분 기호이다.

정답 ②

42

전위기어의 사용 목적으로 가장 옳은 것은?

① 베어링 압력을 증대시키기 위함
② 속도비를 크게 하기 위함
③ 언더컷을 방지하기 위함
④ 전동 효율을 높이기 위함

전위기어의 사용 목적
• 중심거리를 변화시키기 위해
• 언더 컷을 방지하기 위해
• 이의 강도를 개선하려 할 때

정답 ③

43

다음은 어떤 물체를 제 3각법으로 투상한 것이다. 이 물체의 등각 투상도로 가장 적합한 것은?

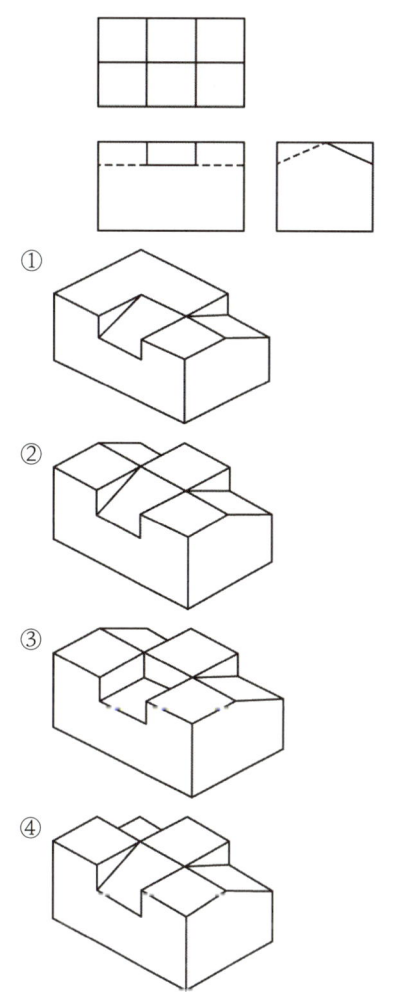

① ② ③ ④

등각 투상도로 가장 적합한 것은 ②의 내용이다.

정답 ②

44

수나사 막대의 양 끝에 나사를 깎은 머리없는 볼트로서, 한 끝은 본체에 박고 다른 끝은 너트로 죌때 쓰이는 것은?

① 관통 볼트　　② 미니어처 볼트
③ 스터드 볼트　④ 탭 볼트

스터드 볼트(머리 없는 볼트)에 대한 설명이다.

정답 ③

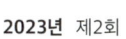

45 코일 스프링의 제도 방법에 대한 설명으로 틀린 것은?

① 하중이 걸린 상태에서 그릴 때에는 선도 (diagram) 또는 그 때의 치수와 하중을 기입한다.

② 스프링의 종류와 모양만을 도시할 때에는 재료의 중심선만을 굵은 실선으로 그린다.

③ 코일 부분의 중간 부분을 생략할 때에는 생략한 부분을 가는 1점 쇄선 또는 가는 2점 쇄선으로 표시한다.

④ 특별한 단서가 없는 한 모두 왼쪽 감기로 도시하고, '감긴 방향 왼쪽'이라고 표시한다.

───────

관련이론 71p 스프링

정답분석 특별한 단서가 없으면 오른쪽 감기로 도시하고 감긴 방향은 명시하지 않는다.

정답 ④

46 다음 중 강에 S, Pb등의 특수원소를 첨가하여 절삭할 때 칩을 잘게 하고 피삭성을 좋게 만든 특수강은?

① 내열강　　② 내식강
③ 쾌삭강　　④ 내마모강

───────

관련이론 104p 쾌삭강

정답분석 쾌삭 = 피삭성이 좋다.

정답 ③

47 구멍 치수가 $\phi 50^{+0.039}_{0}$이고 축 치수가 $\phi 50^{-0.025}_{-0.050}$일 때 최소 틈새는?

① 0　　② 0.025
③ 0.050　　④ 0.089

───────

정답분석 최소 틈새 = 구멍의 아래치수공차 - 축의 위치수공차
= (0) - (-0.025) = 0.025

정답 ②

48 그림의 ⓐ 표기 부분이 의미하는 내용은?

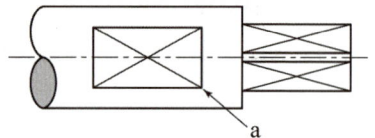

① 곡면　　② 회전체
③ 평면　　④ 구멍

───────

관련이론 36p 평면의 표시

정답분석 ⓐ 표시는 평면이다.

정답 ③

49 치수 보조선에 대한 설명으로 옳지 않은 것은?

① 필요한 경우에는 치수선에 대하여 적당한 각도로 평행한 치수 보조선을 그을 수 있다.

② 도형을 나타내는 외형선과 치수 보조선은 떨어져서는 안 된다.

③ 치수 보조선은 치수선을 약간 지날 때까지 연장하여 나타낸다.

④ 가는 실선으로 나타낸다.

───────

정답분석 외형선과 치수 보조선은 떨어져야 한다.

정답 ②

50 다음 치수 보조 기호의 사용 방법이 올바른 것은?

① ∅ : 구의 지름 치수 앞에 붙인다.

② R : 원통의 지름 치수 앞에 붙인다.

③ □ : 정사각형의 한 변의 치수 수치 앞에 붙인다.

④ SR : 원형의 지름 치수 앞에 붙인다.

───────

관련이론 43p 치수의 보조기호

정답분석 □ 기호는 정사각형의 한 변의 치수 수치 앞에 붙인다.
① ∅: 원의 지름
② R: 원의 반지름
④ SR: 구의 반지름

정답 ③

51

좌우 또는 상하가 대칭인 물체의 1/4을 잘라 내고 중심점을 기준으로 외형도와 내부 단면도를 나타내는 단면의 도시 방법은?

① 한쪽 단면도   ② 부분 단면도

③ 회전 단면도   ④ 온 단면도

관련이론 30p 반단면도

정답분석 1/4을 잘라내는 단면도는 한쪽 단면도이다.

정답 ①

52

다음 중 스프링의 재료로써 가장 적당한 것은?

① SPS 7   ② SCr 420

③ GC 20   ④ SF 50

정답분석 SPring Steel → SPS

정답 ①

53

단면적이 100mm^{2}인 강재에 300N의 전단 하중이 작용할 때 전단응력(N/mm^2)은?

① 1   ② 2

③ 3   ④ 4

정답분석 응력$=\dfrac{하중}{단면적}$, 전단응력$=\dfrac{300\text{N}}{100\text{mm}^2}=3\text{N/mm}^2$

정답 ③

54

볼베어링의 호칭번호가 62/22이면 안지름은 몇 mm인가?

① 22   ② 110

③ 55   ④ 100

관련이론 68p 구름 베어링의 규격

정답분석 / 뒤의 숫자가 안지름이다.

정답 ①

55

컴퓨터가 기억하는 정보의 최소 단위는?

① bit   ② record

③ byte   ④ field

정답분석 bit < byte < word < field < record (점점 커짐)

정답 ①

56

CAD 프로그램의 좌표에서 사용되지 않는 좌표계는?

① 직교좌표   ② 상대좌표

③ 극좌표   ④ 원형좌표

정답분석 원형좌표는 사용되지 않는다.

정답 ④

57

정면, 평면, 측면을 하나의 투상면 위에서 동시에 볼 수 있도록 그린 도법은?

① 보조 투상도   ② 단면도

③ 등각 투상도   ④ 전개도

관련이론 24p 투상법의 종류

정답분석 등각투상도에서 3면이 다 보인다.

정답 ③

58 최대 허용 한계치수와 최소 허용 한계치수와의 차이값을 무엇이라고 하는가?

① 공차
② 기준치수
③ 최대 틈새
④ 위치수 허용차

관련이론 50p 치수공차

정답분석 최대 허용 한계치수와 최소 허용 한계치수와의 차이값을 공차라고 한다.

정답 ①

59 핸들과 같은 작은 곳에 사용하며 키 홈의 가공이 쉬운 키는?

① 묻힘키
② 새들키
③ 둥근키
④ 반달키

정답분석 핸들에는 둥근키가 사용된다.

정답 ③

60 가공 방법의 약호에서 연삭가공의 기호는?

① L
② D
③ G
④ M

관련이론 60p 가공 방법의 기호

정답분석 연삭가공의 기호는 'G'이다.
① L: 선반
② D: 드릴
④ M: 밀링

정답 ③

2023년 제3회

※CBT 문제는 수험생의 기억에 따라 복원된 것이며, 실제 기출문제와 동일하지 않을 수 있습니다.

01 도면에서 A3 제도 용지의 크기는?

① 841 × 1189
② 594 × 841
③ 420 × 594
④ 297 × 420

관련이론 14p 도면의 크기

정답분석 A3 제도 용지의 크기는 297 × 420mm이다.

	세로×가로
A0	841 × 1189
A1	594 × 841
A2	420 × 594
A3	297 × 420
A4	210 × 297

정답 ④

02 딘소공구강의 딘점을 보강하기 위해 C_1, W, Mn, Ni, V 등을 첨가하여 경도, 절삭성, 주조성을 개선한 강?

① 주조경질합금
② 초경합금
③ 합금공구강
④ 스테인리스강

관련이론 105p 합금공구강(STS)

정답분석 합금공구강
탄소공구강의 단점을 개선한 강

정답 ③

03 탄소강에서 탄소량이 증가할 때 기계적 성질 변화에 알맞은 것은?

① 경도증가, 연성감소
② 경도증가, 연성증가
③ 경도감소, 연성감소
④ 경도감소, 연성증가

정답분석
• 경도증가 = 취성증가(메짐성증가) = 연성감소
• 취성 = 파괴되는 성질
• 유리 =높은 취성을 가짐

정답 ①

04 마지막 입력 점으로부터 다음 점까지의 거리와 각도를 입력하는 좌표 입력 방법은?

① 절대 좌표 입력
② 상대 좌표 입력
③ 상대 극좌표 입력
④ 요소 투영점 입력

정답분석 상대 극좌표: 거리와 각도를 입력

정답 ③

05 CAD시스템의 입력 장치가 아닌 것은?

① 키보드
② 라이트 펜
③ 플로터
④ 마우스

정답분석 플로터는 출력장치이다.

정답 ③

06 CAD의 장점으로 볼 수 없는 것은?

① 설계자의 생산성을 높일 수 있다.
② 고도의 설계기능 기술이 필요하다.
③ 의사 전달을 용이하게 할 수 있다.
④ 제품제조의 데이터 베이스를 구축 할 수 있다.

정답분석 수기 설계가 아니기 때문에 기본 기능만 익히면 쉽게 설계할 수 있다.

정답 ②

07
배관도의 치수기입 방법에 대한 설명이다. 틀린 것은?

① 파이프나 밸브 등의 호칭 지름은 파이프라인 밖으로 지시선을 끌어내어 표시한다.

② 치수는 파이프, 파이프 이음, 밸브의 목 입구의 중심에서 중심까지의 길이로 표시한다.

③ 여러 가지 크기의 많은 파이프가 근접에서 설치된 장치에서는 단선도시 방법으로 그린다.

④ 파이프의 끝부분에 나사가 없거나 왼나사를 필요로 할 때에는 지시선으로 나타내어 표시한다.

정답분석 여러 가지 크기의 많은 파이프가 근접해서 설치된 장치에서는 복선도시 방법으로 그린다.

정답 ③

08
제거 가공해서는 안 된다는 것을 지시할 때 사용하는 표면 거칠기의 기호로 맞는 것은?

① 　　②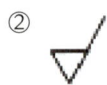

③ 　　④

정답분석 ② 제거가공을 해야 한다.
③ 제거가공을 하는지 여부와 관계없다.

정답 ①

09
기하 공차의 구분 중 모양 공차의 종류에 속하지 않는 것은?

① 진직도 공차　　② 평행도 공차

③ 진원도 공차　　④ 면의 윤곽도 공차

관련이론 55p 기하공차

정답분석 모양공차(단독형체)
진원도, 원통도, 진직도, 평면도, 선의 윤곽도, 면의 윤곽도

정답 ②

10
평판 모양의 쐐기를 이용하여 인장력이나 압축력을 받는 2개의 축을 연결하는 결합용 기계요소는?

① 코터　　　　② 커플링

③ 아이볼트　　④ 테이퍼 키

관련이론 67p 코터

정답분석 코터에 대한 설명이다.

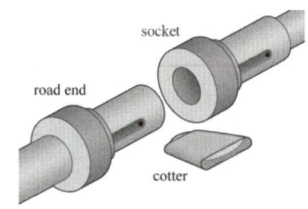

정답 ①

11
물체의 일정 부분에 걸쳐 균일하게 분포하여 작용하는 하중은?

① 집중하중　　② 분포하중

③ 반복하중　　④ 교번하중

정답분석 균일하게 분포하는 하중: 분포하중

정답 ②

12
평벨트 풀리의 도시 방법에 대한 설명 중 틀린 것은?

① 암은 길이 방향으로 절단하여 단면 도시를 한다.

② 벨트 풀리는 축 직각 방향의 투상을 주투상도로 한다.

③ 암의 단면형은 도형의 안이나 밖에 회전 단면을 도시한다.

④ 암의 테이퍼 부분 치수를 기입할 때 치수 보조선은 경사선으로 긋는다.

관련이론 69p 벨트 풀리

정답분석 암은 길이방향으로 절단하지 않는다.

정답 ①

13 상하 또는 좌우 대칭인 물체의 1/4을 절단하여 기본 중심선을 경계로 1/2은 외부모양, 다른 1/2은 내부모양으로 나타내는 단면도는?

① 전 단면도 ② 한쪽 단면도
③ 부분 단면도 ④ 회전 단면도

관련이론 30p 반단면도

정답분석 1/4을 절단하는 것은 한쪽 단면도이다.

정답 ②

14 코일스프링의 전체 평균직경이 50mm, 소선의 직경이 6mm일 때 스프링 지수는 약 얼마인가?

① 1.4 ② 2.5
③ 4.3 ④ 8.3

정답분석
• 스프링 지수 = $\dfrac{평균지름}{소선지름}$ = $C = \dfrac{D}{d} = \dfrac{50}{6} ≒ 8.3$
• 지름 = 직경

정답 ④

15 재료 기호가 'STS 11'로 명기되었을 때 이 재료의 명칭은?

① 합금 공구강 강재
② 탄소 공구강 강재
③ 스프링 강재
④ 탄소 주강품

관련이론 103p 특수목적용 합금강

정답분석 STS: 합금 공구강

정답 ①

16 용접부의 실제 모양이 그림과 같을 때 용접 기호 표시로 맞는 것은?

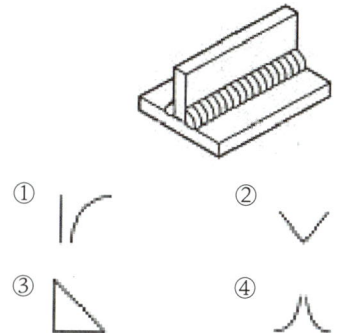

① ② ③ ④

관련이론 71p 용접 종류에 따른 기호

정답분석 용접 기호 표시로 옳은 것은 ③의 기호이다.
② 한쪽면 V형 홈 맞대기 이음
③ 필릿 용접

정답 ③

17 다음 그림을 제3각법(정면도-화살표방향)의 투상도로 볼 때 좌측 면도로 가장 적합한 것은?

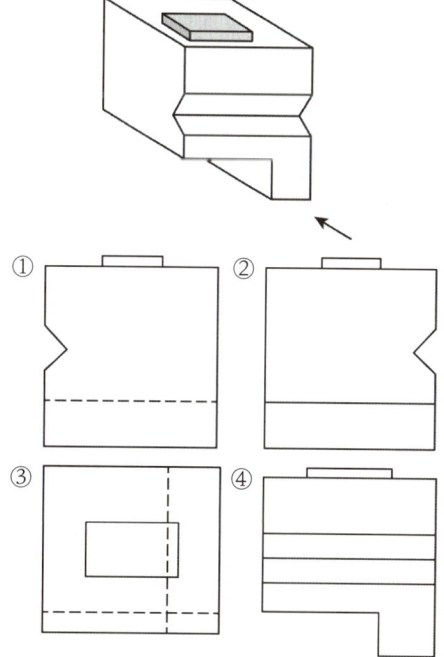

정답분석 그림의 좌측면도는 ②의 도면이다.

정답 ②

18 미터 사다리꼴나사 [Tr 40×7 LH]에서 'LH' 가 뜻하는 것은?

① 피치 ② 나사의 등급
③ 리드 ④ 왼나사

• LH = Left Hand
• Tr = 30° 사다리꼴나사
• 40 = 호칭지름
• 7 = 피치

정답 ④

19 기준치수가 30, 최대 허용치수가 29.98, 최소 허용치수가 29.95일 때 아래 치수 허용차는 얼마인가?

① +0.03 ② +0.05
③ -0.02 ④ -0.05

관련이론 51p 허용범위
정답분석 $30^{-0.02}_{-0.05}$

정답 ④

20 헐거운 끼워 맞춤에서 구멍의 최소 허용 치수와 축의 최대 허용 치수와의 차이 값을 무엇이라 하는가?

① 최대 죔새 ② 최대 틈새
③ 최소 죔새 ④ 최소 틈새

정답분석 헐거운 끼워맞춤
구멍의 최소허용치수 - 축의 최대허용치수 = 최소 틈새

정답 ④

21 주철의 성장원인이 아닌 것은?

① 흡수한 가스에 의한 팽창
② Fe_3C의 흑연화에 의한 팽창
③ 고용 원소인 Sn의 산화에 의한 팽창
④ 불균일한 가열에 의해 생기는 파열 팽창

관련이론 110p 주철의 성장
정답분석 고용 원소인 Si의 산화에 의한 팽창으로 주철이 성장한다.

정답 ③

22 한 도면에 두 종류 이상의 선이 같은 장소에서 겹치는 경우 우선순위가 높은 것부터 올바르게 나열한 것은?

① 외형선, 숨은선, 중심선, 치수 보조선
② 외형선, 해칭선, 중심선, 절단선
③ 해칭선, 숨은선, 중심선, 치수 보조선
④ 외형선, 치수 보조선, 중심선, 숨은선

관련이론 21p 선의 우선순위
정답분석 선이 겹치는 경우 ①이 옳은 내용이다.

정답 ①

23 제도 용지의 세로(폭)와 가로(길이)의 비는?

① $1 : \sqrt{2}$ ② $\sqrt{2} : 1$
③ $1 : \sqrt{3}$ ④ $1 : 2$

정답분석 세로 < 가로

정답 ①

24 대상물의 일부를 떼어낸 경계를 표시하는데 사용되는 선의 명칭은?

① 해칭선 ② 기준선
③ 치수선 ④ 파단선

관련이론 31p 부분 단면도
정답분석 파단선에 대한 설명이다.
① 가는 실선
② 가는 1점 쇄선
③ 가는 실선

정답 ④

25 피치가 2mm인 3줄 나사에서 90° 회전시키면 나사가 움직인 거리는 몇 mm인가?

① 0.5 ② 1
③ 1.5 ④ 2

정답분석 리드 = 피치 × 줄수 = 2 × 3 = 6mm
※ 90° 회전 = 1/4 회전
∴ 6 × 1/4 = 1.5mm

정답 ③

26

KS 부문별 분류 기호에서 기계를 나타내는 것은?

① KS A   ② KS B

③ KS K   ④ KS H

관련이론 12p 제도의 규격

정답분석

KS 기호	부문
(KS) A	규격총칙
(KS) B	기계
(KS) C	전기
(KS) D	금속
(KS) E	광산
(KS) F	토목건설
(KS) I	환경
(KS) M	화학
(KS) R	수송기계
(KS) V	조선
(KS) W	항공우주
(KS) X	정보

정답 ②

27

투상 관계를 나타내기 위하여 그림과 같이 원칙적으로 주가되는 그림 위에 중심선 등으로 연결하여 그린 투상도는?

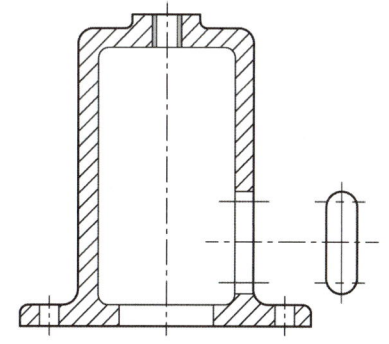

① 보조 투상도   ② 국부 투상도

③ 부분 투상도   ④ 회전 투상도

관련이론 28p 국부 투상도

정답분석 키홈, 구멍 등의 특정한 부분을 보여주는 투상도는 국부 투상도이다.

정답 ②

28

다음 선의 종류 중에서 특수한 가공을 하는 부분 등 특별한 요구사항을 적용할 범위를 나타내는 선은?

① 굵은 실선   ② 가는 실선

③ 가는 1점 쇄선   ④ 굵은 1점 쇄선

관련이론 21p 선의 용도

정답분석 특수가공선: 굵은 1점 쇄선

정답 ④

29

나사의 도시 방법에서 골 지름을 표시하는 선의 종류는?

① 굵은 실선   ② 굵은 1점 쇄선

③ 가는 실선   ④ 가는 1점 쇄선

정답분석 수나사, 암나사 둘 다 골지름은 가는 실선이다.

정답 ③

30

배관기호에서 온도계의 표시방법으로 바른 것은?

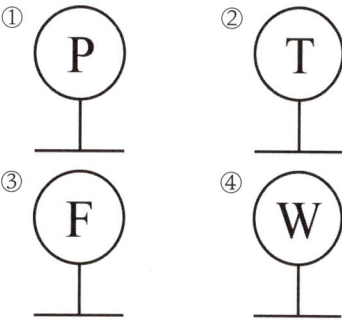

정답분석
- 공기: Air
- 유류: Oil
- 가스: Gas
- 수증기: steam
- 물: water

정답 ②

31 스퍼 기어에서 축 방향에서 본 투상도의 이뿌리원을 나타내는 선은?

① 가는 1점 쇄선　② 가는 실선
③ 굵은 실선　　　④ 가는 2점 쇄선

관련이론 68p 기어(gear)

정답분석 스퍼기어 축방향 이뿌리원은 가는 실선으로 나타낸다.

정답 ②

32 기어의 잇수는 31개, 피치원 지름은 62mm인 표준 스퍼기어의 모듈은 얼마인가?

① 1　　　② 2
③ 4　　　④ 8

정답분석 피치원 지름 = 모듈 × 잇수
$62 = m \times 31$
$\therefore m = 2$

정답 ②

33 배관 작업에서 관과 관을 이을 때 이음 방식이 아닌 것은?

① 나사 이음　② 플랜지 이음
③ 용접 이음　④ 클러치 이음

정답분석 커플링과 클러치는 축이음 방식이다.

정답 ④

34 단면을 나타내는 데 대한 설명으로 옳지 않은 것은?

① 동일한 부품의 단면은 떨어져 있어도 해칭의 각도와 간격을 동일하게 나타낸다.
② 두께가 얇은 부분의 단면도는 실제치수와 관계없이 한 개의 굵은 실선으로 도시할 수 있다.
③ 단면은 필요에 따라 해칭하지 않고 스머징으로 표현할 수 있다.
④ 해칭선은 어떠한 경우에도 중단하지 않고 연결하여 나타내야 한다.

정답분석 해칭선 안에 문자가 들어갈 경우 중단한다.

정답 ④

35 핸들과 같은 작은 곳에 사용하며 키 홈의 가공이 쉬운 키는?

① 새들키　② 묻힘키
③ 반달키　④ 둥근키

정답분석 핸들에는 둥근키가 사용된다.

정답 ④

36 바탕이 펄라이트로써 인장강도가 350 ~ 450MPa인 이 주철은 담금질이 가능하고 연성과 인성이 대단히 크며, 두께 차이에 의한 성질의 변화가 매우 적어 내연기관의 실린더 등에 사용된다. 이 주철은?

① 펄라이트주철　② 칠드주철
③ 보통주철　　　④ 미하나이트주철

관련이론 111p 고급주철

정답분석 미하나이트 주철은 인장강도가 250~350MPa이다.

정답 ④

37 줄무늬 방향 기호 중에서 가공 방향이 무방향이거나 여러 방향으로 교차할 때 기입하는 기호는?

① =   ② X

③ M   ④ C

관련이론 58p 표면 거칠기에 관련된 용어

정답분석 가공 방향이 무방향이거나 여러 방향으로 교차할 때 기입하는 기호는 'M'이다.
① 투상면에 평행
② 투상면에 경사지고 두 방향 교차
④ 동심원 모양

정답 ③

38 주조용 알루미늄 합금이 아닌 것은?

① 실루민   ② 라우탈

③ 하이드로날륨   ④ 두랄루민

관련이론 118p 고강도 알루미늄합금

정답분석 두랄루민은 가공용 알루미늄 합금이다.
→ Al + Cu + Mg + Mn
주조용 알루미늄 합금
• Y합금: Al + Cu + Ni + Mg (알구니마)
• 실루민: Al + Si
• 하이드로날륨: Al + Mg
• 라우탈: Al + Cu + Si
• 로엑스: Al + Si + Ni + Mg

정답 ④

39 축 이음 중 두 축이 평행하고 각 속도의 변동 없이 토크를 전달하는데 가장 적합한 것은?

① 올덤 커플링   ② 플렉시블 커플링

③ 유니버설 커플링   ④ 플랜지 커플링

정답분석 올덤 커플링에 대한 설명이다.
② 플렉시블 커플링: 두 축이 완전히 일치하지 않고 약간의 축의 비틀림을 허용하는 구조에 사용함(유연성이 필요한 곳)
③ 유니버설 커플링: 유니버설 조인트 라고도 하며, 두 축의 중심선이 30° 이내를 이루고 교차하는 경우
④ 플랜지 커플링: 플랜지를 볼트로 체결하여 사용

정답 ①

40 다음과 같이 지시된 기하 공차의 해석이 맞는 것은?

○	0.05	
//	0.02/150	A

① 원통도 공차값 0.05mm, 축선은 데이텀, 축직선 A에 직각이고 지정길이 150mm, 평행도 공차값 0.02mm

② 진원도 공차값 0.05mm, 축선은 데이텀, 축직선 A에 직각이고 전체길이 150mm, 평행도 공차값 0.02mm

③ 진원도 공차값 0.05mm, 축선은 데이텀, 축직선 A에 평행하고 지정길이 150mm, 평행도 공차값 0.02mm

④ 원통의 윤곽도 공차값 0.05mm, 축선은 데이텀, 축직선 A에 평행하고 전체길이 150mm, 평행도 공차값 0.02mm

관련이론 55p 기하공차의 표기 방법

정답분석 기하공차를 2개 사용하는 경우도 있다.

정답 ③

41 베어링의 호칭이 '6026'일 때 안지름은 몇 mm인가?

① 26   ② 52

③ 100   ④ 130

관련이론 68p 구름 베어링의 규격

정답분석 26 × 5 = 130

정답 ④

42 평행키의 호칭 표기 방법으로 옳은 것은?

① KS B 1311 평행키 10 × 8 × 25

② KS B 1311 10 × 8 × 25 평행키

③ 평행키 10 × 8 × 25 양 끝 둥금 KS B 1311

④ 평행키 10 × 8 × 25 KS B 1311 양 끝 둥금

정답분석 ①의 표기가 옳은 내용이다.

정답 ①

43 열경화성 수지에서 높은 전기 절연성이 있어 전기부품재료를 많이 쓰고 있는 베크라이트(bakelite)라고 불리는 수지는?

① 요소 수지　　② 페놀 수지

③ 멜라민 수지　　④ 에폭시 수지

정답분석 페놀 수지를 베크라이트라고 부른다.

※ 암기: 페베하지 말자

정답 ②

44 탄소공구강의 구비조건이 아닌 것은?

① 내마모성이 클 것

② 내충격성이 우수할 것

③ 열처리성이 양호할 것

④ 상온 및 고온경도가 작을 것

정답분석 공구로 사용시 고온이 발생하므로 고온에서 견딜 수 있도록 고온경도가 높아야 한다.

정답 ④

45 너트의 풀림 방지 방법이 아닌 것은?

① 와셔를 사용하는 방법

② 핀 또는 작은 나사 등에 의한 방법

③ 로크 너트에 의한 방법

④ 키에 의한 방법

정답분석 키가 아닌 분할핀에 의한 방법이 있다.

정답 ④

46 코일 스프링의 제도에 대한 설명 중 틀린 것은?

① 스프링은 원칙적으로 하중이 걸린 상태에서 도시한다.

② 스프링의 종류와 모양만을 도시할 때에는 재료의 중심을 굵은 실선으로 그린다.

③ 특별한 단서가 없는 한 모두 오른쪽 감기로 도시하고 왼쪽 감기일 경우 '감긴 방향 왼쪽'이라고 표시한다.

④ 코일 부분의 중간 부분을 생략할 때에는 생략한 부분을 가는 1점 쇄선 또는 가는 2점 쇄선으로 표시해도 좋다.

관련이론 71p 스프링

정답분석 스프링은 원칙적으로 무하중 상태로 그린다(단, 겹판스프링 제외).

정답 ①

47 축의 끝에 45° 모떼기 시부를 기입하는 방법으로 틀린 것은?

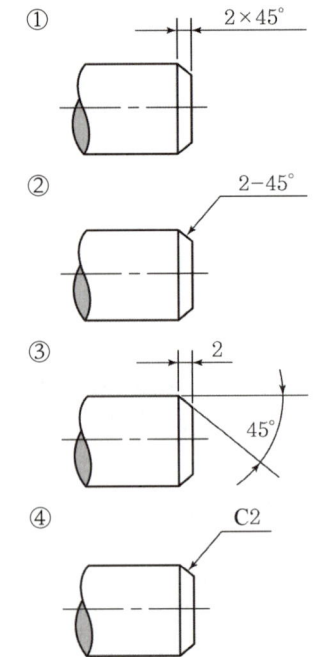

관련이론 45p 모따기의 치수 기입

정답분석 ②의 경우 틀린 방법이다.

정답 ②

48 스퍼 기어의 도시방법에 대한 설명 중 틀린 것은?

① 축에 직각인 방향으로 본 투상도를 주투상도로 할 수 있다.
② 이끝원은 굵은 실선으로 그린다.
③ 피치원은 가는 실선으로 그린다.
④ 축 방향으로 본 투상도에서 이뿌리원은 가는 실선으로 그린다.

관련이론 68p 기어

정답분석 피치원은 무조건 가는 1점쇄선으로 그린다.

정답 ③

49 한 변의 길이가 20mm인 정사각형 단면의 강재에 4000N의 압축하중이 작용할 때 강재의 내부에 발생하는 압축 응력은 몇 N/mm²인가?

① 2   ② 4
③ 10   ④ 20

정답분석 응력 $= \dfrac{하중(힘)}{단면 적} = \dfrac{4000N}{20mm \times 20mm} = 10N/mm^2$

정답 ③

50 다음 설명과 관련된 V-벨트의 종류는?

> • 한 줄 걸기를 원칙으로 한다.
> • 단면 치수가 가장 적다.

① A형   ② B형
③ E형   ④ M형

관련이론 70p V-벨트 풀리(V-belt pulley)의 규격

정답분석 V-벨트의 단면치수
M < A < B < C < D < E (E로 갈수록 커짐)

정답 ④

51 일반적인 합성수지의 공통된 성질로 가장 거리가 먼 것은?

① 가볍다.
② 착색이 자유롭다.
③ 전기절연성이 좋다.
④ 열에 강하다.

정답분석 합성수지(플라스틱)는 열에 약하다.

정답 ④

52 보기와 같이 숫자를 □속에 기입하는 이유는?

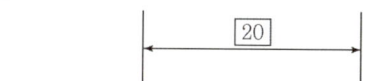

① 이론적으로 정확한 치수를 표시
② 주조의 가공을 위한 치수를 표시
③ 정정이 가능하도록 임시로 치수를 표시
④ 가공 여유를 주기 위하여 치수를 표시

관련이론 43p 치수의 보조기호

정답분석 이론적으로 정확한 치수를 표시하기 위해서이다.

정답 ②

53 평행 핀의 호칭이 다음과 같이 나타났을 때 이 핀의 호칭지름은 몇 mm인가?

> KS B ISO 2338 - 8 m6×30-A1

① 1mm   ② 6mm
③ 8mm   ④ 30mm

정답분석 핀의 호칭지름은 8mm이다.

정답 ③

54 다음 중 치수기입 원칙에 어긋나는 방법은?

① 관련되는 치수는 되도록 한곳에 모아서 기입한다.

② 치수는 되도록 공정마다 배열을 분리하여 기입한다.

③ 중복된 치수 기입을 피한다.

④ 치수는 각 투상도에 고르게 분포되도록 한다.

관련이론 40p 치수 기입의 기본 원칙

정답분석 치수 기입은 주투상도(정면도)에 집중적으로 기입해야 한다.

정답 ④

55 스프링 제도에서 스프링 종류와 모양만을 도시하는 경우 스프링 재료의 중심선은 어느 선으로 나타내야 하는가?

① 굵은 실선 ② 가는 1점 쇄선

③ 굵은 파선 ④ 가는 실선

관련이론 71p 스프링

정답분석 ㉠ 별다른 지시가 없다면, 스프링은 자유상태(무하중 상태), 오른쪽 감기로 나타낸다.

㉡ 도면 안에 도시하기 어려울 경우 요목표로 나타낼 수 있다.

㉢ 스프링은 중간 부분을 생략해도 되는 경우에는 생략한 부분을 가는 2점 쇄선으로 나타낼 수 있다.

㉣ 왼쪽 감기 스프링은 요목표에 [감긴 방향 왼쪽]이라고 기입한다.

㉤ 간략하게 나타내기 위해서는 스프링 소선의 중심선을 굵은 실선으로 도시한다.

정답 ①

56 부품의 일부분을 열처리 할 때 표시 방법은 열처리 부분의 범위를 외형선에 평행하게 약간 떼어서 어떤 선을 긋고 열처리 방법을 기입하는가?

① 굵은 1점 쇄선 ② 굵은 2점 쇄선

③ 가는 1점 쇄선 ④ 굵은 실선

관련이론 21p 선의 용도

정답분석 굵은 1점 쇄선: 특수 가공

정답 ①

57 웜 기어에서 웜이 3줄이고 웜휠의 잇수가 60개일 때의 속도비는?

① 1/10 ② 1/20

③ 1/30 ④ 1/60

정답분석 $$웜기어\ 속도비 = \frac{웜\ 줄수}{웜\ 기어\ 잇수} = \frac{3}{60} = \frac{1}{20}$$

정답 ②

58 다음 자료의 표현단위 중 그 크기가 가장 큰 것은?

① bit(비트) ② byte(바이트)

③ record(레코드) ④ field(필드)

정답분석 비트가 가장 작고 레코드가 가장 크다.

정답 ③

59 Cu와 Pb 합금으로 항공기 및 자동차의 베어링 메탈로 사용되는 것은?

① 양은(nickel silver)

② 켈밋(kelmet)

③ 배빗 메탈(babbit metal)

④ 애드미럴티 포금(admiralty gun metal)

관련이론 116p 구리합금의 종류

정답분석
• 양은 = 니켈 실버, 니켈 황동 = 7 : 3 황동 + Ni(15 ~ 20%)
• 배빗 메탈 = Sn(주석) + Cu(구리) +Sb(안티몬)
• 포금(gun metal) = Sn(8 ~ 12%) + Zn(1 ~ 2%)

정답 ②

60 웜의 제도 시 피치원 도시방법으로 옳은 것은?

① 가는 1점 쇄선으로 도시한다.

② 가는 파선으로 도시한다.

③ 굵은 실선으로 도시한다.

④ 굵은 1점 쇄선으로 도시한다.

정답분석 피치원은 무조건 가는 1점 쇄선이다.

정답 ①

2023년 제4회

※CBT 문제는 수험생의 기억에 따라 복원된 것이며, 실제 기출문제와 동일하지 않을 수 있습니다.

01 구름 베어링 호칭 번호 "6203 ZZ P6"의 설명 중 틀린 것은?

① 62: 베어링 계열 번호
② 03: 안지름 번호
③ ZZ: 실드 기호
④ P6: 내부 틈새 기호

관련이론 68p 구름 베어링의 규격
정답분석 P6: 등급기호

정답 ④

02 3차원 모델링에서 물체의 외부 형상 뿐 만 아니라 내부구조까지도 표현이 가능하고 모형의 체적, 무게 중심, 관성 모멘트 등의 물리적 성질까지 제공할 수 있는 모델링은?

① 와이어 프레임 모델링
② 서피스 모델링
③ 솔리드 모델링
④ 아이소메트릭 모델링

관련이론 77p 솔리드 모델링
정답분석 물리적 성질 계산이 가능한 모델링은 솔리드 모델링이다.

정답 ③

03 다음 표면의 결 도시기호에서 R이 뜻하는 것은?

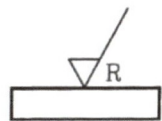

① 가공에 의한 커터의 줄무늬가 기호를 기입한 면의 중심에 대하여 대략 레디얼 모양임을 표시
② 가공에 의한 커터의 줄무늬 방향이 기호를 기입한 그림의 투상면에 평행임을 표시
③ 가공에 의한 커터의 줄무늬 방향이 기호를 기입한 그림의 투상면에 직각임을 표시
④ 가공에 의한 커터의 줄무늬가 여러 방향으로 교차 또는 무방향임을 표시

관련이론 58p 표면 거칠기에 관련된 용어
정답분석 R: 가공에 의한 커터의 줄무늬가 기호를 기입한 면의 중심에 대하여 대략 레디얼 모양임을 표시

정답 ①

04 다음 나사의 도시법 중 잘못 설명한 것은?

① 수나사와 암나사의 골을 표시하는 선은 굵은 실선으로 그린다.
② 완전 나사부와 불완전 나사부의 경계선은 굵은 실선으로 그린다.
③ 암나사 탭 구멍의 드릴자리는 120°의 굵은 실선으로 그린다.
④ 수나사와 암나사의 측면도시에서 각각의 골지름은 가는 실선으로 약 3/4원으로 그린다.

관련이론 66p 나사의 제도
정답분석 수나사와 암나사의 골을 표시하는 선은 가는 실선으로 그린다.

정답 ①

05 다음 중 척도의 기입 방법으로 틀린 것은?

① 척도는 표제란에 기입하는 것이 원칙이다.

② 표제란이 없는 경우에는 부품 번호 또는 상세도의 참조 문자 부근에 기입한다.

③ 한 도면에는 반드시 한 가지 척도만 사용해야 한다.

④ 도형의 크기가 치수와 비례하지 않으면 NS 라고 표시한다.

정답분석 한 도면에 여러 개의 척도를 사용할 수 있다. (도면에 척도를 기입해야 함)

정답 ③

06 나사의 표시방법 중 Tr40 x 14(P7) - 7e에 대한 설명 중 틀린 것은?

① Tr은 미터사다리꼴 나사를 뜻한다.

② 줄 수는 7줄이다.

③ 40은 호칭지름 40mm를 뜻한다.

④ 리드는 14mm이다.

정답분석
- 줄 수: $\frac{14}{7} = 2$
- Tr40: 미터사다리꼴나사의 호칭지름 40mm
- 14: 리드 14mm
- P7: 피치 7mm
- 7e: 나사의 등급

정답 ②

07 다음 축의 도시방법으로 적당하지 않은 것은?

① 축은 길이 방향으로 단면 도시를 하지 않는다.

② 널링 도시가 빗줄인 경우 축선에 대하여 45° 엇갈리게 그린다.

③ 단면 모양이 같은 긴 축은 중간을 파단하여 짧게 그릴 수 있다.

④ 축의 끝에는 주로 모따기를 하고, 모따기 치수를 기입한다.

정답분석 널링 도시가 빗줄인 경우 축선에 대하여 30° 엇갈리게 그려야 한다.

정답 ②

08 도면에서 구멍의 치수가 $\phi 60^{+0.03}_{-0.02}$로 표기되어 있을 때, 아래치수 허용차 값은?

① + 0.03 ② + 0.01

③ - 0.02 ④ - 0.01

정답분석 위치수 허용차는 '+ 0.03'이다.

정답 ③

09 다음 중 도면에서 2종류 이상의 선이 같은 장소에서 중복되는 경우 최우선으로 나타내는 것은?

① 치수보조선 ② 숨은선

③ 절단선 ④ 외형선

관련이론 21p 선의 우선순위

정답분석 문자 > 외형선 > 숨은선 > 절단선 > 중심선 > 무게 중심선 > 치수 보조선

정답 ④

10 다음 중 결합용 기계요소라고 볼 수 없는 것은?

① 나사 ② 키

③ 베어링 ④ 코터

정답분석 베어링은 동력전달용 요소이다.

정답 ③

11 내열용 알루미늄합금 중에 Y합금의 성분은?

① 구리, 납, 아연, 주석

② 구리, 니켈, 망간, 주석

③ 구리, 알루미늄, 납, 아연

④ 구리, 알루미늄, 니켈, 마그네슘

관련이론 118p 주조용 알루미늄합금

정답분석 Y합금: 알 + 구 + 니 + 마 = Al + Cu + Ni + Mg

정답 ④

12 항공기 재료로 가장 적합한 것은 무엇인가?

① 파인 세라믹　　② 복합 조직강
③ 고강도 저합금강　④ 초두랄루민

관련이론 118p 고강도 알루미늄합금

정답분석 알루미늄 합금인 두랄루민은 가벼워서 항공기 재료로 사용한다.

정답 ④

13 탄소강에 함유된 5대 원소는?

① 황, 망간, 탄소, 규소, 인
② 탄소, 규소, 인, 망간, 니켈
③ 규소, 탄소, 니켈, 크롬, 인
④ 인, 규소, 황, 망간, 텅스텐

정답분석 탄소강에 함유된 5대 원소는 황, 망간, 탄소, 규소, 인이다.

정답 ①

14 5 ~ 20% Zn의 황동으로 강도는 낮으나 전연성이 좋고 황금색에 가까우며 금박 대용, 황동 단추 등에 사용되는 구리 힙금은?

① 톰백　　　　② 문쯔메탈
③ 델디메탈　　④ 주석황동

관련이론 116p 구리합금의 종류

정답분석 문제는 톰백에 대한 설명이다.

정답 ①

15 일반 구조용 압연강재의 KS 기호는?

① SS330　　　② SM400A
③ SM45C　　　④ SNC415

정답분석 ① Steel Structure = SS 일반구조용 강
② Steel Machine = SM 기계구조용 강
④ Steel Nickel Chrome = SNC 니켈크롬 강

정답 ①

16 용접 이음의 장점에 해당하지 않는 것은?

① 열에 의한 잔류응력이 거의 발생하지 않는다.
② 공정수를 줄일 수 있고, 제작비가 싼 편이다.
③ 기밀 및 수밀성이 양호하다.
④ 작업의 자동화가 용이하다.

정답분석 용접 후 시간이 지나면 냉각되며 잔류응력이 발생한다.

정답 ①

17 다음 중 두 축의 상대 위치가 평행할 때 사용되는 기어는?

① 베벨 기어　　② 나사 기어
③ 웜과 웜기어　④ 래크와 피니언

정답분석 래크와 피니언이다.

피니언　　　래크

정답 ④

18 나사 마이크로미터는 다음의 어느 측정에 가장 널리 사용되는가?

① 나사의 골지름
② 나사의 유효지름
③ 나사의 호칭지름
④ 나사의 바깥지름

관련이론 149p 나사의 유효지름 측정방법

정답분석 나사의 유효지름 측정법
• 삼침법
• 공구 현미경
• 나사 마이크로미터

정답 ②

19 다음 중 3각 투상법에 대한 설명으로 맞는 것은?

① 눈 → 투상면 → 물체

② 눈 → 물체 → 투상면

③ 투상면 → 물체 → 눈

④ 물체 → 눈 → 투상면

관련이론 25p 정투상도

정답분석 '눈 → 투상면 → 물체'가 옳은 내용이다.
② 눈 → 물체 → 투상면: 1각법

정답 ①

20 다음 중 가장 고운 다듬면을 나타내는 것은?

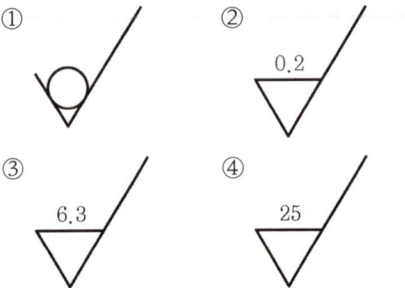

정답분석 숫자가 작을수록 고운 다듬질이다

정답 ②

21 다음 중 줄무늬 방향의 기호 설명 중 잘못된 것은?

① X : 가공에 의한 커터의 줄무늬 방향의 기호를 기입한 투상면에 경사지고 두 방향으로 교차

② M : 가공에 의한 커터의 줄무늬 방향의 기호를 기입한 투상면에 평행

③ C : 가공에 의한 커터의 줄무늬 방향의 기호를 기입한 면의 중심에 대하여 대략 동심원 모양

④ R : 가공에 의한 커터의 줄무늬 방향의 기호를 기입한 면의 중심에 대하여 대략 레이디얼 모양

관련이론 58p 표면 거칠기에 관련된 용어

정답분석 = : 가공에 의한 커터의 줄무늬 방향의 기호를 기입한 투상면에 평행

정답 ②

22 다음 중 인접 부분을 참고로 나타내는데 사용하는 선은?

① 가는 실선   ② 굵은 1점 쇄선

③ 가는 2점 쇄선   ④ 가는 1점 쇄선

관련이론 21p 선의 용도

정답분석 인접 부분을 나타내는 선: 가는 2점 쇄선

정답 ③

23 재료기호 표시의 중간 부분 기호 문자와 제품명이다. 연결이 틀리게 된 것은?

① P: 관

② W: 선

③ F: 단조품

④ S: 일반 구조용 압연재

정답분석 P: Plate(판)

정답 ①

24 공차 기호에 의한 끼워맞춤의 기입이 잘못된 것은?

① 50H7/g6   ② 50H7 − g6

③ $50 \dfrac{H7}{g6}$ ④ 50H7(g6)

관련이론 54p 끼워맞춤 공차의 예

정답분석 ④의 표기가 잘못되었다.

정답 ④

25 물체가 변형에 견디지 못하고 파괴되는 성질로 인성에 반대되는 성질은?

① 탄성   ② 전성

③ 소성   ④ 취성

관련이론 89p 기계적 성질

정답분석 물체가 변형에 견디지 못하고 파괴되는 성질은 취성이다.
① 늘어나는 성질
② 두드려서 펴지는 성질
③ 재료가 영구적으로 변형되는 성질

정답 ④

26 순철에 대한 설명으로 잘못된 것은?

① 투자율이 높아 변압기, 발전기용으로 사용된다.
② 단접이 용이하고, 용접성도 좋다.
③ 바닷물, 화학약품 등에 대한 내식성이 좋다.
④ 고온에서 산화작용이 심하다.

정답분석 바닷물, 화학약품 등에 약하다.

정답 ③

27 회주철(grey cast iron)의 조직에 가장 큰 영향을 주는 것은?

① C와 Si
② Si와 Mn
③ Si와 S
④ Ti와 P

정답분석 주철에 영향을 주는 요소는 C, Si이다.

정답 ①

28 풀림 처리의 목적으로 가장 적합한 것은?

① 연화 및 내부응력 제거
② 경도의 증가
③ 조직의 오스테나이트화
④ 표면의 경화

관련이론 126p 풀림

정답분석 풀림은 연화과정이다.

정답 ①

29 다음 구조용 복합재료 중 섬유강화 금속은?

① FRTP
② SPF
③ FRM
④ FRP

정답분석 FRM = Fiber Reinforced Metal

정답 ③

30 다음 중 합금이 아닌 것은?

① 니켈
② 황동
③ 두랄루민
④ 켈밋

관련이론 116p 구리(Cu)와 구리합금

정답분석 니켈은 합금에 해당하지 않는다.
② Zn + Cu
③ Al + Cu + Mg + Mn
④ Cu + Pb(30 ~ 40%)

정답 ①

31 버니어 캘리퍼스의 크기를 나타낼 때 기준이 되는 것은?

① 아들자의 크기
② 어미자의 크기
③ 고정나사의 피치
④ 측정 가능한 치수의 최대 크기

정답분석 버니어 캘리퍼스 측정기준은 측정 가능한 치수의 최대 크기이다.

정답 ④

32 다음 중 한계 게이지가 아닌 것은?

① 게이지 블록
② 봉 게이지
③ 플러그 게이지
④ 링 게이지

관련이론 148p 게이지 측정기

정답분석 게이지 블록은 이름은 비슷하나 한계 게이지가 아니다.

정답 ①

33 다음 중 위 치수 허용차가 "0"이 되는 IT 공차는?

① js7
② g7
③ h7
④ k7

관련이론 54p 축 기준 끼워맞춤

정답분석 아래치수 허용차가 "0"인 경우는 H7이다.

정답 ③

34 다음 중 도형의 스케치 방법과 관계가 먼 것은?

① 프린트법   ② 모양 뜨기법

③ 프리핸드법   ④ 기호 도시법

정답분석 기호 도시법은 스케치 방법이 아니다.

정답 ④

35 끼워맞춤 공차가 ø50H7/m6일 때 끼워맞춤의 상태로 알맞은 것은?

① 구멍 기준식 중간 끼워맞춤

② 구멍 기준식 억지 끼워맞춤

③ 구멍 기준식 헐거운 끼워맞춤

④ 축 기준식 억지 끼워맞춤

정답분석 • H7일 경우 구멍기준식 끼워맞춤이다.

• h ~ n일 경우 중간 끼워맞춤이다.

정답 ①

36 가장 널리 쓰이는 키(key)로 축과 보스 양쪽에 키 홈을 파서 동력을 전달하는 것은?

① 성크 키   ② 반달 키

③ 접선 키   ④ 원뿔 키

정답분석 성크키는 축과 보스에 모두 키홈을 파서 동력을 전달한다.

정답 ①

37 절삭 공구재료 중에서 가장 경도가 높은 재질은?

① 고속도강   ② 세라믹

③ 스텔라이트   ④ 입방정 질화붕소

정답분석 입방정 질화붕소가 가장 경도가 높다.

정답 ④

38 축과 보스의 둘레에 4개에서 수십 개의 턱을 만들어 회전력의 전달과 동시에 보스를 축 방향으로 이동시킬 필요가 있을 때 사용되는 것은?

① 반달 키   ② 접선 키

③ 원뿔 키   ④ 스플라인

정답분석 스플라인에 대한 설명이다.

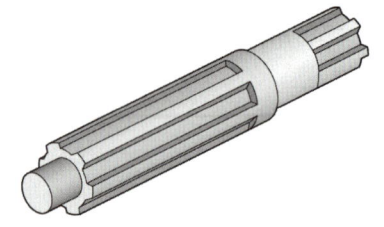

정답 ④

39 V 벨트전동의 특징에 대한 설명으로 틀린 것은?

① 평 벨트보다 쉽 벗겨진다.

② 이음매가 없어 운전이 정숙하다.

③ 평 벨트보다 비교적 작은 장력으로 큰 회전력을 전달할 수 있다.

④ 지름이 작은 풀리에도 사용할 수 있다.

관련이론 69p 벨트 풀리(belt pulley)

정답분석 벨트와 풀리의 접촉면적이 넓어 마찰력이 높아 평벨트에 비해 잘 벗겨지지 않는다.

정답 ①

40 강판 또는 형강 등을 영구적으로 결합하는데 사용되는 것은?

① 핀   ② 키

③ 리벳   ④ 볼트와 너트

정답분석 영구적 결합시 리벳, 용접을 사용한다.

정답 ③

41 오스테나이트 계 18-8 형 스테인리스강의 성분은?

① 크롬 18%, 니켈 8%

② 니켈 18%, 크롬 8%

③ 티탄 18%, 니켈 8%

④ 크롬 18%, 티탄 8%

<hr>

관련이론 103p 스테인레스

정답분석 18 - 8형: 크롬 18% - 니켈 8%

정답 ①

42 기중기 등에서 물체를 내릴 때 하중 자신에 의하여 브레이크 작용을 행하여 속도를 억제하는 것은?

① 블록 브레이크

② 밴드 브레이크

③ 자동 하중 브레이크

④ 축압 브레이크

<hr>

정답분석 자신의 하중에 의한 브레이크 작용: 자동 하중 브레이크

정답 ③

43 탄소강은 일반적으로 200~300℃ 부근에서 상온보다 더욱 취약한 성질을 갖는다. 이것을 무엇이라 하는가?

① 저온취성 ② 청열취성

③ 고온취성 ④ 적열취성

<hr>

관련이론 99p 청열취성

정답분석 · 청열취성: 인(P)의 영향, 200 ~ 300℃ 부근에서 강의 인장강도 및 경도가 증가하고 이로 인해 취성이 증가하는 현상

· 적열취성: 황(S)의 영향, 1,100 ~ 1,500℃의 고온에서 깨지기 쉽게 되는 현상

정답 ②

44 간헐운동(intermittent motion)을 제공하기 위해 사용되는 기어는?

① 베벨 기어 ② 헬리컬 기어

③ 웜 기어 ④ 제네바 기어

<hr>

정답분석 간헐운동을 하는 기어는 제네바 기어이다.

정답 ④

45 나사의 피치가 일정할 때 리드(lead)가 가장 큰 것은?

① 4줄 나사 ② 3줄 나사

③ 2줄 나사 ④ 1줄 나사

<hr>

정답분석 리드 = 피치 × 줄 수

정답 ①

46 직접전동 기계요소인 홈 마찰차에서 홈의 각도(2α)는?

① $2\alpha = 10 \sim 20°$ ② $2\alpha = 20 \sim 30°$

③ $2\alpha = 30 \sim 40°$ ④ $2\alpha = 40 \sim 50°$

<hr>

정답분석 마찰차의 홈각도: 30 ~ 40°

정답 ③

47 오차가 $+20\mu m$ 인 마이크로미터로 측정한 결과 55.25mm의 측정값을 얻었다면 실제값은?

① 55.18mm ② 55.23mm

③ 55.25mm ④ 55.27mm

<hr>

관련이론 143p 오차

정답분석 측정값 - 오차 = 실제값

55.25mm - 0.02mm = 55.23mm

$20\mu m$ = 0.02mm

정답 ②

48 도면에 마련하는 양식 중에서 마이크로 필름 등으로 촬영하거나 복사 및 철할 때 편의를 위하여 마련하는 것은?

① 윤곽선　　　　② 표제란
③ 중심마크　　　④ 비교눈금

관련이론 13p 도면의 구성요소
정답분석 중심마크를 의미한다.

정답 ③

49 도면 관리에서 다른 도면과 구별하고 도면 내용을 직접 보지 않고도 제품의 종류 및 형식 등의 도면 내용을 알 수 있도록 하기 위해 기입하는 것은?

① 도면 번호　　　② 도면 척도
③ 도면 양식　　　④ 부품 번호

정답분석 도면 번호에 대한 설명이다.

정답 ①

50 투상도법에서 원근감을 갖도록 나타내어 건축물 등의 공사설명용으로 주로 사용하는 투상도법은?

① 등각투상도　　　② 투시도
③ 정투상도　　　　④ 부등각 투상도

관련이론 24p 투상법의 종류
정답분석 투시도: 원근감이 드러나도록 나타낸 투상도이다.

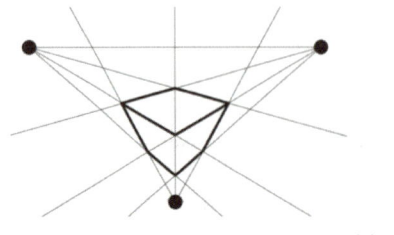

정답 ②

51 가공에 의한 커터의 줄무늬 방향이 그림과 같을 때, (가) 부분의 기호는?

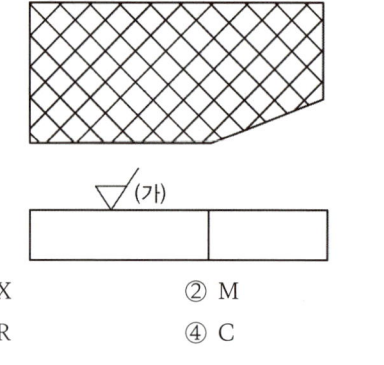

① X　　　　② M
③ R　　　　④ C

관련이론 58p 표면 거칠기에 관련된 용어
정답분석 (가) 부분의 기호는 X이다.

정답 ①

52 축에서 도형 내 특정 부분이 평면 또는 구멍의 일부가 평면임을 나타낼 때의 도시 방법은?

① "평면"이라고 표시한다.
② 가는 파선을 사각형으로 나타낸다.
③ 굵은 실선을 대각선으로 나타낸다.
④ 가는 실선을 대각선으로 나타낸다.

관련이론 36p 평면의 표시
정답분석 축에 평면을 표시할 때 가는 실선을 대각선으로 나타낸다.

정답 ④

53 CAD 시스템에서 점을 정의하기 위해 사용되는 좌표계가 아닌 것은?

① 극 좌표계　　　② 원통 좌표계
③ 회전 좌표계　　④ 직교 좌표계

정답분석 회전 좌표계는 없다.

정답 ③

54 아래 그림이 나타내는 용접 이음의 종류는?

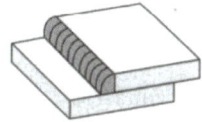

① 모서리 이음　② 겹치기 이음
③ 맞대기 이음　④ 플랜지 이음

정답분석 그림은 겹치기 이음이다.

정답 ②

55 CPU(중앙처리장치)의 주요 기능으로 거리가 먼 것은?

① 제어 기능　② 연산 기능
③ 대화 기능　④ 기억 기능

정답분석 CPU(중앙처리장치)의 기능 중 대화 기능은 없다.

정답 ③

56 정육면체, 실린더 등 기본적인 단순한 입체의 조합으로 복잡한 형상을 표현하는 방법?

① B-rep 모델링
② CSG 모델링
③ Parametric 모델링
④ 분해 모델링

정답분석 불 연산(boolean operation)에 의해 단순 형상모델링을 복잡한 형상모델링으로 표현한다. 불 연산의 합(더하기), 차(빼기), 적(교차)기능을 사용하면 보다 명확한 형상모델링이 가능하다.

정답 ②

57 3차원 형상을 솔리드 모델링하기 위한 기본 요소로 프리미티브라고 한다. 이 프리미티브가 아닌 것은?

① 박스(box)　② 실린더(cylinder)
③ 원뿔(cone)　④ 퓨전(fusion)

정답분석 실린더 = 원통

정답 ④

58 중앙처리장치(CPU)와 주기억장치 사이에서 원활한 정보의 교환을 위하여 주기억장치의 정보를 일시적으로 저장하는 고속 기억장치는?

① floppy disk　② CD-ROM
③ cache memory　④ coprocessor

정답분석 캐시 메모리에 대한 설명이다.

정답 ③

59 스스로 빛을 내는 자기발광형 디스플레이로서 시야각이 넓고 응답시간도 빠르며 백라이트가 필요 없기 때문에 두께를 얇게 할 수 있는 디스플레이는?

① TFT-LCD
② 플라즈마 디스플레이
③ OLED
④ 래스터스캔 디스플레이

정답분석
• OLED: 백라이트가 필요 없다.
• LED: 백라이트가 필요하다.

정답 ③

60 형상기억합금의 종류에 해당되지 않는 것은?

① 니켈 - 티타늄계 합금
② 구리 - 알루미늄 - 니켈계 합금
③ 니켈 - 티타늄 - 구리계 합금
④ 니켈 - 크롬 - 철계 합금

정답분석 크롬이 사용되지 않는다.

정답 ④

2022년 제1회

※CBT 문제는 수험생의 기억에 따라 복원된 것이며, 실제 기출문제와 동일하지 않을 수 있습니다.

01
피치 1.5mm인 3줄 나사를 1회전 시켰을 때의 리드는 얼마인가?

① 4.5mm ② 15mm
③ 1.5mm ④ 3mm

정답분석
$L(리드) = n(줄 수) \times p(피치)$
$= 3 \times 1.5 = 4.5mm$

정답 ①

02
컴퓨터의 중앙처리장치(CPU)를 구성하는 요소가 아닌 것은?

① 제어장치 ② 주기억장치
③ 보조기억장치 ④ 연산논리장치

정답분석 중앙처리장치 3요소
• 논리(연산)장치
• 제어장치
• 주기억장치

정답 ③

03
체결하려는 부분이 두꺼워서 관통 구멍을 뚫을 수 없을 때 사용되는 볼트는?

① 탭볼트 ② T 홈볼트
③ 아이볼트 ④ 스테이볼트

정답분석 체결하려는 부분이 두꺼워서 관통 구멍을 뚫을 수 없을 때 사용되는 볼트는 탭볼트이다.
• **T홈볼트**: 공작기계 테이블의 T홈에 물체를 고정하는 볼트
• **아이볼트**: 볼트의 머리부에 핀을 끼울 구멍이 있어 혹을 걸어 무거운 물체를 들어올릴 수 있다.
• **스테이볼트**: 두 물체 사이의 일정한 거리를 유지할 때 사용

정답 ①

04
도면의 양식과 관련하여 도면에서 상세, 추가, 수정 등의 위치를 가장자리 구역에 나타내는 영문자 중 사용하지 않는 것은?

① K ② X
③ I ④ Z

정답분석
• 세로: 대문자로 표시 (I, O 사용금지)
• 가로: 숫자로 표시

정답 ③

05
진원도 측정법이 아닌 것은?

① 지름법 ② 수평법
③ 삼점법 ④ 반지름법

정답분석 진원도 측정법
• 3점법
• 2점법(직경법)
• 반지름법(반경법)

정답 ②

06
전동축에 큰 휨(deflection)을 주어서 축의 방향을 자유롭게 바꾸거나 충격을 완화시키기 위하여 사용하는 축은?

① 크랭크축 ② 플렉시블축
③ 차축 ④ 직선축

정답분석
• **플렉시블축**: 플렉시블(Flexible)의 뜻이 '유연한, 탄력있는'이다.
• **크랭크축**: 직선운동을 회전운동으로 전환시키는 축
• **차축**: 주로 휨을 받게되는 회전축이나 정지축
• **직선축**: 일반적인 축

정답 ②

07

디스플레이상 도형의 입력장치와 연동시켜 움직일 때 도형이 움직이는 상태를 나타내는 것은?

① 트리밍   ② 주밍

③ 셰이딩   ④ 드레깅

정답분석
- 드레깅(dragging): 화면에서 도형이 움직이는 상태
- 주밍(zooming): 도형을 확대하거나 축소
- 트리밍(trimming): 표시하려는 영역을 넘어가는 선을 자름
- 셰이딩(shading): 모델링 형상을 명암이 포함된 색상의 솔리드로 표현

정답 ④

08

주석(Sn), 아연(Zn), 납(Pb), 안티몬(Sb)의 합금으로 주석계 메탈을 베빗메탈이라고 한다. 내연기관, 각종 기계의 베어링에 사용하는 것은?

① 켈밋   ② 합성수지

③ 트리메탈   ④ 화이트메탈

정답분석
- 켈밋: Cu + Pb(30 ~ 40%)
- 합성수지: 플라스틱
- 화이트메탈: 주석(Sn) + 구리(Cu) + 안티몬(Sb) + 아연(Zn)
- 베빗메탈: 주석, 구리, 안티몬을 함유한 베어링합금

정답 ④

09

마그네슘의 성질에 대한 설명으로 틀린 것은?

① 비중이 1.74로서 실용금속 중 가장 가볍다.
② 표면의 산화마그네슘은 내부의 부식을 방지한다.
③ 산, 알칼리에 대해 거의 부식되지 않는다.
④ 망간의 첨가로 철의 용해작용을 어느 정도 막을 수 있다.

관련이론 119p 마그네슘(Mg)과 마그네슘합금

정답분석 마그네슘(Mg)은 알카리에는 부식되지 않지만 산에는 부식된다.

정답 ③

10

다음 중 진원도를 측정할 때 가장 적당한 측정기는?

① 다이얼 게이지
② 게이지 블록
③ 한계 게이지
④ 버니어 캘리퍼스

관련이론 146p 비교측정

정답분석 진원도 측정은 다이얼 게이지로 한다.

정답 ①

11

가상선의 용도에 대한 설명으로 틀린 것은?

① 인접 부분을 참고로 표시하는 데 사용한다.
② 수면, 유면 등의 위치를 표시하는 데 사용한다.
③ 가공 전후의 모양을 표시하는 데 사용한다.
④ 도시된 단면의 앞쪽에 있는 부분을 표시하는 데 사용한다.

관련이론 21p 선의 용도

정답분석 가는실선: 수면, 유면 위치 표시

정답 ②

12

주철의 종류로 조직은 흑연이 미세하고 활모양으로 구부러져 고르게 분포되어 있고, 그 바탕이 펄라이트 조직으로 기계적 성질이 우수하고 주조성이 양호하여 내연기관의 실린더, 실린더 라이너 등에 사용되는 주철은?

① 보통주철   ② 고급주철

③ 구상흑연주철   ④ 가단주철

정답분석 고급주철
- 종류로는 펄라이트 주철과 미하나이트 주철이 있다.
- 인장강도 245MPa(25kgf/mm²) 이상

정답 ②

13 길이의 기준으로 사용되고 있는 평행단도기로서 1개 또는 2개 이상의 조합으로 사용되며, 다른 측정기의 교정 등에 사용되는 측정기는?

① 콤비네이션 세트
② 마이크로미터
③ 다이얼 게이지
④ 게이지 블록

관련이론 148p 블록 게이지(block gauge)

정답분석 게이지 블록(= 블록 게이지)
대표적인 기준게이지로서 여러 가지 치수의 게이지 몇 개를 서로 밀착시켜 길이를 잰 뒤 각 게이지의 치수를 합하여 측정

정답 ④

14 용접 기호에서 스폿 용접 기호는?

① ◯ ② ⊓
③ ⊖ ④ ✿

정답분석 ① 스폿 용접(점용접)
② 플러그 용접
③ 심용접
④ 없음

정답 ①

15 다음 그림과 같은 테이퍼에서 ϕd는 얼마인가?

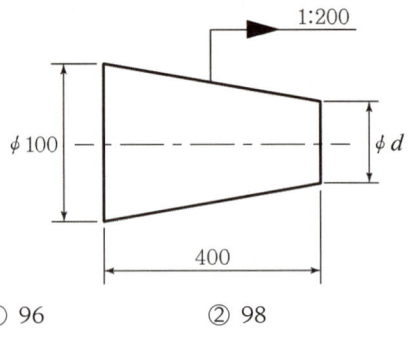

① 96 ② 98
③ 100 ④ 200

정답분석 테이퍼 공식

$1 : 200 = (100 - \phi d) : 400$

$200 \times (100 - \phi d) = 400$

$100 - \phi d = \dfrac{400}{200}$

$100 - \phi d = 2$

$100 - 2 = \phi d = 98$

정답 ②

16 용융온도가 3,400℃ 정도로 높은 고용융점 금속으로, 전구의 필라멘트 등에 쓰이는 금속 재료는?

① 납 ② 금
③ 텅스텐 ④ 망간

정답분석 텅스텐은 용접봉의 주 재료로 고용융점 금속이다.

정답 ③

17 그림과 같이 표면의 결 지시기호에서 각 항목에 대한 설명이 틀린 것은?

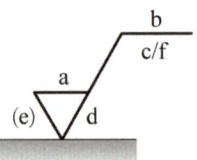

① a: 거칠기 값
② c: 가공 여유
③ d: 표면의 줄무늬 방향
④ f: R_a가 아닌 다른 거칠기 값

관련이론 60p 면의 지시 기호

정답분석 ② c: 기준길이 또는 컷오프값
④ f: R_y 또는 R_z

정답 ②

18 모듈이 2이고 잇수가 각각 30, 20개인 두 기어가 맞물려 있을 때 축간거리는 약 몇 mm 인가?

① 60mm   ② 50mm

③ 40mm   ④ 30mm

정답분석
- 맞물리는 기어의 모듈은 같다
- P(피치원 지름)=MZ(모듈 x 잇수)
- 중심거리

$$= \frac{MZ_1 + MZ_2}{2} = \frac{M(Z_1 + Z_2)}{2} = \frac{2(30+20)}{2} = 50\text{mm}$$

정답 ②

19 나사용 구멍이 없는 평행키의 기호는?

① P   ② PS

③ T   ④ TG

정답분석
- 나사용 구멍 없는 평행키 = P(평행키)
- 나사용 구멍 있는 평행키 = PS(평행키 스크류)

정답 ①

20 제도 표시를 단순화하기 위해 공차 표시가 없는 선형 치수에 대해 일반공차를 4개의 등급으로 나타낼 수 있다. 이 중 공차 등급이 '거침'에 해당하는 호칭 기호는?

① c   ② f

③ m   ④ v

정답분석
일반공차(보통공차)
- f: 정밀급(Perfect)
- m: 보통급(middle)
- c: 거친급(crush)
- v: 아주 거친급(very crush)

정답 ①

21 ISO 규격에 있는 것으로 미터사다리꼴 나사의 종류를 표시하는 기호는?

① M   ② S

③ Rc   ④ Tr

관련이론 66p 나사

정답분석 미터사다리꼴 나사의 종류를 표시하는 기호는 'Tr'이다.
- M: 미터 나사
- S: 미니어처 나사
- Rc: 테이퍼 암나사

정답 ④

22 다음 중 캠을 평면 캠과 입체 캠으로 구분할 때 입체 캠의 종류로 틀린 것은?

① 원통캠   ② 삼각캠

③ 원추캠   ④ 빗판캠

정답분석
- 평면캠: 판 캠, 정면 캠, 삼각 캠, 직선운동 캠
- 입체캠: 원통 캠, 원추 캠(원뿔 캠), 구면 캠 (구형 캠), 빗판 캠(경사판 캠)

	판 캠	직선운동 캠	정면 캠	삼각 캠
평면 캠				
	원통 캠	원추 캠	구면 캠	빗판 캠 (경사판 캠)
입체 캠				

정답 ②

23 파이프의 도시 기호에서 글자 기호 "G"가 나타내는 유체의 종류는?

① 공기　　　② 가스
③ 기름　　　④ 수증기

> **관련이론** 72p 배관의 제도
>
> **정답분석** 파이프 도시 기호
> - 공기: Air
> - 가스: Gas
> - 기름: Oil
> - 수증기: Steam
> - 물: Water
>
> 정답 ②

24 주철의 장점이 아닌 것은?

① 압축강도가 작다.
② 절삭가공이 쉽다.
③ 주조성이 우수하다.
④ 마찰저항이 우수하다.

> **관련이론** 108p 주철의 특징
>
> **정답분석** 주철의 장점
> - 마찰저항이 우수하다.
> - 절삭가공이 쉽다.
> - 주조성이 우수하다(=유동성이 좋다).
> - 복잡한 부품의 제작이 가능하다.
> - 용융점이 낮다.
> - 압축강도가 크다.
>
> 정답 ①

25 탄소량이 0.12 ~ 0.20% 함유하며 교량, 볼트, 리벳에 사용되는 강은?

① 반경강　　　② 탄소공구강
③ 경강　　　④ 연강

> **정답분석** 탄소 함유량
> - 반경강: 0.30 ~ 0.40%
> - 경강: 0.40 ~ 0.50%
> - 연강: 0.12 ~ 0.20%
>
> 정답 ④

26 한 변의 길이가 20mm인 정사각형 단면에 4kN의 압축하중이 작용할 때 내부에 발생하는 압축응력은 얼마인가?

① $10N/mm^2$　　　② $20N/mm^2$
③ $100N/mm^2$　　　④ $200N/mm^2$

> **정답분석**
> $$\sigma(응력) = \frac{P(하중)}{A(단면적)}$$
> $$= \frac{4kN}{20mm \times 20mm}$$
> $$= \frac{4,000N}{400mm^2} = \frac{10N}{mm^2} = 10N/mm^2$$
>
> 정답 ①

27 다음은 어떤 물체를 제 3각법으로 투상한 것이다. 이 물체의 등각 투상도로 맞는 것은?

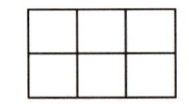
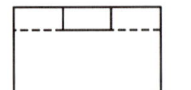
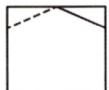

①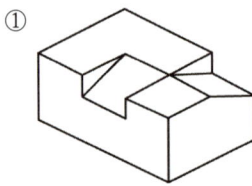

②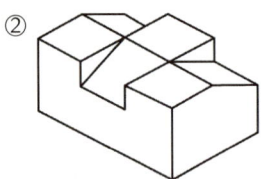

③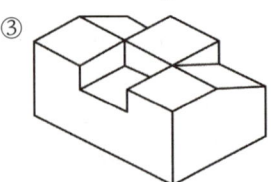

④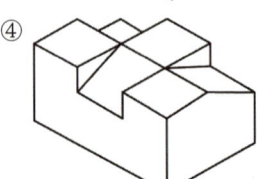

> **정답분석** 보기는 ②를 3각법으로 투상한 것이다.
>
> 정답 ②

28 길이에 비하여 지름이 아주 작은 바늘모양의 롤러(직경 2~5mm)를 사용한 베어링은?

① 니들 롤러 베어링
② 미니어처 베어링
③ 데이더 롤러 베어링
④ 원통 롤러 베어링

정답분석 니들 롤러 베어링
• 니들(Needle)의 뜻: 바늘
• 롤러의 지름이 바늘처럼 가늘다.
• 마찰저항이 크다(큰 마찰력이 발생한다).
• 충격하중에 강하다(충격을 잘 견딘다).

정답 ①

29 다음과 같은 정면도와 우측면도가 주어졌을 때 평면도로 알맞은 것은? (단, 제3각법의 경우이다.)

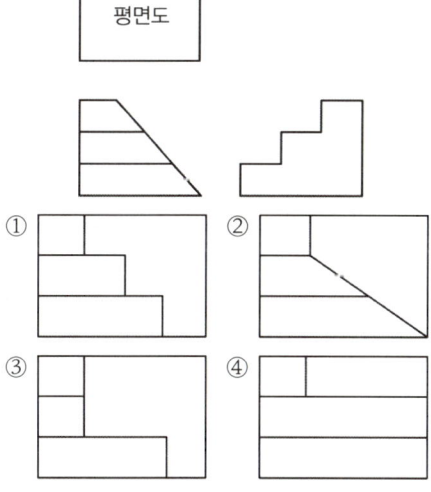

정답분석 평면도로 옳은 것은 ①이다.

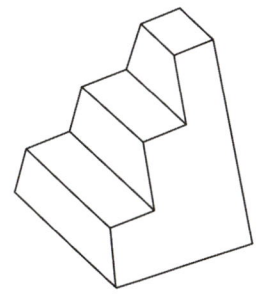

정답 ①

30 오스테나이트 망간강 또는 하드필드 망간강이라고도 하며, 내마멸성이 우수하고 경도가 커서 각종 광산기계의 파쇄장치, 기차레일의 교차점, 칠드롤러 등 내마멸성이 요구되는 곳에 이용되는 강은?

① 튜콜   ② 림드강
③ 고망간강   ④ 고력강도강

정답분석 고망간강
• 하드필드 망간강이라고 한다.
• 내마멸성이 우수
• 경도가 크다.
• 용도: 광산기계의 파쇄장치, 기차레일의 교차점, 칠드롤러

정답 ③

31 축의 바깥지름을 검사하는 한계 게이지는 무엇인가?

① 스냅 게이지   ② 플러그 게이지
③ 터보 게이지   ④ 센터 게이지

관련이론 148p 한계 게이지(limit gauge)

정답분석 • 스냅 게이지: 지름 검사
• 플러그 게이지: 구멍 검사

정답 ①

32 스프링의 용도에 대한 설명 중 틀린 것은?

① 힘의 측정에 사용된다.
② 마찰력 증가에 이용한다.
③ 일정한 압력을 가할 때 사용된다.
④ 에너지를 저축하여 동력원으로 작동시킨다.

관련이론 71p 스프링

정답분석 스프링의 용도
• 힘의 측정(체중계)
• 압력을 가해 사용한다.
• 에너지 축적

정답 ②

33 코일 스프링 도시의 원칙 설명으로 틀린 것은?

① 스프링은 원칙적으로 하중이 걸린 상태로 도시한다.

② 하중과 높이 또는 휨과의 관계를 표시할 필요가 있을 때는 선도 또는 요목표에 표시한다.

③ 특별한 단서가 없는 한 모두 오른쪽 감기로 도시한다.

④ 스프링의 종류와 모양만을 간략도로 도시할 때에는 재료의 중심선만을 굵은 실선으로 그린다.

관련이론 71p 스프링

정답분석 스프링을 도시할 때는 기본적으로 무하중 상태에서 도시한다.

정답 ①

34 열팽창계수가 작아 거의 변하지 않는 불변강은?

① 인바   ② 실루민

③ 모넬메탈   ④ 포금

관련이론 103p 불변강

정답분석 불변강: 인바, 엘린바

정답 ①

35 다음 중 표면경화의 종류가 아닌 것은?

① 침탄법   ② 질화법

③ 고주파경화법 ④ 심냉처리법

관련이론 130p 물리적 표면경화법

정답분석 표면경화법 종류

• 화학적 표면경화법: 침탄법, 질화법, 청화법(시안화법, 액체침탄법)

• 물리적 표면경화법: 화염경화법, 고주파경화법

• 금속침투법

• 숏피닝

• 하드페이싱

정답 ④

36 작은 스퍼기어와 맞물리고 잇줄이 스퍼기어의 축 방향과 일치하며, 회전운동을 직선운동으로 바꾸는 기어는?

① 스퍼기어   ② 베벨기어

③ 헬리컬기어   ④ 래크와 피니언

정답분석 래크와 피니언

직선 운동(래크) ⇆ 회전 운동(피니언)

정답 ④

37 디스플레이의 방식은 발광형과 수광형으로 분류된다. 다음 중 발광형이 아닌 것은?

① CRT   ② PDP

③ LCD   ④ LED

정답분석 수광형

• 외부 빛이 있어야 동작한다(백라이트가 필요하다).

• LCD

발광형

• 스스로 빛을 낸다

• (O)LED, PDP, CRT

정답 ③

38 축 방향에 인장력과 압축력이 작용하는 두 축을 연결하는 곳으로 분해가 필요할 때 사용하는 것은?

① 코터이음   ② 축이음

③ 리벳이음   ④ 용접이음

관련이론 67p 코터

정답분석 코터이음에 대한 설명이다.

코터의 구조

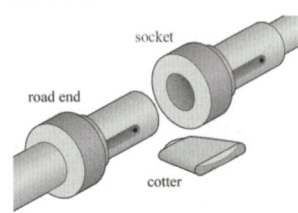

정답 ①

39 CAD에서 기하학적 현상을 나타내는 방법 중 선에 의해서만 3차원 형상을 표시하는 방법을 무엇이라고 하는가?

① surface modeling

② solid modeling

③ system modeling

④ wireframe modeling

관련이론 76p 형상모델링의 종류

정답분석 3D 형상 모델링 종류
- 와이어프레임 모델링 (wireframe modeling): 선
- 서피스 모델링 (surface modelling): 면
- 솔리드 모델링 (solid modeling): 부피(체적)

정답 ④

40 그림의 'b' 부분에 들어갈 기하공차 기호로 가장 옳은 것은?

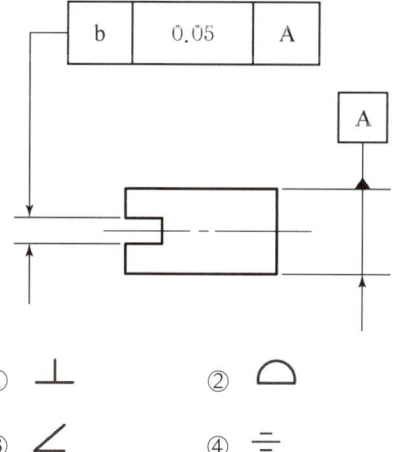

① ⊥   ② ◠

③ ∠   ④ ═

관련이론 55p 기하공차

정답분석 'b' 부분에 들어갈 기하공차 기호는 ④의 기호이다.
대칭도 공차
데이텀 A는 도형의 중심 평면을 의미하고(중심선 위치에 면이 있다는 뜻), 중심평면 A는 위아래로 0.05mm의 공차값 사이에 있어야 한다.

정답 ④

41 모듈이 4이고 잇수가 각각 30, 60개인 두 기어가 맞물려 있을 때 축간거리는 약 몇 mm인가?

① 180mm   ② 120mm

③ 90mm   ④ 240mm

정답분석

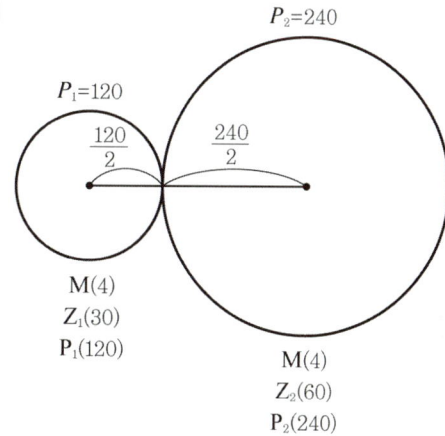

피치원 지름 = 모듈 x 잇수
$$P = M \times Z$$
$$\therefore \frac{120}{2} + \frac{240}{2} = 60 + 120 = 180$$

정답 ①

42 회전단면도를 설명한 것으로 가장 올바른 것은?

① 도형 내의 절단한 곳에 겹쳐서 90° 회전시켜 도시한다.

② 물체의 1/4을 절단하여 1/2은 단면, 1/2은 외형을 도시한다.

③ 물체의 반을 절단하여 투상면 전체를 단면으로 도시한다.

④ 외형도에서 필요한 일부분만 단면으로 도시한다.

관련이론 30p 단면도의 종류

정답분석 회전단면도는 도형 내의 절단한 곳에 겹쳐서 90° 회전시켜 도시한다.
② 한쪽단면도 = 반단면도 = 1/4 단면도
③ 전단면도 = 온단면도
④ 부분단면도

정답 ①

43 베벨기어에서 피치원은 무슨 선으로 표시하는가?

① 가는 1점 쇄선 　② 굵은 1점 쇄선
③ 가는 2점 쇄선 　④ 굵은 실선

정답분석 모든 기어의 피치원 = 가는 1점 쇄선

정답 ①

46 외부로부터 작용하는 힘이 재료를 구부려 휘어지게 하는 형태의 하중은?

① 인장하중 　　　② 압축하중
③ 전단하중 　　　④ 굽힘하중

정답분석
• 굽힘하중: 구부려 휘어지게 하는 하중
• 인장하중: 잡아당기는 하중
• 압축하중: 누르는 하중
• 전단하중: 가로 방향의 하중

정답 ④

44 치수 보조 기호에서 이론적으로 정확한 치수를 나타내는 것은?

① 30 　　② ⃝30
③ 30 (밑줄) 　　④ (30)

개념이론 43p 치수의 보조기호

정답분석 이론적으로 정확한 치수를 나타내는 것은 ①의 기호이다.
② ⃝30: 완성치수(= 다듬질치수 = 마무리치수)
③ 30: 치수가 비례적이 아닐 때(표제란의 척도에 맞는 치수가 아닐 때)
④ (30): 참고치수(없어도 문제가 없는 치수)

정답 ①

47 베어링 NU318C3P6에 대한 설명 중 틀린 것은?

① 원통 롤러 베어링 이다.
② 베어링 안지름이 318mm이다.
③ 틈새는 C3이다.
④ 등급은 6등급이나.

정답분석 베어링 안지름은 90mm이다.
• C3: 틈새기호
• P6: 등급기호
• NU: 원통롤러 베어링
• 3: 계열기호
• 18: 안지름 번호(안지름 = 안지름 번호 x 5 = 90mm)

정답 ②

45 유니파이 나사의 호칭 1/2-13UNC에서 13이 뜻하는 것은?

① 바깥지름
② 피치
③ 1인치 당 나사산 수
④ 등급

정답분석
• 1 / 2: 인치
• UNC: 유니파이 보통나사

정답 ③

48 축의 원주에 많은 키를 깎은 것으로 큰 토크를 전달시킬 수 있고, 내구력이 크며 보스와의 중심축을 정확하게 맞출 수 있는 것은?

① 성크 키 　　　② 반달 키
③ 접선 키 　　　④ 스플라인

정답분석 스플라인(사각 이빨)
축 둘레에 많은 턱을 만들어 큰 회전력을 전달하는 경우 사용됨

정답 ④

49

주조시 주형에 냉금을 삽입하여 표면을 급냉시켜 경도를 증가시킨 내마모성 주철은?

① 가단주철　② 고급주철
③ 칠드주철　④ 합금주철

관련이론 111p 칠드주철

정답분석 칠드주철(*chilled: 냉각된): 냉각을 통해 만든 주철

정답 ③

50

마이크로미터의 종류 중 게이지블록과 마이크로미터를 조합한 측정기는?

① 공기 마이크로미터
② 하이트 마이크로미터
③ 나사 마이크로미터
④ 외측 마이크로미터

정답분석 하이트 마이크로미터(*height: 높이)
게이지 블록과 마이크로미터를 조합한 높이 측정기
※ 하이트 게이지와 헷갈리지 말 것

정답 ②

51

평벨트를 벨트 풀리에 걸 때 벨트와 벨트 풀리의 접촉각을 크게 하기위해 이완측에 설치하는 것은?

① 림　　② 단차
③ 균형 추　④ 긴장 풀리

관련이론 69p 벨트 풀리

정답분석 벨트전동장치
• 림: 벨트가 접촉하는 벨트풀리 표면
• 긴장 측(인장 측): 종동축 → 원동축
• 이완 측(긴장풀리): 원동축 → 종동축

정답 ④

52

IC 기판재료, 자성재료, 유전재료 등과 같이 전자기적, 광학적 특성을 갖는 분야에 사용되는 신소재는?

① 파인세라믹
② 형상기억합금
③ 광섬유
④ 섬유강화금속

정답분석 파인세라믹
• 금속보다 단단하다.
• 철보다 가볍다.
• 온도에 따른 변화가 작다.

정답 ①

53

모양공차를 표기할 때 그림과 같은 공차 기입틀에 기입하는 내용은?

A	B

① A: 공차값, B: 공차의 종류 기호
② A: 공차의 종류 기호, B: 테이텀 문자기호
③ A: 데이텀 문자기호, B: 공차값
④ A: 공차의 종류 기호, B: 공차값

관련이론 55p 기하공차의 표기 방법

정답분석 A는 공차의 종류 기호, B는 공차값을 기입한다.

정답 ④

54

미터나사 나사산의 각도는 몇 도인가?

① 29°　　② 30°
③ 55°　　④ 60°

정답분석 미터나사 나사산의 각도는 60°이다.
① 29° = Tw 사다리꼴나사
② 30° = Tr 사다리꼴나사
③ 55° = 관용나사

정답 ④

55

다음 중 표면거칠기 측정법이 아닌 것은?

① 중심선 평균 거칠기
② 최대 높이
③ 10점 평균 거칠기
④ 평균 면적 거칠기

관련이론 148p 표면거칠기의 측정

정답분석 표면거칠기 종류
• 중심선 평균 거칠기 (=산술평균 거칠기)
• 최대 높이
• 10점 평균 거칠기

정답 ④

56

훅의 법칙(Hooke's law)은 어느 점 내에서 응력과 변형률이 비례하는가?

① 비례한도 ② 탄성한도
③ 항복점 ④ 인장강도

관련이론 134p 인장시험

정답분석 훅의 법칙(Hooke's law)은 비례한도 점 내에서 응력과 변형률이 비례한다.

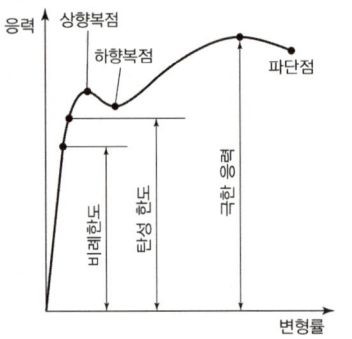

정답 ①

57

시간의 변화에도 힘의 크기 방향이 변하지 않는 하중은?

① 정하중 ② 굽힘하중
③ 동하중 ④ 인장하중

정답분석 시간의 변화에도 힘의 크기 방향이 변하지 않는 하중은 정하중이다.
• 동하중: 수시로 변하는 하중
• 인장하중: 길이 방향으로 잡아당기는 하중

정답 ①

58

IT 기본공차에 대한 설명으로 틀린 것은?

① IT 기본공차는 치수공차와 끼워맞춤에 있어서 정해진 모든 치수공차를 의미한다.
② IT 기본공차의 등급은 IT 01부터 IT 18까지 20등급으로 구분되어 있다.
③ IT공차 적용 시 제작의 난이도를 고려하여 구멍에는 ITn-1, 축에는 ITn을 부여한다.
④ 끼워맞춤공차를 적용할 때 구멍일 경우 IT 6 ~ IT 10이고, 축일 때는 IT 5 ~ IT 9이다.

관련이론 52p IT(International Tolerance) 기본공차

정답분석
• 구멍: ITn
• 축: ITn-1

정답 ③

59

지름 D1 = 200mm, D2 = 300mm의 내접 마찰차에서 그 중심 거리는 몇 mm인가?

① 50 ② 100
③ 125 ④ 250

정답분석 내접 마찰차 중심거리를 구하는 공식
$$\frac{D_2 - D_1}{2} = \frac{300 - 200}{2} = 50\,\mathrm{mm}$$

정답 ①

60

금속재료를 고온에서 오랜 시간 외력을 걸어 놓으면 시간의 경과에 따라 서서히 그 변형이 증가하는 현상은?

① 크리프 ② 스트레스
③ 스트레인 ④ 템퍼링

관련이론 136p 크리프(creep) 시험

정답분석 금속재료에 오랜 시간동안 외력이 가해지고 이에 대해서 변형이 증가하면서 결국에 파괴에 이르는데, 이를 크리프 현상이라 한다. 이때 최대 변형이 발생하는 한계응력을 크리프 한도라고 정의한다.

정답 ①

2022년 제2회

※CBT 문제는 수험생의 기억에 따라 복원된 것이며, 실제 기출문제와 동일하지 않을 수 있습니다.

01 전위기어의 사용 목적으로 가장 옳은 것은?

① 베어링 압력을 증대시키기 위함
② 속도비를 크게 하기 위함
③ 언더컷을 방지하기 위함
④ 전동 효율을 높이기 위함

정답분석 전위기어의 목적
- 이의 강도 개선
- 언더컷 방지
- 중심거리를 변화시키기 위해

정답 ③

02 나사면에 증기, 기름 또는 외부로부터의 먼지 등이 유입되는 것을 방지하기 위해 사용하는 너트는?

① 나비 너트
② 둥근 너트
③ 사각 너트
④ 캡 너트

정답분석 캡 너트(cap nut): 볼트의 한쪽 끝 부분이 막혀 있어 외부로부터의 오염을 방지할 수 있다.

정답 ④

03 구름베어링 기본구성요소 중 회전체 사이에 적절한 간격을 유지해 주는 구성요소를 무엇이라 하는가?

① 리테이너
② 내륜
③ 외륜
④ 회전체

정답분석 리테이너에 대한 설명이다.

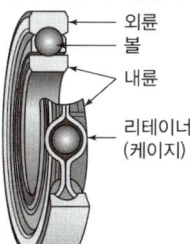

외륜
볼
내륜
리테이너
(케이지)

정답 ①

04 기어의 제작상 중요한 치형, 모듈, 압력각, 피치원 지름 등 기타 필요한 사항들을 기록한 것을 무엇이라 하는가?

① 주서
② 표제란
③ 부품란
④ 요목표

정답분석 기어의 제작상 중요한 치형, 모듈, 압력각, 피치원 지름 등 기타 필요한 사항들을 기록한 것은 요목표이다.
① 주서: 도면에 필요한 메모이다.
② 표제란: 도면의 관리상 필요한 사항과 도면의 내용에 관한 정형적인 사항 등을 모아서 기입하기 위하여 일반적으로 도면의 오른쪽 아래 구석에 표를 그려 넣는데 이것을 표제란이라 한다.
③ 부품란: 부품을 적는 표이다.

정답 ④

05 리퀴드메탈에 대한 설명이 잘못된 것은?

① 부식에 대한 저항성이 크다.
② 철보다 가볍지만 강도는 철보다 강하다.
③ 마그네슘을 주원료로 하는 합금이다.
④ 인공뼈, 의료기구, 전자제품, 외장재료에 이용한다.

정답분석 리퀴드메탈
- 부식에 대한 저항성이 크다.
- 철보다 가볍지만 강도는 철보다 강하다.
- 인공뼈, 의료기구, 전자제품, 외장재료에 이용한다.

정답 ③

06 주철의 장점이 아닌 것은?

① 압축 강도가 작다.
② 절삭 가공이 쉽다.
③ 주조성이 우수하다.
④ 마찰 저항이 우수하다.

관련이론 108p 주철의 특징

정답분석 주철의 장점
• 압축강도와 마찰저항이 우수하다.
• 녹이 비교적 쉽게 발생하지 않으며 주조성이 우수하다.
• 용융점이 낮으며 쇳물 유동성이 우수하다.
주철의 단점
• 압축강도와 비교해서 상대적으로 낮은 인장강도, 굽힘강도가 나타난다.
• 가공이 어렵다.
• 충격에 약하고 연신율이 작다.

정답 ①

07 불스 아이(bull's eye) 조직은 어느 주철에 나타나는가?

① 가단주철
② 미하나이트주철
③ 칠드주철
④ 구상흑연주철

정답분석
• 구상흑연주철은 말 그대로 구상(축구공 같은 구의 형태)이다.
• 소의 눈처럼 생겼다고 해서 불스 아이 조직이라고 한다.

정답 ④

08 두 축이 나란하지도 교차하지도 않는 기어는?

① 베벨 기어
② 헬리컬 기어
③ 스퍼 기어
④ 하이포이드 기어

정답분석 두 축이 나란하지도 교차하지도 않는 기어
㉠ 웜기어   ㉡ 하이포이드기어

정답 ④

09 인장 코일 스프링에 3kgf의 하중을 걸었을 때 변위가 30mm이었다면, 이 스프링의 상수는 얼마인가?

① 0.1kgf/mm
② 0.2kgf/mm
③ 5 kgf/mm
④ 10kgf/mm

정답분석
$$스프링\ 상수(k) = \frac{무게(=하중)}{처짐(=변위=늘어난\ 길이)}$$
$$= \frac{W}{\delta} = \frac{3kg_f}{30mm} = \frac{1}{10}\frac{kg_f}{mm}$$
$$= 0.1kg_f/mm$$

정답 ①

10 외접하고 있는 원통마찰차의 지름이 각각 240mm, 360mm일 때, 마찰차의 중심거리는 얼마인가?

① 60mm
② 300mm
③ 400mm
④ 600mm

정답분석 외접 마찰차 중심거리 공식
$$\frac{D_1 + D_2}{2} = \frac{240 + 360}{2} = 300mm$$

정답 ②

11 다음 중 리벳의 호칭 방법으로 올바른 것은?

① 규격 번호, 종류, 호칭지름 × 길이, 재료
② 규격 번호, 길이 × 호칭지름, 종류, 재료
③ 재료, 종류, 호칭지름 × 길이, 규격 번호
④ 종류, 길이 × 호칭지름, 재료, 규격 번호

관련이론 67p 리벳

정답분석

규격 번호	종류	호칭지름×길이	재료
KS B 1102	접시머리 리벳	16 × 45	SC480

정답 ①

12 V벨트의 형별 중 단면 치수가 가장 큰 것은?

① M 형
② A 형
③ D 형
④ E 형

관련이론 69p 벨트 풀리

정답분석 V벨트 단면 치수
M < A < B < C < D < E (E가 가장 큼)

정답 ④

---

13 외부로부터 작용하는 힘이 재료를 구부려 휘어지게 하는 형태의 하중은?

① 인장 하중
② 압축 하중
③ 전단 하중
④ 굽힘 하중

정답분석
• 굽힘 하중: 구부려 휘어지게 하는 하중
• 인장 하중: 잡아당기는 하중
• 압축 하중: 누르는 하중
• 전단 하중: 가로 방향의 하중

정답 ④

---

14 영국의 G.A Tomlinson 박사가 고안한 것으로 게이지 면이 크고, 개수가 적은 각도 게이지로 몇 개의 블록을 조합하여 임의의 각도를 만들어 쓰는 각도 게이지는?

① 요한슨식
② N.P.A식
③ 제퍼슨식
④ N.P.L식

관련이론 146p 각도측정기

정답분석
• 쐐기 모양의 12개의 게이지가 한조를 이룬다.
• 2개의 각도게이지 조립 시 홀더가 필요 없다.
• 두 개 이상 조합해서 임의의 각도를 형성한다.

정답 ④

---

15 도면에 기입된 공차도시에 관한 설명으로 틀린 것은?

//	0.050	A
	0.011/200	

① 전체 길이는 200 mm이다.
② 공차의 종류는 평행도를 나타낸다.
③ 지정 길이에 대한 허용 값은 0.011이다.
④ 전체 길이에 대한 허용 값은 0.050이다.

관련이론 55p 기하공차의 표기 방법

정답분석

평행도	전체길이 공차값	데이텀
	지정길이 공차값/지정길이	

정답 ①

---

16 버니어 캘리퍼스에서 어미자의 한 눈금이 1mm이고, 아들자의 눈금 19mm를 20등분한 경우 최소 측정치는 몇 mm인가?

① 0.01mm
② 0.02mm
③ 0.05mm
④ 0.1mm

정답분석 버니어 캘리퍼스 최소눈금 공식(아들자 눈금은 무시한다)
$$\frac{어미자\ 눈금}{등분\ 수} = \frac{1}{20} = 0.05\,mm$$

정답 ③

---

17 다음은 어떤 나사에 대한 설명인가?

나사산의 각도에 따라 29°와 30°의 두 가지가 있으며, 동력 전달용으로 프레스나 밸브 등에 쓰인다.

① 삼각 나사
② 사각 나사
③ 사다리꼴 나사
④ 톱니 나사

관련이론 66p 나사의 규격

정답분석
• 사다리꼴 나사에 대한 설명이다.
• 미터계 사다리꼴나사(Tr): 30°
• 인치계 사다리꼴나사(Tw): 29°

정답 ③

18 다음 기하공차에 대한 설명으로 틀린 것은?

① ○ - 진원도 공차

② ∠ - 경사도 공차

③ ⊥ - 직각도 공차

④ ◎ - 흔들림 공차

관련이론 55p 기하공차

정답분석 ◎: 동심도(동축도) 공차

정답 ④

19 구리에 아연 5%를 첨가하여 화폐, 메달 등의 재료로 사용되는 것은?

① 델타메탈　　② 길딩메탈

③ 문쯔메탈　　④ 네이벌활동

관련이론 116p 구리합금의 종류

정답분석 길딩메탈에 대한 설명이다.

① 델타메탈(= 철황동) = 6 : 4 황동 + Fe(1 ~ 2%)

③ 문쯔메탈 = 6 : 4 황동

④ 네이벌활동 = 6 : 4 황동 + Sn(1%)

정답 ②

20 다음 중 다이캐스팅용 알루미늄 합금에 해당하는 기호는?

① WM　　② ALDC

③ BC　　④ ZDC

정답분석 다이캐스팅용 알루미늄 합금에 해당하는 기호는 'ALDC'이다.

① WM = white metal (화이트메탈)

③ BC = bronze casting (청동 주물)

④ ZDC = 아연합금(Zn) 다이캐스팅

정답 ②

21 다음 가공방법의 약호를 나타낸 것 중 틀린 것은?

① 선반가공(L)　　② 보링가공(B)

③ 리머가공(FR)　　④ 호닝가공(GB)

관련이론 60p 가공 방법의 기호

정답분석 호닝가공 = GH

정답 ④

22 탄소강에 함유된 5대 원소는?

① 황(S), 망간(Mn), 탄소(C), 규소(Si), 인(P)

② 탄소(C), 규소(Si), 인(P), 망간(Mn), 니켈(Ni)

③ 규소(Si), 탄소(C), 니켈(Ni), 크롬(Cr), 인(P)

④ 인(P), 규소(Si), 황(S), 망간(Mn), 텅스텐(W)

정답분석 탄소강에 함유된 5대 원소는 황(S), 망간(Mn), 탄소(C), 규소(Si), 인(P)이다.

정답 ①

23 다음 컴퓨터의 처리 속도 단위 중 가장 빠른 시간 단위는?

① ms　　② μs

③ ns　　④ ps

정답분석 ① ms < ② μs < ③ ns < ④ ps (밀리 < 마이크로 < 나노 < 피코)

우측일수록 처리속도가 빨라짐

정답 ④

24 금속의 이온화 경향 순서를 바르게 배열한 것은?

① K > Na > Ca > Mg

② Ca > Co > Mn > Cd

③ Na > Al > Zn > Fe

④ Pt > H > Ni > Ag

정답분석 금속의 이온화경향 순서

K > Ca > Na > Mg > Al > Zn > Fe > Ni > Sn > Pb > H > Cu > Hg > Ag > Pt > Au

정답 ③

25 베어링 메탈의 구비 조건이 아닌 것은?

① 열전도도가 좋아야 한다.
② 피로 강도가 작아야 한다.
③ 내부식성이 좋아야 한다.
④ 마찰이나 마멸이 적어야 한다.

정답 ②

26 리벳 이음의 도시 방법에 대한 설명으로 틀린 것은?

① 리벳은 길이 방향으로 단면하여 도시한다.
② 2장 이상의 판이 겹쳐 있을 때, 각 판의 파단선은 서로 어긋나게 외형선으로 긋는다.
③ 리벳의 체결 위치만 표시할 때에는 중심선만을 그린다.
④ 리벳을 크게 도시할 필요가 없을 때에는 리벳구멍을 약도로 도시한다.

정답 ②

27 일반 치수공차 기입 방법으로 틀린 것은?

① $\phi 50^{-0.05}_{0}$
② $\phi 50^{+0.05}_{0}$
③ $\phi 50^{+0.05}_{+0.02}$
④ $\phi 50^{+0.01}_{-0.01}$

정답 ①

28 제도의 목적을 달성하기 위하여 도면이 구비하여야 할 기본 요건이 아닌 것은?

① 면의 표면거칠기, 재료선택, 가공방법 등의 정보
② 도면 작성방법에 있어서 설계자 임의의 창의성
③ 무역 및 기술의 국제 교류를 위한 국제적 통용성
④ 대상물의 도형, 크기, 모양, 자세, 위치의 정보

정답 ②

29 처음에 주어진 특정 모양의 것을 인장 하거나 소성 변형된 것이 가열에 의하여 원래의 모양으로 돌아가는 현상에 의한 효과는?

① 크리프 효과
② 형상기억 효과
③ 재결정 효과
④ 열팽창 효과

정답 ②

30 강을 Ms점과 Mf 점 사이에서 항온 유지 후 꺼내어 공기 중에서 냉각하여 마텐자이트와 베이나이트의 혼합조직으로 만드는 열처리는?

① 풀림
② 담금질
③ 침탄법
④ 마템퍼

정답 ④

31

제거 가공해서는 안 된다는 것을 지시할 때 사용하는 표면 거칠기의 기호로 맞는 것은?

①   ②
③   ④

정답분석 제거 가공해서는 안 된다는 것을 지시할 때 사용하는 표면 거칠기의 기호는 ①의 기호이다.
② 제거 가공을 해야한다.
③ 제거 가공 여부가 상관 없다.

정답 ①

32

CAD시스템에서 원점이 아닌 주어진 시작점을 기준으로 하여 그 점과 거리로 좌표를 나타내는 방식은?

① 절대좌표방식   ② 상대좌표방식
③ 직교좌표방식   ④ 극좌표방식

정답분석
· **절대좌표**: 원점을 기준으로 그 점과 거리로 좌표를 나타내는 방식
· **상대좌표**: 원점이 아닌 마지막 점을 기준으로 그 점과 거리로 좌표를 나타내는 방식
· **(상대)극좌표**: 원점이 아닌 마지막 점을 기준으로 그 점과 거리와 각도로 좌표를 나타내는 방식

정답 ②

33

다음 중 치수 공차를 올바르게 나타낸 것은?

① 최대 허용 한계치수 - 최소 허용 한계치수
② 기준치수 - 최소 허용 한계치수
③ 최대 허용 한계치수 - 기준치수
④ (최소 허용 한계치수 - 최대 허용 한계치수) / 2

관련이론 50p 치수공차

정답분석 치수 공차는 '최대 허용 한계치수 - 최소 허용 한계치수'로 나타낸다.
② 기준치수 - 최소 허용 한계치수 = 아래치수 허용차
③ 최대 허용 한계치수 - 기준치수 = 위치수 허용차

정답 ①

34

냉간가공에 대한 설명으로 올바른 것은?

① 어느 금속이나 모두 상온(20℃) 이하에서 가공함을 말한다.
② 그 금속의 재결정온도 이하에서 가공함을 말한다.
③ 그 금속의 공정점보다 10~20℃ 낮은 온도에서 가공함을 말한다.
④ 빙점(0℃) 이하의 낮은 온도에서 가공함을 말한다.

정답분석 재결정온도: 핵이 조금씩 성장해서 원래의 결정입자를 대신하는 과정을 재결정이라 하고, 1시간에 95% 이상 재결정이 생기도록 가열하는 온도를 재결정온도라 한다.

구분	열간가공	냉간가공
작업온도	재결정 온도 이상	재결정 온도 이하
소요동력	적게 든다	많이 든다.
가공도	크다(거친 가공)	작다
가공시간	짧게 걸린다	많이 걸린다
정밀가공	어렵다	가능하다
가공면	거칠고 치수변화율이 크다	매끄럽고 치수변화율이 작다

정답 ②

35

스폿 용접 이음의 기호는?

①   ②
③   ④

정답분석 스폿 용접 이음의 기호는 ①의 기호이다.
② 심용접
③ 필렛용접 = 필릿용접
④ 플러그용접

정답 ①

36 얇은 부분의 단면 표시를 하는데 사용하는 선은?

① 아주 굵은 실선

② 불규칙한 파형의 가는 실선

③ 굵은 1점 쇄선

④ 가는 파선

관련이론 21p 선의 용도

정답분석 얇은 부분의 단면 표시를 하는데 사용하는 선은 아주 굵은 실선이다.
② 불규칙한 파형의 가는 실선: 파단선
③ 굵은 1점 쇄선: 특수지정선
④ 가는 파선: 숨은선

정답 ①

37 다음 중 각도를 측정할 수 있는 측정기는?

① 버니어 캘리퍼스 ② 오토 콜리메이터

③ 옵티컬플랫 ④ 다이얼게이지

관련이론 147p 평면측정기

정답분석 각도를 측정할 수 있는 측정기는 오토 콜리메이터이다.
① 버니어 캘리퍼스 = 길이 측정
③ 옵티컬 플랫 = 평면도 측정
④ 다이얼 게이지 = 진원도 측정

정답 ②

38 선의 종류에서 용도에 의한 명칭과 선의 종류를 바르게 연결한 것은?

① 외형선 - 굵은 1점 쇄선

② 중심선 - 가는 2점 쇄선

③ 치수보조선 - 굵은 실선

④ 지시선 - 가는 실선

관련이론 21p 선의 우선순위

정답분석 '지시선 - 가는 실선'이 옳은 연결이다.
① 외형선 - 굵은 실선
② 중심선 - 가는 1점 쇄선
③ 치수보조선 - 가는 실선

정답 ④

39 기어제도 시 이끝원과 피치원의 선 종류는?

① 이끝원 - 굵은 실선, 피치원 -가는 실선

② 이끝원 - 굵은 실선, 피치원 - 가는 1점 쇄선

③ 이끝원 - 가는 실선, 피치원 - 가는 실선

④ 이끝원 - 가는 실선, 피치원 - 가는 1점 쇄선

관련이론 68p 기어

정답분석 이끝원 - 굵은 실선, 피치원 - 가는 1점 쇄선이다.

정답 ②

40 다음 등각투상도에서 화살표 방향을 정면도로 할 경우 평면도로 옳은 것은?

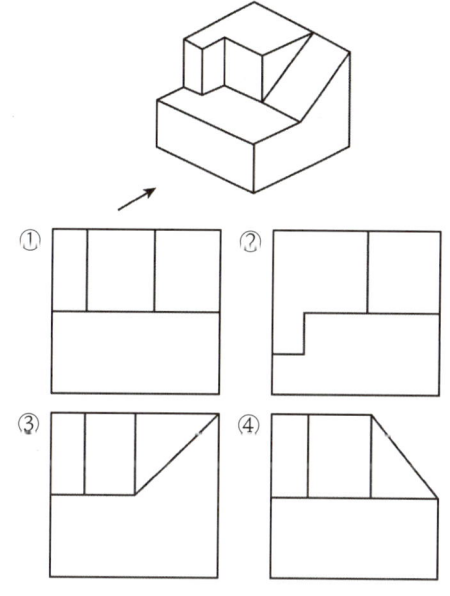

정답분석 보기를 3각법으로 투상시 ②가 평면도가 된다.

정답 ②

41 다음 중 표면을 경화시키기 위한 열처리 방법이 아닌 것은?

① 풀림 ② 침탄법

③ 질화법 ④ 고주파 경화법

관련이론 129p 표면경화법

정답분석 풀림은 말 그대로 풀어준다는 뜻이다. (경화의 반대)

정답 ①

42 자기 감응도가 크고, 잔류자기 및 항자력이 작아 변압기 철심이나 교류기계의 철심 등에 쓰이는 강은?

① 자석강

② 규소강

③ 고 니켈강

④ 고 크롬강

정답분석 규소강

자기 감응도가 크고, 잔류자기 및 항자력이 작아 변압기 철심이나 교류기계의 철심 등에 쓰이는 강

정답 ②

---

43 일반적으로 CAD에서 사용하는 3차원 형상 모델링이 아닌 것은?

① 솔리드 모델링(solid modeling)

② 시스템 모델링(system modeling)

③ 서피스 모델링(surface modeling)

④ 와이어 프레임 모델링(wire frame modeling)

관련이론 76p 형상모델링의 종류

정답분석 3차원 형상 모델링 종류

• 솔리드 모델링(solid modeling)

• 서피스 모델링(surface modeling)

• 와이어 프레임 모델링(wire frame modeling)

정답 ②

---

44 국제단위계(SI)의 기본단위에 해당되지 않는 것은?

① 길이: m

② 질량: kg

③ 광도: mol

④ 열역학 온도: K

정답분석 국제단위계(Standard International)의 기본 단위

• 길이: m

• 질량: kg

• 광도: cd(칸델라)

• 열역학온도: K

• 물질의 양: mol(몰)

• 시간: s(초)

• 전류: A(암페어)

정답 ③

---

45 구멍의 치수가 $\phi50^{+0.025}_{-0}$, 축의 치수가 $\phi50^{+0.009}_{-0.025}$ 일 때 최대틈새는 얼마인가?

① 0.025

② 0.05

③ 0.07

④ 0.009

정답분석 최대틈새 = 구멍의 위치수허용차 - 축의 아래치수허용차

(+ 0.025) - (- 0.025) = 0.05

정답 ②

---

46 다음 중 가는 2점 쇄선의 용도로 틀린 것은?

① 인접 부분 참고 표시

② 공구, 지그 등의 위치

③ 가공 전 또는 가공 후의 모양

④ 회전 단면도를 도형 내에 그릴 때의 외형선

관련이론 21p 선의 용도

정답분석 • 회전 단면도를 도형 내부에 그릴 때의 외형선 = 가는 실선

• 회전 단면도를 도형 외부에 그릴 때의 외형선 = 굵은 실선

정답 ④

---

47 헬리컬 기어, 나사 기어, 하이포이드 기어의 잇줄 방향의 표시 방법은?

① 2개의 가는 실선으로 표시

② 2개의 가는 2점 쇄선으로 표시

③ 3개의 가는 실선으로 표시

④ 3개의 굵은 2점 쇄선으로 표시

관련이론 69p 헬리컬 기어

정답분석 3개의 가는 실선으로 표시한다.

정답 ③

---

48 축에 키(key) 홈을 가공하지 않고 사용하는 것은?

① 묻힘(sunk) 키

② 안장(saddle) 키

③ 반달 키

④ 스플라인

정답분석 • 묻힘키 = 키가 묻힐 홈 가공 필요

• 안장키 = 말의 등에 올려놓는 안장처럼 가공 없음

정답 ②

49 볼트의 머리가 조립부분에서 밖으로 나오지 않아야 할 때, 사용하는 볼트는?

① 아이 볼트

② 나비 볼트

③ 기초 볼트

④ 육각 구멍붙이 볼트

정답분석 육각 구멍붙이 볼트를 사용한다.

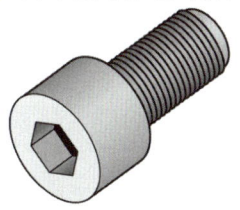

정답 ④

50 둥근 봉을 비틀 때 생기는 비틀림 변형을 이용하여 스프링으로 만든 것은?

① 코일 스프링　　② 토션 바

③ 판 스프링　　④ 접시 스프링

정답분석 토션 바의 뜻: 비틀림 바

정답 ②

51 왕복운동 기관에서 직선운동과 회전운동을 상호 전달할 수 있는 축은?

① 직선 축　　② 크랭크 축

③ 중공 축　　④ 플렉시블 축

정답분석 크랭크 축은 직선운동과 회전운동 둘 다 전달 가능하다.

정답 ②

52 나사 원리를 이용한 측정기는?

① 버니어켈리퍼스　　② 다이얼게이지

③ 마이크로미터　　④ 옵티미터

관련이론 145p 마이크로미터

정답분석 나사 원리를 이용한 측정기는 마이크로미터이다.

① 버니어 켈리퍼스는 길이 측정기이다.

② 다이얼게이지는측정자의 직선 또는 원호 운동을 기계적으로 확대하여 그 움직임을 지침의 회전 변위로 변환시켜 눈금으로 읽을 수 있는 대표적인 비교 측정장비이다.

④ 옵티미터는 표준 치수의 물체와 측정하고자 하는 물체의 치수 차이를 광학적(光學的)으로 확대하여 정밀하게 측정하는 비교 측정기이다.

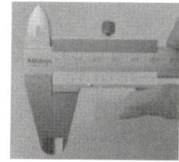

정답 ③

53 다음 중 철강재료에 관한 올바른 설명은?

① 탄소강은 탄소를 2.0% ~ 4.3% 함유한다.

② 용광로에서 생산된 철은 강이라 하고 불순물과 탄소가 적다.

③ 탄소강의 기계적 성질에 가장 큰 영향을 끼치는 것은 규소(Si)의 함유량이다.

④ 합금강은 탄소강이 지니지 못한 특수한 성질을 부여하기 위하여 합금원소를 첨가하여 만든 것이다.

정답분석 ① 탄소강은 탄소를 0.02% ~ 2.11% 함유한다.

② 용광로에서 생산된 철을 선철이라고 한다.

③ 탄소강의 기계적 성질에 가장 큰 영향을 끼치는 것은 탄소(C)의 함유량이다.

정답 ④

54 나사결합부에 진동하중이 작용하거나 심한 하중변화가 있으면 어느 순간에 너트는 풀리기 쉽다. 너트의 풀림 방지법으로 사용하지 않는 것은?

① 나비 너트 ② 분할 핀
③ 로크 너트 ④ 스프링 와셔

정답분석 나사의 풀림방지
• 로크너트(Lock nut)에 의한 방법
• 자동 죔 너트에 의한 방법
• 분할핀에 의한 방법
• 와셔에 의한 방법
• 멈춤나사에 의한 방법
• 플라스틱 플러그에 의한 방법
• 철사를 이용하는 방법

정답 ①

55 다음 중 출력장치는 어느 것인가?

① 마우스 ② 디지타이저
③ 트랙 볼 ④ 플로터

정답분석 • 입력장치: 키보드, 디지타이저(태블릿), 마우스, 조이스틱, 트랙볼, 라이트 펜
• 출력장치: 디스플레이, 모니터, 플로터(프린터), 하드카피장치(종이로 인쇄하는 장치), COM장치(데이터 전송)

정답 ④

56 다음 중 필릿 용접을 나타내는 기호는?

① ◯ ② ┝
③ ⊔ ④ ◺

관련이론 71p 용접 종류에 따른 기호

정답분석 필릿 용접을 나타내는 기호는 ④의 기호이다.
①: 스폿 용접
②: 한쪽면 J형 맞대기 이음
③: 플러그 용접

정답 ④

57 일반적인 와이어프레임 모델링의 특징으로 틀린 것은?

① 데이터의 구성이 간단하다.
② 3면 투시도의 작성이 어렵다.
③ 모델링을 쉽게 할 수 있다.
④ 물리적 성질의 계산이 불가능하다.

관련이론 76p 형상모델링의 종류

정답분석 와이어프레임(wire frame) 모델링
㉠ 선(line)에 의해서 표현되고 선을 해독해서 형상을 유추한다.
㉡ 데이터의 용량이 가장 작고 처리속도가 빠르다.
㉢ 형상모델링작업이 용이하고 투시도제작에 유리하다.
㉣ 은선(숨은선)제거와 단면도 작성은 불가능하다.
㉤ 물리적 해석이 불가능한 형상모델링이다.

정답 ②

58 공구용으로 사용되는 비금속 재료로 초내열성재료, 내마멸성 및 내열성이 높은 세라믹과 강한 금속의 분말을 배열 소결하여 만든 것은?

① 다이아몬드 ② 고속도강
③ 서멧 ④ 석영

정답분석 세라믹 + 금속 = Ceramic + Metal = Cer Met = 서멧

정답 ③

60 다음 중 중앙처리장치(CPU)에 속하지 않는 것은?

① 제어장치
② 기억장치
③ 연산논리장치
④ 출력장치

정답분석 중앙처리장치
• 제어장치
• (주)기억장치
• 연산논리장치

정답 ④

59 나사면에 증기, 기름 또는 외부로부터의 먼지 등이 유입되는 것을 방지하기 위해 사용하는 너트는?

① 나비 너트 ② 둥근 너트
③ 사각 너트 ④ 캡 너트

정답분석 캡 너트: 볼트의 한쪽 끝 부분이 막혀 있어 외부로부터의 오염을 방지할 수 있다.

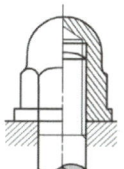

정답 ④

2022년 제3회

※CBT 문제는 수험생의 기억에 따라 복원된 것이며, 실제 기출문제와 동일하지 않을 수 있습니다.

01 투상도를 표시하는 방법에 관한 설명으로 가장 옳지 않은 것은?

① 조립도 등 주로 기능을 나타내는 도면에서는 대상물을 사용하는 상태로 표시한다.

② 물체의 중요한 면은 가급적 투상면에 평행하거나 수직이 되도록 표시한다.

③ 물품의 형상이나 기능을 가장 명료하게 나타내는 면을 주 투상도가 아닌 보조 투상도로 선정한다.

④ 가공을 위한 도면은 가공량이 많은 공정을 기준으로 가공할 때 놓여진 상태와 같은 방향으로 표시한다.

정답분석 물품의 형상이나 기능을 가장 명료하게 나타내는 면을 보조 투상도가 아닌 주 투상도로 선정한다.

정답 ③

02 다음 중에서 도면에 반드시 마련해야 하는 사항은?

① 비교눈금　　② 도면의 구역

③ 중심 마크　　④ 재단 마크

관련이론 13p 도면의 구성요소

정답분석 도면의 3요소
- 중심마크
- 표제란
- 윤곽선

정답 ③

03 길이 방향으로 절단해서 단면도를 그리지 않아야 하는 부품은?

① 축　　② 보스

③ 베어링　　④ 커버

관련이론 67p 축

정답분석 길이 방향으로 절단해서 단면도를 그리지 않아야 하는 부품은 축이다.

정답 ①

04 다음 설명에 맞는 나사는 무엇인가?

- 미국, 영국, 캐나다 3국의 협정에 의해 지정된 것이다.
- ABC 나사라고도 한다.
- 나사산의 각도가 60°인 인치계 나사이다.

① 유니파이나사　　② 관용나사

③ 사다리꼴나사　　④ 미터나사

정답분석 유니파이나사에 대한 설명이다.
② 관용나사: 나사산 각도 55°
④ 미터나사: 나사산 각도 60°

정답 ①

05 표면 경도를 필요로 하는 부분만을 급랭하여 경화시키고 내부는 본래의 연한 조직으로 남게 하는 주철은?

① 칠드 주철　　② 가단 주철

③ 구상흑연 주철　　④ 내열 주철

관련이론 111p 칠드주철

정답분석 급랭시키는 주철은 칠드주철이다. (*chilled: 냉각된)

정답 ①

06 초경합금의 주성분은?

① W, Cr, V ② WC, Co

③ TiC, TiN ④ Al_2O_3

정답분석 초경합금의 주성분은 WC, Co이다.

정답 ②

07 리베팅이 끝난 뒤에 리벳머리의 주위 또는 강판의 가장자리를 정으로 때려 그 부분을 밀착시켜 틈을 없애는 작업은?

① 시밍 ② 코킹

③ 커플링 ④ 해머링

정답분석
- 코킹(caulking) : 입력팅크5와 같이 리벳딩 작업이 된 부분에 기밀유지가 필요할 경우 리벳머리나 강판의 가장자리를 정(chisel)으로 때려 밀착시키고 틈을 없애는 방법이다.
- 플러링(fullering) : 리벳팅된 부분의 기밀성을 향상시키기 위해 강판과 동일한 넓이를 가진 공구로 판재를 더욱 밀착시키는 작업이다.

정답 ②

08 피치 2mm인 2줄 삼각나사를 180° 회전시켰을 때의 이동 거리는 얼마인가?

① 1.2mm ② 1mm

③ 4mm ④ 2mm

정답분석 리드 = 피치 × 줄수 = 2 × 2 = 4

180° 회전 = 반바퀴 회전

$\therefore 4 \times \dfrac{1}{2} = 2\,mm$

정답 ④

09 다음은 제3각법으로 투상한 투상도이다. 입체도로 알맞은 것은? (단, 화살표 방향이 정면도이다)

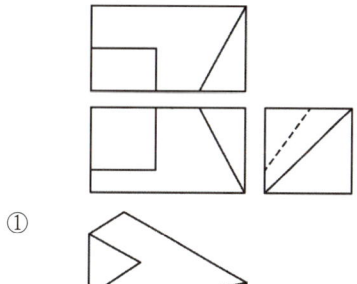

①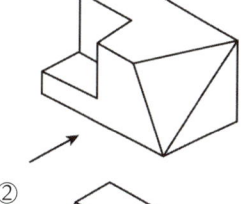

②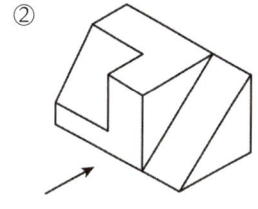

③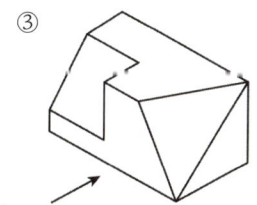

④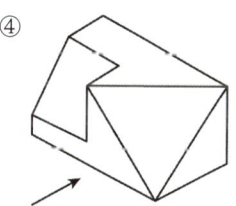

정답분석 보기는 ③을 투상하면 알 수 있다.

정답 ③

10 머시닝센터에서 테이블에 고정된 공작물의 높이를 측정하고자 할 때 가장 적당한 것은?

① 한계게이지 ② 다이얼게이지

③ 사인바 ④ 하이트게이지

관련이론 145p 하이트게이지

정답분석 하이트 게이지의 하이트(height)가 높이라는 뜻이다.

정답 ④

11 다음 자료의 표현단위 중 그 크기가 가장 큰 것은?

① bit(비트)   ② byte(바이트)
③ record(레코드)   ④ field(필드)

정답분석 비트 < 바이트 < 워드 < 필드 < 레코드

정답 ③

12 일반적으로 스퍼 기어의 요목표에 기입하는 사항이 아닌 것은?

① 치형   ② 잇수
③ 피치원 지름   ④ 비틀림 각

관련이론 68p 기어

정답분석 비틀림각이 아닌 압력각을 기입한다.

정답 ③

13 그림과 같이 표면의 결 도시기호가 지시되었을 때 표면의 줄무늬 방향은?

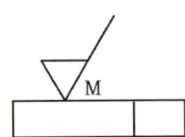

① 가공으로 생긴 선이 거의 동심원
② 가공으로 생긴 선이 여러 방향
③ 가공으로 생긴 선이 방향이 없거나 돌출됨
④ 가공으로 생긴 선이 투상면에 직각

관련이론 58p 표면 거칠기에 관련된 용어

정답분석 줄무늬 방향 기호
- X: 두방향교차
- M: 여러 방향교차 또는 무방향
- =: 평행
- ⊥: 직각
- C: 동심원 모양
- R: 레이디얼(방사형, 방사상) 모양

정답 ②

14 다음 중 평벨트와 비교한 V벨트 전동의 특성으로 틀린 것은?

① 설치면적이 넓어 큰 공간이 필요하다.
② 비교적 작은 장력으로 큰 회전력을 전달할 수 있다.
③ 운전이 조용하다.
④ 마찰력이 크고 미끄럼이 적다.

관련이론 69p 벨트 풀리

정답분석 V벨트 전동은 V벨트 풀리간의 중심거리가 짧아야 하므로 설치면적이 작다.

정답 ①

15 스프링의 종류와 모양만을 도시할 때에는 재료의 중심선을 어떤 선으로 표시하는가?

① 굵은 실선   ② 가는 실선
③ 굵은 1점쇄선   ④ 가는 1점쇄선

관련이론 71p 스프링

정답분석 스프링의 간략도

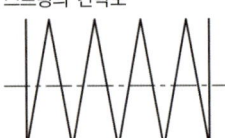

정답 ①

16 스프링의 용도에 대한 설명 중 틀린 것은?

① 힘의 측정에 사용된다.
② 마찰력 증가에 이용한다.
③ 일정한 압력을 가할 때 사용된다.
④ 에너지를 저축하여 동력원으로 작동시킨다.

관련이론 71p 스프링

정답분석 ① 힘의 측정에 사용된다. → 체중계(무게도 힘이라 할 수 있다)
③ 일정한 압력을 가할 때 사용된다. → 체중계
④ 에너지 저축하여 동력원으로 작동시킨다.
   → 스프링이 눌릴 때 힘의 저축이 일어난다.

정답 ②

17 시간의 변화에도 힘의 크기와 방향이 변하지 않는 하중은?

① 정하중   ② 동하중

③ 굽힘하중   ④ 인장하중

18 나사의 표시방법 중 Tr40 x 14(P7) - 7e에 대한 설명 중 틀린 것은?

① Tr은 미터사다리꼴 나사를 뜻한다.
② 줄수는 7줄이다.
③ 40은 호칭지름 40mm를 뜻한다.
④ 리드는 14mm이다.

19 그림과 같이 V벨트 풀리의 일부분을 잘라내고 필요한 내부 모양을 나타내기 위한 단면도는?

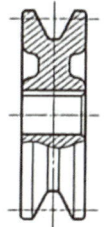

① 온 단면도   ② 한쪽 단면도
③ 부분 단면도   ④ 회전도시 단면도

20 모듈 5, 잇수가 60인 표준 평기어의 이끝원 지름은 몇 mm인가?

① 300mm   ② 310mm
③ 320mm   ④ 340mm

21 이론적으로 정확한 치수를 나타내는 치수 보조기호는?

① 50̲

② 5̲0̲ (박스)

③ 5̶0̶

④ (50)

22 외접 헬리컬 기어를 축에 직각인 방향에서 본 단면으로 도시할 때, 잇줄 방향의 표시 방법은?

① 1개의 가는 실선
② 3개의 가는 실선
③ 1개의 가는 2점 쇄선
④ 3개의 가는 2점 쇄선

23 치수 보조선에 대한 설명으로 옳지 않은 것은?

① 필요한 경우에는 치수선에 대하여 적당한 각도로 평행한 치수 보조선을 그을 수 있다.

② 도형을 나타내는 외형선과 치수 보조선은 떨어져서는 안 된다.

③ 치수 보조선은 치수선을 약간 지날 때까지 연장하여 나타낸다.

④ 가는 실선으로 나타낸다.

정답분석 도형을 나타내는 외형선과 치수 보조선은 떨어져야 한다.

정답 ②

24 도면의 척도가 "1:2"로 도시되었을 때 척도의 종류는?

① 배척 　　② 축척

③ 현척 　　④ 비례척이 아님

관련이론 13p 척도

정답분석 도면의 척도가 '1 : 2'로 도시되었을 때 척도는 축척이다.
① 배척 = 2 : 1
③ 현척 = 1 : 1
④ 비례척이 아님 = 1 : 3, 1 : 7, 1 : 9

정답 ②

25 축의 도시 방법에 대한 설명으로 틀린 것은?

① 가공 방향을 고려하여 도시한다.

② 축은 길이 방향으로 절단하여 온 단면도로 표현하지 않는다.

③ 빗줄 널링의 경우에는 축선에 대하여 30°로 엇갈리게 그린다.

④ 긴 축은 중간을 파단하여 짧게 표현하고, 치수 기입은 도면상에 그려진 길이로 나타낸다.

관련이론 67p 축

정답분석 치수는 실제 길이로 나타낸다.

정답 ④

26 구름베어링의 호칭이 "6203 ZZ" 베어링의 안지름은 몇 mm인가?

① 3 　　② 15

③ 17 　　④ 30

관련이론 68p 구름 베어링의 규격

정답분석
· 62 00 ~ ϕ 10
· 62 01 = ϕ 12
· 62 02 = ϕ 15
· 62 03 = ϕ 17
· 62 04 = 안지름 번호(04 이후 숫자) x 5 = ϕ20 ~ ϕ480

정답 ③

27 기하공차의 종류에서 위치 공차에 해당되지 않는 것은?

① 위치도 공차 　　② 동축도 공차

③ 대칭도 공차 　　④ 평면도 공차

관련이론 66p 기하공차

정답분석 위치공차: 위치도, 동축도, 대칭도

정답 ④

28 스프로킷 휠의 도시방법에 대한 설명 중 옳은 것은?

① 스프로킷의 이끝원은 가는 실선으로 그린다.

② 스프로킷의 피치원은 가는 2점 쇄선으로 그린다.

③ 스프로킷의 이뿌리원은 가는 실선으로 그린다.

④ 축의 직각 방향에서 단면도를 도시할 때 이뿌리선은 가는 실선으로 그린다.

관련이론 70p 스프라켓 휠(sprocket wheel)

정답분석
· 스프로킷의 피치원은 가는 1점 쇄선
· 스프로킷의 이끝원은 굵은 실선
· 스프로킷의 이뿌리원은 가는 실선 또는 굵은 파선(이뿌리원은 생략 가능)

정답 ③

29

CAD 시스템에서 출력 장치가 아닌 것은?

① 디스플레이(CRT) ② 스캐너

③ 프린터 ④ 플로터

───────

정답분석 스캐너는 입력장치이다.

정답 ②

30

금속결정격자의 종류가 아닌 것은?

① 체심입방격자 ② 면심입방격자

③ 조밀육방격자 ④ 사방입방격자

───────

관련이론 90p 금속의 결정구조

정답분석 금속결정격자에 사방입방격자는 없다.

정답 ④

31

그림과 같은 지시 기호에서 "b"에 들어갈 지시 사항으로 옳은 것은?

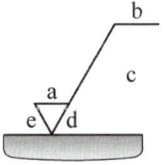

① 가공 방법

② 표면 파상도

③ 줄무늬 방향 기호

④ 컷오프값·평가길이

───────

관련이론 60p 면의 지시 기호

정답분석 b에 들어갈 지시 사항은 가공방법이다.

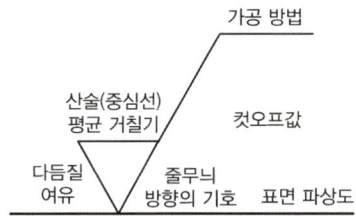

정답 ①

32

도면 작성 시 선이 한 장소에 겹쳐서 그려야 할 경우 나타내야 할 우선 순위로 옳은 것은?

① 외형선 > 숨은선 > 중심선 > 무게 중심선 > 치수선

② 외형선 > 중심선 > 무게 중심선 > 치수선 > 숨은선

③ 중심선 > 무게 중심선 > 치수선 > 외형선 > 숨은선

④ 중심선 > 치수선 > 외형선 > 숨은선 > 무게 중심선

───────

관련이론 21p 선의 우선순위

정답분석 도면에서 두 종류 이상의 선이 같은 위치에 중복될 경우 다음 순위에 따라 우선되는 종류부터 그린다.

- 외형선(단, 외형선보다 우선하는 선은 문자와 기호가 있다)
- 숨은선
- 절단선
- 중심선
- 무게 중심선
- 치수 보조선

정답 ①

33

직선 운동을 회전 운동으로 변환하거나, 회전 운동을 직선운동으로 변환하는데 사용되는 기어는?

① 스퍼 기어(spur gear)

② 헬리컬 기어(helical gear)

③ 베벨 기어(bevel gear)

④ 래크와 피니언(rack and pinion)

───────

정답분석 래크와 피니언(rack and pinion)이다.

피니언 래크

정답 ④

34 황동의 연신율이 가장 클 때 아연(Zn)의 함유량은 몇 % 정도인가?

① 30 　　　　② 40

③ 50 　　　　④ 60

정답분석 7 : 3황동(cartridge brass)
- 70% Cu + 30% Zn
- 연신율이 큰 반면에 인장강도가 높아 다양한 기계부품재료로 사용되며 대표적으로 탄피가 여기에 해당한다.

정답 ①

35 구의 지름이 100일 때 맞는 기호 표기는?

① R100 　　　② SR100

③ $\phi 100$ 　　　④ $S\phi 100$

관련이론 43p 치수의 보조기호 구분

정답분석 구의 지름이 100일 때 '$S\phi 100$'로 표기한다.
①: 반지름 100
②: 구의 반지름 100
③: 지름 100

정답 ④

36 도면에서 구멍의 치수가 $\phi 50^{+0.05}_{-0.02}$ 로 기입되어 있다면 치수공차는?

① 0.02 　　　② 0.03

③ 0.05 　　　④ 0.07

정답분석 치수공차 = 위치수 허용차 - 아래치수 허용차
= (+ 0.05) - (- 0.02) = 0.07

정답 ④

37 다음 중 억지 끼워맞춤에 속하는 것은?

① H8/e8 　　　② H7/t6

③ H8/f8 　　　④ H6/k6

관련이론 54p 끼워맞춤 공차의 예

정답분석
- Z에 가까울수록 억지 끼워맞춤
- A에 가까울수록 헐거운 끼워맞춤
- H ~ N 중간 끼워맞춤

정답 ②

38 도면관리에 필요한 사항과 도면내용에 관한 중요한 사항이 기입되어 있는 도면 양식으로 도명이나 도면번호와 같은 정보가 있는 것은?

① 재단마크 　　② 표제란

③ 비교눈금 　　④ 중심마크

관련이론 13p 도면의 구성요소

정답확인

정답 ②

39 스퍼 기어의 도시방법에 대한 설명으로 틀린 것은?

① 축에 직각인 방향으로 본 투상도를 주 투상도로 할 수 있다.
② 잇봉우리원은 굵은 실선으로 그린다.
③ 피치원은 가는 1점 쇄선으로 그린다.
④ 축 방향으로 본 투상도에서 이골원은 굵은 실선으로 그린다.

관련이론 68p 평기어(스퍼기어)

정답분석
- 잇봉우리원(= 이끝원): 굵은 실선
- 이골원(= 이뿌리원): 가는 실선(단면 시: 굵은실선)

정답 ④

40 다음과 같은 배관설비도면에서 체크 밸브를 나타내는 기호는?

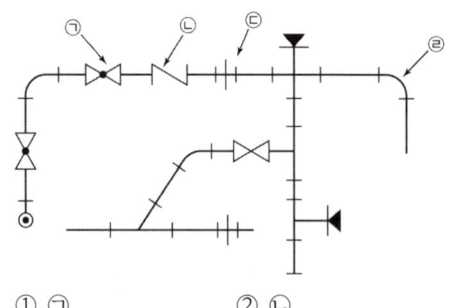

① ㉠ 　　　　② ㉡

③ ㉢ 　　　　④ ㉣

정답분석 체크 밸브를 나타내는 기호는 ㉡이다.
① ㉠: 글로브 밸브
③ ㉢: 유니온식 결합
④ ㉣: 엘보

정답 ②

41 다음 중 표면경화의 종류가 아닌 것은?

① 침탄법　　　　② 질화법

③ 고주파경화법　④ 심냉처리법

관련이론 130p 화학적 표면경화법

정답분석 심냉 처리(= 서브제로처리)
- 담금질된 잔류 오스테나이트를 0℃ 이하로 냉각하여 마르텐자이트화하는 처리 방법
- 질량효과를 없애기 위해 실시함

정답 ④

42 다음 중 하중이 작용하는 방향이 단면(斷面)에 평행한 하중은?

① 인장하중　　　② 압축하중

③ 전단하중　　　④ 휨하중

정답분석 하중이 작용하는 방향이 단면(斷面)에 평행한 하중은 전단하중이다.
① 인장하중: 양쪽에서 잡아당기는 하중
② 압축하중: 양쪽에서 미는 하중
④ 휨하중: 재료를 휘는 하중

정답 ③

43 다음 중 강에 S, Pb등의 특수원소를 첨가하여 절삭할 때 칩을 잘게 하고 피삭성을 좋게 만든 특수강은?

① 내열강　　　　② 내식강

③ 쾌삭강　　　　④ 내마모강

관련이론 104p 쾌삭강

정답분석 피삭성이 좋다. → 쾌삭

정답 ③

44 다음 중에서 정투상 방법에 대한 설명으로 틀린 것은?

① 제1각법은 눈 → 물체 → 투상면 순서로 놓고 투상한다.
② 제3각법은 눈 → 투상면 → 물체 순서로 놓고 투상한다.
③ 한 도면에 제1각법과 제3각법을 혼용하여 사용해도 된다.
④ 제1각법과 제3각법에서 배면도의 위치는 같다.

관련이론 25p 정투상도

정답분석 1각법과 3각법은 혼용하여 사용하면 안 된다.

정답 ③

45 치수 기입의 원칙에 대한 설명으로 틀린 것은?

① 치수는 되도록 계산하여 구할 필요가 없도록 기입한다.
② 치수는 필요에 따라 기준으로 하는 점, 선 또는 면을 기초로 한다.
③ 치수는 되도록 정면도 외에 분산하여 기입하고 중복기입을 피한다.
④ 치수는 선에 겹치게 기입해서는 안 된다.

관련이론 40p 치수 기입의 기본 원칙

정답분석 치수는 되도록 정면도에 집중기입한다.

정답 ③

46 반복 도형의 피치를 잡는 기준이 되는 피치선의 선의 종류는?

① 가는 실선　　　② 굵은 실선

③ 가는 1점 쇄선　④ 굵은 1점 쇄선

관련이론 21p 선의 용도

정답분석 가는 1점 쇄선이다.
① 치수선, 지시선, 수준면선 등
② 외형선
④ 특수지정선

정답 ③

47 한국 산업 규격 중 기계분야에 관한 규격기호는?

① KS A ② KS B

③ KS C ④ KS D

관련이론 12p KS [Korean Industrial Standards] 분류기호

정답분석 기계분야에 관한 규격기호는 'KS B'이다.
① KS A: (기본)규격통칙
③ KS C: 전기
④ KS D: 금속

정답 ②

48 치수의 허용 한계를 기입할 때의 일반사항에 대한 설명으로 틀린 것은?

① 기능에 관련되는 치수와 허용 한계는, 기능을 요구하는 부위에 직접 기입하는 것이 좋다.

② 직렬 치수 기입법으로 치수를 기입할 때는 치수 공차가 누적되므로, 공차의 누적이 기능에 관계가 없는 경우에만 사용하는 것이 좋다.

③ 병렬 치수 기입법으로 치수를 기입할 때 치수 공차는 다른 치수의 공차에 영향을 주기 때문에 기능 조건을 고려하여 공차를 적용한다.

④ 축과 같이 직렬 치수 기입법으로 치수를 기입할 때 중요도가 작은 치수는 괄호를 붙여서 참고 치수로 기입하는 것이 좋다.

관련이론 42p 치수의 기입 방식

정답분석 병렬 치수 기입법은 다른 치수공차에 영향을 주지 않는다.

정답 ③

49 기하 공차의 종류 중 자세 공차가 아닌 것은?

① // ② ⊥

③ ⊕ ④ ∠

관련이론 55p 기하공차의 기호와 종류

정답분석 ①: 평행도
②: 직각도
③: 위치도 (위치공차)
④: 경사도

정답 ③

50 베벨기어에서 피치원은 무슨 선으로 표시하는가?

① 가는 1점 쇄선 ② 굵은 1점 쇄선

③ 가는 2점 쇄선 ④ 굵은 실선

정답분석 피치원은 무조건 가는 1점쇄선이다.

정답 ①

51 다음 중 도면제작 시 도면에 반드시 마련해야 할 사항으로 짝지어진 것은?

① 도면의 윤곽, 표제란, 중심마크

② 도면의 윤곽, 표제란, 비교눈금

③ 도면의 구역, 재단마크, 비교눈금

④ 도면의 구역, 재단마크, 중심마크

관련이론 13p 도면의 구성요소

정답분석 도면의 3요소: 윤곽선, 표제란, 중심마크

정답 ①

52 다음 중 CAD시스템의 출력장치가 아닌 것은?

① 플로터 ② 프린터

③ 모니터 ④ 라이트 펜

정답분석 라이트 펜은 입력장치이다. (태블릿의 터치펜)

정답 ④

53 다음은 파이프의 도시기호를 나타낸 것이다. 파이프 안에 흐르는 유체의 종류는?

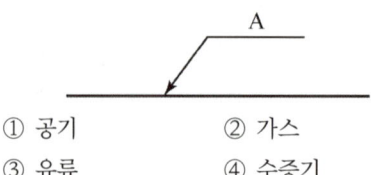

① 공기 ② 가스

③ 유류 ④ 수증기

관련이론 72p 배관 내부에 흐르는 유체

정답분석 ①: Air
②: Gas
③: Oil
④: Steam

정답 ①

54
나사의 도시에 관한 내용 중 나사 각부를 표시하는 선의 종류가 틀린 것은?

① 수나사의 골 지름과 암나사의 골 지름은 가는 실선으로 그린다.
② 가려서 보이지 않는 나사부는 파선으로 그린다.
③ 완전 나사부와 불완전 나사부의 경계는 가는 실선으로 그린다.
④ 수나사의 바깥지름과 암나사의 안지름은 굵은 실선으로 그린다.

관련이론 66p 나사의 제도
정답분석 완전 나사부와 불완전 나사부의 경계는 굵은 실선으로 그린다.

정답 ③

55
일반적으로 CAD작업에서 사용되는 좌표계와 거리가 먼 것은?

① 상대 좌표　　② 절대 좌표
③ 극 좌표　　　④ 원점 좌표

정답분석 원점 좌표는 없다.

정답 ④

56
다음 중 솔리드 모델링의 특징에 해당하지 않는 것은?

① 복잡한 형상의 표현이 가능하다.
② 체적, 관성모멘트 등의 계산이 가능하다.
③ 부품 상호간의 간섭을 체크할 수 있다.
④ 다른 모델링에 비해 데이터의 양이 적다.

관련이론 77p 솔리드 모델링
정답분석 솔리드 모델링의 특징
㉠ 강체(solid)로 표현되고 표면은 곡면이 기반이다.
㉡ 은선제거와 단면도의 작성이 가능하다.
㉢ 모델링 내부의 형상까지 정확하게 표현할 수 있다.
㉣ 간섭체크가 용이하다.
㉤ 질량이나 관성모멘트와 같은 물리적 성질을 계산할 수 있다.
㉥ 데이터 용량은 가장 크다.

정답 ④

57
미끄럼 베어링의 재질로서 구비해야 할 성질이 아닌 것은?

① 눌러 붙지 않아야 한다.
② 마찰에 의한 마멸이 적어야 한다.
③ 마찰계수가 커야 한다.
④ 내식성이 커야 한다.

정답분석 베어링은 잘 회전되기 위해 마찰력이 작아야 한다(= 마찰계수가 작아야 한다).

정답 ③

58
폴(pawl)과 결합하여 사용되며, 한쪽 방향으로는 간헐적인 회전운동을 주고 반대쪽으로는 회전을 방지하는 역할을 하는 장치는?

① 플라이 휠　　② 드럼 브레이크
③ 블록 브레이크　④ 래칫 휠

정답분석 톱니바퀴 형태인 래칫휠은 한쪽방향으로 회전운동을 준다.

정답 ④

59
CAD의 좌표 표현 방식 중 임의의 점을 지정할 때 원점을 기준으로 좌표를 지정하는 방법은?

① 상대좌표　　② 상대 극좌표
③ 절대좌표　　④ 혼합좌표

정답분석
• 절대좌표: 원점을 기준으로 거리로 좌표지정하는 방법
• 상대좌표: 마지막 점을 기준으로 거리로 좌표지정하는 방법
• 상대 극좌표: 마지막 점을 기준으로 거리, 각도로 좌표지정하는 방법

정답 ③

60
컴퓨터의 처리 속도 단위 중 ps(피코 초)란?

① 10^{-3}초　　② 10^{-6}초
③ 10^{-9}초　　④ 10^{-12}초

정답분석 ① 밀리초 (ms)
② 마이크로초 (μs)
③ 나노초 (ns)
④ 피코초 (ps: 처리속도가 가장 빠름)

정답 ④

2022년 제4회

※CBT 문제는 수험생의 기억에 따라 복원된 것이며, 실제 기출문제와 동일하지 않을 수 있습니다.

01 얇은 부분의 단면 표시를 하는데 사용하는 선은?

① 아주 굵은 실선
② 불규칙한 파형의 가는 실선
③ 굵은 1점 쇄선
④ 가는 파선

관련이론 21p 선의 용도

정답분석 아주 굵은 실선
얇은 철판, 가스켓 등

정답 ①

02 한 쌍의 기어가 맞물려 있을 때 모듈을 m이라 하고 각각의 잇수를 Z1, Z2 라 할 때, 두 기어의 중심거리(C)를 구하는 식은?

① $C = (Z_1 + Z_2) \cdot m$

② $C = \dfrac{Z_1 + Z_2}{m}$

③ $C = \dfrac{(Z_1 + Z_2) \cdot m}{2}$

④ $C = \dfrac{Z_1 + Z_2}{2 \cdot m}$

정답분석 맞물린 기어의 중심거리

$$C = \frac{\text{피치원} 1 + \text{피치원} 2}{2} = \frac{P_1 + P_2}{2} = \frac{mz_1 + mz_2}{2}$$
$$= \frac{m(z_1 + z_2)}{2}$$

정답 ③

03 도면에 마련하는 양식 중에서 마이크로 필름 등으로 촬영하거나 복사 및 철할 때 편의를 위하여 마련하는 것은?

① 윤곽선   ② 표제란
③ 중심마크   ④ 비교눈금

관련이론 13p 도면의 구성요소

정답분석 중심마크에 대한 설명이다.
① 윤곽선: 도면의 영역을 명확히 한다.
② 표제란: 도면번호, 제품명, 척도, 투상법, 도면작성일, 작성자 등을 기재한다.
④ 비교눈금: 도면의 크기가 얼마만큼 확대 또는 축소되었는지 확인하기 위해 마련하는 도면 양식

정답 ③

04 도면 관리에서 다른 도면과 구별하고 도면 내용을 직접 보지 않고도 제품의 종류 및 형식 등의 도면 내용을 알 수 있도록 하기 위해 기입하는 것은?

① 도면 번호   ② 도면 척도
③ 도면 양식   ④ 부품 번호

정답분석 따로 정리된 도면번호를 통해 많은 정보를 알 수 있다.

정답 ①

05 절삭공구강의 일종인 고속도강(18-4-1)의 표준성분은?

① Cr18%, W4%, V1%
② V18%, Cr4%, W1%
③ W18%, Cr4%, V1%
④ W18%, V4%, Cr1%

관련이론 105p 고속도강

정답분석 고속도강 표준성분 = 텅스텐(W) + 크롬(Cr) + 바나듐(V)

정답 ③

06

기준점, 선, 평면, 원통 등으로 관련 형체에 기하 공차를 지시할 때 그 공차 영역을 규제하기 위하여 설정된 기준을 무엇이라고 하는가?

① 돌출 공차역

② 데이텀

③ 최대 실체 공차 방식

④ 기준치수

관련이론 55p 데이텀

정답분석 데이텀 → 기준면

정답 ②

07

축에 키 홈을 가공하지 않고 사용하는 키 (key)는?

① 성크 키　　② 새들 키

③ 반달 키　　④ 스플라인

정답분석 새들키는 안장키라고도 하며 키 홈을 가공하지 않는다.
※ 말 등에 안장을 놓을 때를 생각하면 됨

정답 ②

08

리베팅이 끝난 뒤에 리벳머리의 주위 또는 강판의 가장자리를 정으로 때려 그 부분을 밀착시켜 틈을 없애는 작업은?

① 시밍　　② 코킹

③ 커플링　　④ 해머링

정답분석 • 코킹(caulking): 압력탱크와 같이 리베팅 작업이 된 부분에 기밀유지가 필요할 경우 리벳머리나 강판의 가장자리를 정(chisel)으로 때려 밀착시키고 틈을 없애는 방법이다.
• 플러링(fullering): 리베팅된 부분의 기밀성을 향상시키기 위해 강판과 동일한 넓이를 가진 공구로 판재를 더욱 밀착시키는 작업이다.

정답 ②

09

다음 중 플러그 용접 기호는?

① ⊖　　② ⌐

③ ○　　④ ‖

관련이론 71p 용접 종류에 따른 기호

정답분석 플러그 용접 기호는 ②의 기호이다.
① 심용접
③ 스폿용접(점용접)
④ 평행 맞대기 이음

정답 ②

10

다음 면의 지시기호 표시에서 제거가공을 허락하지 않는 것을 지시하는 기호는?

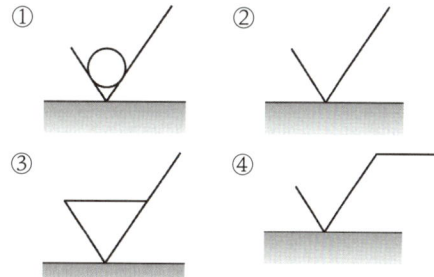

① ② ③ ④

정답분석 제거가공을 허락하지 않는 것을 지시하는 기호는 ①의 기호이다.
② 제거가공을 해도 되고 안해도 된다.
③ 제거가공을 해야 된다.

정답 ①

11

운전 중 또는 정지 중에 운동을 전달하거나 차단하기에 적절한 축이음은?

① 외접기어　　② 클러치

③ 올덤 커플링　　④ 유니버설 조인트

정답분석 • 클러치: 원동축과 종동축의 분리가 가능함(동력의 전달과 차단이 가능)
• 커플링: 원동축과 종동축의 분리가 불가능함

정답 ②

12 스프링의 종류와 모양만을 도시할 때에는 재료의 중심선을 어떤 선으로 표시하는가?

① 굵은 실선 　　② 가는 실선
③ 굵은 1점쇄선 　④ 가는 1점쇄선

관련이론 71p 스프링

정답분석 스프링의 종류와 모양만을 도시할 때: 중심선을 굵은 실선으로 표시한다.

정답 ①

15 기계 도면에서 부품란에 재질을 나타내는 기호가 "SS400"으로 기입되어 있다. 기호에서 "400"은 무엇을 나타내는가?

① 무게 　　　　② 탄소 함유량
③ 녹는 온도 　　④ 최저 인장 강도

관련이론 67p 리벳(rivet)

정답분석 400은 최저 인장 강도를 의미한다.

정답 ④

13 스프로킷 휠의 도시방법에서 바깥지름은 어떤 선으로 표시하는가?

① 가는 실선 　　② 굵은 실선
③ 가는 1점 쇄선 　④ 굵은 1점 쇄선

관련이론 70p 스프로켓 휠(sprocket wheel)

정답분석 스프로킷
• 축방향 이뿌리원 = 가는 실선 또는 굵은 파선
• 축직각 방향 이뿌리원 = 굵은 실선
• 피치원 = 가는 1점 쇄선
• 바깥지름 = 굵은 실선

정답 ②

16 면을 사용하여 은선을 제거시킬 수 있고 또면의 구분이 가능하므로 가공면을 자동적으로 인식처리할 수 있어서 NCdata에 의한 NC가공작업이 가능하나 질량 등의 물리적 성질은 구할 수 없는 모델링 방법은?

① 서피스 모델링
② 솔리드 모델링
③ 시스템 모델링
④ 와이어프레임 모델링

관련이론 77p 서피스 모델링

정답분석 서피스 모델링은 NC가공작업이 가능하다.

정답 ①

14 치수공차와 끼워맞춤에서 구멍의 치수가 축의 치수보다 작을 때, 구멍과 축의 치수차를 무엇이라고 하는가?

① 틈새 　　　　② 죔새
③ 공차 　　　　④ 끼워맞춤

정답분석 죔새에 대한 설명이다.
① 틈새: 구멍의 치수가 축의 지름보다 클 때, 구멍과 축과의 치수의 차
③ 공차: 위치수 허용차 - 아래치수 허용차

정답 ②

17 다음 중 치수 보조 기호의 설명으로 틀린 것은?

① ø - 지름 치수
② R - 반지름 치수
③ Sø - 구의 지름
④ SR - 45° 모따기 치수

관련이론 43p 치수의 보조기호

정답분석 C - 45° 모따기 치수

정답 ④

18 구멍의 최소 치수가 축의 최대 치수보다 큰 경우로 항상 틈새가 생기는 상태를 말하며, 미끄럼 운동이나 회전운동이 필요한 부품에 적용하는 끼워 맞춤은?

① 억지 끼워 맞춤 ② 중간 끼워 맞춤

③ 헐거운 끼워 맞춤 ④ 조립 끼워 맞춤

───

관련이론 52p 끼워 맞춤 공차

정답분석 두 부품의 미끄럼 운동이나 회전운동 시 마찰이 발생하므로 헐거운 끼워맞춤을 적용해야 부품 사이에 손상을 막을 수 있다.

정답 ③

19 $\phi 50^{+0.04}_{-0.02}$의 치수공차 표시에서 최대허용 치수는?

① 49.98 ② 0.02

③ 50.04 ④ 0.01

───

정답분석 최대허용치수 = 기준치수 + 위치수허용차

= 50 + 0.04 = 50.04

정답 ③

20 V벨트 풀리에 대한 설명으로 올바른 것은?

① A형은 원칙적으로 한 줄만 걸친다.

② 암은 길이 방향으로 절단하여 도시한다.

③ V벨트 풀리는 축 직각 방향의 투상을 정면도로 한다.

④ V벨트 풀리의 홈의 각도는 35°, 38°, 40°, 42° 4종류가 있다.

───

관련이론 70p V-벨트 풀리(V-belt pulley)의 규격

정답분석 V벨트 풀리는 축 직각 방향의 투상을 정면도로 한다.
① M형은 한 줄만 걸친다.
② 암은 길이 방향으로 절단하지 않는다.
④ V벨트 풀리 홈의 각도는 34°, 36°, 38° 이다.

정답 ③

21 풀림의 목적이 아닌 것은?

① 조직의 균일화

② 강의 경도를 낮춰 연화

③ 내부응력 저하

④ 재질의 경화

───

관련이론 126p 풀림의 효과

정답분석 재질의 경화는 담금질이다.

정답 ④

22 구름 베어링 호칭 번호 "6203 ZZ P6"의 설명 중 틀린 것은?

① 62: 베어링 계열 번호

② 03: 안지름 번호

③ ZZ: 실드 기호

④ P6: 내부 틈새 기호

───

관련이론 68p 구름 베어링의 규격

정답분석 P6 = 등급기호

정답 ④

23 너트의 풀림 방지 방법이 아닌 것은?

① 와셔를 사용하는 방법

② 핀 또는 작은 나사 등에 의한 방법

③ 로크 너트에 의한 방법

④ 키에 의한 방법

───

정답분석 (분할)핀에 의한 방법이 있다.

정답 ④

24
다음 나사의 도시방법으로 틀린 것은?

① 암나사의 안지름은 굵은 실선으로 그린다.

② 완전 나사부와 불완전 나사부의 경계선은 굵은 실선으로 그린다.

③ 수나사의 바깥지름은 굵은 실선으로 그린다.

④ 수나사와 암나사의 측면도시에서 골지름은 굵은 실선으로 그린다.

관련이론 66p 나사의 제도

정답분석 골지름은 무조건 가는 실선으로 그린다.

정답 ④

25
다음 표기는 무엇을 나타낸 것인가?

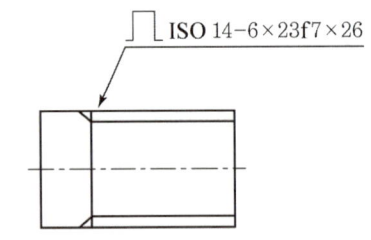

ISO 14−6×23f7×26

① 사다리꼴나사   ② 스플라인

③ 사각나사   ④ 세레이션

정답분석 스플라인을 나타낸 것이다.

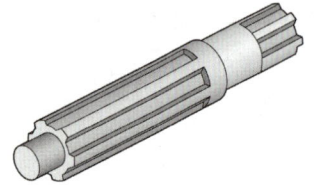

정답 ②

26
파선의 용도 설명으로 맞는 것은?

① 치수를 기입하는데 사용된다.

② 도형의 중심을 표시하는데 사용된다.

③ 대상물의 보이지 않는 부분의 모양을 표시한다.

④ 대상물의 일부를 파단한 경계 또는 일부를 떼어낼 경계를 표시한다.

관련이론 21p 선의 용도

정답분석 파선은 대상물의 보이지 않는 부분의 모양을 표시한다.
② 중심선: 1점 쇄선
④ 파단선: 가는 실선

정답 ③

27
다음 중 평면 캠의 종류가 아닌 것은?

① 판 캠   ② 정면 캠

③ 구형 캠   ④ 직선운동 캠

정답분석 • 평면캠: 판캠, 직선운동캠, 정면캠, 삼각캠
• 입체캠: 원통캠, 원추캠, 구면캠, 빗판캠(경사판캠)

정답 ③

28
다음 선의 용도에 대한 설명이 틀린 것은?

① 외형선: 대상물의 보이는 부분의 겉모양을 표시하는데 사용

② 숨은선: 대상물의 보이지 않는 부분의 모양을 표시하는데 사용

③ 파단선: 단면도를 그리기 위해 절단 위치를 나타내는데 사용

④ 해칭선: 단면도의 절단면을 표시하는데 사용

관련이론 21p 선의 용도

정답분석 단면도를 그리기 위해 절단 위치를 나타내는데 사용하는 것은 절단선이다.

정답 ③

29

등각 투상도에 대한 설명으로 틀린 것은?

① 등각 투상도는 정면도와 평면도, 측면도가 필요하다.

② 정면, 평면, 측면을 하나의 투상도에서 동시에 볼 수 있다.

③ 직육면체에서 직각으로 만나는 3개의 모서리는 120°를 이룬다.

④ 한 축이 수직일 때에는 나머지 두 축은 수평선과 30°를 이룬다.

관련이론 24p 투상법의 종류

정답분석 등각투상도는 3면도를 볼 수 있으므로 3면도가 필요하지 않다.

정답 ①

30

다음 구멍과 축의 끼워맞춤 조합에서 헐거운 끼워맞춤은?

① ∅40 H7/g6

② ∅50 H7/k6

③ ∅60 H7/p6

④ ∅40 H7/s6

관련이론 54p 끼워맞춤 공차의 예

정답분석
• A에 가까울수록 헐거운 끼워맞춤이다.
• Z에 가까울수록 억지 끼워맞춤이다.

정답 ①

31

내연기관의 피스톤 등 자동차 부품으로 많이 쓰이는 Al합금은?

① 실루민　　② 화이트메탈

③ Y합금　　④ 두랄루민

관련이론 118p 주조용 알루미늄합금

정답분석 Y합금은 피스톤에 이용된다.

정답 ③

32

고정 원판식 코일에 전류를 통하면, 전자력에 의하여 회전 원판이 잡아 당겨져 브레이크가 걸리고, 전류를 끊으면 스프링 작용으로 원판이 떨어져 회전을 계속하는 브레이크는?

① 밴드 브레이크　　② 디스크 브레이크

③ 전자 브레이크　　④ 블록 브레이크

정답분석 전자력을 이용하는 브레이크는 전자 브레이크이다.

정답 ③

33

제3각법으로 표시된 다음 정면도와 측면도를 보고 평면도에 해당하는 것은?

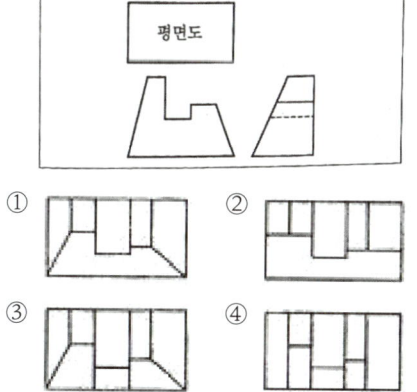

정답분석 평면도에 해당하는 것은 ①의 도면이다.

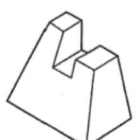

정답 ①

34 캐시 메모리(cache memory)에 대한 설명으로 맞는 것은?

① 연산장치로서 주로 나눗셈에 이용된다.
② 제어장치로 명령을 해독하는데 주로 사용된다.
③ 중앙처리장치와 주기억장치 사이의 속도 차이를 극복하기 위해 사용한다.
④ 보조 기억장치로서 휴대가 가능하다.

정답분석 캐시 메모리는 중앙처리장치와 주기억장치의 속도 차이 극복을 위해 사용된다.

정답 ③

35 주로 나비가 좁고 얇은 긴 보로서 하중을 지지하는 스프링은?

① 원판 스프링　　② 겹판 스프링
③ 인장 코일 스프링　④ 압축 코일 스프링

정답분석 겹판 스프링: 나비가 좁고 얇은 긴 보로서 하중을 지지하는 스프링

정답 ②

36 "M20×2"는 미터 가는 나사의 호칭 보기이다. 여기서 2는 무엇을 나타내는가?

① 나사의 피치　　② 나사의 호칭지름
③ 나사의 등급　　④ 나사의 경도

정답분석 2가 나타내는 것은 나사의 피치이다.
② 나사의 호칭지름 = 20

정답 ①

37 기계재료에 반복 하중이 작용하여도 영구히 파괴되지 않는 최대 응력을 무엇이라 하는가?

① 탄성한계　　② 크리프한계
③ 피로 한도　　④ 인장 강도

정답분석 · 반복되는 하중을 피로라고 한다.
· 피로에 견디는 최대한도 = 피로 한도

정답 ③

38 다음 중 길이 방향으로 단면하지 않는 부품으로 묶인 것은?

① 볼트, 보스　　② 부시, 베어링
③ 축, 리벳　　　④ 벨트풀리, 강구

관련이론 67p 축

정답분석 길이 방향으로 단면하지 않는 부품
· 작은 부품: 축, 키, 볼트, 너트, 멈춤 나사, 와셔, 리벳, 강구(베어링 내부), 원통 롤러(베어링 내부)
· 큰 부품: 기어의 이, 벨트풀리의 암, 리브

정답 ③

39 모듈 5, 잇수가 40인 표준 평기어의 이끝원 지름은 몇 mm인가?

① 200mm　　② 210mm
③ 220mm　　④ 240mm

관련이론 68p 평기어(스퍼기어)

정답분석 · 피치원 = 모듈 x 잇수 = 5 x 40 = 200
· 이끝원 = 피치원 + (모듈 x 2) = 200 + (5 x 2) = 210mm

정답 ②

40

연강재 볼트에 8000N의 하중이 축방향으로 작용할 때, 볼트의 골지름은 몇 mm 이상이어야 하는가? (단, 허용압축응력은 40N/mm² 이다.)

① 6.63   ② 20.02

③ 12.85   ④ 15.96

정답분석

$$응력 = \frac{하중}{단면적}$$

$$\sigma = \frac{P}{A} = \frac{8000N}{\pi r^2} = 40N/mm^2$$

$$8000N = 40N/mm^2 \times \pi r^2$$

$$\frac{8000N}{40N/mm^2} = \pi r^2$$

$$200mm^2 = \pi r^2. \quad \frac{200mm^2}{\pi} = r^2$$

$$63.69mm^2 = r^2, \quad \sqrt{63.69mm^2} = \sqrt{r^2}$$

$$7.98mm = r$$

골지름 = 7.98 × 2 ≒ 15.96mm

정답 ④

41

축의 도시방법에 대한 설명 중 잘못된 것은?

① 모떼기는 길이 치수와 각도로 나타낼 수 있다.

② 축은 주로 길이방향으로 단면도시를 한다.

③ 긴 축은 중간을 파단하여 짧게 그릴 수 있다.

④ 45° 모따기의 경우 C로 그 의미를 나타낼 수 있다.

관련이론 67p 축

정답분석 축은 길이방향이 아닌 부분단면 도시를 한다.

정답 ②

42

마우러조직도에 대한 설명으로 옳은 것은?

① 탄소와 규소량에 따른 주철의 조직 관계를 표시한 것

② 탄소와 흑연량에 따른 주철의 조직 관계를 표시한 것

③ 규소와 망간량에 따른 주철의 조직 관계를 표시한 것

④ 규소와 Fe₂C량에 따른 주철의 조직 관계를 표시한 것

관련이론 109p 마우러 조직도(Maurer's diagram)

정답분석 마우러 조직도는 탄소와 규소량의 관계를 보여준다.

정답 ①

43

다음 중 용접이음의 끝부분을 표시하는 기호는?

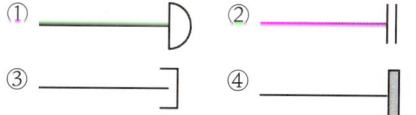

정답분석 용접이음의 끝부분을 표시하는 기호는 ①의 기호이다.

② 플랜지식

③ 나사 박음식

정답 ①

44

다이캐스팅용 알루미늄(Al)합금이 갖추어야 할 성질로 틀린 것은?

① 유동성이 좋을 것

② 응고수축에 대한 용탕 보급성이 좋을 것

③ 금형에 대한 점착성이 좋을 것

④ 열간취성이 적을 것

정답분석 다이캐스팅 방식은 다이(형틀)에서 잘 떨어져야 하므로 점착성이 약해야 한다.

정답 ③

45 미터 가는 나사의 표시 방법으로 알맞는 것은?

① 3/8 - 16UNC ② M8 × 1
③ Tr 12 × 3 ④ Rp 3/4

· 미터 가는 나사는 피치가 1인 경우에도 표시를 해준다.
· 미터 보통 나사는 피치가 1인 경우 표시하지 않는다.

정답 ②

46 나사의 도시 방법에서 골 지름을 표시하는 선의 종류는?

① 굵은 실선 ② 굵은 1점 쇄선
③ 가는 실선 ④ 가는 1점 쇄선

66p 나사의 제도
골 지름을 표시하는 선의 종류는 가는 실선이다.
① 굵은 실선: 바깥지름

정답 ③

47 CAD의 좌표 표현 방식 중 임의의 점을 지정할 때 원점을 기준으로 좌표를 지정하는 방법은?

① 상대좌표 ② 상대 극좌표
③ 절대좌표 ④ 혼합좌표

· 상대좌표: 원점이 아닌 마지막 점을 기준으로, 그 점과 거리로 좌표를 나타내는 방식
· (상대)극좌표: 원점이 아닌 마지막 점을 기준으로, 그 점과 거리와 각도로 좌표를 나타내는 방식
· 절대좌표: 원점을 기준으로, 그 점과 거리로 좌표를 나타내는 방식

정답 ③

48 CAD 시스템을 구성하는 하드웨어로 볼 수 없는 것은?

① CAD프로그램 ② 중앙처리장치
③ 입력장치 ④ 출력장치

CAD 프로그램은 소프트웨어이다.

정답 ①

49 황동의 자연균열 방지책이 아닌 것은?

① 온도 180 ~ 260℃에서 응력제거 풀림처리
② 도료나 안료를 이용하여 표면처리
③ Zn 도금으로 표면처리
④ 물에 침전처리

물에 침전처리해도 되는 금속은 없다.

정답 ④

50 주철의 성장원인이 아닌 것은?

① 흡수한 가스에 의한 팽창
② Fe_3C의 흑연화에 의한 팽창
③ 고용 원소인 Sn의 산화에 의한 팽창
④ 불균일한 가열에 의해 생기는 파열 팽창

110p 주철의 성장
Si의 산화에 의한 팽창이 주철의 성장원인이 된다.

정답 ③

51

테이퍼 핀의 호칭지름을 표시하는 부분은?

① 가는 부분의 지름
② 굵은 부분의 지름
③ 가는 쪽에서 전체길이의 1/3이 되는 부분의 지름
④ 굵은 쪽에서 전체길이의 1/3이 되는 부분의 지름

관련이론 67p 핀(pin)

정답분석 테이퍼 핀의 호칭지름은 가는 부분의 지름으로 한다.

정답 ①

52

보조 투상도의 설명 중 가장 옳은 것은?

① 복잡한 물체를 전단하여 그린 투상도
② 그림의 특정 부분만을 확대하여 그린 투상도
③ 물체의 경사면에 대응하는 위치에 그린 투상도
④ 물체의 홈, 구멍 등 투상도의 일부를 나타낸 투상도

관련이론 27p 특수 투상도

정답분석 경사면에 사용하는 투상도는 보조 투상도이다.

정답 ③

53

다음 중 자세공차에 속하지 않는 것은?

① // ② ⊥
③ ▱ ④ ∠

관련이론 55p 기하공차의 기호와 종류

정답분석 ③은 모양공차이다.

정답 ③

54

핸들이나 암, 리브, 축 등의 절단면을 90° 회전시켜서 나타내는 단면도는?

① 부분 단면도
② 회전 도시 단면도
③ 계단 단면도
④ 조합에 의한 단면도

관련이론 31p 회전 단면도

정답분석 회전 도시 단면도에 대한 설명이다.

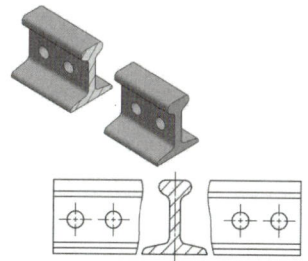

정답 ②

55 나사의 도시방법에 관한 설명 중 틀린 것은?

① 수나사와 암나사의 골 밑을 표시하는 선은 가는 실선으로 그린다.

② 완전 나사부와 불완전 나사부의 경계선은 가는 실선으로 그린다.

③ 불완전 나사부는 기능상 필요한 경우 혹은 치수 지시를 하기 위해 필요한 경우 경사된 가는 실선으로 표시한다.

④ 수나사와 암나사의 측면도시에서 각각의 골지름은 가는 실선으로 약 3/4에 거의 같은 원의 일부로 그린다.

관련이론 66p 나사의 제도

정답분석 완전 나사부와 불완전 나사부의 경계선은 굵은 실선으로 그린다.

정답 ②

56 CAD 시스템의 입력 장치가 아닌 것은?

① 키보드　　　② 라이트 펜
③ 플로터　　　④ 마우스

정답분석 플로터는 출력장치이다.

정답 ③

57 IT 기본공차의 등급 수는 몇 가지인가?

① 16　　　② 18
③ 20　　　④ 22

관련이론 52p IT(International Tolerance) 기본공차

정답분석 IT 기본공차 등급은 20개이다.

정답 ③

58 치수기입에 대한 설명 중 틀린 것은?

① 제작에 필요한 치수를 도면에 기입한다.

② 잘 알 수 있도록 중복하여 기입한다.

③ 가능한 한 주요 투상도에 집중하여 기입한다.

④ 가능한 한 계산하여 구할 필요가 없도록 기입한다.

관련이론 40p 치수 기입의 기본 원칙

정답분석 잘 알 수 있도록 중복기입하지 않는다.

정답 ②

59 기어제도 시 잇봉우리원에 사용하는 선의 종류는?

① 가는 실선　　② 굵은 실선

③ 가는 1점 쇄선　④ 가는 2점 쇄선

관련이론 68p 평기어(스퍼기어)

정답분석
- 잇봉우리원 = 이끝원
- 이끝원은 굵은 실선으로 도시한다.

정답 ②

60 N.P.L식 각도 게이지에 대한 설명과 관계가 없는 것은?

① 쐐기형의 열처리된 블록이다.

② 12개의 게이지를 한조로 한다.

③ 조합 후 정밀도는 2 ~ 3초 정도이다.

④ 2개의 각도게이지를 조합할 때에는 홀더가 필요하다.

관련이론 146p 각도측정기

정답분석 N.P.L식 각도게이지
- 쐐기형
- 12개의 게이지가 한조를 이룬다.
- 2개의 각도게이지 조립 시 홀더가 필요 없다.
- 두 개 이상 조합해서 임의의 각도를 만들 수 있다.

정답 ④

부록

실전모의고사

01 가상선의 용도에 대한 설명으로 틀린 것은?

① 수면, 유면 등의 위치를 표시하는 데 사용한다.
② 인접 부분을 참고로 표시하는 데 사용한다.
③ 가공 전후의 모양을 표시하는 데 사용한다.
④ 도시된 단면의 앞쪽에 있는 부분을 표시하는 데 사용한다.

02 용접 기호에서 스폿 용접 기호는?

① ○   ② ⊓
③ ⊖   ④ ✺

03 주철의 장점이 아닌 것은?

① 마찰저항이 우수하다.
② 절삭가공이 쉽다.
③ 주조성이 우수하다.
④ 압축강도가 작다.

04 열팽창계수가 작아 거의 변하지 않는 불변강은?

① 인바   ② 실루민
③ 모넬메탈   ④ 포금

05 축 방향에 인장력과 압축력이 작용하는 두 축을 연결하는 곳으로 분해가 필요할 때 사용하는 것은?

① 코터이음   ② 축이음
③ 리벳이음   ④ 용접이음

06 회전단면도를 설명한 것으로 가장 올바른 것은?

① 도형 내의 절단한 곳에 겹쳐서 90° 회전시켜 도시한다.
② 물체의 1/4을 절단하여 1/2은 단면, 1/2은 외형을 도시한다.
③ 물체의 반을 절단하여 투상면 전체를 단면으로 도시한다.
④ 외형도에서 필요한 일부분만 단면으로 도시한다.

07 전위기어의 사용 목적으로 가장 옳은 것은?

① 베어링 압력을 증대시키기 위함

② 속도비를 크게 하기 위함

③ 언더컷을 방지하기 위함

④ 전동 효율을 높이기 위함

08 나사면에 증기, 기름 또는 외부로부터의 먼지 등이 유입되는 것을 방지하기 위해 사용하는 너트는?

① 나비 너트　　② 둥근 너트

③ 사각 너트　　④ 캡 너트

09 일반 치수공차 기입 방법으로 틀린 것은?

① $\phi 50^{-0.05}_{0}$　　② $\phi 50^{+0.05}_{0}$

③ $\phi 50^{+0.05}_{+0.02}$　　④ $\phi 50^{+0.01}_{-0.01}$

10 한 변의 길이가 20mm인 정사각형 단면에 4kN의 압축하중이 작용할 때 내부에 발생하는 압축응력은 얼마인가?

① 10N/mm^2　　② 20N/mm^2

③ 100N/mm^2　　④ 200N/mm^2

11 피치 1.5mm인 3줄 나사를 1회전 시켰을 때의 리드는 얼마인가?

① 4.5mm　　② 15mm

③ 1.5mm　　④ 3mm

12 용융온도가 3,400℃ 정도로 높은 고용융점 금속으로, 전구의 필라멘트 등에 쓰이는 금속 재료는?

① 납　　② 금

③ 텅스텐　　④ 망간

13 모듈이 2이고 잇수가 각각 30, 20개인 두 기어가 맞물려 있을 때 축간거리는 약 몇 mm 인가?

① 60mm　　　② 50mm
③ 40mm　　　④ 30mm

14 작은 스퍼기어와 맞물리고 잇줄이 스퍼기어의 축 방향과 일치하며, 회전운동을 직선운동으로 바꾸는 기어는?

① 스퍼기어　　　② 베벨기어
③ 헬리컬기어　　④ 래크와 피니언

15 다음은 어떤 물체를 제 3각법으로 투상한 것이다. 이 물체의 등각 투상도로 맞는 것은?

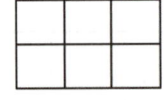

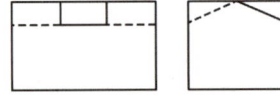

①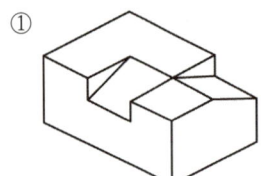

②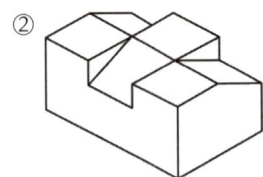

③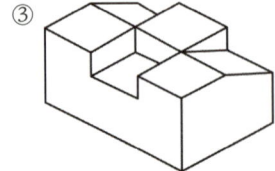

④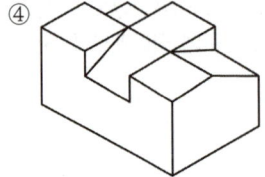

16 V벨트의 형별 중 단면 치수가 가장 큰 것은?

① M형　　　② A형
③ D형　　　④ E형

17 제도의 목적을 달성하기 위하여 도면이 구비하여야 할 기본 요건이 아닌 것은?

① 면의 표면거칠기, 재료선택, 가공방법 등의 정보
② 도면 작성방법에 있어서 설계자 임의의 창의성
③ 무역 및 기술의 국제 교류를 위한 국제적 통용성
④ 대상물의 도형, 크기, 모양, 자세, 위치의 정보

18 일반적으로 스퍼 기어의 요목표에 기입하는 사항이 아닌 것은?

① 치형　　　② 잇수
③ 피치원 지름　　④ 비틀림각

19 나사의 표시방법 중 Tr40 x 14(P7) - 7e에 대한 설명 중 틀린 것은?

① Tr은 미터사다리꼴 나사를 뜻한다.
② 줄수는 7줄이다.
③ 40은 호칭지름 40mm를 뜻한다.
④ 리드는 14mm이다.

20 처음에 주어진 특정 모양의 것을 인장하거나 소성 변형된 것이 가열에 의하여 원래의 모양으로 돌아가는 현상에 의한 효과는?

① 크리프 효과
② 형상기억 효과
③ 재결정 효과
④ 열팽창 효과

21 체결하려는 부분이 두꺼워서 관통 구멍을 뚫을 수 없을 때 사용되는 볼트는?

① 탭볼트
② T 홈볼트
③ 아이볼트
④ 스테이볼트

22 그림과 같이 표면의 결 지시기호에서 각 항목에 대한 설명이 틀린 것은?

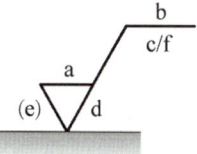

① a: 거칠기 값
② c: 가공 여유
③ d: 표면의 줄무늬 방향
④ f: R_a가 아닌 다른 거칠기 값

23 나사용 구멍이 없는 평행키의 기호는?

① P
② PS
③ T
④ TG

24 길이에 비하여 지름이 아주 작은 바늘모양의 롤러(직경 2~5mm)를 사용한 베어링은?

① 니들 롤러 베어링
② 미니어처 베어링
③ 데이더 롤러 베어링
④ 원통 롤러 베어링

25 영국의 G.A Tomlinson 박사가 고안한 것으로 게이지 면이 크고, 개수가 적은 각도 게이지로 몇 개의 블록을 조합하여 임의의 각도를 만들어 쓰는 각도 게이지는?

① 요한슨식 ② N.P.A식
③ 제퍼슨식 ④ N.P.L식

28 그림과 같이 V벨트 풀리의 일부분을 잘라내고 필요한 내부 모양을 나타내기 위한 단면도는?

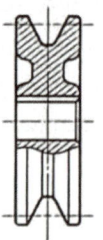

① 온 단면도 ② 한쪽 단면도
③ 부분 단면도 ④ 회전도시 단면도

26 그림과 같이 표면의 결 도시기호가 지시되었을 때 표면의 줄무늬 방향은?

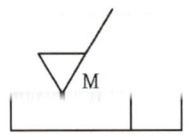

① 가공으로 생긴 선이 거의 동심원
② 가공으로 생긴 선이 여러 방향
③ 가공으로 생긴 선의 방향이 없거나 돌출됨
④ 가공으로 생긴 선이 투상면에 직각

29 제거 가공해서는 안 된다는 것을 지시할 때 사용하는 표면 거칠기의 기호로 맞는 것은?

27 절삭공구강의 일종인 고속도강(18-4-1)의 표준성분은?

① Cr18%, W4%, V1%
② V18%, Cr4%, W1%
③ W18%, Cr4%, V1%
④ W18%, V4%, Cr1%

30 모듈 5, 잇수가 60인 표준 평기어의 이끝원 지름은 몇 mm인가?

① 300mm ② 310mm
③ 320mm ④ 340mm

31 진원도 측정법이 아닌 것은?

① 지름법　　　　② 수평법
③ 삼점법　　　　④ 반지름법

32 도면에 기입된 공차도시에 관한 설명으로 틀린 것은?

//	0.050	A
	0.011/200	

① 전체 길이는 200 mm이다.
② 공차의 종류는 평행도를 나타낸다.
③ 지정 길이에 대한 허용 값은 0.011이다.
④ 전체 길이에 대한 허용 값은 0.050이다.

33 ISO 규격에 있는 것으로 미터사다리꼴 나사의 종류를 표시하는 기호는?

① M　　　　② S
③ Rc　　　　④ Tr

34 다음 기하공차에 대한 설명으로 틀린 것은?

① ○ - 진원도 공차
② ∠ - 경사도 공차
③ ⊥ - 직각도 공차
④ ◎ - 흔들림 공차

35 다음 중 평벨트와 비교한 V벨트 전동의 특성으로 틀린 것은?

① 설치면적이 넓어 큰 공간이 필요하다.
② 비교적 작은 장력으로 큰 회전력을 전달할 수 있다.
③ 운전이 조용하다.
④ 마찰력이 크고 미끄럼이 적다.

36 이론적으로 정확한 치수를 나타내는 치수 보조기호는?

① $\underline{50}$　　　　② $\boxed{50}$
③ $\overline{50}$　　　　④ (50)

37 기준점, 선, 평면, 원통 등으로 관련 형체에 기하 공차를 지시할 때 그 공차 영역을 규제하기 위하여 설정된 기준을 무엇이라고 하는가?

① 돌출 공차역
② 데이텀
③ 최대 실체 공차 방식
④ 기준치수

38 다음 중 다이캐스팅용 알루미늄 합금에 해당하는 기호는?

① WM
② ALDC
③ BC
④ ZDC

39 버니어 캘리퍼스에서 어미자의 한 눈금이 1mm이고, 아들자의 눈금 19mm를 20등분한 경우 최소 측정치는 몇 mm인가?

① 0.01mm
② 0.02mm
③ 0.05mm
④ 0.1mm

40 다음 가공방법의 약호를 나타낸 것 중 틀린 것은?

① 선반가공(L)
② 보링가공(B)
③ 리머가공(FR)
④ 호닝가공(GB)

41 마그네슘의 성질에 대한 설명으로 틀린 것은?

① 비중이 1.74로서 실용금속 중 가장 가볍다.
② 표면이 산화마그네슘은 내부의 부식을 방지한다.
③ 산, 알칼리에 대해 거의 부식되지 않는다.
④ 망간의 첨가로 철의 용해작용을 어느 정도 막을 수 있다.

42 다음 중 캠을 평면 캠과 입체 캠으로 구분할 때 입체 캠의 종류로 틀린 것은?

① 원통캠
② 삼각캠
③ 원추캠
④ 빗판캠

43 탄소강에 함유된 5대 원소는?

① 황(S), 망간(Mn), 탄소(C), 규소(Si), 인(P)

② 탄소(C), 규소(Si), 인(P), 망간(Mn), 니켈(Ni)

③ 규소(Si), 탄소(C), 니켈(Ni), 크롬(Cr), 인(P)

④ 인(P), 규소(Si), 황(S), 망간(Mn), 텅스텐(W)

46 외접 헬리컬 기어를 축에 직각인 방향에서 본 단면으로 도시할 때, 잇줄 방향의 표시 방법은?

① 1개의 가는 실선

② 3개의 가는 실선

③ 1개의 가는 2점 쇄선

④ 3개의 가는 2점 쇄선

44 스프링의 종류와 모양만을 도시할 때에는 재료의 중심선을 어떤 선으로 표시하는가?

① 굵은 실선   ② 가는 실선

③ 굵은 1점 쇄선   ④ 가는 1점 쇄선

47 축에 키 홈을 가공하지 않고 사용하는 키(key)는?

① 성크 키   ② 새들 키

③ 반달 키   ④ 스플라인

45 베어링 메탈의 구비 조건이 아닌 것은?

① 열전도도가 좋아야 한다.

② 피로 강도가 작아야 한다.

③ 내부식성이 좋아야 한다.

④ 마찰이나 마멸이 적어야 한다.

48 기계 도면에서 부품란에 재질을 나타내는 기호가 "SS400"으로 기입되어 있다. 기호에서 "400"은 무엇을 나타내는가?

① 무게   ② 탄소 함유량

③ 녹는 온도   ④ 최저 인장 강도

49 풀림의 목적이 아닌 것은?

① 조직의 균일화
② 강의 경도를 낮춰 연화
③ 내부응력 저하
④ 재질의 경화

50 다음 컴퓨터의 처리 속도 단위 중 가장 빠른 시간 단위는?

① ms   ② μs
③ ns   ④ ps

51 다음 중 진원도를 측정할 때 가장 적당한 측정기는?

① 다이얼 게이지
② 게이지 블록
③ 한계 게이지
④ 버니어 캘리퍼스

52 파이프의 도시 기호에서 글자 기호 "G"가 나타내는 유체의 종류는?

① 공기   ② 가스
③ 기름   ④ 수증기

53 스프링의 용도에 대한 설명 중 틀린 것은?

① 힘의 측정에 사용된다.
② 마찰력 증가에 이용한다.
③ 일정한 압력을 가할 때 사용된다.
④ 에너지를 저축하여 동력원으로 작동시킨다.

54 다음 중 치수 공차를 올바르게 나타낸 것은?

① 최대 허용 한계치수 - 최소 허용 한계치수
② 기준치수 - 최소 허용 한계치수
③ 최대 허용 한계치수 - 기준치수
④ (최소 허용 한계치수 - 최대 허용 한계치수) / 2

55 다음 중 필렛 용접 이음의 기호는?

① ○   ② ⊖

③ ◺   ④ ⊓

56 머시닝센터에서 테이블에 고정된 공작물의 높이를 측정하고자 할 때 가장 적당한 것은?

① 한계게이지   ② 다이얼게이지

③ 사인바   ④ 하이트게이지

57 다음 중 솔리드 모델링의 특징에 해당하지 않는 것은?

① 복잡한 형상의 표현이 가능하다.
② 체적, 관성모멘트 등의 계산이 가능하다.
③ 부품 상호간의 간섭을 체크할 수 있다.
④ 다른 모델링에 비해 데이터의 양이 적다.

58 CAD 시스템에서 원점이 아닌 주어진 시작점을 기준으로 하여 그 점과 거리로 좌표를 나타내는 방식은?

① 절대좌표방식   ② 상대좌표방식

③ 직교좌표방식   ④ 극좌표방식

59 CAD에서 기하학적 형상을 나타내는 방법 중 선에 의해서만 3차원 형상을 표시하는 방법을 무엇이라고 히는가?

① surface modeling
② solid modeling
③ system modeling
④ wireframe modeling

60 디스플레이의 방식은 발광형과 수광형으로 분류된다. 다음 중 발광형이 아닌 것은?

① CRT   ② PDP

③ LCD   ④ LED

01 다음 중 스케치도를 작성하는 방법이 아닌 것은?

① 프리핸드법   ② 방사선법

③ 본뜨기법   ④ 프린트법

02 도면에서 구멍의 치수가 $\phi 60^{+0.03}_{-0.02}$로 표기되어 있을 때, 아래치수 허용차 값은?

① + 0.03   ② + 0.01

③ - 0.02   ④ - 0.01

03 회전 단면도를 그리기 위해 인출선을 사용할 때 사용하는 선은?

① 굵은 실선으로 단면위치를 표시하고 처음과 끝은 가는 실선으로 나타낸다.

② 가는 실선으로 단면위치를 표시하고 처음과 끝은 굵은 실선으로 나타낸다.

③ 1점 쇄선으로 단면위치를 표시하고 처음과 끝은 굵은 실선으로 나타낸다.

④ 1점 쇄선으로 단면위치를 표시하고 처음과 끝은 2점 쇄선으로 나타낸다.

04 다음과 같이 도면에 기입된 기하 공차에서 0.011이 뜻하는 것은?

//	0.011	A
	0.05/200	

① 기준 길이에 대한 공차값

② 전체 길이에 대한 공차값

③ 전체 길이 공차값에서 기준 길이 공차값을 뺀 값

④ 치수 공차값

05 회전 단면도를 설명한 것으로 가장 올바른 것은?

① 도형 내의 절단한 곳에 겹쳐서 90° 회전시켜 도시한다.

② 물체의 1/4을 절단하여 1/2은 단면, 1/2은 외형을 도시한다.

③ 물체의 반을 절단하여 투상면 전체를 단면으로 도시한다.

④ 외형도에서 필요한 일부분만 단면으로 도시한다.

06 대상물의 측정 값을 직접 읽을 수 없을 때 측정량에 관련된 요소들을 측정하고 이를 계산하여 측정값을 얻을 수 있는 방법은?

① 직접측정   ② 비교측정

③ 간접측정   ④ 각도측정

07 상하 또는 좌우 대칭인 물체의 1/4을 절단하여 기본 중심선을 경계로 1/2은 외부모양, 다른 1/2은 내부모양으로 나타내는 단면도는?

① 전 단면도　　　② 한쪽 단면도
③ 부분 단면도　　④ 회전 단면도

08 단면도를 나타낼 때 길이 방향으로 절단하여 도시할 수 있는 것은?

① 볼트　　　　　② 기어의 이
③ 바퀴 암　　　　④ 풀리의 보스

09 주로 금형으로 생산되는 플라스틱 눈금자와 같은 제품 등에 제거 가공 여부를 묻지 않을 때 사용되는 기호는?

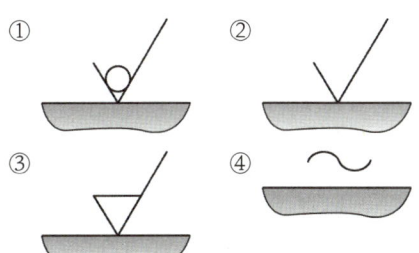

10 마이크로미터에서 측정압을 일정하게 하기 위한 장치는?

① 스핀들　　　　② 프레임
③ 딤블　　　　　④ 래칫스톱

11 다음 중 억지 끼워맞춤에 속하는 것은?

① H8 / e8　　　　② H7 / t6
③ H8 / f8　　　　④ H6 / k6

12 인장강도가 255~340MPa로 Ca-Si나 Fe-Si 등의 접종제로 접종 처리한 것으로 바탕조직은 펄라이트이며 내마멸성이 요구되는 공작기계의 안내면이나 강도를 요하는 기관의 실린더 등에 사용되는 주철은?

① 칠드 주철
② 미하나이트 주철
③ 흑심가단 주철
④ 구상흑연 주철

13 코일스프링의 전체 평균직경이 50mm, 소선의 직경이 6mm일 때 스프링 지수는 약 얼마인가?

① 1.4 　　　　② 2.5
③ 4.3 　　　　④ 8.3

14 다음 나사의 도시법 중 잘못 설명한 것은?

① 수나사와 암나사의 골을 표시하는 선은 굵은 실선으로 그린다.
② 완전 나사부와 불완전 나사부의 경계선은 굵은 실선으로 그린다.
③ 암나사 탭 구멍의 드릴자리는 120°의 굵은 실선으로 그린다.
④ 수나사와 암나사의 측면도시에서 각각의 골지름은 가는 실선으로 약 3/4원으로 그린다.

15 회주철(grey cast iron)의 조직에 가장 큰 영향을 주는 것은?

① C와 Si 　　　　② Si와 Mn
③ Si와 S 　　　　④ Ti와 P

16 피치 4mm인 3줄 나사를 1회전시켰을 때의 리드는 얼마인가?

① 6mm 　　　　② 12mm
③ 16mm 　　　　④ 18mm

17 6 : 4 황동에 철 1 ~ 2%를 첨가한 동합금으로 강도가 크고 내식성도 좋아 광산기계, 선반용 기계에 사용되는 것은?

① 톰백 　　　　② 뮤쯔메탈
③ 네이벌황동 　　　　④ 델타메탈

18 다음 중 척도의 기입 방법으로 틀린 것은?

① 척도는 표제란에 기입하는 것이 원칙이다.
② 표제란이 없는 경우에는 부품 번호 또는 상세도의 참조 문자 부근에 기입한다.
③ 한 도면에는 반드시 한 가지 척도만 사용해야 한다.
④ 도형의 크기가 치수와 비례하지 않으면 NS라고 표시한다.

19 스퍼기어와 맞물려 돌아가고, 그 스퍼기어의 잇줄과 같은 방향의 축으로 기어를 회전시키며 직선운동을 하는 기어는?

① 헬리컬기어　　　② 베벨기어
③ 피니언기어　　　④ 래크기어

20 다음 내용이 설명하는 투상법은?

투상선이 평행하게 물체를 지나 투상면에 수직으로 닿고 투상된 물체가 투상면에 나란히 하기 때문에 어떤 물체의 형상도 정확하게 표현할 수 있다. 이 투상법에는 1각법과 3각법이 속한다.

① 투시투상법　　　② 등각투상법
③ 사투상법　　　　④ 정투상법

21 너비가 좁고 얇은 긴 보로서 하중을 지지하며, 주로 자동차의 현가장치로 사용되는 스프링은?

① 코일 스프링　　　② 토션바
③ 겹판 스프링　　　④ 접시형 스프링

22 ISO 표준에 있는 일반용으로 관용 테이퍼 암나사의 호칭 기호는?

① R　　　　　　　② Rc
③ Rp　　　　　　　④ G

23 치수 기입의 원칙에 대한 설명으로 틀린 것은?

① 치수는 되도록 계산하여 구할 필요가 없도록 기입한다.
② 치수는 필요에 따라 기준으로 하는 점, 선 또는 면을 기초로 한다.
③ 치수는 되도록 정면도 외에 분산하여 기입하고 중복기입을 피한다.
④ 치수는 선에 겹치게 기입해서는 안 된다.

24 다음 축의 도시방법으로 적당하지 않은 것은?

① 축은 길이 방향으로 단면 도시를 하지 않는다.
② 널링 도시가 빗줄인 경우 축선에 대하여 45° 엇갈리게 그린다.
③ 단면 모양이 같은 긴 축은 중간을 파단하여 짧게 그릴 수 있다.
④ 축의 끝에는 주로 모따기를 하고, 모따기 치수를 기입한다.

25 다음 중 결합용 기계요소라고 볼 수 없는 것은?

① 나사   ② 키
③ 베어링   ④ 코터

28 단면이 고르지 못한 재료에 하중을 가하면 노치의 밑바닥, 구멍의 양끝, 단의 모서리 등에 큰 응력이 발생하는데 이러한 현상은?

① 열 응력   ② 피로 한도
③ 분산 응력   ④ 응력 집중

26 다음 중 합금이 아닌 것은?

① 니켈   ② 황동
③ 두랄루민   ④ 켈밋

29 버니어 캘리퍼스의 크기를 나타낼 때 기준이 되는 것은?

① 어미자의 크기
② 어미자의 크기
③ 고정나사의 피치
④ 측정 가능한 치수의 최대 크기

27 다음 중 위치수 허용차가 "0"이 되는 IT 공차는?

① js7   ② g7
③ h7   ④ k7

30 축과 보스의 둘레에 4개에서 수십 개의 턱을 만들어 회전력의 전달과 동시에 보스를 축 방향으로 이동시킬 필요가 있을 때 사용되는 것은?

① 반달 키   ② 접선 키
③ 원뿔 키   ④ 스플라인

31 오스테나이트 계 18-8 형 스테인리스강의 성분은?

① 크롬 18%, 니켈 8%

② 니켈 18%, 크롬8%

③ 티탄 18%, 니켈 8%

④ 크롬 18%, 티탄8%

32 코일 스프링의 도시방법으로 맞는 것은?

① 특별한 단서가 없는 한 모두 왼쪽 감기로 도시한다.

② 종류와 모양만을 도시할 때는 스프링 재료의 중심선을 굵은 실선으로 그린다.

③ 스프링은 원칙적으로 하중이 걸린 상태로 그린다.

④ 스프링의 중간부분을 생략할 때는 안지름과 바깥지름을 가는 실선으로 그린다.

33 다음 중 C와 N이 동시에 재료에 침입하여 표면경화되는 것은?

① 청화법　　　　② 질화법

③ 표면경화법　　④ 화염경화법

34 Cu 4%, Mn 0.5%, Mg 0.5% 함유된 알루미늄합금으로 기계적 성질이 우수하여 항공기, 차량부품 등에 많이 쓰이는 재료는?

① Y합금　　　　② 실루민

③ 두랄루민　　　④ 켈멧합금

35 아공석강 영역의 탄소강은 탄소량의 증가에 따라 기계적 성질이 변한다. 이에 대한 설명으로 옳지 않은 것은?

① 항복점이 증가한다.

② 인장강도가 증가한다.

③ 충격치가 증가한다.

④ 경도가 증가한다.

36 내열용 알루미늄합금 중에 Y합금의 성분은?

① 구리, 납, 아연, 주석

② 구리, 니켈, 망간, 주석

③ 구리, 알루미늄, 납, 아연

④ 구리, 알루미늄, 니켈, 마그네슘

37 치수선의 양끝에 사용되는 끝부분 기호가 아닌 것은?

① 화살표　　② 기점기호
③ 사선　　　④ 검정 동그라미

38 도면에 사용되는 선, 문자가 겹치는 경우에 투상선의 우선 적용되는 순위로 맞는 것은?

① 문자 → 외형선 → 중심선 → 치수선
② 외형선 → 문자 → 중심선 → 숨은선
③ 문자 → 숨은선 → 외형선 → 중심선
④ 중심선 → 파단선 → 문자 → 치수보조선

39 기하 공차의 구분 중 모양 공차의 종류에 속하지 않는 것은?

① 진직도 공차　　② 평행도 공차
③ 진원도 공차　　④ 면의 윤곽도 공차

40 초경합금의 특성 중 틀린 것은?

① 경도가 높다.
② 연성이 크다.
③ 고온에서 변형이 적다.
④ 내마모성이 크다.

41 스프로킷 휠의 도시방법에 대한 설명 중 옳은 것은?

① 스프로킷의 이끝원은 가는 실선으로 그린다.
② 스프로킷의 피치원은 가는 2점 쇄선으로 그린다.
③ 스프로킷의 이뿌리원은 가는 실선으로 그린다.
④ 축의 직각 방향에서 단면도를 도시할 때 이뿌리선은 가는 실선으로 그린다.

42 다음 면의 지시기호 표시에서 제거가공을 허락하지 않는 것을 지시하는 기호는?

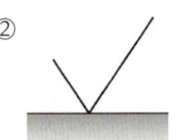

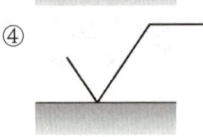

43 평벨트 풀리의 도시 방법에 대한 설명 중 틀린 것은?

① 암은 길이 방향으로 절단하여 단면 도시를 한다.

② 벨트 풀리는 축 직각 방향의 투상을 주투상도로 한다.

③ 암의 단면형은 도형의 안이나 밖에 회전 단면을 도시한다.

④ 암의 테이퍼 부분 치수를 기입할 때 치수 보조선은 경사선으로 긋는다.

44 그림과 같은 리벳 이음의 명칭은?

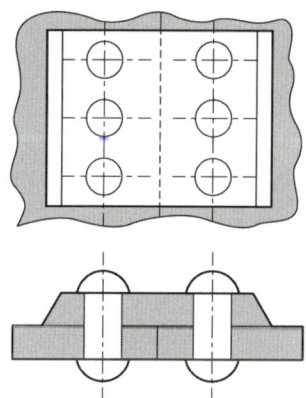

① 1줄 겹치기 리벳이음

② 1줄 맞대기 리벳이음

③ 2줄 겹치기 리벳이음

④ 2줄 맞대기 리벳이음

45 5 ~ 20% Zn의 황동으로 강도는 낮으나 전연성이 좋고 황금색에 가까우며 금박대용, 황동 단추 등에 사용되는 구리 합금은?

① 톰백　　　② 문쯔메탈

③ 델터메탈　④ 주석황동

46 탄소강은 일반적으로 200~300℃ 부근에서 상온보다 더욱 취약한 성질을 갖는다. 이것을 무엇이라 하는가?

① 저온취성　② 청열취성

③ 고온취성　④ 적열취성

47 평판 모양의 쐐기를 이용하여 인장력이나 압축력을 받는 2개의 축을 연결하는 결합용 기계요소는?

① 코터　　　② 커플링

③ 아이볼트　④ 테이퍼 키

48 용접 이음의 장점에 해당하지 않는 것은?

① 열에 의한 잔류응력이 거의 발생하지 않는다.

② 공정수를 줄일 수 있고, 제작비가 싼 편이다.

③ 기밀 및 수밀성이 양호하다.

④ 작업의 자동화가 용이하다.

49 나사 마이크로미터는 다음의 어느 측정에 가장 널리 사용되는가?

① 나사의 골지름
② 나사의 유효지름
③ 나사의 호칭지름
④ 나사의 바깥지름

50 다음 중 줄무늬 방향의 기호 설명 중 잘못된 것은?

① X : 가공에 의한 커터의 줄무늬 방향의 기호를 기입한 투상면에 경사지고 두 방향으로 교차
② M : 가공에 의한 커터의 줄무늬 방향의 기호를 기입한 투상면에 평행
③ C : 가공에 의한 커터의 줄무늬 방향의 기호를 기입한 면의 중심에 대하여 대략 농심원 모양
④ R : 가공에 의한 커터의 줄무늬 방향의 기호를 기입한 면의 중심에 대하여 대략 레이디얼 모양

51 배관도의 치수기입 방법에 대한 설명이다. 틀린 것은?

① 파이프나 밸브 등의 호칭 지름은 파이프 라인 밖으로 지시선을 끌어내어 표시한다.
② 치수는 파이프, 파이프 이음, 밸브의 목 입구의 중심에서 중심까지의 길이로 표시한다.
③ 여러 가지 크기의 많은 파이프가 근접에서 설치된 장치에서는 단선도시 방법으로 그린다.
④ 파이프의 끝부분에 나사가 없거나 왼나사를 필요로 할 때에는 지시선으로 나타내어 표시한다.

52 그림에서 나타난 치수선은 어떤 치수를 나타내는가?

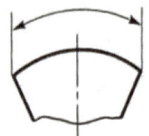

① 변의 길이　② 호의 길이
③ 현의 길이　④ 각도

53 공차 기호에 의한 끼워맞춤의 기입이 잘못된 것은?

① 50H7/g6　② 50H7－g6
③ $50\dfrac{H7}{g6}$　④ 50H7(g6)

54 간헐운동(intermittent motion)을 제공하기 위해서 사용되는 기어는?

① 베벨 기어　② 헬리컬 기어
③ 웜 기어　④ 제네바 기어

55 정육면체, 실린더 등 기본적인 단순한 입체의 조합으로 복잡한 형상을 표현하는 방법?

① B-rep 모델링

② CSG 모델링

③ Parametric 모델링

④ 분해 모델링

56 컴퓨터가 기억하는 정보의 최소 단위는?

① bit ② record

③ byte ④ field

57 CAD시스템의 입력 장치가 아닌 것은?

① 키보드 ② 라이트 펜

③ 플로터 ④ 마우스

58 다음 설명에 가장 적합한 3차원의 기하학적 형상 모델링 방법은?

> • Boolean 연산(합, 차, 적)을 통하여 복잡한 형상표현이 가능하다.
> • 형상을 절단한 단면도 작성이 용이하다.
> • 은선 제거가 가능하고 물리적 성질 등의 계산이 가능하다.
> • 컴퓨터의 메모리량과 데이터 처리가 많아진다.

① 서피스 모델링(surface modeling)

② 솔리드 모델링(solid modeling)

③ 시스템 모델링(system modeling)

④ 와이어 프레임 모델링(wire frame modeling)

59 스스로 빛을 내는 자기발광형 디스플레이로서 시야각이 넓고 응답시간도 빠르며 백라이트가 필요 없기 때문에 두께를 얇게 할 수 있는 디스플레이는?

① TFT-LCD

② 플라즈마 디스플레이

③ OLED

④ 래스디스캔 디스플레이

60 마지막 입력 점으로부터 다음 점까지의 거리와 각도를 입력하는 좌표 입력 방법은?

① 절대 좌표 입력

② 상대 좌표 입력

③ 상대 극좌표 입력

④ 요소 투영점 입력

01	02	03	04	05
①	①	④	①	①
06	07	08	09	10
①	③	④	①	①
11	12	13	14	15
①	③	②	④	②
16	17	18	19	20
④	②	④	②	②
21	22	23	24	25
①	②	①	①	④
26	27	28	29	30
②	③	③	①	②
31	32	33	34	35
②	①	④	④	①
36	37	38	39	40
②	②	②	③	④
41	42	43	44	45
③	②	①	①	②
46	47	48	49	50
④	②	④	④	④
51	52	53	54	55
①	②	②	①	③
56	57	58	59	60
④	④	②	④	③

01 ①

가는실선: 수면, 유면 위치 표시

02 ①

① 스폿 용접(점용접)
② 플러그 용접
③ 심용접
④ 없음

03 ④

주철의 장점
· 마찰저항이 우수하다.
· 절삭가공이 쉽다.
· 주조성이 우수하다(=유동성이 좋다).
· 복잡한 부품의 제작이 가능하다.
· 용융점이 낮다.
· 압축강도가 크다.

04 ①

불변강: 인바, 엘린바

05 ①

코터이음에 대한 설명이다.
코터의 구조

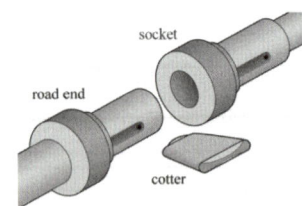

06 ①

회전단면도는 도형 내의 절단한 곳에 겹쳐서 90° 회전시켜 도시한다.
② 한쪽단면도 = 반단면도 = 1/4 단면도
③ 전단면도 = 온단면도
④ 부분단면도

07 ③

전위기어의 목적
- 이의 강도 개선
- 언더컷 방지
- 중심거리를 변화시키기 위해

08 ④

캡 너트(cap nut): 볼트의 한쪽 끝 부분이 막혀 있어 외부 로부터의 오염을 방지할 수 있다.

09 ①

공차 -0.05가 0보다 작으므로 두 공차의 위치가 바뀌어야 한다.

10 ①

$$\sigma(응력) = \frac{P(하중)}{A(단면적)}$$
$$= \frac{4kN}{20mm \times 20mm}$$
$$= \frac{4,000N}{400mm^2} = \frac{10N}{mm^2} = 10N/mm^2$$

11 ①

$$L(리드) = n(줄\ 수) \times p(피치)$$
$$= 3 \times 1.5 = 4.5mm$$

12 ③

텅스텐은 용접봉의 주 재료로 고융융점 금속이다.

13 ②

- 맞물리는 기어의 모듈은 같다.
- P(피치원 지름)=MZ(모듈 x 잇수)
- 중심거리

$$= \frac{MZ_1 + MZ_2}{2} = \frac{M(Z_1 + Z_2)}{2} = \frac{2(30 + 20)}{2} = 50mm$$

14 ④

래크와 피니언
직선 운동(래크) ↔ 회전 운동(피니언)

15 ②

보기는 ②를 3각법으로 투상한 것이다.

16 ④

V벨트 단면 치수
M < A < B < C < D < E (E가 가장 큼)

17 ④

창의성이 아닌 주어진 규격을 따라 도면을 작성해야 한다.

18 ④

비틀림각이 아닌 압력각을 기입한다.

19 ②

- 피치 = 7
- 리드 = 14
- 리드 =피치 x 줄 수 = 14 = 7 x줄 수
- 줄 수 = 2

20 ②

기억된 형상으로 돌아가는 현상: 형상기억 효과

21 ①

체결하려는 부분이 두꺼워서 관통 구멍을 뚫을 수 없을 때 사용되는 볼트는 탭볼트이다.
- **T홈볼트:** 공작기계 테이블의 T홈에 물체를 고정한다.
- **아이볼트:** 볼트의 머리부에 핀을 끼울 구멍이 있어 훅을 걸어 무거운 물체를 들어올릴 수 있다.
- **스테이볼트:** 두 물체 사이의 일정한 거리를 유지할 때 사용한다.

22 ②

② c: 기준길이 또는 컷오프값
④ f: R_y 또는 R_z

23 ①

- 나사용 구멍 없는 평행키 = P(평행키)
- 나사용 구멍 있는 평행키 = PS(평행키 스크류)

24 ①

니들 롤러 베어링
- 니들(Needle)의 뜻: 바늘
- 롤러의 지름이 바늘처럼 가늘다.
- 마찰저항이 크다. (큰 마찰력이 발생한다)
- 충격하중에 강하다. (충격을 잘 견딘다)

25 ④

- 쐐기 모양의 12개의 게이지가 한조를 이룬다.
- 2개의 각도게이지 조립 시 홀더가 필요 없다.
- 두 개 이상 조합해서 임의의 각도를 형성한다.

26 ②

줄무늬 방향 기호
- X: 두방향교차
- M: 여러 방향교차 또는 무방향
- =: 평행
- ⊥: 직각
- C: 동심원 모양
- R: 레이디얼(방사형, 방사상) 모양

27 ③

고속도강 표준성분 = 텅스텐(W) + 크롬(Cr) + 바나듐(V)

28 ③

부분단면도를 나타내는 그림이다.

29 ①

제거 가공해서는 안 된다는 것을 지시할 때 사용하는 표면거칠기의 기호는 ①의 기호이다.
② 제거 가공을 해야한다.
③ 제거 가공 여부가 상관 없다.

30 ②

이끝원 = 피치원 + (모듈 × 2)

$$= mz + 2m = 5 \times 60 + 2 \times 5$$

$$= 300 + 10 = 310\,\mathrm{mm}$$

31 ②

진원도 측정법
- 3점법
- 2점법(직경법)
- 반지름법(반경법)

32 ①

평행도	전체길이 공차값	데이텀
	지정길이 공차값/지정길이	

33 ④

미터사다리꼴 나사의 종류를 표시하는 기호는 'Tr'이다.
- M: 미터 나사
- S: 미니어처 나사
- Rc: 테이퍼 암나사

34 ④

◎: 동심도(동축도) 공차

35 ①

V벨트 전동은 V벨트 풀리간의 중심거리가 짧아야 하므로 설치면적이 작다.

36 ②

이론적으로 정확한 치수를 나타내는 치수 보조기호는 ②의 기호이다.
①: 비례척이 아닌치수
③: 취소
④: 참고치수

37 ②

데이텀 → 기준면

38 ②

다이캐스팅용 알루미늄 합금에 해당하는 기호는 'ALDC'이다.
① WM = white metal (화이트메탈)
③ BC = bronze casting (청동 주물)
④ ZDC = 아연합금(Zn) 다이캐스팅

39 ③

버니어 캘리퍼스 최소눈금 공식(아들자 눈금은 무시한다)
$$\frac{\text{어미자 눈금}}{\text{등분 수}} = \frac{1}{20} = 0.05\,\mathrm{mm}$$

40 ④

호닝가공 = GH

41 ③

마그네슘(Mg)은 알카리에는 부식되지 않지만 산에는 부식된다.

42 ②

- 평면캠: 판 캠, 정면 캠, 삼각 캠, 직선운동 캠
- 입체캠: 원통 캠, 원추 캠(원뿔 캠), 구면 캠 (구형 캠), 빗판 캠(경사판 캠)

	판 캠	직선운동 캠	정면 캠	삼각 캠
평면캠				
	원통 캠	원추 캠	구면 캠	빗판 캠 (경사판 캠)
입체캠				

43 ①

탄소강에 함유된 5대 원소는 황(S), 망간(Mn), 탄소(C), 규소(Si), 인(P)이다.

44 ①

스프링의 간략도

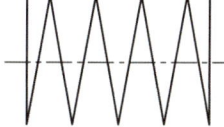

45 ②

피로에 견디는 강도가 커야 함 = 피로강도가 커야 함

46 ④

- 헬리컬기어 단면 도시: 3개 가는 2점 쇄선
- 헬리컬기어 외형 도시: 3개 가는 실선

47 ②

새들키는 안장키라고도 하며 키 홈을 가공하지 않는다.
※ 말 등에 안장을 놓을 때를 생각하면 됨

48 ④

400은 최저 인장 강도를 의미한다.

49 ④

재질의 경화는 담금질이다.

50 ④

① ms < ② μs < ③ ns < ④ ps (메가 < 마이크로 < 나노 < 피코)
우측일수록 처리속도가 빨라진다.

51 ①

진원도 측정은 다이얼 게이지로 한다.

52 ②

파이프 도시 기호
- 공기: Air
- 가스: Gas
- 기름: Oil
- 수증기: Steam
- 물: Water

53 ②

스프링의 용도
- 힘의 측정(체중계)
- 압력을 가해 사용한다.
- 에너지 축적

54 ①

치수 공차는 '최대 허용 한계치수 - 최소 허용 한계치수'로 나타낸다.
② 기준치수 - 최소 허용 한계치수 = 아래치수 허용차
③ 최대 허용 한계치수 - 기준치수 = 위치수 허용차

55 ③

필렛 용접(= 필릿 용접) 이음의 기호는 ③의 기호이다.
① 스폿용접
② 심용접
④ 플러그용접

56 ④

하이트 게이지의 하이트(height)가 높이라는 뜻이다.

57 ④

솔리드 모델링의 특징
㉠ 강체(solid)로 표현되고 표면은 곡면이 기반이다.
㉡ 은선제거와 단면도의 작성이 가능하다.
㉢ 모델링 내부의 형상까지 정확하게 표현할 수 있다.
㉣ 간섭체크가 용이하다.
㉤ 질량이나 관성모멘트와 같은 물리적 성질을 계산할 수 있다.
㉥ 데이터 용량은 가장 크다.

58 ②

- **절대좌표**: 원점을 기준으로 그 점과 거리로 좌표를 나타내는 방식
- **상대좌표**: 원점이 아닌 마지막 점을 기준으로 그 점과 거리로 좌표를 나타내는 방식
- **(상대)극좌표**: 원점이 아닌 마지막 점을 기준으로 그 점과 거리와 각도로 좌표를 나타내는 방식

59 ④

3D 형상 모델링 종류
- 와이어프레임 모델링 (wireframe modeling): 선
- 서피스 모델링 (surface modelling): 면
- 솔리드 모델링 (solid modeling): 부피(체적)

60 ③

수광형
- 외부 빛이 있어야 동작한다(백라이트가 필요하다).
- LCD

발광형
- 스스로 빛을 낸다.
- (O)LED, PDP, CRT

01	02	03	04	05
②	③	②	②	①
06	07	08	09	10
③	②	④	②	④
11	12	13	14	15
②	②	④	①	①
16	17	18	19	20
②	④	③	④	④
21	22	23	24	25
③	②	③	②	③
26	27	28	29	30
①	③	④	④	④
31	32	33	34	35
①	②	①	③	③
36	37	38	39	40
④	②	①	②	②
41	42	43	44	45
③	①	①	②	①
46	47	48	49	50
②	①	①	②	②
51	52	53	54	55
③	②	④	④	④
56	57	58	59	60
①	③	②	③	③

01 ②

전개도의 종류(3종류)
㉠ 평행선 법
㉡ 방사선 법
㉢ 삼각형 법

02 ③

위치수 허용차는 '+ 0.03'이다.

03 ②

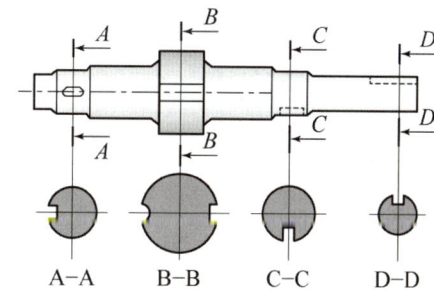

04 ②

- 기하공차: 평행도
- 전체길이: 0.011
- 공차: 0.05
- 지정길이: 200
- 데이텀(= 기준면): A

05 ①

도형 내의 절단한 곳에 겹쳐서 90° 회전시켜 도시한다.
② 반단면도에 대한 설명이다.
③ 온단면도에 대한 설명이다.
④ 부분단면도에 대한 설명이다.

06 ③

직접 읽을 수 없을 때의 측정법은 간접측정이다.

07 ②

1/4을 절단하는 것은 한쪽 단면도이다.

08 ④

축이 닿는 외부를 보스라고 한다(상대적 개념).

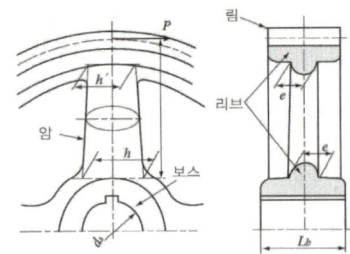

09 ②

① 제거가공을 하지 않는다.
③ 제거가공을 해야만 한다.

10 ④

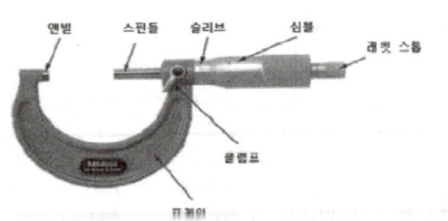

래칫스톱을 돌리면 스핀들이 전진하여 앤빌과 스핀들 사이에 측정물체에 일정한 압력을 가한다.

11 ②

Z쪽에 가까운 것을 고른다.

12 ②

미하나이트 주철은 인장강도가 255MPa 정도이다.

13 ④

- 스프링 지수 = $\dfrac{평균지름}{소선지름}$ = C = $\dfrac{D}{d}$ = $\dfrac{50}{6}$ ≒ 8.3
- 지름 = 직경

14 ①

수나사와 암나사의 골을 표시하는 선은 가는 실선으로 그린다.

15 ①

주철에 영향을 주는 요소는 C, Si이다.

16 ②

리드 = 피치 x 줄수 = 4 x 3 = 12mm

17 ④

델타메탈에 대한 설명이다.
① 구리 + 아연(8 ~ 20%)
② 6 : 4 황동
③ 6 : 4 황동 + 주석(1%)

18 ③

한 도면에 여러 개의 척도를 사용할 수 있다(도면에 척도를 기입해야 함).

19 ④

래크기어이다.

20 ④

정투상법에 대한 설명이며, 정투상법에는 1각법, 3각법이 속한다.

21 ③

현가장치에 설치된 겹판스프링에 상용 하중이 발생한다.

22 ②

관용 테이퍼 암나사의 호칭 기호는 Rc이다.
① 관용 테이퍼 수나사
③ 관용 테이퍼 평행암나사
④ 관용 평행나사

23 ③

치수는 되도록 정면도에 집중기입한다.

24 ②

널링 도시가 빗줄인 경우 축선에 대하여 30° 엇갈리게 그려야 한다.

25 ③

베어링은 동력전달용 요소이다.

26 ①

니켈은 합금에 해당하지 않는다.
② Zn + Cu
③ Al + Cu + Mg + Mn
④ Cu + Pb(30 ~ 40%)

27 ③

허용차가 "0"인 경우는 h7이다.

28 ④

고르지 못한 부분에 응력 집중이 발생한다.

29 ④

버니어 캘리퍼스 측정기준은 측정 가능한 치수의 최대 크기이다.

30 ④

스플라인에 대한 설명이다.

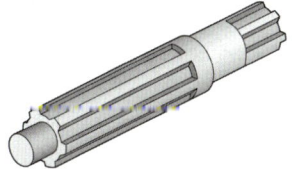

31 ①

18 8형: 크롬 18% · 니켈 8%

32 ②

㉠ 별다른 지시가 없다면, 스프링은 자유상태(무하중 상태), 오른쪽 감기로 나타낸다.
㉡ 도면 안에 도시하기 어려울 경우 요목표로 나타낼 수 있다.
㉢ 스프링은 중간 부분을 생략해도 되는 경우에는 생략한 부분을 가는 2점 쇄선으로 나타낼 수 있다.
㉣ 왼쪽 감기 스프링은 요목표에 [감긴 방향 왼쪽]이라고 기입한다.
㉤ 간략하게 나타내기 위해서는 스프링 소선의 중심선을 굵은 실선으로 도시한다.

33 ①

침탄법의 한 종류이다.

34 ③

알루미늄 + 구리 + 마그네슘 + 망간 = Al + Cu + Mg + Mn(알구마망)

35 ③

탄소량이 증가하면 경도와 취성이 올라가서 작은 충격에도 파괴된다.
= 충격치가 감소한다.

36 ④

Y합금: 알 + 구 + 니 + 마 = Al + Cu + Ni + Mg

37 ②

기점기호는 누적치수기입법에만 사용한다.

38 ①

도면에서 두 종류 이상의 선이 같은 위치에 중복될 경우 다음 순위에 따라 우선되는 종류부터 그린다.
㉠ 외형선(단, 외형선보다 우선하는 선은 문자와 기호가 있다.)
㉡ 숨은선
㉢ 절단선
㉣ 중심선
㉤ 무게 중심선
㉥ 치수 보조선

39 ②

모양공차(단독형체)
진원도, 원통도, 진직도, 평면도, 선의 윤곽도, 면의 윤곽도

40 ②

초경합금은 경도가 아주 높은 합금이어서 연성이 작다.

41 ③

• 스프로킷의 피치원은 가는 1점 쇄선
• 스프로킷의 이끝원은 굵은 실선
• 스프로킷의 이뿌리원은 가는 실선 또는 굵은 파선(이뿌리원은 생략 가능)

42 ①

제거가공을 허락하지 않는 것을 지시하는 기호는 ①의 기호이다.
② 제거가공을 해도 되고 안해도 된다.
③ 제거가공을 해야 된다.

43 ①

암은 단면도로 나타내지 않는다.

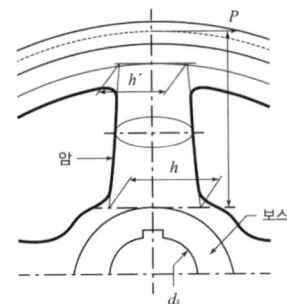

44 ②

1줄 맞대기 리벳이음이다.

45 ①

문제는 톰백에 대한 설명이다.

46 ②

- **청열취성**: 인(P)의 영향, 200~300℃ 부근에서 강의 인장강도 및 경도가 증가하고 이로 인해 취성이 증가하는 현상
- **적열취성**: 황(S)의 영향, 1,100~1,500℃의 고온에서 깨지기 쉽게 되는 현상

47 ①

코터에 대한 설명이다.

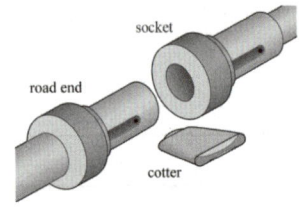

48 ①

용접 후 시간이 지나면 냉각되며 잔류응력이 발생한다.

49 ②

나사의 유효지름 측정법
- 삼침법
- 공구 현미경
- 나사 마이크로미터

50 ②

= : 가공에 의한 커터의 줄무늬 방향의 기호를 기입한 투상면에 평행

51 ③

여러 가지 크기의 많은 파이프가 근접해서 설치된 장치에서는 복선도시 방법으로 그린다.

52 ②

호의 길이를 나타낸다.

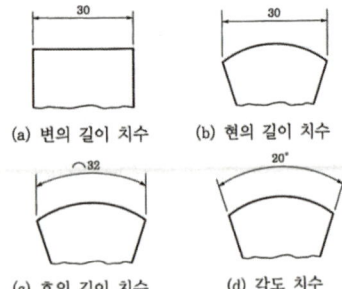

53 ④

④의 표기가 잘못되었다.

54 ④

간헐운동을 하는 기어는 제네바 기어이다.

55 ②

불 연산(boolean operation)에 의해 단순 형상모델링을 복잡한 형상모델링으로 표현한다. 불 연산의 합(더하기), 차(빼기), 적(교차)기능을 사용하면 보다 명확한 형상모델링이 가능하다.

56 ①

bit < byte < word < field < record (점점 커짐)

57 ③

플로터는 출력장치이다.

58 ②

솔리드 모델링은 물리적 성질 계산이 가능하다.

59 ③

- OLED: 백라이트가 필요없다.
- LED: 백라이트가 필요하다.

60 ③

- 상대 극좌표 입력에 대한 설명이다.
- **극좌표**: 거리와 각도를 입력